中文版
AutoCAD
2014 室内装饰装潢制图

史宇宏　张传记　编著

U0264612

北京希望电子出版社
Beijing Hope Electronic Press
www.bhp.com.cn

内 容 简 介

本书以 AutoCAD 2014 为平台，分别从家装篇和工装篇两个室内装修领域入手，通过对普通住宅、高档跃层住宅、多功能厅、KTV 包厢、酒店包间等多个室内装修案例的具体实施，详细讲解了不同功能房间的设计要素和特点。

全书共 11 章，包括室内设计理论知识概述、AutoCAD 室内设计基础、设置室内设计绘图样板、普通住宅室内平面方案、普通住宅吊顶设计方案、普通住宅立面图设计方案、跃层住宅一层设计方案、跃层二层设计方案、跃层立面图设计方案、宾馆套房室内设计方案、多功能厅室内设计方案、酒店包间室内设计方案以及室内图纸的后期输出等内容。

本书内容丰富、结构合理、案例经典翔实、讲解清晰，不仅适用于 Auto CAD 的初中级用户，更适用于有志在家装业发展的读者群体。

本书配套光盘内容为书中部分案例的调用文件、最终效果文件、视频讲解文件以及 CAD 图块。

图书在版编目（CIP）数据

中文版 AutoCAD 2014 室内装饰装潢制图/史宇宏、张传记编著. —北京：北京希望电子出版社，2013.11
  ISBN 978-7-83002-138-2
  Ⅰ.①中… Ⅱ.①史… ②张… Ⅲ.①室内装饰设计－计算机辅助设计－AutoCAD 软件　　Ⅳ.①TU238-39

中国版本图书馆 CIP 数据核字（2013）第 229443 号

出版：北京希望电子出版社	封面：深度文化
地址：北京市海淀区上地 3 街 9 号	编辑：周凤明
金隅嘉华大厦 C 座 610	校对：黄如川
邮编：100085	开本：787mm×1092mm　1/16
网址：www.bhp.com.cn	印张：30
电话：010-62978181（总机）转发行部	印数：1-3000
010-82702675（邮购）	字数：700 千字
传真：010-82702698	印刷：北京市四季青双青印刷厂
经销：各地新华书店	版次：2013 年 11 月 1 版 1 次印刷

定价：59.80 元（配 1 张 DVD 光盘）

前 言 PREFACE

Auto CAD绘图软件是美国Autodesk公司推出的众多计算机辅助设计软件之一，它以功能强大、界面友好、操作简便、易学易用而深受广大设计人员的喜爱，广泛应用于生产、生活的各个领域。

本书特点

本书针对当今日益火爆的室内装修业，以最新版本AutoCAD 2014为平台，分别从家装篇和工装篇两个室内装修领域入手，通过普通住宅、高档跃层住宅、宾馆包房、多功能厅等多个室内装修案例的具体实施，详细讲解了不同功能房间的设计要素和特点。通过本书，读者不仅可以学习如何将自己的设计理念直观地展现给业主，而且可以学习如何建立与其他的工程装修设计人员沟通的平台，交流自己的设计理念。

本书打破了其他同类图书中只注重实例操作过程而不注重设计理念和设计方法的传统写作模式，在力求做到内容丰富、案例经典、全面、写作步骤精炼、准确的同时，还相应地介绍了AutoCAD 2014室内装潢设计中读者必须首先掌握的室内设计理论知识，理论与实践相结合，使读者能轻松掌握AutoCAD2014室内装潢设计的实质内容，最终成为一个专业的AutoCAD室内装潢设计师。

随书光盘内容

为了让广大读者朋友更方便、更快捷地学习和使用本书，随书附有1张DVD光盘，光盘中收录了本书使用的部分案例的调用文件、最终效果文件、视频讲解文件以及CAD图块，读者可以比照学习。光盘内容如下：

- "图块文件"目录下存放的是本书图块源文件。
- "效果文件"目录下存放的是本书范例的最终效果。
- "样板文件"目录下存放的是本书样板文件。
- "视频文件"目录下存放的是本书案例的视频教学文件。

其他声明

本书由史宇宏、张传记执笔完成。史小虎、陈玉蓉、张伟、林永、张伟、赵明富、卢春洁、刘海芹、王莹、白春英、唐美灵、朱仁成、孙爱芳、徐丽、边金良、王海宾、樊明、罗云风等人也参与了本书的编写工作，在此一并表示感谢。

由于水平所限，书中如有不妥之处，恳请广大读者批评指正。

最后，感谢您选择本书，如对本书有何意见何建议，请您告诉我们，我们的联系方式是：

E－mail：bhpbangzhu◎163.com

编者著

目 录 CONTENTS

第1章 室内装饰装潢设计基础

第2章 室内设计样板与制图规范

第3章　普通住宅平面设计方案

第4章　普通住宅吊顶设计方案

第5章　普通住宅立面设计方案

第6章　跃层住宅一层设计方案

第7章 跃层住宅二层设计方案

第8章 酒店包间设计方案

第9章 KTV包厢室内设计方案

第10章 多功能厅设计方案

第11章 室内图纸的后期打印

第1章 Chapter 01

室内装饰装潢设计基础

- ☐ 室内装饰装潢设计概述
- ☐ 室内装饰装潢设计的具体内容
- ☐ 室内设计常见风格
- ☐ AutoCAD室内设计基础
- ☐ 室内常用图元的绘制与修改
- ☐ 室内图纸的标注与资源共享技能
- ☐ 室内装饰装潢设计常用尺寸
- ☐ 室内装饰装潢设计制图规范
- ☐ 本章小结

1.1 室内装饰装潢设计概述

本节概述室内装饰装潢的设计概念、设计步骤、设计原则以及设计范围等内容，使无专业基础的读者对其有一个快速的了解和认识。

1.1.1 装饰装潢设计概念

从广义上讲，"室内装饰装潢设计"是指包含人们一切生活空间的内部装饰装潢设计；从狭义上讲，"室内装饰装潢设计"可以理解为满足人们不同行为需求的建筑内部空间的装饰装潢设计，又或者在建筑环境中实现某些功能而进行的内部空间组织和创造性的活动。具体来说，室内装饰装潢设计就是根据建筑物的使用性质、所处环境、相应标准以及使用者需求，运用一定的物质技术手段和建筑美学原理，根据使用对象的特殊性以及他们所处的特定环境，对建筑内部空间进行的规划、组织和空间再造，从而营造出功能合理、舒适优美、满足人们物质生活和精神生活需要的室内环境。

1.1.2 装饰装潢设计步骤

室内装饰装潢设计一般可以分为设计准备阶段、方案设计阶段、施工图设计阶段和设计实施阶段四个步骤，具体内容如下。

➤ 设计准备阶段

设计准备阶段主要是接受委托任务书，明确设计期限并制定设计计划进度安排，明确设计任务和要求，熟悉设计有关的规范和定额标准，收集分析必要的资料和信息，包括对现场的调查踏勘以及对同类型实例的参观等。在签订合同或制定投标文件时，还包括设计进度安排，设计费率标准。

> ➤ 方案设计阶段

方案设计阶段是在设计准备阶段的基础上，进一步收集、分析、运用与设计任务有关的资料与信息，构思立意，进行初步方案设计，以及方案的分析与比较，确定初步设计方案，提供设计文件。室内初步方案的文件通常包括以下几个内容。

- ◆ 平面图，常用比例1：50，1：100。
- ◆ 室内立面展开图，常用比例1：20，1：50。
- ◆ 平顶图或仰视图，常用比例1：50，1：100。
- ◆ 室内透视图。
- ◆ 室内装饰材料实样版面。
- ◆ 设计意图说明和造价概算。

初步设计方案需经审定后，方可进行施工图设计。

> ➤ 施工图设计阶段

施工图设计阶段需要补充施工所必要的有关平面布置、室内立面和平顶等图纸，还需包括构造节点详细、细部大样图以及设备管线图，编制施工说明和造价预算。

> ➤ 设计实施阶段

设计实施阶段也即是工程的施工阶段。室内工程在施工前，设计人员应向施工单位进行设计意图说明及图纸的技术交底；工程施工期间需按图纸要求核对施工实况，有时还需根据现场实况提出对图纸的局部修改或补充；施工结束时，会同质检部门和建设单位进行工程验收。

1.1.3 装饰装潢设计原则

在进行室内装饰装潢设计时，需要充分考虑以下原则要求。

- ◆ 满足使用功能要求。室内设计是以创造良好的室内空间环境为宗旨，把满足人们在室内进行生活、工作、休息的要求置于首位，所以在室内设计时要充分考虑使用功能要求，使室内环境合理化、舒适化、科学化。

- ◆ 满足精神需求。室内设计在考虑使用功能要求的同时，还必须考虑精神需求。室内设计的精神需求就是要影响人们的情感，乃至影响人们的意志和行动，所以要研究人们的认识特征和规律；研究人的情感和意志；研究人和环境的相互作用。设计者要运用各种理论和手段去影响人的情感，使其升华，达到预期的设计效果。

- ◆ 满足现代技术要求。现代室内设计置身于现代科学技术的范畴之中，要使室内设计更好地满足精神需求，就必须最大限度地利用现代科学技术的最新成果，协调好建筑空间的创新和结构造型的创新，充分考虑结构造型中美的形象，把艺术和技术融合在一起，这就要求室内设计者必须具备必要的结构类型知识，熟悉和掌握结构体系的性能、特点。

- ◆ 符合地域特点与民族风格要求。由于人们所处的地区、地理气候条件的差异，各民族生活习惯与文化传统也会有所不同，同样，在建筑风格、室内设计方面也有所不同。在室内设计中要兼顾各自不同的风情特点，要体现出民族风格和地区特点。

1.1.4 装饰装潢设计范围

室内装饰装潢的设计范围并不仅仅局限于人们居住空间环境的设计，还包括一些限定性空间以及非限定空间环境的设计，具体如下：

◆ 人居环境空间设计。包括公寓住宅、别墅住宅、集合式住宅等。
◆ 限定性空间的设计。包括学校、幼儿园、办公楼、教堂等。
◆ 非限定性公共空间室内设计，包括旅馆、酒店、娱乐厅、图书馆、火车站、综合商业设施等。

在各类建筑中，不同类型的建筑之间还有一些使用功能相同的室内空间，例如，门厅、过厅、电梯厅、中庭、盥洗间、浴厕，以及一般功能的门卫室、办公室、会议室、接待室等。当然在具体工程项目的设计任务中，这些室内空间的规模、标准和相应的使用要求会有不少差异，需要具体分析。

1.2 室内装饰装潢设计具体内容

室内装饰装潢设计主要包括室内空间的再造与界面处理、室内家具、室内织物、室内陈设、室内照明、色室内彩以及室内绿化设计等。

1.2.1 室内建筑设计

室内建筑主要包括室内空间的组织和建筑界面的处理，它是确定室内环境基本形体和线形的设计，设计时以物质功能和精神功能为依据，考虑相关的客观环境因素和主观的身心感受。室内空间组织，包括平面布置，首先需要对原有建筑设计的意图充分理解，对建筑物的总体布局、功能分析、人流动向以及结构体系等有深入的了解，在室内设计时对室内空间和平面布置予以完善、调整或再创造。

室内界面处理是指对室内空间的各个围合，包括地面、墙面、隔断、平顶等各界的使用功能和特点的，界面的形状、图形线脚、肌理构成的设计，以及界面和结构的连接构造，界面和风、水、电等管线设施的协调配合等方面的设计。界面设计应从物质和人的精神审美方面来综合考虑。

1.2.2 家具与织物设计

家具是室内设计中的一个重要组成部分，与室内环境形成一个有机的统一整体。家具在室内设计中具体有以下作用。

◆ 为人们的日常起居、生活行为提供必要的支持和方便。
◆ 通过家具组织限定空间。
◆ 家具能装饰渲染气氛，陶冶审美情趣。
◆ 反映文化传统，表达个人信息。

在设计家具时需要考虑人的行为方式、人体工效学、功能性、形态、工艺与技术、经济等多方面的因素。

另外，当代织物已渗透到室内设计的各个方面，其种类主要有"地毯、窗帘、家具的蒙面织物、陈设覆盖织物、靠垫、壁挂"等。由于织物在室内的覆盖面积较大，所以对室内的气氛、格调、意境等起很大的作用，主要体现在"实用性、分隔性、装饰性"三方面。

1.2.3 室内陈设品设计

室内陈设也是室内设计中不可缺少的一项内容，室内陈设品的放置方式主要有"壁面装饰陈设、台面摆放陈设、橱架展示陈设、空中悬吊陈设"四种。

室内陈设品的布置原则主要有以下几个方面。

- ◆ 满足布景要求（在适当的必要的位置摆放）。
- ◆ 构图要求（规则式与不规则式）。
- ◆ 功能要求（如茶具等）。
- ◆ 动态要求（视季节性或具体情况增减和调整）。

1.2.4 室内照明设计

室内照明是指室内环境的自然光和人工照明，光照除了能满足正常的工作生活环境的采光、照明要求外，光照和光影效果还能有效地起到烘托室内环境气氛的作用。没有光也就没有空间、没有色彩、没有造型了，光可以使室内的环境得以显现和突出。

自然光可以向人们提供室内环境中时空变化的信息气氛，可以消除人们在六面体内的窒息感，它随着季节、昼夜的不断变化，使室内生机勃勃；人工照明可以恒定地描述室内环境和随心所欲地变换光色明暗，光影给室内带来了生命，加强了空间的容量和感觉，同时，光影的质和量也对空间环境和人的心理产生影响。

人工照明在室内设计中主要有"光源组织空间、塑造光影效果、利用光突出重点、光源演绎色彩"等作用，其照明方式主要有"整体（普通）照明、局部（重点）照明、装饰照明、综合（混合）照明"；其安装方式可分为台灯、落地灯、吊灯、吸顶灯、壁灯、嵌入式灯具、投射灯等。

1.2.5 室内色彩设计

色彩是室内设计中最为生动、最为活跃的因素，室内色彩往往给人们留下室内环境的第一印象。色彩最具表现力，通过人们的视觉感受产生的生理、心理和类似物理的效应，形成丰富的联想、深刻的寓意和象征。 色彩对人们的视知觉生理特性的作用是第一位的。不同的色彩色相会使人心理产生不同的联想。不同的色彩在人的心理上会产生不同的物理效应，如冷热、远近、轻重、大小等。感情刺激：如兴奋、消沉、热情、抑郁、镇静等。象征意义：如庄严，轻快、刚柔、富丽、简朴等。

室内色彩除对视觉环境产生影响外，还直接影响人们的情绪、心理。科学地运用色彩有利于工作，有助于健康，色彩处理得当既能符合功能要求又能取得美的效果。室内色彩除了必须遵守一般的色彩规律外，还随着时代审美观的变化而有所不同。

1.2.6 室内绿化设计

在室内设计中，绿化已成为改善室内环境的重要手段，具有不可替代的特殊作用。室内绿化可以吸附粉尘，改善室内环境条件，满足精神心理需求，美化室内环境，组织室内空间。更为重要的是，室内绿化使室内环境生机勃勃，带来自然气息，令人赏心悦目，柔化室内人工环境，在高节奏的现代生活中具有协调人们心理，使之平衡的作用。在运用室内绿化时，首先应考虑室内空间主题气氛等需求，通过室内绿化的布置，充分发挥其强烈的艺术感染力，加强和深化室内空间所要表达的主要思想；其次还要充分考虑使用者的生活习惯和审美情趣。

1.3 室内设计常见风格

室内设计的风格主要为传统风格、现代风格、后现代风格、自然风格以及混合型风格等。

➤ 传统风格

传统风格的室内设计，是在室内布置、线形、色调以及家具、陈设的造型等方面，吸取传统装饰"形"、"神"的特征。例如吸取我国传统木构架建筑室内的藻井天棚、挂落、雀替的构成和装饰，明、清家具造型和款式特征，又如西方传统风格中仿罗马风、哥特式、文艺复兴式、巴洛克、洛可可、古典主义等，传统风格常给人们以历史延续和地域文脉的感受，它使室内环境突出了民族文化渊源的形象特征。

➤ 现代风格

现代风格起源于1919年成立的鲍豪斯学派，该学派处于当时的历史背景，强调突破旧传统，创造新建筑，重视功能和空间组织，注意发挥结构构成本身的形式美，造型简洁，反对多余装饰，崇尚合理的构成工艺，讲究材料自身的质地和色彩的配置效果，发展了非传统的以功能布局为依据的不对称的构图手法。广义的现代风格也可泛指造型简洁新颖，具有时代感的建筑形象和室内环境。

➤ 后现代风格

后现代风格是对现代风格中纯理性主义倾向的批判，后现代风格强调建筑及室内装潢应具有历史的延续性，但又不拘泥于传统的逻辑思维方式，探索创新造型手法，讲究人情味，常在室内设置夸张、变形的柱式和断裂的拱券，或把古典构件的抽象形式以新的手法组合在一起，即采用非传统的混合、叠加、错位、裂变等手法和象征、隐喻等手段，以期创造一种溶感性与理性，集传统与现代，揉大众与行家于一体的即"亦此亦彼"的建筑形象与室内环境。

➤ 自然风格

自然风格倡导"回归自然"，美学上推崇自然、结合自然，在当今高科技、高节奏的社会生活中，使人们取得生理和心理的平衡，因此室内多用木料、织物、石材等天然材料，显示材料的纹理，清新淡雅。

此外，由于其宗旨和手法的相似，也可把田园风格归入自然风格一类。田园风格在室内环境中力求表现悠闲、舒畅、自然的田园生活情趣，也常运用天然木、石、藤、竹等材质质朴的纹理。巧于设置室内绿化，创造自然、简朴、高雅的氛围。

➤ 混合型风格

近年来，建筑设计和室内设计在总体上呈现多元化，兼容并蓄的状况。室内布置中也有既趋于现代实用，又吸取传统的特征，在装潢与陈设中溶古今中西于一体，例如传统的屏风、摆设和茶几，配以现代风格的墙面及门窗装修、新型的沙发；欧式古典的琉璃灯具和壁面装饰，配以东方传统的家具和埃及的陈设、小品等。

混合型风格虽然在设计中不拘一格，运用多种体例，但设计中仍然是匠心独具，深入推敲形体、色彩、材质等方面的总体构图和视觉效果。

1.4 AutoCAD室内设计基础

本节主要概述AutoCAD室内装饰装潢设计的软件操作基础必备技能，具体有工作空间与界面、文件基本操作、对象基本选择、绘图基本设置、视图实时调控以及坐标精确输入等。

1.4.1 工作空间与界面

"工作空间"指的是用于绘制图形、编辑图形、查看图形的一个综合性的空间，在此空间内，不仅有标题栏、状态栏、绘图区等界面元素，还包含一些可选择的界面元素，比如，菜单栏、工具栏、选项板、功能区等。

成功安装AutoCAD 2014软件之后，通过双击桌面上的 图标，或者单击"开始"|"程序"|"Autodesk"|"AutoCAD 2014"中的 AutoCAD 2014 选项，即可启动该软件，进入如图1-1所示的界面，此界面是"AutoCAD经典"工作空间下的界面。

为了方便不同用户高效率绘图，AutoCAD 2014版本为用户提供了多种工作空间界面，图1-1所示的经典界面则是一种传统的工作空间，如果用户为AutoCAD新用户，那么启动AutoCAD 2014软件后，则进入如图1-2所示的"二维草图与注释"工作空间。

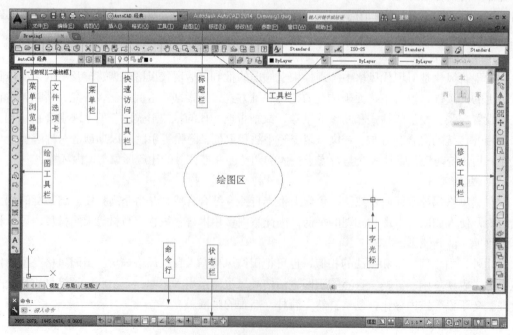

图1-1 "AutoCAD经典"工作空间

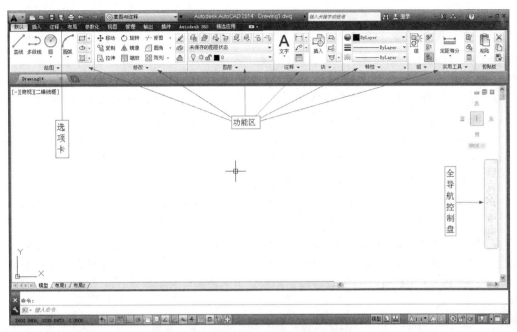

图1-2　"二维草图与注释"工作空间

　　除了"AutoCAD经典"和"二维草图与注释"两种工作空间外，AutoCAD 2014软件还为用户提供了"三维基础"和"三维建模"两种工作空间，以方便访问三维功能。另外，用户不仅可以根据自己的绘图习惯和需要选择相应的工作空间，还可以自定义、完善并保存自己的工作空间。

　　➤ AutoCAD工作空间的相互切换

　　工作空间的相互切换具体有以下几种。

　　◆ 单击标题栏上的 AutoCAD 经典 按钮，在展开的按钮菜单中选择相应的工作空间，如图1-3所示。

　　◆ 执行菜单栏中的"工具"|"工作空间"命令，选择工作空间。

　　◆ 在"工作空间"工具栏上展开"工作空间控制"下拉列表，如图1-4所示，选择相应的工作空间。

　　◆ 在状态栏上单击 AutoCAD 经典 按钮，从打开的下拉菜单中选择所需的工作空间，如图1-5所示。

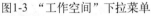

图1-3　"工作空间"下拉菜单　　　图1-4　"工作空间控制"列表　　　图1-5　下拉菜单

提示

无论选择何种工作空间，用户都可以在日后对其进行更改，也可以自定义并保存自己的自定义工作空间。

> AutoCAD 2014操作界面概述

AutoCAD具有良好的用户界面，从图1-1和图1-2所示的空间界面可以看出，AutoCAD 2014界面主要包括标题栏、菜单栏、工具栏、绘图区、命令行、状态栏、功能区几个部分，具体如下。

- 标题栏。标题栏位于界面最顶部，包括应用程序菜单、快速访问工具栏、程序名称显示区、信息中心和窗口控制按钮等。其中，"应用程序菜单"用于访问常用工具、搜索菜单和浏览最近的文档；"快速访问工具栏"用于访问某些命令以及自定义快速访问工具栏等。标题栏最右端的"最小化"、"恢复/最大化"、"关闭"按钮用于控制AutoCAD窗口的大小和关闭。

- 菜单栏。AutoCAD为用户提供了"文件"、"编辑"、"视图"、"插入"、"格式"、"工具"、"绘图"、"标注"、"修改"、"参数"、"窗口"和"帮助"12个主菜单，AutoCAD的常用制图工具都分门别类地排列在这些主菜单中，用户可以非常方便地启动各主菜单中的相关菜单项，进行绘图工作。另外，菜单栏最右边的按钮是AutoCAD文件的窗口控制按钮，用于控制图形文件窗口的显示。

提示

用户可以使用变量MENUBAR控制菜单栏的显示状态，变量值为1时，显示菜单栏；为0时，隐藏菜单栏。

- 工具栏。工具栏位于菜单栏的下侧和绘图区的两侧，将光标移至工具按钮上稍一停留，会出现相应的命令名称，在按钮上单击鼠标左键即可激活命令。在任一工具栏上单击鼠标右键，可打开工具栏菜单。共包括48种工具栏，其中带有"勾号"的工具栏表示当前已经被打开的工具栏，不带有此符号的表示该工具栏是关闭的。如果用户需要打开其他工具栏，只需在相应工具栏选项上单击鼠标左键，即可打开所需工具栏。

提示

由于AuoCAD的工作窗口有限，用户不可能将所有的工具栏都显示在工作界面内，只需将随时用到的一些工具栏打开，暂时不用的工具栏关闭，以扩大绘图区域。

- 绘图区。绘图区位于界面的正中央，图形的设计与修改工作就是在此区域内进行的。绘图区中的 符号即为十字光标，它由"拾取点光标"和"选择光标"叠加而成。绘图区左下部有3个标签，即模型、布局1、布局2。"模型"标签代表的是模型空间，是图形的主要设计空间；"布局1"和"布局2"分别代表了两种布局空间，主要用于图形的打印输出。

- 命令行。命令行位于绘图区下侧，它是用户与AutoCAD软件进行数据交流的平台，主要用于提示和显示用户当前的操作步骤，如图1-6所示。

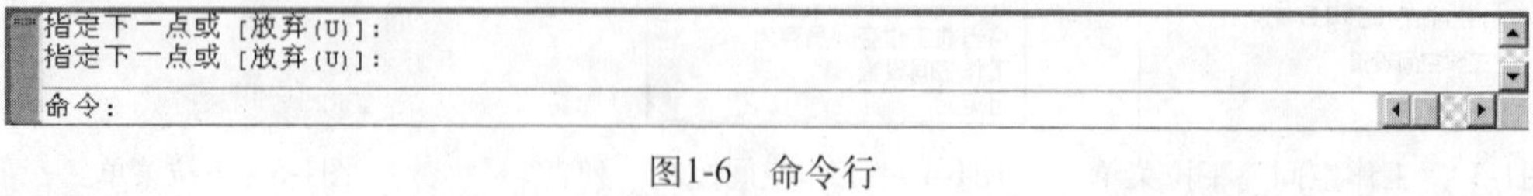

```
指定下一点或 [放弃(U)]:
指定下一点或 [放弃(U)]:
命令:
```

图1-6 命令行

提示

通过按F2功能键，系统会以"文本窗口"的形式显示更多的历史信息，再次按F2功能键，可关闭文本窗口。

◆ 状态栏。状态栏位于界面的最底部，左端为坐标读数器，用于显示十字光标所处位置的坐标值；中间为辅助功能区，用于点的精确定位、快速查看布局与图形以及界面元素的固定等。

1.4.2 文件基本操作

在绘图之前，首先需要设置相关的绘图文件，为此，了解和掌握与文件相关的技能是绘制图形的前提条件。

➢ 新建文件

当启动AutoCAD 2014后，系统会自动打开一个名为"Drawing1.dwg"的绘图文件，如果需要重新创建绘图文件，可以使用"新建"命令。执行此命令主要有以下几种方法。

◆ 执行菜单栏中的"文件"|"新建"命令。

◆ 单击"标准"工具栏或"快速访问工具栏"上的 按钮。

◆ 在命令行输入New。

◆ 按组合键Ctrl+N。

执行"新建"命令后，打开如图1-7所示的"选择样板"对话框，在此对话框中含有多种基本样板文件，其中，"acadISo-Named Plot Styles"和"acadiso"都是公制单位的样板文件，两者的区别就在于前者使用的打印样式为"命名打印样式"，后者为"颜色相关打印样式"，读者可以根据需求进行取舍。

选择"acadISo-Named Plot Styles"或"acadiso"样板文件后单击 打开⑩ 按钮，即可创建一张新的空白文件，进入AutoCAD的缺省设置的二维操作界面。

提示 •

另外，AutoCAD为用户提供了"无样板"方式创建绘图文件的功能，具体操作是在"选择样板"对话框中单击 打开⑩ ▼ 按钮右侧的下三角按钮，打开如图1-8所示的下拉菜单，在下拉菜单中选择"无样板打开—公制"选项，即可快速新建一个公制单位的绘图文件。

图1-7 "选择样板"对话框

图1-8 打开下拉菜单

➢ 保存文件

"保存"命令用于将绘制的图形以文件的形式进行存盘，存盘的目的就是为了方便以后查看、使用或修改编辑等。执行"保存"命令主要有以下几种方法。

◆ 执行菜单栏中的"文件"|"保存"命令。

◆ 单击"标准"工具栏或"快速访问工具栏"上的 ■按钮。

◆ 在命令行输入Save。

◆ 按组合键Ctrl+S。

执行"保存"命令后，可打开如图1-9所示的"图形另存为"对话框，在此对话框中，可以进行如下操作。

◆ 设置存盘路径。在"保存于"下拉列表内设置存盘路径。

◆ 设置文件名。在"文件名"文本框内输入文件的名称，如"我的文档"。

◆ 设置文件格式。单击对话框底部的"文件类型"下拉列表，在展开的下拉列表框内选择文件的格式类型，如图1-10所示。

图1-9 "图形另存为"对话框   图1-10 设置文件格式

> **提示**
>
> 默认的存储类型为"AutoCAD 2013图形（*.dwg）"，使用这种格式将文件存盘后，只能被AutoCAD 2013及其以后的版本打开，如果用户需要在AutoCAD的早期版本中打开此文件，必须使用低版本的文件格式进行存盘。

另外，当用户在已存盘的图形的基础上进行了其他的修改工作，又不想将原来的图形覆盖，可以使用"另存为"命令，将修改后的图形以不同的路径或不同的文件名进行存盘。执行"另存为"命令主要有以下几种方法。

◆ 执行菜单栏中的"文件"|"另存为"命令。

◆ 单击"快速访问工具栏"上的 ■按钮。

◆ 在命令行输入Saveas。

◆ 按组合键Crtl+Shift+S。

➢ 打开文件

当用户需要查看、使用或编辑已经存盘的图形时，可以使用"打开"命令将此图形打印。执行"打开"命令主要有以下几种方法。

◆ 执行菜单栏中的"文件"|"打开"命令。

◆ 单击"标准"工具栏或"快速访问工具栏"上的 ■按钮。

◆ 在命令行输入Open。

◆ 按组合键Ctrl+O。

执行"打开"命令后，系统将打开"选择文件"对话框，在此对话框中选择需要打开的图形文件，如图1-11所示。单击 打开(O) 按钮，即可将此文件打开。

➢ 清理文件

有时为了给图形文件进行"减肥"，以减小文件的存储空间，可以使用"清理"命令，将文件内部的一些无用的垃圾资源（如图层、样式、图块等）清理掉。执行"清理"命令主要有以下种方法。

◆ 执行菜单栏中的"文件"|"图形实用程序"|"清理"命令。

◆ 在命令行输入Purge。

◆ 使用命令简写PU。

执行"清理"命令，打开如图1-12所示的"清理"对话框，在此对话框中，带有"+"号的选项，表示该选项内含有未使用的垃圾项目，单击该选项将其展开，即可选择需要清理的项目，如果用户需要清理文件中的所有未使用的垃圾项目，可以单击对话框底部的 全部清理(A) 按钮。

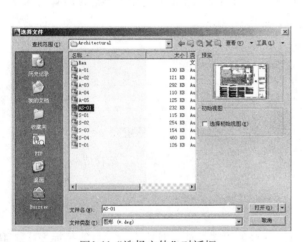

图1-11 "选择文件"对话框

图1-12 "清理"对话框

1.4.3 对象基本选择

"对象的选择"也是AutoCAD的重要基本技能之一，它常用于对图形进行修改编辑之前。常用的选择方式有点选、窗口和窗交三种。

➢ 点选

"点选"是最基本、最简单的一种对外选择方式，此种方式一次仅能选择一个对象。在命令行"选择对象："的提示下，系统自动进入点选模式，此时光标指针切换为矩形选择框状，将选择框放在对象的边沿上单击鼠标左键，即可选择该图形，被选择的图形对象以虚线显示，如图1-13所示。

图1-13 点选示例

➢ 窗口选择

"窗口选择"也是一种常用的选择方式，使用此方式一次可以选择多个对象。在命令行

"选择对象："的提示下从左向右拉出一个矩形选择框，此选择框即为窗口选择框，选择框以实线显示，内部以浅蓝色填充，如图1-14所示。当指定窗口选择框的对角点之后，所有完全位于框内的对象才能被选中，如图1-15所示。

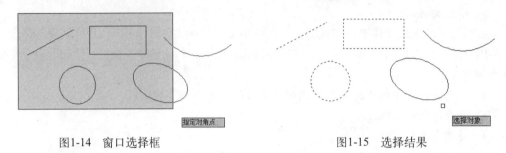

图1-14　窗口选择框　　　　　　　　　　图1-15　选择结果

> 窗交选择

"窗交选择"是使用频率非常高的选择方式，使用此方式一次也可以选择多个对象。在命令行"选择对象："提示下从右向左拉出一个矩形选择框，此选择框即为窗交选择框，选择框以虚线显示，内部以绿色填充，如图1-16所示。当指定选择框的对角点之后，所有与选择框相交和完全位于选择框内的对象都能被选中，如图1-17所示。

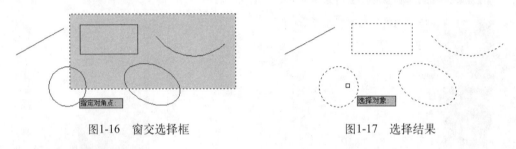

图1-16　窗交选择框　　　　　　　　　　图1-17　选择结果

1.4.4　绘图基本设置

本节主要学习AutoCAD 2014基本绘图环境的设置技能，具体有设置点的捕捉模式、追踪模式、图形界限及绘图单位等。

> 设置点的捕捉模式

"对象捕捉"功能用于精确定位图形上的特征点，以方便进行图形的绘制和修改操作。AutoCAD提供了13种对象捕捉功能，以对话框的形式出现的对象捕捉模式为"自动捕捉"，如图1-18所示，一旦设置了某种捕捉模式后，系统将一直保持着这种捕捉模式，直到用户取消为止。自动对象捕捉主要有以下几种启动方式：

◆ 按快捷键F3。

◆ 单击状态栏上的□按钮或 对象捕捉 按钮。

◆ 在图1-18所示的"草图设置"对话框中勾选"启用对象捕捉"复选项。

如果用户按住Ctrl键或Shift键，单击鼠标右键，可以打开如图1-19所示的捕捉菜单，此菜单中的各选项功能属于对象的临时捕捉功能。用户一旦激活了菜单栏上的某个捕捉功能，系统仅允许捕捉一次，用户需要重复捕捉对象特征点时，需要反复地执行临时捕捉功能。

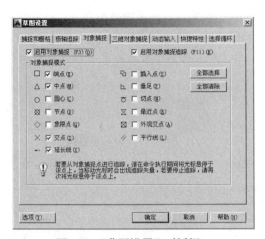

图1-18　"草图设置"对话框　　　　　　　　图1-19　临时捕捉菜单

13种对象捕捉功能如下。

◆ 端点捕捉⚲用于捕捉线、弧的两侧端点和矩形、多边形等角点。在命令行出现"指定点"的提示下激活此功能，然后将光标放在对象上，系统会在距离光标最近处显示出矩形状的端点标记符号，如图1-20所示。此时单击鼠标左键即可捕捉到该端点。

◆ 中点捕捉⚲用于捕捉到线、弧等对象的中点。激活此功能后将光标放在对象上，系统会在对象中点处显示出中点标记符号，如图1-21所示，此时单击鼠标左键即可捕捉到对象的中点。

◆ 交点捕捉✕用于捕捉对象之间的交点。激活此功能后，只需将光标放到对象的交点处，系统自动显示出交点标记符号，如图1-22所示，单击鼠标左键就可以捕捉到该交点。

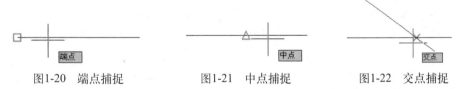

图1-20　端点捕捉　　　　　图1-21　中点捕捉　　　　　图1-22　交点捕捉

◆ 外观交点✕用于捕捉三维空间中、对象在当前坐标系平面内投影的交点，也可用于在二维制图中捕捉各对象的相交点或延伸交点。

◆ 延长线捕捉----用于捕捉线、弧等延长线上的点。激活此功能后将光标放在对象的一端，然后沿着延长线方向移动光标，系统会自动在延长线处引出一条追踪虚线，如图1-23所示，此时输入一个数值或单击鼠标左键，即可在对象延长线上捕捉点。

◆ 圆心捕捉◎用于捕捉圆、弧等对象的圆心。激活此功能后将光标放在圆、弧对象上的边缘上或圆心处，系统会自动在圆心处显示出圆心标记符号，如图1-24所示，此时单击鼠标左键即可捕捉到圆心。

图1-23　延长线捕捉　　　　　　　　图1-24　圆心捕捉

- 象限点捕捉 ◇用于捕捉圆、弧等的象限点，如图1-25所示。
- 切点捕捉 ○用于捕捉到圆弧、圆、椭圆、椭圆弧或样条曲线的切点，以绘制对象的切线，如图1-26所示。
- 垂足捕捉 ⊥用于捕捉到与圆、弧直线、多段线等对象上的垂足点，以绘制对象的垂线，如图1-27所示。

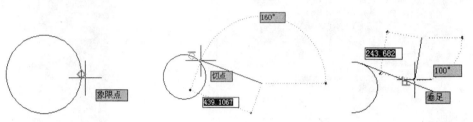

图1-25　象限点捕捉　　　　　图1-26　切点捕捉　　　　　图1-27　垂足捕捉

- 平行线捕捉 ∥用于捕捉一点，使已知点与该点的连线平行于已知直线。常用此功能绘制与已知线段平行的线段。激活此功能后，需要拾取已知对象作为平行对象，如图1-28所示，然后引出一条向两方无限延伸的平行追踪虚线，如图1-29所示。在此平行追踪虚线上拾取一点或输入一个距离值，即可绘制出与已知线段平行的线，如图1-30所示。

图1-28　拾取平行对象　　　　图1-29　引出平行追踪虚线　　　图1-30　绘制结果

- 节点捕捉 ⊙用于捕捉使用"点"命令绘制的对象，如图1-31所示。
- 插入点捕捉 ⊡用于捕捉图块、参照、文字、属性或属性定义等的插入点。
- 最近点捕捉 ⁄用于捕捉光标距离图形对象上的最近点，如图1-32所示。

图1-31　节点捕捉　　　　　　图1-32　最近点捕捉

➢　设置点的追踪模式

相对追踪功能主要在指定的方向矢量上进行捕捉定位目标点。具体有"正交追踪"、"极轴追踪"、"对象捕捉追踪"、"临时追踪点"四种。

- "正交追踪"用于将光标强制性地控制在水平或垂直方向上，以辅助绘制水平和垂直的线段。单击状态栏上的 ⌐按钮或按F8功能键，都可激活该命令。
- "极轴追踪"是按事先给定的极轴角及其倍数显示的相应方向追踪虚线，进行精确跟踪目标点。单击状态栏上的 ⌞按钮，或按F10键，都可激活此功能。另外，在如图1-33所示的"草图设置"对话框中勾选"启用极轴追踪"复选项，也可激活此功能，同时也可设置增量角。
- "对象捕捉追踪"也称为对象追踪，它是按与对象的某种特定关系来追踪点的，也就

是控制光标沿着基于对象特征点的对象追踪虚线进行追踪。按F11键或单击状态栏中的
⊿ 按钮，都可激活此功能。

◆ "临时追踪点" ⊶功能用于捕捉临时追踪点之外的X轴方向、Y轴方向上的所有点。
单击工具栏按钮⊶，或在命令行中输入"_tt"，都可以激活临时追踪点功能。

➢ 设置绘图单位

"单位"命令主要用于设置长度单位、角度单位、角度方向以及各自的精度等参数。执行
"图形单位"命令主要有以下几种方法。

◆ 执行菜单栏中的"格式"|"单位"命令。

◆ 在命令行输入Units或UN。

执行"单位"命令后，打开如图1-34所示的"图形单位"对话框，对话框主要用于设置如
下内容：

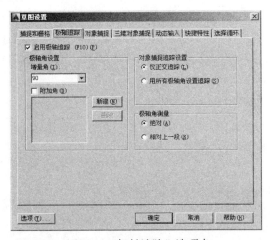

图1-33 "极轴追踪"选项卡

图1-34 "图形单位"对话框

◆ 设置长度单位。在"长度"选项组中单击"类型"下拉列表，设置长度的类型，默认
为"小数"。

提示

> AutoCAD提供了"建筑"、"小数"、"工程"、"分数"和"科学"五种长度类型。
> 单击该选框中的▼按钮，可从中选择需要的长度类型。

◆ 设置长度精度。展开"精度"下拉列表，设置单位的精度，默认为"0.000"，用户可
以根据需要设置单位的精度。

◆ 设置角度单位。在"角度"选项组中单击"类型"下拉列表，设置角度的类型，默认
为"十进制度数"。

◆ 设置角度精度。展开"精度"下拉列表，设置角度的精度，默认为"0"，用户可以根
据需要进行设置。

提示

> "顺时针"单选项用于设置角度的方向，如果勾选该选项，那么在绘图过程中就以顺时
> 针方向为正角度方向，否则以逆时针方向为正角度方向。

◆ "插入时的缩放单位"选项组用于确定拖放内容的单位，默认为"毫米"。

◆ 设置角度的基准方向。单击对话框底部的 方向(D)... 按
钮，打开如图1-35所示的"方向控制"对话框，用来设置
角度测量的起始位置。

图1-35 "方向控制"对话框

➢ 设置图形界限

"图形界限"指的是绘图的区域，它相当于手工绘图时事先
准备的图纸。设置"图形界限"最实用的一个目的，就是为了满
足不同范围的图形在有限绘图区窗口中的恰当显示，以方便视窗
的调整及用户的观察编辑等。

执行"图形界限"命令主要有以下几种方法。

◆ 执行菜单栏中的"格式"|"图形界限"命令。

◆ 在命令行输入Limits。

下面通过将某文件的图形界限设置为200×100，学习"图形界限"命令的使用方法和技
巧。具体操作如下。

① 执行"图形界限"命令，在命令行"指定左下角点或 [开（ON）/关（OFF）]
<0.0000,0.0000>："提示下，按Enter键，以默认原点作为图形界限的左下角点。

② 在命令行"指定右上角点<420.0000,297.0000>："提示
下，输入"200,100"，并按Enter键。

③ 执行菜单栏中的"视图"|"缩放"|"全部"命令，将图
形界限最大化显示。

④ 当设置了图形界限之后，可以开启状态栏上的"栅格"功
能，通过栅格线或点，可以将图形界限直观显示出来，如图1-36所示。

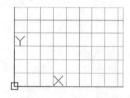

图1-36 图形界限的显示

提示·

> 当用户设置图形界限后，使用绘图界限的检测功能，可以将坐标值限制在设置的作图
> 区域内，这样就可以禁止绘制的图形超出所设置的图形界限。

1.4.5 视图调控技能

AutoCAD为用户提供了多种视图调控工具。使用这些视图调控工具，用户可以方便、直
观地控制视图，观察和编辑视图内的图形。常用调控功能如下。

➢ 平移视图

由于屏幕窗口有限，有时绘制的图形并不能完全显示在屏幕窗口内，此时使用"实时平
移"工具，对视图进行适当的平移，就可以显示出屏幕外被遮掩的图形。

此工具可以按照用户的意向平移视窗，激活该工具后，光标变为""形状，此时可以按
住鼠标左键向需要的方向平移，而且在任何时候都可以按Enter键或Esc键结束命令。

➢ 实时缩放

"实时缩放"工具是一个简捷实用的视图缩放工具，使用此工具可以实时地放大或缩小
视图。执行此功能后，屏幕上将出现一个放大镜形状的光标，此时便进入了实时缩放状态，按
住鼠标左键向下拖动可缩小视图；向上拖动鼠标，则可放大视图。

➢ 缩放视图

◆ "窗口缩放" 🔍用于缩放由两个角点定义的矩形窗口内的区域，使位于选择窗口内的图形尽可能地被放大。

◆ "动态缩放" 🔍用于动态地缩放视图。激活该工具后，屏幕将出现三种视图框，"蓝色虚线框"代表图形界限视图框，用于显示图形界限和图形范围中较大的一个；"绿色虚线框"代表当前视图框；"选择视图框"是一个黑色的实线框，它有平移和缩放两种功能，缩放功能用于调整缩放区域的大小，平移功能用于定位需要缩放的图形。

◆ "比例缩放" 🔍是按照指定的比例放大或缩小视图，在缩放过程中，视图的中心点保持不变。当输入的比例数值后加X时，表示相对于当前视图的缩放倍数；直接输入比例数字时，表示相对于图形界限的倍数；当输入比例数字后加字母XP时，表示根据图纸空间单位确定缩放比例。

◆ "中心缩放" 🔍表示将指定的点作为新视图的中心点，进行缩放视图。确定中心点后，AutoCAD要求用户输入放大系数或新视图的高度。如果在输入的数值后加一个X，则为放大倍数，否则AutoCAD将这一数值作为新视图的高度。

◆ "缩放对象" 🔍用于最大化显示所选择的图形对象。

◆ "放大" 🔍用于放大视图，单击一次，视图被放大一倍显示，连续单击，则连续放大视图。

◆ "缩小" 🔍用于缩小视图，单击一次，视图被缩小一倍显示，连续单击，则连续缩小视图。

◆ "全部缩放" 🔍用于最大化显示当前文件中的图形界限。如果绘制的图形有一部分超出了图形界限，AutoCAD将最大化显示图形界限和图形这两部分所决定的区域；如果图形的范围远远超出图形界限，那么AutoCAD将最大化显示视图内的所有图形。

◆ "范围缩放" 🔍用于最大化显示视图内的所有图形，使其最大限度地充满整个屏幕。

➢ 恢复视图

在对视图进行调整之后，使用"缩放上一个" 🔍工具可以将其恢复显示到上一个视图。单击一次按钮，系统将返回上一个视图，连续单击，可以连续恢复视图。AutoCAD一般可恢复最近的10个视图。

1.4.6 坐标输入技能

AutoCAD设计软件支持点的精确输入和点的捕捉追踪功能，用户可以使用此功能精确地定位点。在具体的绘图过程中，坐标点的精确输入主要包括"绝对直角坐标"、"绝对极坐标"、"相对直角坐标"和"相对极坐标"四种，具体内容如下。

➢ 绝对直角坐标

绝对直角坐标是以坐标系原点（0,0）为参考点，进行定位其他点的。其表达式为（x,y,z），可以直接输入该点的x、y、z绝对坐标值来表示点。如图1-37所示A点的绝对直角坐标为（4,7），其中，4表示从A点向X轴的引垂线，垂足与坐标系原点的距离为4个单位；7表示从A点向Y轴的引垂线，垂足与原点的距离为7个单位。

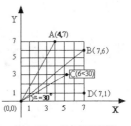

图1-37 坐标系示例

在默认设置下，当前视图为正交视图，用户在输入坐标点时，只需输入点的X坐标和Y坐标值即可。在输入点的坐标值时，其数字和逗号应在英文En方式下进行，坐标中X和Y之间必须以逗号分割，且标点必须为英文标点。

➤ 绝对极坐标

绝对极坐标也是以坐标系原点作为参考点，是通过某点相对于原点的极长和角度来定义点的。其表达式为（L<α），L表示某点和原点之间的极长，即长度；α表示某点连接原点的边线与X轴的夹角。

如图1-37中的C（6<30）点就是用绝对极坐标表示的，6表示C点和原点连线的长度，30度表示C点和原点连线与X轴的正向夹角。

在默认设置下，AutoCAD是以逆时针来测量角度的。水平向右为0°方向，然后是90°为垂直向上，180°为水平向左，270°垂直向下。

➤ 相对直角坐标

相对直角坐标是某一点相对于对照点X轴、Y轴和Z轴三个方向上的坐标变化。其表达式为（@x,y,z）。在实际绘图时，常把上一点看作参照点，后续绘图操作是相对于前一点而进行的。

在如图1-37所示的坐标系中，如果以B点作为参照点，使用相对直角坐标表示A点，那么表达式则为（@7-4,6-7）=（@3,-1）。

AutoCAD为用户提供了一种变换相对坐标系的方法，只要在输入的坐标值前加"@"符号，就表示该坐标值是相对于前一点的相对坐标。

➤ 相对极坐标

相对极坐标是通过相对于参照点的极长距离和偏移角度来表示的，其表达式为（@L<α），L表示极长，α表示角度。

在图1-37所示的坐标系中，如果以D点作为参照点，使用相对极坐标表示B点，那么表达式则为（@5<90），其中，5表示D点和B点的极长距离为5个图形单位，偏移角度为90°。

➤ 动态输入

在输入相对坐标点时，可配合状态栏上的"动态输入"功能，当激活该功能后，输入的坐标点被看作是相对坐标点，用户只需输入点的坐标值即可，不需要输入符号"@"，因系统会自动在坐标值前添加此符号。单击状态栏上的按钮，或按F12功能键，都可激活"动态输入"功能。

1.5 室内常用图元的绘制与修改

本节主要学习各类常用几何图元的绘制功能和图形的编辑细化功能，具体有点、线、曲线、折线、图形的复制与编辑等。

1.5.1 绘制常用图元

"单点"命令用于绘制单个点对象。执行此命令后,单击鼠标左键或输入点的坐标,即可绘制单个点,然后系统会自动结束命令。执行"单点"命令主要有以下几种方法:

◆ 执行"绘图"|"点"|"单点"命令。

◆ 在命令行输入Point或PO。

> **提示**
>
> 执行菜单栏中的"格式"|"点样式"命令,从打开的"点样式"对话框中可以选择点的样式,如图1-38所示,绘制的点将以当前选择的点样式进行显示,如图1-39所示。

"多点"命令可以连续地绘制多个点对象,直至按Esc键为止,如图1-40所示。执行"多点"命令主要有以下几种方法。

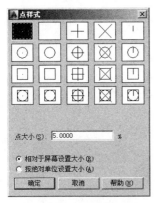
图1-38 设置点参数

图1-39 绘制单点

图1-40 绘制多点

◆ 执行菜单栏中的"绘图"|"点"|"多点"命令。

◆ 单击"绘图"工具栏中的 · 按钮。

执行"多点"命令后,其命令行操作如下:

命令:Point
当前点模式:PDMODE=0 PDSIZE=0.0000(Current point modes: PDMODE=0 PDSIZE=0.0000)
指定点: // 在绘图区给定点的位置

➢ 定数等分

"定数等分"命令用于将图形按照指定的等分数目进行等分,并在等分点处放置点标记符号。执行"定数等分"命令主要有以下几种方法:

◆ 执行菜单栏中的"绘图"|"点"|"定数等分"命令。

◆ 在命令行输入Divide或DIV。

绘制长度为100的水平线段,然后执行"定数等分"命令将其等分。命令行操作如下。

命令:_divide
选择要定数等分的对象: //单击刚绘制的线段。
输入线段数目或 [块 (B)]:   //5,按 Enter 键,等分结果如图 1-41 所示。

图1-41 等分结果

> **提示·**
>
> 对象被等分以后，并没有在等分点处断开，而是在等分点处放置了点的标记符号。

➤ 定距等分

"定距等分"命令用于将图形按照指定的等分间距进行等分，并在等分点处放置点标记符号。执行"定距等分"命令主要有以下几种方法：

◆ 执行菜单栏中的"绘图"|"点"|"定距等分"命令。

◆ 在命令行输入Measure或ME。

使用画线命令绘制长度为100的水平线段，然后执行"定距等分"命令将其等分。命令行操作如下。

命令：_measure
选择要定距等分的对象：　　　　　　//在绘制的线段左侧单击鼠标左键。
指定线段长度或 [块 (B)]：　　　　　//25，按 Enter 键，等分结果如图 1-42 所示。

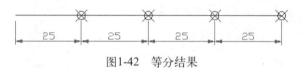

图1-42　等分结果

> **提示·**
>
> 在选择等分对象时，鼠标单击的位置即是对象等分的起始位置。

➤ 绘制直线

"直线"命令是最简单、最常用的一个绘图工具，常用于绘制闭合或非闭合图线。执行此命令主要有以下几种方法、

◆ 执行菜单栏中的"绘图"|"直线"命令。

◆ 单击"绘图"工具栏中的 ✏ 按钮。

◆ 在命令行输入Line或L。

执行"直线"命令后，命令行操作如下：

命令：_line
指定第一点：　　　　　　　　　　　//0,0，按 Enter 键，以原点作为起点。
指定下一点或 [放弃 (U)]：　　　　//300,0，按 Enter 键，定位第二点。
指定下一点或 [放弃 (U)]：　　　　//300<60，按 Enter 键，定位第三点。
指定下一点或 [闭合 (C)/ 放弃 (U)]：//c，按 Enter 键，闭合图形，结果如图 1-43 所示。

> **提示·**
>
> 使用"放弃"选项可以取消上一步操作；使用"闭合"选项可以绘制首尾相连的封闭图形。

➤ 绘制多线

"多线"命令用于绘制两条或两条以上的平行元素构成的复合线对象，如图1-44所示。执行"多线"命令主要有以下几种方法。

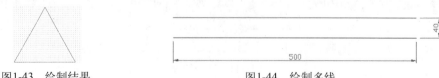

图1-43　绘制结果　　　　　　　　　　图1-44　绘制多线

◆ 执行菜单栏中的"绘图"|"多线"命令。

◆ 在命令行输入Mline或ML。

执行"多线"命令后，其命令行操作如下。

```
命令 : _mline
当前设置 : 对正 = 上，比例 = 20.00，样式 = STANDARD
指定起点或 [ 对正 (J)/ 比例 (S)/ 样式 (ST)]:          //s，按 Enter 键，激活"比例"选项。
```

> **提示**
>
> "比例"选项用于设置多线的比例，即多线宽度。另外，如果用户输入的比例值为负值，这多条平行线的顺序会产生反转。

```
输入多线比例 <20.00>:                     //40，按 Enter 键，设置多线比例。
当前设置 : 对正 = 上，比例 = 50.00，样式 = STANDARD
指定起点或 [ 对正 (J)/ 比例 (S)/ 样式 (ST)]:          // 在绘图区拾取一点作为起点。
指定下一点 :                              //@500,0，按 Enter 键。
指定下一点或 [ 放弃 (U)]:                  // 按 Enter 键，绘制结果如图 1-44 所示。
```

> **提示**
>
> "对正"选项用于设置多线的对正方式，AutoCAD提供了三种对正方式，即上对正、下对正和中心对正，如图1-45所示。

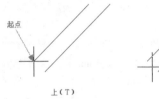 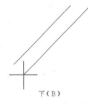

图1-45　三种对正方式

➤ 绘制多段线

"多段线"命令用于绘制由直线段或弧线段组成的图形，无论包含有多少条直线段或弧线段，系统都将其作为一个独立对象。执行"多段线"命令主要有以下几种方法：

◆ 执行菜单栏中的"绘图"|"多段线"命令。

◆ 单击"绘图"工具栏 按钮。

◆ 在命令行输入Pline或PL。

执行"多段线"命令后，命令行操作如下。

```
命令 : _pline
指定起点 :                                // 单击鼠标左键，定位起点。
当前线宽为 0.0000
指定下一个点或 [ 圆弧 (A)/ 半宽 (H)/ 长度 (L)/ 放弃 (U)/ 宽度 (W)]: //w，按 Enter 键。
指定起点宽度 <0.0000>:                     //10，按 Enter 键，设置起点宽度。
指定端点宽度 <10.0000>:                    // 按 Enter 键，设置端点宽度。
指定下一个点或 [ 圆弧 (A)/ 半宽 (H)/ 长度 (L)/ 放弃 (U)/ 宽度 (W)]: //@2000,0，按 Enter 键。
```

> **提示**
>
> "半宽"选项用于设置多段线的半宽，"宽度"选项用于设置多段线的起始宽度值，起始点的宽度值可以相同，也可以不同。

指定下一点或 [圆弧 (A)/ 闭合 (C)/ 半宽 (H)/ 长度 (L)/ 放弃 (U)/ 宽度 (W)]: //a, 按 Enter 键。

指定圆弧的端点或 [角度 (A)/ 圆心 (CE)/ 闭合 (CL)/ 方向 (D)/ 半宽 (H)/ 直线 (L)/ 半径 (R)/ 第二个点 (S)/ 放弃 (U)/ 宽度 (W)]:　　　 //@0,-1200, 按 Enter 键。

指定圆弧的端点或 [角度 (A)/ 圆心 (CE)/ 闭合 (CL)/ 方向 (D)/ 半宽 (H)/ 直线 (L)/ 半径 (R)/ 第二个点 (S)/ 放弃 (U)/ 宽度 (W)]:　　　 //l, 按 Enter 键, 转入画线模式。

指定下一点或 [圆弧 (A)/ 闭合 (C)/ 半宽 (H)/ 长度 (L)/ 放弃 (U)/ 宽度 (W)]:　　 //@-2000,0,按 Enter 键。

指定下一点或 [圆弧 (A)/ 闭合 (C)/ 半宽 (H)/ 长度 (L)/ 放弃 (U)/ 宽度 (W)]: //a, 按 Enter 键。

指定圆弧的端点或 [角度 (A)/ 圆心 (CE)/ 闭合 (CL)/ 方向 (D)/ 半宽 (H)/ 直线 (L)/ 半径 (R)/ 第二个点 (S)/ 放弃 (U)/ 宽度 (W)]:　　　 //cl, 按 Enter 键, 闭合图形, 绘制结果如图 1-46 所示。

> 绘制构造线

"构造线"命令用于绘制向两个方向无限延伸的直线。执行"构造线"命令主要有以下几种方法:

图1-46　绘制多段线

◆ 执行菜单栏中的"绘图"|"构造线"命令。

◆ 单击"绘图"工具栏 按钮。

◆ 在命令行输入Xline或XL。

执行"构造线"命令后, 其命令行操作如下。

命令 : _xline

指定点或 [水平 (H)/ 垂直 (V)/ 角度 (A)/ 二等分 (B)/ 偏移 (O)]:　// 在绘图区拾取一点。

指定通过点 :　　　　　 //@1,0, 按 Enter 键, 绘制水平构造线。

指定通过点 :　　　　　 //@0,1, 按 Enter 键, 绘制垂直构造线。

指定通过点 :　　　　　 //@1<45, 按 Enter 键, 绘制 45 度构造线。

指定通过点 :　　　　　 // 按 Enter 键, 结束命令, 绘制结果如图 1-47 所示。

◆ "水平"选项用于绘制水平构造线;"垂直"选项用于绘制垂直构造线。

◆ "角度"选项用于绘制具有一定角度的倾斜构造线。

◆ "二等分"选项用于在角的二等分位置上绘制构造线, 如图1-48所示。

◆ "偏移"选项用于绘制与所选直线平行的构造线, 如图1-49所示。

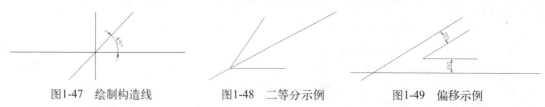

图1-47　绘制构造线　　　　　图1-48　二等分示例　　　　　图1-49　偏移示例

> "样条曲线"

"样条曲线"命令用于绘制由某些数据点拟合而成的光滑曲线, 选择"样条曲线"命令主要有以下几种方法。

◆ 执行菜单栏中的"绘图"|"样条曲线"命令。

◆ 单击"绘图"工具栏中的 按钮。

◆ 在命令行输入Spline或SPL。

执行"样条曲线"命令, 根据AutoCAD命令行的步骤提示绘制样条曲线。具体操作过程如下:

命令 : _spline

当前设置：方式＝拟合 节点＝弦
指定第一个点或 [方式 (M)/ 节点 (K)/ 对象 (O)]:   // 捕捉点 1。
输入下一个点或 [起点切向 (T)/ 公差 (L)]:   // 捕捉点 2。
输入下一个点或 [端点相切 (T)/ 公差 (L)/ 放弃 (U)/ 闭合 (C)]: 捕捉点 3。
输入下一个点或 [端点相切 (T)/ 公差 (L)/ 放弃 (U)/ 闭合 (C)]: 捕捉点 4。
输入下一个点或 [端点相切 (T)/ 公差 (L)/ 放弃 (U)/ 闭合 (C)]: // 按 Enter 键，结果如图 1-50 所示。

◆ "节点"选项用于指定节点的参数化，以影响曲线通过拟合点时的形状。

◆ "对象"选项用于把样条曲线拟合的多段线转变为样条曲线。

◆ "闭合"选项用于绘制闭合的样条曲线。

◆ "拟合公差"选项用于控制样条曲线对数据点的接近程度。

◆ "方式"选项主要用于设置样条曲线的创建方式，即使用拟合点或使用控制点，两种方式下样条曲线的夹点示例如图1-51所示。

图1-50 样条曲线示例   图1-51 两种方式的示例

➢ "圆弧"

"圆弧"命令是绘制弧形曲线的工具，AutoCAD提供了11种画弧功能，如图1-52所示。执行此命令主要有以下几种方法。

◆ 执行菜单栏中的"绘图"|"圆弧"级联菜单中的各命令。

◆ 单击"绘图"工具栏中的 🖊 按钮。

◆ 在命令行输入Arc或A。

默认设置下的画弧方式为"三点画弧"，用户只需指定3个点，即可绘制圆弧。除此之外，其他10种画弧方式可以归纳为以下4类，具体内容如下。

图1-52 11种画弧方式

◆ "起点、圆心"画弧方式分为"起点、圆心、端点"、"起点、圆心、角度"和"起点、圆心、长度"三种，如图1-53所示。当用户指定了弧的起点和圆心后，只需定位弧端点、角度或长度等，即可精确画弧。

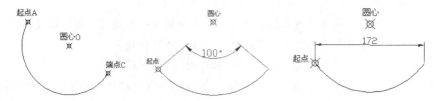

图1-53 "起点、圆心"方式画弧

◆ "起点、端点"画弧方式分为"起点、端点、角度"、"起点、端点、方向"和"起点、端点、半径"三种，如图1-54所示。当用户指定了圆弧的起点和端点后，只需定位出弧的角度、切向或半径，即可精确画弧。

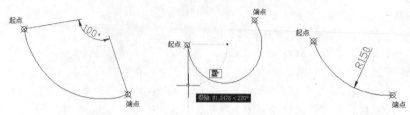

图1-54 "起点、端点"方式画弧

◆ "圆心、起点"画弧方式分为"圆心、起点、端点"、"圆心、起点、角度"和"圆心、起点、长度"三种,如图1-55所示。当指定了弧的圆心和起点后,只需定位出弧的端点、角度或长度,即可精确画弧。

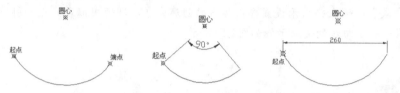

图1-55 "圆心、起点"方式画弧

◆ 连续画弧。当结束"圆弧"命令后,执行菜单栏中的"绘图"|"圆弧"|"继续"命令,可进入"连续画弧"状态,绘制的圆弧与前一个圆弧的终点连接并与之相切,如图1-56所示。

➢ "圆"

AutoCAD为用户提供了6种画圆命令,如图1-57所示,执行这些命令一般有以下几种方法:

◆ 执行菜单栏中的"绘图"|"圆"级联菜单中的各种命令。

◆ 单击"绘图"工具栏中的 ⊘ 按钮。

◆ 在命令行输入Circle或C。

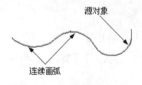

图1-56 连续画弧方式　　　　图1-57 6种画圆方式

各种画圆方式如下:

◆ "圆心、半径"画圆方式为系统默认方式,当用户指定圆心后,直接输入圆的半径,即可精确画圆。

◆ "圆心、直径"画圆方式用于指定圆心后,直接输入圆的直径,进行精确画圆。

◆ "两点"画圆方式用于指定圆直径的两个端点,进行精确画圆。

◆ "三点"画圆方式用于指定圆周上的任意三个点,进行精确画圆。

◆ "相切、相切、半径"画圆方式用于通过拾取两个相切对象,然后输入圆的半径,绘制出与两个对象都相切的圆图形,如图1-58所示。

◆ "相切、相切、相切"画圆方式用于绘制与已知的三个对象都相切的圆,如图1-59所示。

➢ "椭圆"

"椭圆"命令用于绘制由两条不等的轴所控制的闭合曲线,它具有中心点、长轴和短轴等几何特征。执行此命令主要有以下几种方法。

◆ 执行菜单栏中的"绘图"|"椭圆"命令，如图1-60所示。

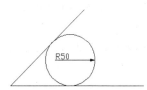 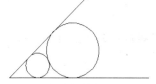 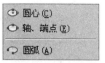

图1-58 "相切、相切、半径"画圆　　图1-59 "相切、相切、相切"画圆　　图1-60 椭圆子菜单

◆ 单击"绘图"工具栏中的 ⬭ 按钮。
◆ 在命令行输入Ellipse或EL。

下面通过绘制长度为150、短轴为60的椭圆，学习使用"椭圆"命令。命令行操作如下。

命令：_ellipse
指定椭圆轴的端点或 [圆弧 (A)/ 中心点 (C)]:　　// 拾取一点，定位椭圆轴的一个端点。
指定轴的另一个端点：　　//@150,0，按 Enter 键。
指定另一条半轴长度或 [旋转 (R)]:　　//30，按 Enter 键，绘制结果如图 1-61 所示。

另外一种画椭圆的方式为"中心点"方式，这种方式需要首先定位椭圆的中心，然后再指定椭圆轴的一个端点和椭圆另一个半轴的长度。命令行操作如下：

命令：_ellipse
指定椭圆轴的端点或 [圆弧 (A)/ 中心点 (C)]:　　//C，按 Enter 键。
指定椭圆的中心点：　　// 捕捉大椭圆的圆心。
指定轴的端点：　　//@0,30，按 Enter 键。
指定另一条半轴长度或 [旋转 (R)]:　　//20，按 Enter 键，绘制结果如图 1-62 所示。

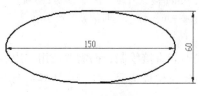 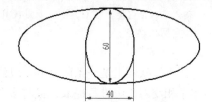

图1-61 绘制椭圆　　　　　　　图1-62 绘制内部椭圆

➤ "矩形"

"矩形"命令用于绘制矩形，执行此命令主要有以下几种方法。

◆ 执行菜单栏中的"绘图"|"矩形"命令。
◆ 单击"绘图"工具栏中的 ▭ 按钮。
◆ 在命令行输入Rectang或REC。

默认设置下画矩形的方式为"对角点"方式，用户只需定位出矩形的两个对角点，即可精确绘制矩形。命令行操作如下。

命令：_rectang
指定第一个角点或 [倒角 (C)/ 标高 (E)/ 圆角 (F)/ 厚度 (T)/ 宽度 (W)]:　　// 拾取一点。
指定另一个角点或 [面积 (A)/ 尺寸 (D)/ 旋转 (R)]: //@200,100，按 Enter 键，结果如图 1-63 所示。

◆ "尺寸"选项用于直接输入矩形的长度和宽度尺寸，绘制矩形。
◆ "倒角"选项用于绘制具有一定倒角的特征矩形，如图1-64所示。

◆ "圆角"选项用于绘制圆角矩形，如图1-65所示。在绘制圆角矩形之前，需要事先设置好圆角半径。

◆ "厚度"和"宽度"选项用于设置矩形各边的厚度和宽度，以绘制具有一定厚度和宽度的矩形。

◆ "标高"选项用于设置矩形在三维空间内的基面高度，即距离当前坐标系的XOY坐标平面的高度。

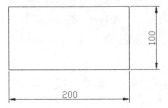

图1-63　绘制结果

图1-64　倒角矩形

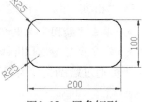

图1-65　圆角矩形

➤ "正多边形"

"正多边形"命令用于绘制等边、等角的封闭几何图形。执行此命令主要有以下几种方法。

◆ 执行菜单栏中的"绘图"|"正多边形"命令。

◆ 单击"绘图"工具栏中的⬡按钮。

◆ 在命令行输入Polygon或POL。

执行"正多边形"命令后，命令行操作如下。

```
命令：_polygon
输入边的数目 <4>:                    // 5，按 Enter 键，设置正多边形的边数。
指定正多边形的中心点或 [ 边 (E)]:     // 拾取一点作为中心点。
输入选项 [ 内接于圆 (I)/ 外切于圆 (C)] <I>:  // I，按 Enter 键，激活"内接于圆"选项。
指定圆的半径：                        // 100，按 Enter 键，绘制结果如图 1-66 所示。
```

➤ "边界"

"边界"实际上是一条闭合的多段线，此种多段线不能直接绘制，而需要使用"边界"命令从多个相交对象中进行提取，或将多个首尾相连的对象转化成边界。执行"边界"命令主要有以下几种方法。

◆ 执行菜单栏中的"绘图"|"边界"命令。

◆ 在命令行输入Boundary或BO。

下面通过从多个对象中提取边界，学习"边界"命令的使用方法。操作步骤如下：

① 根据图示尺寸，绘制如图1-67所示的矩形和圆。

② 执行"边界"命令，打开如图1-68所示的"边界创建"对话框。

图1-66　绘制结果

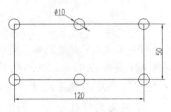

图1-67　绘制结果

图1-68　"边界创建"对话框

③ 采用默认设置，单击左上角的"拾取点"按钮🔲，返回绘图区，在矩形内部拾取一点，此时系统自动分析出一个闭合的虚线边界，如图1-69所示。

④ 在命令行"拾取内部点："的提示下，按Enter键，结束命令，创建出一个闭合的多段线边界。

⑤ 使用快捷键M激活"移动"命令，选择刚创建的闭合边界，将其外移，结果如图1-70所示。

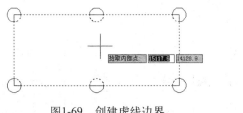
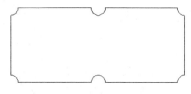

图1-69　创建虚线边界　　　　　　　　图1-70　移出边界

1.5.2　绘制图案填充

"图案"是由各种图线进行不同的排列组合而构成的一种图形元素，此类元素作为一个独立的整体被填充到各种封闭的区域内，以表达各自的图形信息，如图1-71所示。执行"图案填充"命令主要有以下几种方法。

- ◆ 执行菜单栏中的"绘图"|"图案填充"命令。
- ◆ 单击"绘图"工具栏中的🔲按钮。
- ◆ 在命令行输入Bhatch或H或BH。

➢ 绘制预定义图案

执行"图案填充"命令后，打开如图1-72所示的"图案填充和渐变色"对话框，在对话框内，AutoCAD提供了"预定义图案"和"用户定义图案"两种现有图案，下面学习预定义图案的具体填充过程。

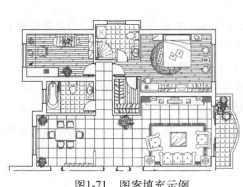

图1-71　图案填充示例　　　　　　图1-72　"图案填充和渐变色"对话框

① 打开光盘"\素材文件\卧室立面图.dwg"文件，如图1-73所示。

② 执行"图案填充"命令，在打开的"图案填充和渐变色"对话框中单击"样列"文本框中的图案，或单击"图案"列表右端的按钮 ┅┅ ，打开"填充图案选项板"对话框，选择如图1-74所示的填充图案。

③ 返回"图案填充和渐变色"对话框，设置填充比例为2，填充角度为0，如图1-75所示。

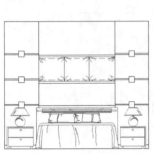
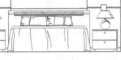

图1-73　打开结果　　　　　图1-74　选择填充图案　　　　图1-75　设置填充参数

提示：
"角度"下拉文本框用于设置图案的角度；"比例"下拉文本框用于设置图案的填充比例。

④ 单击"添加:选择对象"按钮 ⊞ ，返回绘图区，分别在如图1-76所示的A、B、C、E、F五个区域内部单击鼠标左键，指定填充边界。

⑤ 按Enter键返回"图案填充和渐变色"对话框，单击 确定 按钮结束命令，填充结果如图1-77所示。

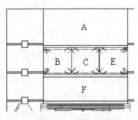
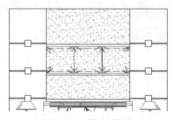

图1-76　定位填充边界　　　　　　　　　图1-77　填充结果

对话框选项解析。

◆ "添加:拾取点"按钮 ⊞ 用于在填充区域内部拾取任意一点，AutoCAD将自动搜索到包含该内点的区域边界，并以虚线显示边界。

◆ "添加:选择对象"按钮 ⊡ 用于直接选择需要填充的单个闭合图形。

◆ "删除边界"按钮 ⊡ 用于删除位于选定填充区内但不填充的区域。

◆ "查看选择集"按钮 ⊙ 用于查看所确定的边界。

◆ "继承特性"按钮 ⊡ 用于在当前图形中选择一个已填充的图案，系统将继承该图案类型的一切属性，并将其设置为当前图案。

◆ "关联"复选框与"创建独立的图案填充"复选框用于确定填充图形与边界的关系。分别用于创建关联和不关联的填充图案。

- ◆ "注释性"复选框用于为图案添加注释特性。
- ◆ "绘图次序"下拉列表用于设置填充图案和填充边界的绘图次序。
- ◆ "图层"下拉列表用于设置填充图案的所在层。
- ◆ "透明度"列表用于设置图案的透明度,拖曳下侧的滑块,可以调整透明度值。当指定透明度后,需要打开状态栏上的▨按钮,以显示透明效果。

➤ 绘制用户定义图案

下面通过为卧室立面墙填充墙面装饰线条图案,学习定义图案的填充过程。具体操作步骤如下。

① 在"图案填充和渐变色"对话框中展开"类型"下拉列表,选择"用户定义"图案类型,然后设置填充比例等参数,如图1-78所示。

② 单击"添加:选择对象"按钮⊞,返回绘图区指定填充边界,填充如图1-79所示的图案。

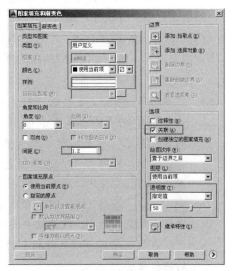

图1-78 设置填充图案和参数

"图案填充"选项卡用于设置填充图案的类型以及填充参数等,各常用选项如下:

- ◆ "类型"列表框内包含"预定义"、"用户定义"、"自定义"三种类型。"预定义"只适用于封闭的填充边界;"用户定义"可以使用当前线型创建填充图样;"自定义"使用自定义的PAT文件中的图样进行填充。
- ◆ "图案"列表框用于显示预定义类型的填充图案名称。用户可从下拉列表框中选择所需的图案。
- ◆ "相对于图纸空间"选项仅用于布局选项卡,它是相对于图纸空间单位进行图案的填充。运用此选项,可以使用适合于布局的比例显示填充图案。
- ◆ "间距"文本框可设置用户定义填充图案的直线间距,只有激活了"类型"列表框中的"用户自定义"选项时,此选项才可用。
- ◆ "双向"复选框仅适用于用户定义图案,勾选该复选框时,将增加一组与原图线垂直的线。
- ◆ "ISO笔宽"选项决定运用ISO剖面线图案的线与线之间的间隔,它只在选择ISO线型图案时才可用。

提示●

如果在"图案填充和渐变色"对话框中勾选了"双向"复选项,系统则为边界填充双向图案,如图1-80所示。

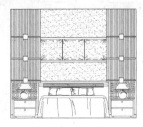

图1-79 填充结果

图1-80 双向填充示例

➤ 绘制渐变色图案

下面通过为灯罩和灯座填充渐变色，学习渐变色图案的填充过程。操作步骤如下。

① 展开"渐变色"选项卡，然后勾选"双色"单选项。

② 将颜色1设置为211号色；将颜色2设置为黄色，然后设置渐变方式等，如图1-81所示。

③ 单击"添加:选择对象"按钮 ，返回绘图区指定填充边界，填充如图1-82所示的渐变色。

"渐变色"选项卡解析。

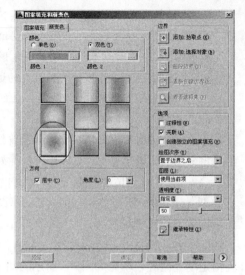

图1-81 设置渐变色

◆ "单色"单选项用于以一种渐变色进行填充； 显示框用于显示当前的填充颜色，双击该颜色框或单击其右侧的 按钮，可以打开"选择颜色"对话框，用户可根据需要选择所需的颜色。

◆ "暗—明"滑动条：拖动滑动块可以调整填充颜色的明暗度，如果激活了"双色"选项，此滑动条自动转换为颜色显示框。

◆ "双色"选项用于以两种颜色的渐变色作为填充色；"角度"选项用于设置渐变填充的倾斜角度。

➤ 孤岛检测与其他

◆ "边界保留"选项用于设置是否保留填充边界。默认为不保留填充边界。

◆ "允许间隙"选项用于设置填充边界的允许间隙值，处在间隙值范围内的非封闭区域也可填充图案。

◆ "继承选项"选项组用于设置图案填充的原点，即使用当前原点还是使用源图案填充的原点。

◆ "孤岛显示样式"选项组提供了"普通"、"外部"和"忽略"三种方式，如图1-83所示。其中，"普通"方式是从最外层的外边界向内边界填充，第一层填充，第二层不填充，如此交替进行；"外部"方式只填充从最外边界向内第一边界之间的区域；"忽略"方式忽略最外层边界以内的其他任何边界，以最外层边界向内填充全部图形。

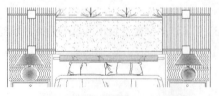

图1-82 填充渐变色

图1-83 孤岛填充样式

1.5.3 绘制复合图元

本节主要学习多重图形结构的快速创建功能，具体有"复制"、"镜像"、"偏移"、"矩形阵列"、"环形阵列"和"路径阵列"等。

➢ 复制图形

"复制"命令用于将图形对象从一个位置复制到其他位置。执行"复制"命令主要有以下几种方法。

◆ 执行菜单栏中的"修改"|"复制"命令。

◆ 单击"修改"工具栏中的 按钮。

◆ 在命令行输入Copy或Co。

执行"复制"命令后，其命令行操作如下。

```
命令：_copy
选择对象：                                        //选择内部的小圆。
选择对象：                                        //按Enter键，结束选择。
当前设置：复制模式＝多个
指定基点或[位移(D)/模式(O)]<位移>:              //捕捉圆心作为基点。
指定第二个点或[阵列(A)]<使用第一个点作为位移>:   //捕捉圆上象限点。
指定第二个点或[阵列(A)/退出(E)/放弃(U)]<退出>:  //捕捉圆下象限点。
……                                              //捕捉圆的其他象限点。
指定第二个点或[阵列(A)/退出(E)/放弃(U)]<退出>:  //按Enter键，复制结果如图1-84所示。
```

➢ 镜像图形

"镜像"命令用于将图形沿着指定的两点进行对称复制，源对象可以保留，也可以删除。执行"镜像"命令主要有以下几种方法。

◆ 执行菜单栏中的"修改"|"镜像"命令。

◆ 单击"修改"工具栏中的 按钮。

◆ 在命令行输入Mirror或MI。

执行"镜像"命令后，其命令行操作如下。

```
命令：_mirror
选择对象：                        //选择单开门图形。
选择对象：                        //按Enter键，结束选择。
指定镜像线的第一点：              //捕捉弧线下端点。
指定镜像线的第二点：              //@0,1，按Enter键。
要删除源对象吗？[是(Y)/否(N)]<N>:  //按Enter键，镜像结果如图1-85所示。
```

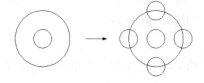

图1-84 复制结果

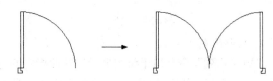

图1-85 镜像结果

➢ 偏移

"偏移"命令用于将图形按照指定的距离或目标点进行偏移复制。执行"偏移"命令主要有以下几种方法。

◆ 执行菜单栏中的"修改"|"偏移"命令。

◆ 单击"修改"工具栏中的 按钮。

◆ 在命令行输入Offset或O。

绘制半径为30的圆和长度为130的直线段，然后执行"偏移"命令将其偏移一段距离，命令行操作如下。

> 命令：_offset
> 当前设置：删除源 = 否 图层 = 源 OFFSETGAPTYPE=0
> 指定偏移距离或 [通过 (T)/ 删除 (E)/ 图层 (L)] <10.0000>: //20，按 Enter 键，设置偏移距离。
> 选择要偏移的对象，或 [退出 (E)/ 放弃 (U)] < 退出 >: // 单击圆形作为偏移对象。
> 指定要偏移的那一侧上的点，或 [退出 (E)/ 多个 (M)/ 放弃 (U)] < 退出 >:// 在圆的外侧拾取一点。
> 选择要偏移的对象，或 [退出 (E)/ 放弃 (U)] < 退出 >: // 单击直线作为偏移对象。
> 指定要偏移的那一侧上的点，或 [退出 (E)/ 多个 (M)/ 放弃 (U)] < 退出 >:// 在直线上侧拾取一点。
> 选择要偏移的对象，或 [退出 (E)/ 放弃 (U)] < 退出 >: // 按 Enter 键，结果如图 1-86 所示。

图1-86　偏移结果

提示·

"删除"选项用于将源偏移对象删除；"图层"选项用于设置偏移后的对象所在图层。

使用命令中的"通过"选项，可以指定偏移后目标对象的通过点，进行偏移源对象。其命令行操作如下。

> 命令：_offset
> 当前设置：删除源 = 否 图层 = 源 OFFSETGAPTYPE=0
> 指定偏移距离或 [通过 (T)/ 删除 (E)/ 图层 (L)] < 通过 >: //t，按 Enter 键。
> 选择要偏移的对象，或 [退出 (E)/ 放弃 (U)] < 退出 >: // 选择图 1-87 所示的圆。
> 指定通过点或 [退出 (E)/ 多个 (M)/ 放弃 (U)] < 退出 >: // 捕捉直线的左端点。
> 选择要偏移的对象，或 [退出 (E)/ 放弃 (U)] < 退出 >: // 按 Enter 键，偏移结果如图 1-88 所示。

图1-87　绘制结果　　　　　　　　　图1-88　偏移结果

➤ 矩形阵列

"矩形阵列"命令用于将图形对象按照指定的行数和列数，成"矩形"的排列方式进行大规模复制。执行"矩形阵列"命令主要有以下几种方法。

◆ 执行菜单"修改"|"阵列"|"矩形阵列"命令。
◆ 单击"修改"工具栏或面板上的 ⊞ 按钮。
◆ 在命令行输入Arrayrect或AR。

下面通过创建如图1-89所示的图形结构，学习"矩形阵列"命令的操作方法和操作技巧。操作步骤如下。

① 打开随书光盘"\素材文件\矩形阵列.dwg"文件，如图1-90所示。

② 执行"矩形阵列"命令，选择如图1-91所示的对象，进行阵列4份，其中，列偏移为

50。命令行操作如下。

```
命令：_arrayrect
选择对象：                                          // 拉出如图 1-91 所示的窗口选择框。
选择对象：                                          // 按 Enter 键。
类型 = 矩形 关联 = 否
选择夹点以编辑阵列或 [ 关联 (AS)/ 基点 (B)/ 计数 (COU)/ 间距 (S)/ 列数 (COL)/ 行数 (R)/ 层数
(L)/ 退出 (X)] < 退出 >：                           //COU，按 Enter 键。
输入列数或 [ 表达式 (E)] <4>:                        //4，按 Enter 键。
输入行数或 [ 表达式 (E)] <3>:                        // 按 Enter 键。
选择夹点以编辑阵列或 [ 关联 (AS)/ 基点 (B)/ 计数 (COU)/ 间距 (S)/ 列数 (COL)/ 行数 (R)/ 层数
(L)/ 退出 (X)] < 退出 >：                           //s，按 Enter 键。
指定列之间的距离或 [ 单位单元 (U)] <962.5583>       //50，按 Enter 键。
指定行之间的距离 <254.7591>:                        //1，按 Enter 键。
选择夹点以编辑阵列或 [ 关联 (AS)/ 基点 (B)/ 计数 (COU)/ 间距 (S)/ 列数 (COL)/ 行数 (R)/ 层数
(L)/ 退出 (X)] < 退出 >：                           // 按 Enter 键，阵列结果如图 1-92 所示。
```

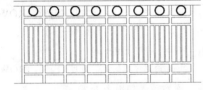

图1-89　矩形阵列示例

图1-90　打开结果

图1-91　窗口选择

③ 重复执行"矩形阵列"命令，框选如图1-93所示的图形阵列8列，列之间的距离为215，阵列后的夹点效果如图1-94所示。

图1-92　阵列结果

图1-93　窗交选择

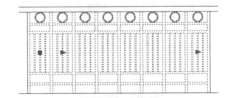

图1-94　阵列对象的夹点效果

➤ 环形阵列

"环形阵列"指的是将图形按照阵列中心点和数目，成"圆形"排列，以快速创建聚心结构图形。执行"环形阵列"命令主要有以下几种方法。

◆ 执行菜单"修改"|"阵列"|"环形阵列"命令。

◆ 单击"修改"工具栏或面板上的 ✛ 按钮。

◆ 在命令行输入Arraypolar或AR。

下面通过典型实例学习"环形阵列"命令的使用方法和操作技巧。操作步骤如下。

① 打开随书光盘中的"\素材文件\环形阵列.dwg"文件，如图1-95所示。

② 单击"修改"工具栏中的 ✛ 按钮，执行"环形阵列"命令，在窗口选择如图1-97所示的对象进行阵列。命令行操作如下。

```
命令：_arraypolar
选择对象：                                          // 拉出如图 1-96 所示的窗口选择框。
```

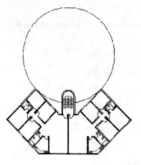

图1-95 打开结果

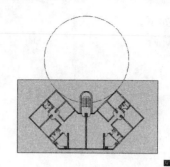

图1-96 窗口选择

选择对象: // 按 Enter 键。

类型 = 极轴 关联 = 否

指定阵列的中心点或 [基点 (B)/ 旋转轴 (A)]: // 捕捉如图 1-97 所示的圆心。

选择夹点以编辑阵列或 [关联 (AS)/ 基点 (B)/ 项目 (I)/ 项目间角度 (A)/ 填充角度 (F)/ 行 (ROW)/ 层 (L)/ 旋转项目 (ROT)/ 退出 (X)] < 退出 >: //I，按 Enter 键。

输入阵列中的项目数或 [表达式 (E)] <6>: //4，按 Enter 键。

选择夹点以编辑阵列或 [关联 (AS)/ 基点 (B)/ 项目 (I)/ 项目间角度 (A)/ 填充角度 (F)/ 行 (ROW)/ 层 (L)/ 旋转项目 (ROT)/ 退出 (X)] < 退出 >: //F，按 Enter 键。

指定填充角度 (+= 逆时针、-= 顺时针) 或 [表达式 (EX)] <360>: // 按 Enter 键。

选择夹点以编辑阵列或 [关联 (AS)/ 基点 (B)/ 项目 (I)/ 项目间角度 (A)/ 填充角度 (F)/ 行 (ROW)/ 层 (L)/ 旋转项目 (ROT)/ 退出 (X)] < 退出 >: // 按 Enter 键，阵列结果如图 1-98 所示。

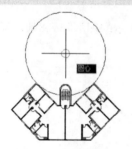

图1-97 捕捉圆心

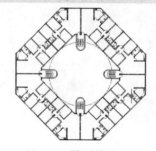

图1-98 阵列结果图

- ◆ "基点"选项用于设置阵列对象的基点。
- ◆ "旋转轴"选项用于指定阵列对象的旋转轴。
- ◆ "总项目数"文本框用于输入环形阵列的数量。
- ◆ "填充角度"文本框用于输入环形阵列的角度，正值为逆时针阵列，负值为顺时针阵列。
- ◆ "项目间角度"选项用于设置阵列对象间的角度。另外，用户也可通过单击右侧的按钮，在绘图窗区中直接指定两点来定义角度。

➢ 路径阵列

"路径阵列"命令用于将对象沿指定的路径或路径的某部分进行等距阵列，如图1-99所示。执行"环形阵列"命令主要有以下几种方法。

- ◆ 执行菜单"修改"|"阵列"|"路径阵列"命令。
- ◆ 单击"修改"工具栏或面板上的 按钮。
- ◆ 在命令行输入 Arraypath 或 AR。

图1-99 路径阵列

1.5.4 图形的编辑完善

> 修剪图形

"修剪"命令用于沿着指定的修剪边界，修剪掉图形上指定的部分。执行"修剪"命令主要有以下几种方法。

- ◆ 执行菜单栏中的"修改"|"修剪"命令。
- ◆ 单击"修改"工具栏中的 ⊹ 按钮。
- ◆ 在命令行输入Trim或TR。

执行"修剪"命令后，命令行操作如下。

命令：_trim

当前设置：投影 =UCS，边 = 无

选择剪切边 ...

选择对象或 < 全部选择 >:　　　　　　// 选择直线。

选择对象：　　　　　　　　　　　　// 按 Enter 键，结束选择。

选择要修剪的对象，或按住 Shift 键选择要延伸的对象，或 [栏选 (F)/ 窗交 (C)/ 投影式 (P)/ 边 (E)/ 删除 (R)/ 放弃 (U)]:　　　　　　// 在圆的上侧单击鼠标左键，定位需要修剪的部分。

选择要修剪的对象，或按住 Shift 键选择要延伸的对象，或 [栏选 (F)/ 窗交 (C)/ 投影 (P)/ 边 (E)/ 删除 (R)/ 放弃 (U)]:　　　　　　// 按 Enter 键，修剪结果如图 1-100 所示。

> **提示 ·**
>
> 当修剪多个对象时，可以使用"栏选"和"窗交"两种选项功能，而"栏选"方式需要绘制一条或多条栅栏线，所有与栅栏线相交的对象都会被修剪掉。

> 延伸图形

"延伸"命令用于延长对象至指定的边界上。执行"延伸"命令主要有以下几种方法。

- ◆ 执行菜单栏中的"修改"|"延伸"命令。
- ◆ 单击"修改"工具栏中的 ⊸ 按钮。
- ◆ 在命令行输入Extend或EX。

执行"延伸"命令后。命令行操作如下。

命令：_extend

当前设置：投影 =UCS，边 = 无

选择边界的边 ...

选择对象或 < 全部选择 >:　　　　　　// 选择水平线段。

选择对象：　　　　　　　　　　　　// 按 Enter 键，结束选择。

选择要延伸的对象，或按住 Shift 键选择要修剪的对象，或 [栏选 (F)/ 窗交 (C)/ 投影 (P)/ 边 (E)/ 放弃 (U)]:　　　　　　// 在垂直线段的下端单击鼠标左键。

选择要延伸的对象，或按住 Shift 键选择要修剪的对象，或 [栏选 (F)/ 窗交 (C)/ 投影 (P)/ 边 (E)/ 放弃 (U)]:　　　　　　// 按 Enter 键，延伸结果如图 1-101 所示。

　　　　图1-100　修剪结果　　　　　　　　　　　　图1-101　延伸结果

> 倒角图形

"倒角"命令是使用一条线段连接两个非平行的图线。执行"倒角"命令主要有以下几种方法。

◆ 执行菜单栏中的"修改"|"倒角"命令。

◆ 单击"修改"工具栏中的◻按钮。

◆ 在命令行输入Chamfer或CHA。

执行"倒角"命令后,命令行操作如下。

```
命令：_chamfer
("修剪"模式) 当前倒角距离 1 = 0.0000，距离 2 = 0.0000
选择第一条直线或 [ 放弃 (U)/ 多段线 (P)/ 距离 (D)/ 角度 (A)/ 修剪 (T)/ 方式 (E)/ 多个 (M)]:
                                        //d，按 Enter 键。
指定第一个倒角距离 <0.0000>:             //150，按 Enter 键，设置第一倒角长度。
指定第二个倒角距离 <25.0000>:            //100，按 Enter 键，设置第二倒角长度。
选择第一条直线或 [ 放弃 (U)/ 多段线 (P)/ 距离 (D)/ 角度 (A)/ 修剪 (T)/ 方式 (E)/ 多个 (M)]:
                                        //选择水平线段。
选择第二条直线，或按住 Shift 键选择直线以应用角点或 [ 距离 (D)/ 角度 (A)/ 方法 (M)]:
                                        //选择倾斜线段，结果如图 1-102 所示。
```

◆ "角度"选项用于指定倒角长度和倒角角度,对两图线进行倒角。

◆ "多段线"选项用于为整条多段线的所有相邻元素边同时进行倒角操作。

◆ "方式"选项用于确定倒角的方式。变量Chammode控制着倒角的方式,当变量值为0时,为距离倒角;当变量值为1时,为角度倒角。

◆ "修剪"选项用于设置倒角的修剪模式,如"修剪"和"不修剪"。当将倒角模式设置为"修剪"时,被倒角的图线将被修剪;当倒角模式设置为"不修剪"时,用于倒角的图线将不被修剪,如图1-103所示。

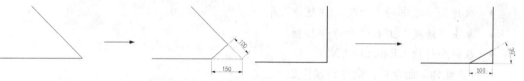

图1-102　倒角结果　　　　　　　　　图1-103　非修剪模式下的倒角

> 圆角图形

"圆角"命令使用一段圆弧光滑地连接两条图线。执行"圆角"命令主要有以下几种方法。

◆ 执行菜单栏中的"修改"|"圆角"命令。

◆ 单击"修改"工具栏中的◻按钮。

◆ 在命令行输入Fillet或F。

执行"圆角"命令后,命令行操作如下。

```
命令：_fillet
当前设置：模式 = 修剪，半径 = 0.0000
选择第一个对象或 [ 放弃 (U)/ 多段线 (P)/ 半径 (R)/ 修剪 (T)/ 多个 (M)]:      //r，按 Enter 键。
指定圆角半径 <0.0000>:                        //100，按 Enter 键，设置圆角半径。
选择第一个对象或 [ 放弃 (U)/ 多段线 (P)/ 半径 (R)/ 修剪 (T)/ 多个 (M)]:      //选择倾斜线段。
选择第二个对象，或按住 Shift 键选择对象以应用角点或 [ 半径 (R)]:
                                        //选择圆弧，结果如图 1-104 所示。
```

◆ "多段线"选项用于对多段线的每相邻元素进行圆角处理。

◆ "多个"选项用于为多个对象进行圆角处理，不需要重复执行命令。

◆ "修剪"选项用于设置圆角模式，即"修剪"和"不修剪"，"非修剪"模式下的圆角效果如图1-105所示。

图1-104 圆角结果 　　　　　　图1-105 非修剪模式下的圆角

➤ 打断图形

"打断"命令用于打断并删除图形上的一部分，或将图形打断为相连的两部分。执行"打断"命令主要有以下几种方法。

◆ 执行菜单栏中的"修改"|"打断"命令。

◆ 单击"修改"工具栏中的🔲按钮。

◆ 在命令行输入Break或BR。

执行"打断"命令后，命令行操作如下。

命令：_break	
选择对象：	//选择上侧的线段。
指定第二个打断点 或 [第一点 (F)]:	//f，按 Enter 键，激活"第一点"选项。
指定第一个打断点：	// 捕捉线段中点作为第一断点。
指定第二个打断点：	//@50,0，按 Enter 键，打断结果如图 1-106 所示。

➤ 合并图形

"合并"命令用于将同角度的两条或多条线段合并为一条线段，还可以将圆弧或椭圆弧合并为一个整圆和椭圆。执行此命令主要有以下几种方法。

◆ 执行菜单栏中的"修改"|"合并"命令。

◆ 单击"修改"工具栏中的⁺⁺按钮。

◆ 在命令行输入Join或J。

执行"合并"命令，将两条线段合并为一条线段，命令行操作如下。

命令：_join	
选择源对象或要一次合并的多个对象：	//选择左侧线段。
选择要合并的对象：	// 选择右侧线段。
选择要合并的对象：	// 按 Enter 键，合并结果如图 1-107 所示。
两条直线已合并为 1 条直线	

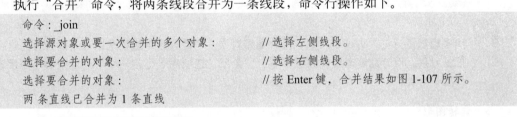

图1-106 打断结果 　　　　　　图1-107 合并线段

➤ 拉伸图形

"拉伸"命令通过拉伸图形中的部分元素，达到修改图形的目的。执行"拉伸"命令主要有以下几种方法。

◆ 执行菜单栏中的"修改"|"拉伸"命令。

◆ 单击"修改"工具栏中的按钮。

◆ 在命令行输入Stretch或S。

执行"拉伸"命令，命令行操作如下。

```
命令：_stretch
以交叉窗口或交叉多边形选择要拉伸的对象...
选择对象：                                // 拉出如图 1-108 所示的窗交选择框。
选择对象：                                // 按 Enter 键，结束选择。
指定基点或 [ 位移 (D)] < 位移 >：          // 捕捉矩形的左下角点。
指定第二个点或 < 使用第一个点作为位移 >：   // 捕捉矩形右下角点，结果如图 1-109 所示。
```

图1-108　窗交选择　　　　　　　　图1-109　拉伸结果

提示

当图形完全处于选择框内时，拉伸的结果只能是图形对象相对于原位置上的平移。

➢ 拉长图形

"拉长"命令主要用于更改直线的长度或弧线的角度。执行"拉长"命令主要有以下几种方法。

◆ 执行菜单栏中的"修改"|"拉长"命令。

◆ 在命令行输入Lengthen或LEN。

绘制长度为200的直线段，然后执行"拉长"命令，将线段拉长50个单位。命令行操作如下。

```
命令：_lengthen
选择对象或 [ 增量 (DE)/ 百分数 (P)/ 全部 (T)/ 动态 (DY)]： // DE，按 Enter 键。
输入长度增量或 [ 角度 (A)] <0.0000>：            // 50，按 Enter 键，设置长度增量。
选择要修改的对象或 [ 放弃 (U)]：                 // 在直线的左端单击鼠标左键。
选择要修改的对象或 [ 放弃 (U)]：                 // 按 Enter 键，拉长结果如图 1-110 所示。
```

提示

如果增量值为正，将拉长对象；反之缩短对象。"百分数"选项是以总长的百分比进行拉长对象，百分数值必须为正且非零；"全部"选项用于指定一个总长度或者总角度进行拉长对象。

➢ 旋转图形

"旋转"命令用于将图形围绕指定的基点进行旋转。执行"旋转"命令主要有以下几种方法。

◆ 执行菜单栏中的"修改"|"旋转"命令。

◆ 单击"修改"工具栏中的按钮。

◆ 在命令行输入Rotate或RO。

执行"旋转"命令，将矩形旋转30°放置。命令行操作如下。

```
命令：_rotate
UCS 当前的正角方向：ANGDIR= 逆时针 ANGBASE=0
选择对象：                            // 选择矩形。
```

选择对象：	// 按 Enter 键，结束选择。
指定基点：	// 捕捉矩形左下角点作为基点。
指定旋转角度，或 [复制 (C)/ 参照 (R)] <0>:	//30，按 Enter 键，旋转结果如图 1-111 所示。

图1-110　拉长线段　　　　　　　　　　　图1-111　旋转结果

➢ 缩放图形

"缩放"命令用于将图形进行等比放大或等比缩小。此命令主要用于创建形状相同、大小不同的图形结构。执行"缩放"命令主要有以下几种方法。

◆ 执行菜单栏中的"修改"|"缩放"命令。
◆ 单击"修改"工具栏中的 ▣ 按钮。
◆ 在命令行输入Scale或SC。

执行"缩放"命令后，其命令行操作如下。

命令：_scale	
选择对象：	// 选择如图 1-112（左）所示的图形。
选择对象：	// 按 Enter 键，结束选择。
指定基点：	// 捕捉一侧的中点。
指定比例因子或 [复制 (C)/ 参照 (R)] <1.0000>:	//0.5，按 Enter 键，结果如图 1-112（右）所示。

图1-112　缩放示例

➢ 移动图形

"移动"命令用于将图形从一个位置移动到另一个位置。执行"移动"命令主要有以下几种方法。

◆ 执行菜单栏中的"修改"|"移动"命令。
◆ 单击"修改"工具栏中的 ✥ 按钮。
◆ 在命令行输入Move或M。

执行"移动"命令后，命令行操作如下。

命令：_move	
选择对象：	// 选择如图 1-113 所示的矩形。
选择对象：	// 按 Enter 键，结束对象的选择。
指定基点或 [位移 (D)] < 位移 >:	// 捕捉矩形左侧垂直边的中点。
指定第二个点或 < 使用第一个点作为位移 >:	// 捕捉直线的右端点，结果如图 1-114 所示。

图1-113　定位基点　　　　　　　　　图1-114　移动结果

➢ 分解图形

"分解"命令用于将组合对象分解成各自独立的对象，以方便对各对象进行编辑。执行
"分解"命令主要有以下几种方法。

◆ 执行菜单栏中的"修改"|"分解"命令。

◆ 单击"修改"工具栏中的 按钮。

◆ 在命令行输入Explode或X。

例如，矩形是由四条直线元素组成的单个对象，如果用户需要对其中的一条边进行编辑，
则首先将矩形分解还原为四条线对象，如图1-115所示。

（分解前）   （分解后）

图1-115　分解示例

1.6 室内图纸的标注与资源共享

本节主要学习室内图纸的文字、尺寸等后期标注技能以及图形资源的组合、规划和共享技能。

1.6.1 标注图纸文字注释

➢ 设置文字样式

"文字样式"命令用于设置不同的字体、字高、倾斜角度、旋转角度以及一些其他的特殊
效果，如图1-116所示。执行"文字样式"命令主要有以下几种方法：

◆ 执行"格式"菜单栏中的"文字样式"命令。

◆ 单击"样式"工具栏中的 按钮。

◆ 在命令行输入Style或ST。

AutoCAD　　　　AutoCAD　　　　AutoCAD
培训中心　　　　培训中心　　　　培训中心

图1-116　文字效果示例

文字样式的设置、修改及效果的预览等一些操作，是在如图1-117所示的"文字样式"对
话框中进行的，使用上述方式中的任意一种，都可打开此对话框。

文字样式的设置步骤如下。

① 执行"文字样式"命令，在打开的"文字样式"对话框中单击 新建(N) 按钮，为新样
式命名，如图1-118所示。

② 单击 确定 按钮，然后在"字体"选项组中展开"字体名"下拉列表框，选择所需
的字体，如图1-119所示。

图1-117 "文字样式"对话框　　　　　　图1-118 命名　　　　图1-119 字体名列表框

③ 取消"使用大字体"复选项，所有AutoCAD编译型（.SHX）字体和已注册的TrueType字体都显示在此列表框内，用户可以选择某种字体作为当前样式的字体。

④ 在"高度"文本框中设置文字的高度。

⑤ 在"颠倒"复选框中设置文字为倒置状态；在"反向"复选框中设置文字为反向状态；在"垂直"复选框中控制文字呈垂直排列状态；在"倾斜角度"文本框用于控制文字的倾斜角度，如图1-120所示。

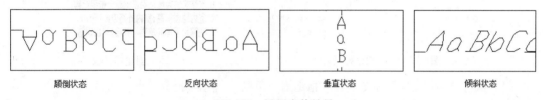

颠倒状态　　　　　反向状态　　　　　垂直状态　　　　　倾斜状态

图1-120　设置字体效果

⑥ 设置宽度比例。在"宽度比例"文本框内设置字体的宽高比。国标规定工程图样中的汉字应采用长仿宋体，宽高比为0.7。

⑦ 单击 预览(P) 按钮，在"预览"选项组中直观地预览文字的效果；单击 删除(D) 按钮，可以将多余的文字样式进行删除。

⑧ 单击 应用(A) 按钮，结果最后设置的文字样式被看作当前样式。

➤ 标注单行文字

"单行文字"命令用于创建单行或多行的文字对象，所创建的每一行文字，都被看作是一个独立的对象。执行"单行文字"命令主要有以下几种方法。

◆ 执行"绘图"菜单栏中的"文字"|"单行文字"命令。

◆ 单击"文字"工具栏中的 **A** 按钮。

◆ 在命令行输入Dtext或DT。

下面通过创建高度为10的两行文字，学习使用"单行文字"命令，操作如下。

① 执行"单行文字"命令，在"指定文字的起点或 [对正(J)/样式(S)]:"提示下，在绘图区拾取一点作为文字的插入点。

② 在"指定高度 <2.5000>:"提示下输入10并按Enter键。

③ 在"指定文字的旋转角度 <0>："提示下按Enter键，采用当前设置。

④ 此时绘图区出现如图1-121所示的单行文字输入框，然后在命令行输入"AutoCAD"，如图1-122所示。

⑤ 按Enter键换行，然后输入"培训中心"。

⑥ 连续两次按Enter键，结束"单行文字"命令，结果如图1-123所示。

AutoCAD

AutoCAD
培训中心

图1-121 单行文字输入框 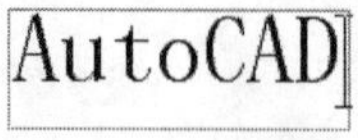   图1-122 输入文字 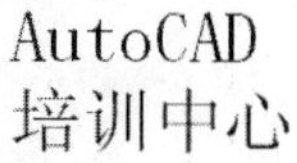   图1-123 创建文字

➤ 标注多行文字

"多行文字"命令用于创建较为复杂的文字，无论创建的文字包含多少行、多少段，AutoCAD都将其作为一个独立的对象。执行此命令主要有以下几种方法。

◆ 执行"绘图"菜单栏中的"文字"|"多行文字"命令。

◆ 单击"绘图"工具栏中的 **A** 按钮。

◆ 在命令行输入Mtext或T或MT。

下面通过创建如图1-125所示的设计要求，学习段落文字的创建方法和技巧。

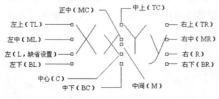

图1-124 文字的对正方式 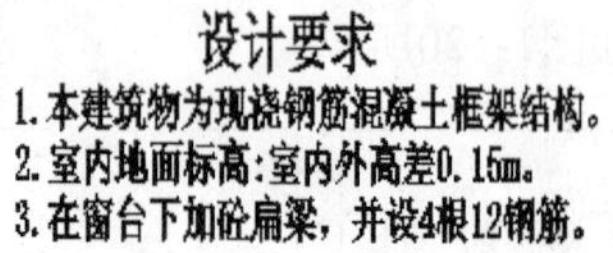   图1-125 创建段落文字

① 执行"多行文字"命令，在"指定第一角点:"提示下拾取一点。

② 在命令行"指定对角点或 [高度(H)/对正(J)/行距(L)/旋转(R)/样式(S)/宽度(W)/栏(C)]:"提示下，在绘图区拾取对角点，打开"文字格式"编辑器。

③ 单击"字体"列表框，选择列表中的"宋体"作为当前字体；在"文字高度"文本列表框内输入"12"。

④ 在下侧的文字输入框内单击鼠标左键，指定文字的输入位置，然后输入"设计说明"等字样作为标题内容，如图1-126所示。

⑤ 按Enter键进行换行，以输入其他文字内容。

⑥ 在"文字高度"下拉列表框中修改字体高度为9，然后输入如图1-127所示的三行文字内容。

图1-126 输入标题 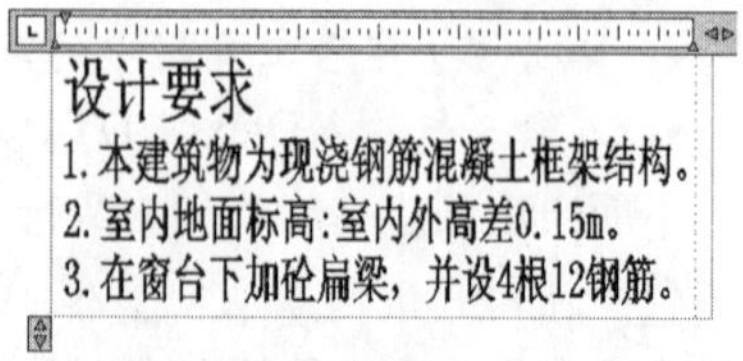   图1-127 输入段落文字

⑦ 将光标入在标题前，连续按空格键可向右移动标题内容，结果如图1-128所示。

➤ 标注引线文字

"快速引线"命令用于创建一端带有箭头、另一端带有文字注释的引线尺寸，其中，引线可以为直线段，也可以为平滑的样条曲线，如图1-129所示。

添加空格 ┄┄▶

图1-128 添加空格　　　　　　　图1-129 引线尺寸示例

在命令行输入Qleader或LE后按Enter键，即可激活"快速引线"命令。命令行操作如下。

命令：LE	// 按 Enter 键，激活"快速引线"命令。
QLEADER 指定第一个引线点或 [设置 (S)] < 设置 >:	// 在所需位置拾取第一个引线点。
指定下一点：	// 在所需位置拾取第二个引线点。
指定下一点：	// 在所需位置拾取第三个引线点。
指定文字宽度 <0>:	// 按 Enter 键。
输入注释文字的第一行 < 多行文字 (M)>:	// 庭院灯，按 Enter 键。
输入注释文字的下一行：	// 按 Enter 键，标注结果如图 1-130 所示。

提示●

> 激活"设置"选项后，可打开如图1-131所示的"引线设置"对话框。以修改和设置引线
> 点数、注释类型以及注释文字的附着位置等。

图1-130 标注引线注释　　　　　　图1-131 "引线设置"对话框

1.6.2 标注图纸常用尺寸

➤ 标注线性尺寸

"线性"命令是一个较为常用的尺寸标注工具，此工具用于标注两点之间的水平尺寸或垂直尺寸。执行"线性"命令主要有以下几种方法。

◆ 执行菜单栏中的"标注"|"线性"命令。

◆ 单击"标注"工具栏中的┠按钮。

◆ 在命令行输入Dimlinear或Dimlin。

首先绘制长度为200、宽度为100的矩形，然后执行"线性"命令，配合端点捕捉功能标注矩形的长度尺寸。命令行操作如下。

命令：_dimlinear	
指定第一个尺寸界限原点或 < 选择对象 >:	// 捕捉矩形左下角点。
指定第二条尺寸界限原点：	// 捕捉矩形右下角点。
指定尺寸线位置或 [多行文字 (M)/ 文字 (T)/ 角度 (A)/ 水平 (H)/ 垂直 (V)/ 旋转 (R)]:	

> // 在适当位置拾取一点，结果如图 1-132 所示。

标注文字 = 200

- "多行文字"选项用于手动编辑尺寸的文字内容，或添加尺寸前后缀等。
- "文字"选项用于通过命令行手动编辑尺寸文字的内容。
- "角度"选项用于设置尺寸文字的旋转角度，如图 1-133 所示。
- "水平"选项用于标注两点之间的水平尺寸，当激活该选项后，无论如何移动光标，所标注的始终是对象的水平尺寸。
- "旋转"选项用于设置尺寸线的旋转角度，如图 1-134 所示。

图1-132　标注长度尺寸　　　图1-133　角度示例　　　图1-134　旋转示例

- "垂直"选项用于标注两点之间的垂直尺寸。

➤ 标注对齐尺寸

"对齐"命令用于标注平行于所选对象或平行于两尺寸界限原点连线的直线型尺寸，此命令比较适合于标注倾斜图线的尺寸。执行"对齐"命令主要有以下几种方法。

- 执行菜单栏中的"标注"|"对齐"命令。
- 单击"标注"工具栏中的 按钮。
- 在命令行输入 Dimaligned 或 Dimali。

执行"对齐"命令后，其命令行操作如下。

```
命令：_dimaligned
指定第一个尺寸界限原点或 <选择对象>:          // 捕捉矩形的左上角点。
指定第二条尺寸界限原点：                       // 捕捉矩形的右下角点。
指定尺寸线位置或 [ 多行文字 (M)/ 文字 (T)/ 角度 (A)]: // 指定位置，结果如图 1-135 所示。
标注文字 = 223.613
```

➤ 标注点的坐标

"坐标"命令用于标注点的X坐标值和Y坐标值，所标注的坐标为点的绝对坐标，如图 1-136 所示。执行"坐标"命令主要有以下几种方法。

- 执行菜单栏中的"标注"|"坐标"命令。
- 单击"标注"工具栏中的 按钮。
- 在命令行输入 Dimordinate 或 Dimord。

➤ 标注弧长尺寸

"弧长"命令用于标注圆弧或多段线弧的长度尺寸，执行"弧长"命令主要有以下几种方法。

- 执行菜单栏中的"标注"|"弧长"命令。
- 单击"标注"工具栏中的 按钮。
- 在命令行输入 Dimarc。

执行"弧长"命令后，命令行操作如下。

```
命令：_dimarc
选择弧线段或多段线弧线段：                     // 选择需要标注的弧线段。
```

指定弧长标注位置或 [多行文字 (M)/ 文字 (T)/ 角度 (A)/ 部分 (P)/ 引线 (L)]:

　　　　　　　　　　　　　　　　　　// 指定弧长尺寸的位置，结果如图 1-137 所示。

标注文字 = 160

　　图1-135　标注对齐尺寸　　　　图1-136　点坐标标注示例　　　图1-137　弧长标注示例

➢　标注角度尺寸

　　"角度"命令用于标注图线间的角度尺寸或者圆弧的圆心角等。执行"角度"命令主要有以下几种方法。

◆　执行菜单栏中的"标注"|"角度"命令。

◆　单击"标注"工具栏中的△按钮。

◆　在命令行输入Dimangular或Angular。

执行"角度"命令后，命令行操作如下。

命令 : _dimangular

选择圆弧、圆、直线或 < 指定顶点 >:　　　　　　// 单击矩形的对角线。

选择第二条直线 :　　　　　　　　　　　　　　// 单击矩形的下侧水平边。

指定标注弧线位置或 [多行文字 (M)/ 文字 (T)/ 角度 (A) / 象限点 (Q)]:

　　　　　　　　　　　　　　　　　　// 在适当位置拾取一点，结果如图 1-138 所示。

➢　标注半径尺寸

　　"半径"命令用于标注圆、圆弧的半径尺寸，所标注的半径尺寸是由一条指向圆或圆弧的带箭头的半径尺寸线组成。执行"半径"命令主要有以下几种方法。

◆　执行菜单栏中的"标注"|"半径"命令。

◆　单击"标注"工具栏中的◎按钮。

◆　在命令行输入Dimradius或Dimrad。

执行"半径"命令后，命令行操作如下。

命令 : _dimradius

选择圆弧或圆 :　　　　　　　　　　　　　　// 选择需要标注的圆或弧对象。

标注文字 = 55

指定尺寸线位置或 [多行文字 (M)/ 文字 (T)/ 角度 (A)]:　　// 指定尺寸位置，结果如图 1-139 所示。

➢　标注直径尺寸

　　"直径"命令用于标注圆或圆弧的直径尺寸，执行"直径"命令主要有以下几种方法。

◆　执行菜单栏中的"标注"|"直径"命令。

◆　单击"标注"工具栏中的◎按钮。

◆　在命令行输入Dimdiameter或Dimdia。

执行"直径"命令后，命令行操作如下。

命令 : _dimdiameter

选择圆弧或圆 :　　　　　　　　　　　　　　// 选择需要标注的圆或圆弧。

标注文字 = 110

指定尺寸线位置或 [多行文字 (M)/ 文字 (T)/ 角度 (A)]:   // 指定尺寸的位置，如图 1-140 所示。

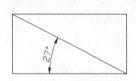

图1-138 标注角度尺寸

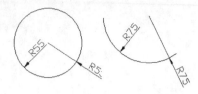

图1-139 半径尺寸示例

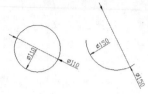

图1-140 直径尺寸示例

➢ 标注折弯尺寸

"折弯"命令用于标注含有折弯的半径尺寸，如图1-141所示。执行"折弯"命令主要有以下几种方法。

◆ 执行菜单栏中的"标注"|"弧长"命令。

◆ 单击"标注"工具栏中的 按钮。

◆ 在命令行输入Dimjogged。

执行"折弯"命令后，命令行操作如下。

命令：_dimjogged
选择圆弧或圆：   // 选择弧或圆作为标注对象。
指定图示中心位置：   // 指定中心线位置。
标注文字 = 175
指定尺寸线位置或 [多行文字 (M)/ 文字 (T)/ 角度 (A)]:   // 指定尺寸线位置,结果如图 1-141 所示。

➢ 创建基线尺寸

"基线"命令需要在现有尺寸的基础上，以所选择的尺寸界限作为基线尺寸的尺寸界限，进行创建基线尺寸。执行"基线"命令主要有以下几种方法。

◆ 执行菜单栏中的"标注"|"基线"命令。

◆ 单击"标注"工具栏中的 按钮。

◆ 在命令行输入Dimbaseline或Dimbase。

➢ 创建连续尺寸

"连续"命令也需要在现有的尺寸基础上创建连续的尺寸对象，所创建的连续尺寸位于同一个方向矢量上，如图1-142所示。执行"连续"命令主要有以下几种方法。

◆ 执行菜单栏中的"标注"|"连续"命令。

◆ 单击"标注"工具栏中的 按钮。

◆ 在命令行输入Dimcontinue或Dimcont。

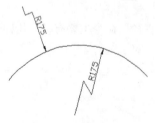

图1-141 折弯尺寸

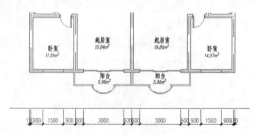

图1-142 连续尺寸

➢ 快速标注尺寸

"快速标注"命令用于一次标注多个对象间的水平尺寸或垂直尺寸，执行"快速标注"命令主要有以下几种方法。

◆ 执行菜单栏中的"标注"|"快速标注"命令。

◆ 单击"标注"工具栏中的按钮。

◆ 在命令行输入Qdim。

执行"快速标注"命令后，其命令行操作如下。

命令：_qdim

关联标注优先级＝端点

选择要标注的几何图形： // 选择如图 1-143 所示的七条垂直轴线。

选择要标注的几何图形： // 按 Enter 键，退出对象的选择状态。

指定尺寸线位置或 [连续 (C)/ 并列 (S)/ 基线 (B)/ 坐标 (O)/ 半径 (R)/ 直径 (D)/ 基准点 (P)/ 编辑 (E)/ 设置 (T)] < 连续 >： // 向下移动光标，在距离细部尺寸 850 单位的位置上，定位轴线尺寸，结果如图 1-144 所示。

图1-143 选择轴线

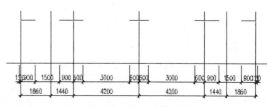

图1-144 轴线尺寸标注效果

➢ 打断标注

"标注打断"命令可以在尺寸线、延伸线与几何对象或其他标注相交的位置将其打断。执行"标注打断"命令主要有以下几种方法。

◆ 执行菜单栏中的"标注"|"标注打断"命令。

◆ 单击"标注"工具栏中的按钮。

◆ 在命令行输入Dimbreak。

执行"标注打断"命令后，命令行操作如下。

命令：_DIMBREAK

选择要添加 / 删除折断的标注或 [多个 (M)]： // 选择如图 1-145 所示的尺寸对象。

选择要打断标注的对象或 [自动 (A)/ 手动 (M)/ 删除 (R)] < 自动 >： // 选择矩形。

选择要打断标注的对象： // 按 Enter 键，打断结果如图 1-146 所示。

1 个对象已修改

图1-145 源尺寸

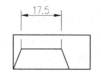

图1-146 打断结果

提示

"手动"选项用于手动定位打断位置；"删除"选项用于恢复被打断的尺寸对象。

➢ 标注间距

"标注间距"命令用于调整平行的线性标注和角度标注之间的间距，或根据指定的间距值进行调整。执行"等距标注"命令主要有以下几种方法。

◆ 执行菜单栏中的"标注"|"标注间距"命令。

◆ 单击"标注"工具栏中的圓按钮。

◆ 在命令行输入Dimspace。

执行"等距标注"命令，将如图1-147所示的尺寸线间的距离调整为10个单位，命令行操作如下。

命令：_DIMSPACE

选择基准标注：   // 选择尺寸文字为 16.0 的尺寸对象。

选择要产生间距的标注：   // 选择其他三个尺寸对象。

选择要产生间距的标注：   // 按 Enter 键，结束对象的选择。

输入值或 [自动 (A)] < 自动 >:   // 10，按 Enter 键，结果如图 1-148 所示。

图1-147 源尺寸   图1-148 调整结果

提示

 "自动"选项用于根据现有的尺寸位置，自动调整各尺寸对象的位置，使之间隔相等。

➢ 编辑标注

"编辑标注"命令用于修改尺寸文字的内容、旋转角度以及延伸线的倾斜角度等。执行"编辑标注"命令主要有以下几种方法。

◆ 执行菜单栏中的"标注"|"倾斜"命令。

◆ 单击"标注"工具栏中的按钮。

◆ 在命令行输入Dimedit。

➢ 编辑标注文字

"编辑标注文字"命令用于重新调整尺寸文字的放置位置以及尺寸文字的旋转角度。执行"编辑标注文字"命令主要有以下几种方法。

◆ 执行菜单栏中的"标注"|"对齐文字"级联菜单中的各命令。

◆ 单击"标注"工具栏中的按钮。

◆ 在命令行输入Dimtedit。

下面通过更改某尺寸标注文字的位置及角度，学习使用"编辑标注文字"命令。

① 标注如图1-149所示的线性尺寸，然后执行"编辑标注文字"命令，根据命令行提示编辑尺寸文字。命令行操作如下。

命令：_dimtedit

选择标注：   // 选择刚标注的尺寸对象。

为标注文字指定新位置或 [左对齐 (L)/ 右对齐 (R)/ 居中 (C)/ 默认 (H)/ 角度 (A)]:

             //a，按 Enter 键，激活"角度"选项。

指定标注文字的角度：   //15，按 Enter 键，结果如图 1-150 所示。

② 重复执行"编辑标注文字"命令，修改尺寸文字的位置。命令行操作如下。

```
命令：_dimtedit
选择标注：                              //选择如图1-150所示的尺寸。
为标注文字指定新位置或 [ 左对齐 (L)/ 右对齐 (R)/ 居中 (C)/ 默认 (H)/ 角度 (A)]:
                                       // L，按 Enter 键，修改结果如图 1-151 所示。
```

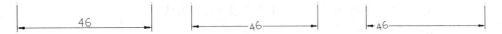

图1-149 标注尺寸   图1-150 更改尺寸文字的角度   图1-151 修改尺寸文字的位置

- ◆ "左对齐"选项用于沿尺寸线左端放置标注文字。
- ◆ "右对齐"选项用于沿尺寸线右端放置标注文字。
- ◆ "居中"选项用于把标注文字放在尺寸线的中心。
- ◆ "默认"选项用于将标注文字移回默认位置。
- ◆ "角度"选项用于按照输入的角度放置标注文字。

1.6.3 共享图形设计资源

➤ 创建块

"创建块"命令用于将单个或多个图形对象组合成一个整体图形单元，保存于当前图形文件内，以供重复引用。执行"创建块"命令主要有以下几种方法。

- ◆ 执行菜单栏中的"绘图"|"块"|"创建"命令。
- ◆ 单击"绘图"工具栏中的 按钮。
- ◆ 在命令行输入Block或Bmake或B。

下面学习"创建块"命令的使用方法和技巧。操作步骤如下。

① 打开随书光盘中的"\图块文件\平面椅.dwg"文件。

② 执行"创建块"命令，打开如图1-152所示的"块定义"对话框，在"名称"文本列表框内输入块名"平面椅"，在"对象"组合框中勾选"保留"单选钮，其他参数采用默认设置。

③ 在"基点"组合框中，单击"拾取点"按钮 ，返回绘图区，捕捉如图1-153所示的中点作为块的基点。

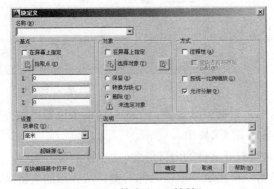

图1-152 "块定义"对话框

图1-153 捕捉中点

④ 单击"选择对象"按钮 ，返回绘图区选择平面椅图形，然后按Enter键返回到"块定义"对话框。

⑤ 单击 确定 按钮关闭"块定义"对话框，创建的图块存在于文件内部，将会与文件一起进行存盘。

➢ 插入块

"插入块"命令用于将图块或已存盘的图形文件引用到当前文件中，以组合更加复杂的图形，如图1-154所示，执行"插入块"命令主要有以下几种方法。

◆ 执行菜单栏中的"插入"|"块"命令。

◆ 单击"绘图"工具栏中的 按钮。

◆ 在命令行输入Insert或I。

➢ 使用设计中心共享图形资源

"设计中心"是AutoCAD软件的一个高级制图工具，主要用于CAD图形资源的管理、查看与共享等，与Windows的资源管理器界面功能相似，是一个直观、高效的制图工具。执行"设计中心"命令主要有以下几种方法。

◆ 执行菜单栏中的"工具"|"选项板"|"设计中心"命令。

◆ 单击"标准"工具栏中的 按钮。

◆ 在命令行输入Adcenter或ADC。

◆ 按组合键Ctrl+2。

用户不但可以随意查看本机上的所有设计资源，还可以将有用的图形资源以及图形的一些内部资源应用到自己的图纸中。具体操作过程如下。

① 执行"设计中心"命令，打开设计中心窗口，在左侧的树状窗口中查找并定位所需文件的上一级文件夹，然后在右侧窗口中定位所需文件。

② 此时在此文件图标上单击鼠标右键，从弹出的右键菜单中选择"插入为块"选项，如图1-155所示。

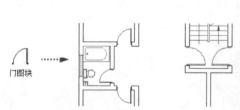

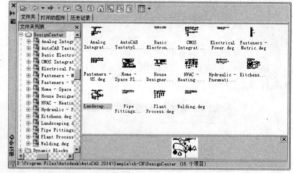

图1-154 图块的引用示例   图1-155 共享文件

③ 此时系统弹出"插入"对话框，根据实际需要，在此对话框中设置所需参数，单击 确定 按钮，即可将选择的图形共享到当前文件中。

④ 共享文件内部资源。首先定位并打开文件的内部资源，如图1-156所示。

⑤ 在设计中心右侧窗口中选择某一个图块，单击鼠标右键，从弹出的右键菜单中的选择"插入块"选项，就可以将此图块插入到当前图形文件中。

➢ 使用工具选项板共享图形资源

"工具选项板"有组织、共享图形资源和高效执行命令的功能，窗口中包含一系列选项板，这些选项板以选项卡的形式分布在"工具选项板"窗口中。执行"工具选项板"命令主要有以下几种方法。

- ◆ 执行菜单栏中的"工具"|"选项板"|"工具选项板"命令。
- ◆ 单击"标准"工具栏中的 按钮。
- ◆ 在命令行输入Toolpalettes。
- ◆ 按组合键Ctrl+3。

下面学习"工具选项板"的使用方法和技巧。操作步骤如下。

① 执行"工具选项板"命令，在打开的"工具选项板"窗口中展开"建筑"选项卡，如图1-157所示。

② 在"建筑"选项卡中单击"车辆-公制"图标，然后在"指定插入点或 [基点(B)/比例(S)/X/Y/Z/旋转(R)]："提示下，在绘图区拾取一点，将图例插入到当前文件内，结果如图1-158所示。

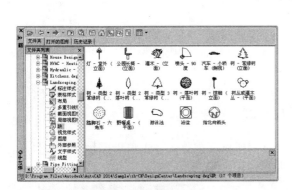 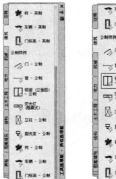 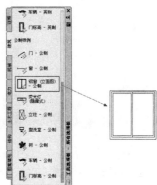

图1-156　浏览图块资源　　　　图1-157　"建筑"选项卡　　图1-158　插入结果

③ 另外，用户也可以将光标定位到"铝窗（立面图）-公制"图例上，然后按住鼠标左键不放，将其拖入到当前图形中。

1.6.4　规划管理设计资源

"图层"命令用于规划和组合复杂的图形。通过将不同性质、不同类型的对象（如几何图形、尺寸标注、文本注释等）放置在不同的图层上，可以很方便地通过图层的状态控制功能来显示和管理复制图形，以方便对其进行观察和编辑。执行"图层"命令主要有以下几种方法。

- ◆ 执行菜单栏中的"格式"|"图层"命令。
- ◆ 单击"图层"工具栏中的 按钮。
- ◆ 在命令行输入Layer或LA。
- ➢ 创建图层

在默认状态下AutoCAD仅为用户提供了"0图层"，在开始绘图之前一般需要根据图形的表达内容等因素设置不同类型的图层，下面通过创建三个图层，学习图层的具体创建过程，操作步骤如下。

① 执行"图层"命令，打开如图1-159所示的"图层特性管理器"对话框。

② 单击对话框中的 按钮，新图层将以临时名称"图层1"显示在列表中，如图1-160所示。

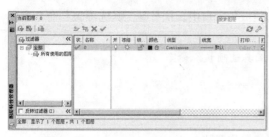

图1-159 "图层特性管理器"对话框

图1-160 新建图层

③ 用户在反白显示的"图层1"区域输入新图层的名称，如图1-161所示，创建第一个新图层。

④ 按组合键Alt+N，或再次单击 按钮，创建另外两个图层，结果如图1-162所示。

图1-161 输入图层名

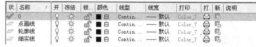

图1-162 创建新图层

提示
如果在创建新图层时选择了一个现有图层，或为新建图层指定了图层特性，那么以下创建的新图层将继承先前图层的一切特性（如颜色、线型等）。

⑤ 单击名为"点画线"的图层，在如图1-163所示的颜色区域上单击鼠标左键，打开"选择颜色"对话框，然后选择如图1-164所示的颜色。

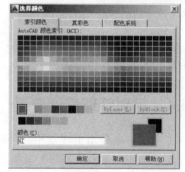

图1-163 修改图层颜色

图1-164 "选择颜色"对话框

⑥ 单击"选择颜色"对话框中的 确定 按钮，即可将图层的颜色设置为红色，结果如图1-165所示。

⑦ 参照上述操作，将"细实线"图层的颜色设置为102号色，结果如图1-166所示。

图1-165 设置颜色后的图层

图1-166 设置结果

⑧ 单击名为"点画线"的图层，在如图1-167所示的图层位置上单击鼠标左键，打开如图1-168所示的"选择线型"对话框。

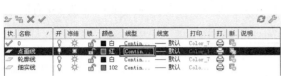

图1-167 指定单击位置　　　　　　图1-168 "选择线型"对话框

⑨ 在"选择线型"对话框中单击 加载(L)... 按钮，打开"加载或重载线型"对话框，选择"ACAD ISO04W100"线型，如图1-169所示。

⑩ 单击 确定 按钮，结果选择的线型被加载到"选择线型"对话框内，如图1-170所示。

图1-169 "加载或重载线型"对话框　　　　　　图1-170 加载线型

⑪ 选择刚加载的线型，单击 确定 按钮，即将此线型附加给当前被选择的图层，结果如图1-171所示。

⑫ 单击"轮廓线"图层，在如图1-172所示位置单击鼠标左键，打开如图1-173所示的"线宽"对话框。

图1-171 设置线型　　　　　　图1-172 修改层的线宽

⑬ 在"线宽"对话框中选择"0.30mm"线宽，然后单击 确定 按钮返回"图层特性管理器"对话框，"轮廓线"图层的线宽被设置为0.30mm，结果如图1-174所示。

图1-173 "线宽"对话框　　　　　　图1-174 设置结果

⑭ 单击 确定 按钮关闭"图层特性管理器"对话框。

> 图层的状态控制

为了方便对图形进行规划和状态控制，AutoCAD为用户提供了几种状态控制功能，具体有开关、冻结与解冻、锁定与解锁等，如图1-175所示。状态控制功能的启动主要有以下两种方式。

◆ 展开"图层控制"列表 〔 ♀ ☼ ⿰ ⿱ ■ 0　　　　　　　　▼ 〕，然后单击各图层左端的状态控制按钮。

◆ 在"图层特性管理器"对话框中双击相应图层。

♀ ☼ ⿰ ⿱

图1-175　状态控制图标

1.7 本章小结

本章在概述室内装饰装潢设计理念知识的基础上，主要讲述了使用AutoCAD 2014进行室内装饰装潢设计的基本操作技能以及室内图纸的绘制、修改、标注和资源的规划与共享技能，使读者快速了解相关的理论知识和初步应用AutoCAD，为后续章节的学习打下基础。通过本章的学习，能使无AutoCAD操作基础的读者和相关设计理论知识比较薄弱的读者，对其有一个宏观的认识和了解，如果读者对以上内容有所了解，也可以跳过本章内容，直接从第2章开始学习。

室内设计样板与制图规范

- □ 室内设计样板概述
- □ 设置室内样板绘图环境
- □ 设置室内样板图层及特性
- □ 设置室内样板绘图样式
- □ 绘制和填充图纸边框
- □ 室内样板图的页面布局
- □ 室内制图规范与常用尺寸
- □ 本章小结

2.1 室内设计样板概述

　　"绘图样板"也称为"绘图样板"或"样板文件"等,此类文件指的是包含一定的绘图环境、参数变量、绘图样式、页面设置等内容,但并未绘制图形的空白文件,当将此空白文件保存为".dwt"格式后,就成为了样板文件。

　　用户在样板文件的基础上绘图,可以避免许多参数的重复性设置,大大节省绘图时间,不但可提高绘图效率,还使绘制的图形更符合规范、更标准,保证图面、质量的完整统一。

　　如何在样板文件的基础上绘图呢?操作非常简单,只需要执行"新建"命令,在打开的"选择样板"对话框中选择并打开事先定制的样板文件即可,如图2-1所示。

图2-1 "选择样板"对话框

> 用户一旦定制了绘图样板文件，此样板文件会自动被保存在AutoCAD安装目录下的"Template"文件夹中。

绘图样板文件的制作思路，具体如下。

① 首先根据绘图需要，设置相应单位的空白文件。

② 设置模板文件的绘图环境，包括绘图单位、单位精度、绘图区域、捕捉模数、追踪模式以及常用系统变量等。

③ 设置模板文件的系列图层以及图层的颜色、线型、线宽、打印等特性，以便规划管理各类图形资源。

④ 设置模板文件的系列作图样式，具体包括各类文字样式、标注样式、墙线样式、窗线样式等。

⑤ 为绘图样板配置并填充标准图框。

⑥ 为绘图样板配置打印设备，设置打印页面等。

⑦ 最后将包含上述内容的文件存储为绘图样板文件。

2.2 设置室内样板绘图环境

下面以设置一个A2-H式的绘图样板文件为例，学习室内装潢绘图样板文件的详细制作过程和制作技巧。首先从设置绘图样板的绘图环境开始，具体内容包括绘图单位、图形界限、捕捉模数、追踪功能以及各种常用变量的设置等。

2.2.1 设置图形单位

① 单击"快速访问"或"标准"工具栏上的 ☐ 按钮，执行"新建"命令，打开"选择样板"对话框。

② 在"选择样板"对话框中选择"acadISO -Named Plot Styles"作为基础样板，新建空白文件，如图2-2所示。

提示•

> "acadISO -Named Plot Styles"是一个命令打印样式样板文件，如果用户需要使用"颜色相关打印样式"作为样板文件的打印样式，可以选择"acadiso"基础样式文件。

③ 执行"格式"菜单中"单位"命令，或使用快捷键UN激活"单位"命令，打开"图形单位"对话框。

④ 在"图形单位"对话框中设置长度类型、角度类型以及单位、精度等参数，如图2-3所示。

提示•

> 在系统默认设置下，是以逆时针作为角的旋转方向，其基准角度为"东"，也就是以坐标系X轴正方向作为起始方向。

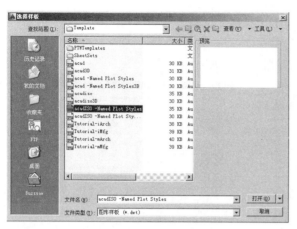 

图2-2 "选择样板"对话框   图2-3 设置单位与精度

2.2.2 设置图形界限

① 继续上一节的操作。

② 执行"格式"菜单中的"图形界限"命令，设置默认作图区域为59400×42000。命令行操作如下：

```
命令：'_limits
重新设置模型空间界限：
指定左下角点或 [ 开 (ON)/ 关 (OFF)] <0.0,0.0>：          // 按 Enter 键。
指定右上角点 <420.0,297.0>：                             //59400,42000，按 Enter 键。
执行"视图"菜单中的"缩放"|"全部"命令，将设置的图形界限最大化显示。
```

提示

> 如果用户想直观地观察到设置的图形界限，可按F7功能键，打开"栅格"功能，通过坐标的栅格线或栅格点，直观形象地显示出图形界限，如图2-4所示。

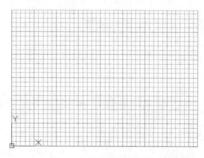

图2-4 栅格显示界限

2.2.3 设置捕捉追踪

① 继续上节的操作。

② 执行菜单"工具"|"草图设置"命令，或使用快捷键DS激活"草图设置"命令，打开"草图设置"对话框。

③ 在"草图设置"对话框中选择"对象捕捉"选项卡，启用和设置一些常用的对象捕捉功能，如图2-5所示。

④ 展开"极轴追踪"选项卡，设置追踪参数，如图2-6所示。

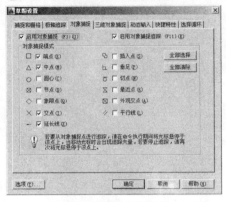
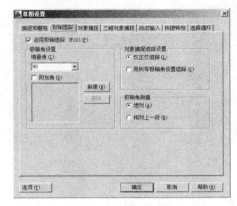

图2-5 设置捕捉参数   图2-6 设置追踪参数

⑤ 单击 确定 按钮，关闭"草图设置"对话框。

提示

在此设置的捕捉和追踪参数，并不是绝对的，用户可以在实际操作过程中随时更改。

⑥ 按12功能键，打开状态栏上的"动态输入"功能。

2.2.4 设置系统变量

① 继续上节的操作。

② 在命令行输入系统变量"LTSCALE"，以调整线型的显示比例。命令行操作如下：

命令：LTSCALE   // 按 Enter 键。
输入新线型比例因子 <1.0000>:   // 100，按 Enter 键。
正在重生成模型。

③ 使用系统变量"DIMSCALE"设置和调整尺寸标注样式的比例。具体操作如下：

命令：DIMSCALE   // 按 Enter 键。
输入 DIMSCALE 的新值 <1>:   //100，按 Enter 键。

提示

将尺寸比例调整为100，并不是绝对参数值，用户也可根据实际情况进行修改。

④ 系统变量"MIRRTEXT"用于设置镜像文字的可读性。当变量值为0时，镜像后的文字具有可读性；当变量为1时，镜像后的文字不可读。具体设置如下：

命令：MIRRTEXT   // 按 Enter 键。
输入 MIRRTEXT 的新值 <1>:   // 0，按 Enter 键。

⑤ 由于属性块的引用一般有"对话框"和"命令行"两种形式，可以使用系统变量"ATTDIA"控制属性值的输入方式。具体操作如下：

命令：ATTDIA   // 按 Enter 键。
输入 ATTDIA 的新值 <1>:   //0，按 Enter 键。

提示

当变量ATTDIA=0时，系统将以"命令行"形式提示输入属性值；为1时，以"对话框"形式提示输入属性值。

⑥ 最后执行"保存"命令，将当前文件命名存储为"设置绘图环境.dwg"。

2.3　设置室内样板图层及特性

下面通过设置常用的图层及图层特性，讲述层及层特性的设置方法和技巧，以方便用户对各类图形资源进行组织和管理。

2.3.1　设置常用图层

① 执行"打开"命令，打开上例存储的"设置绘图环境.dwg"文件。

② 单击"图层"工具栏上的 按钮，执行"图层"命令，打开如图2-7所示的"图层特性管理器"对话框。

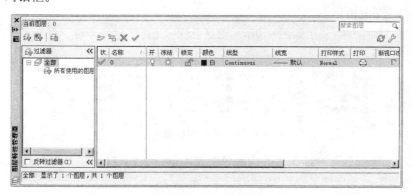

图2-7　"图层特性管理器"对话框

③ 单击"新建图层"按钮 ，在如图2-8所示的"图层"位置上输入"轴线层"，创建一个名为"轴线层"的新图层。

图2-8　新建图层

提示

图层名最长可达255个字符，可以是数字、字母或其他字符；图层名中不允许含有大于号（＞）、小于号（＜）、斜杠（／）、反斜杠（＼）以及标点符号等；另外，为图层命名时，必须确保图层名的唯一性。

④ 连续按Enter键，分别创建"墙线层、门窗层、楼梯层、文本层、尺寸层、其他层"等10个图层，如图2-9所示。

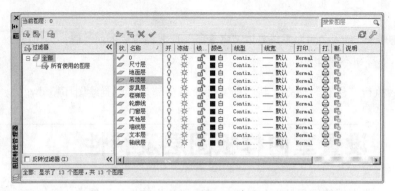

图2-9　设置图层

2.3.2　设置图层颜色

① 继续上节的操作。

② 选择"轴线层"，在如图2-10所示的颜色图标上单击鼠标左键，打开"选择颜色"对话框。

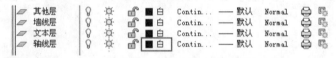

图2-10　修改图层颜色

③ 在"选择颜色"对话框中的"颜色"文本框中输入"124"，为所选图层设置颜色值，如图2-11所示。

④ 单击　确定　按钮返回"图层特性管理器"对话框，"轴线层"的颜色被设置为"126"号色，如图2-12所示。

图2-11　"选择颜色"对话框

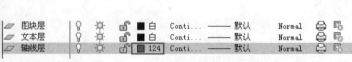

图2-12　设置结果

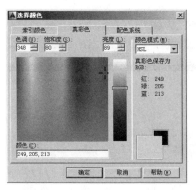

图2-13 "真彩色"选项卡

图2-14 "颜色库"选项卡

⑤ 参照第2~4操作步骤，分别为其他图层设置颜色特性，设置结果如图2-15所示。

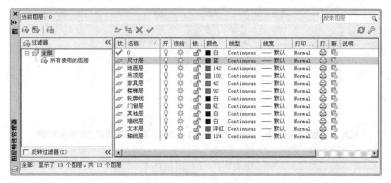

图2-15 设置颜色特性

2.3.3 设置与加载线型

① 继续上节的操作。

② 选择"轴线层"，在如图2-16所示的"Continuous"位置上单击鼠标左键，打开"选择线型"对话框。

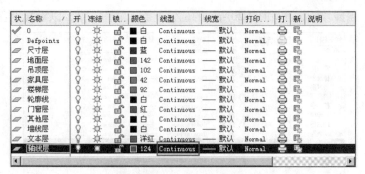

图2-16 指定位置

③ 在"选择线型"对话框中单击 加载... 按钮，从打开的"加载或重载线型"对话框中选择如图2-17所示的"ACAD_ISO04W100"线型。

④ 单击 确定 按钮，选择的线型被加载到"选择线型"对话框中，如图2-18所示。

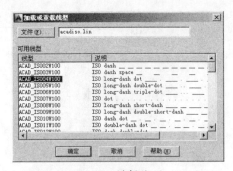

图2-17　选择线型　　　　　　　　图2-18　加载线型

⑤　选中刚加载的线型，单击 确定 按钮，将加载的线型附给当前被选择的"轴线层"，结果如图2-19所示。

图2-19　设置图层线型

提示・

> 在默认设置时，系统将为用户提供一种"Continuous"线型，用户如果需要使用其他的线型，必须进行加载。

2.3.4　设置与显示线宽

①　继续上节的操作。

②　选择"墙线层"，在如图2-20所示的位置上单击鼠标左键，以对其设置线宽。

图2-20　指定单击位置

③　此时系统打开"线宽"对话框，选择1.00毫米的线宽，如图2-21所示。

④　单击 确定 按钮，返回"图层特性管理器"对话框，结果"墙线层"的线宽被设置为1.00mm，如图2-22所示。

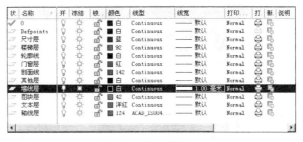

图2-21　选择线宽　　　　　　　　　　　　图2-22　设置线宽

⑤ 在"图层特性管理器"对话框中单击✖按钮，关闭对话框。

⑥ 最后执行"另存为"命令，将文件另存储为"设置层及特性.dwg"。

 延伸知识——层的状态控制

（1）打开/关闭💡/💡

打开/关闭按钮用于控制图层的打开和关闭。默认状态下，所有图层都为打开的图层，即位于所有图层上的图形都被显示在屏幕上。其图层状态按钮显示为💡。在开关按钮上单击鼠标左键，按钮显示为💡（按钮变暗），该图层被关闭，位于该图层上的所有图形对象将在屏幕上关闭，该层的内容不能被打印或由绘图仪输出，但重新生成图形时，图层上的实体仍将重新生成。

（2）在所有视口中冻结/解冻☀/❄

在所有视口中冻结/解冻按钮用于在所有视图窗口中冻结或解冻图层。默认状态下图层是被解冻的，按钮显示为☀。在按钮上单击鼠标左键，显示为❄时，表示该图层被冻结，位于该层上的内容不能在屏幕上显示或由绘图仪输出，不能进行重生成、消隐、渲染和打印等操作。

> **提示•**
>
> 关闭与冻结的图层都是不可见和不可以输出的。被冻结的图层不参加运算处理，可以加快视窗缩放、视窗平移和许多其他操作的处理速度，增强对象选择的性能并减少复杂图形的重生成时间。因此建议冻结长时间不用看到的图层。

（3）在当前视口中冻结/解冻🗔

在当前视口中冻结/解冻按钮的功能与上一个相同，用于冻结或解冻当前视口中的图形对象，不过它在模型空间内是不可用的，只能在图纸空间内使用此功能。

（4）锁定/解锁🔓/🔒

锁定/解锁按钮用于锁定图层或解锁图层。默认状态下图层是解锁的，按钮显示为🔓。在按钮上单击鼠标左键，按钮显示为🔒，表示该图层被锁定，用户只能观察该层上的图形，不能对其进行编辑和修改，但该层上的图形仍可以显示和输出。

> **提示•**
>
> 当前图层不能被冻结，但可以被关闭和锁定。

（5）各功能的启用方式

◆ 展开"图层控制"列表，然后单击各图层左端的状态控制按钮。

◆ 使用"图层"命令，在打开的"图层特性管理器"对话框中选择要操作的图层，然后单击相应的控制按钮。

2.4 设置室内样板绘图样式

本节主要学习在样板图中，各种常用样式的具体设置过程和设置技巧，如文字样式、尺寸样式、墙线样式和窗线样式等。

2.4.1 设置墙窗线样式

(1) 打开上例存储的"设置层及特性.dwg"文件。

(2) 执行菜单"格式"|"多线样式"命令，打开"多线样式"对话框。

(3) 单击 新建(N)... 按钮，打开"创建新的多线样式"对话框，为新样式命名，如图2-23所示。

图2-23 为新样式赋名

(4) 单击 继续 按钮，打开"新建多线样式：墙线样式"对话框，设置多线样式的封口形式，如图2-24所示。

(5) 单击 确定 按钮返回"多线样式"对话框，设置的新样式显示在预览框内，如图2-25所示。

图2-24 设置封口形式

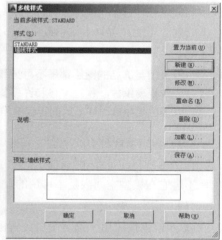

图2-25 设置墙线样式

(6) 参照上述操作步骤，设置"窗线样式"样式，其参数设置和效果预览分别如图2-26和图2-27所示。

> **提示·**
>
> 如果用户需要将新设置的样式应用在其他图形文件中，可以单击 保存... 按钮，在弹出的对话框中以"*.mln"格式进行保存；在其他文件中使用时，仅需要加载该文件即可。

图2-26 设置参数

图2-27 窗线样式预览

⑦ 选择"墙线样式",单击 置为当前(U) 按钮,将其设为当前样式,并关闭对话框。

提示·

如果需要将新设置的样式应用在其他图形文件中,可以单击 保存... 按钮,在弹出的对话框中以"*mln"的格式进行保存,在其他文件中使用时,直接加载该文件即可。

2.4.2 设置汉字字体样式

① 继续上节的操作。

② 单击"样式"工具栏 A 按钮,激活"文字样式"命令,打开如图2-28所示的"文字样式"对话框。

③ 单击 新建(N) 按钮,在弹出的"新建文字样式"对话框中为新样式命名,如图2-29所示。

图2-28 "文字样式"对话框

图2-29 为新样式赋名

④ 单击 确定 按钮,返回"文字样式"对话框,设置新样式的字体、字高以及宽度比例等参数,如图2-30所示。

⑤ 单击 应用(A) 按钮,至此创建了一种名为"仿宋体"的文字样式。

⑥ 参照第3~5操作步骤,设置一种名为"宋体"的文字样式,其参数设置如图2-31所示。

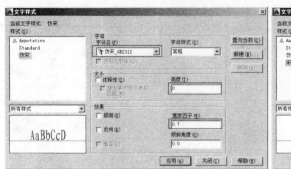

图2-30 设置"仿宋体"样式

图2-31 设置"宋体"样式

> **提示·**
> 当创建完一种新样式后，需要单击 应用(A) 按钮，然后再创建下一种文字样式。

2.4.3 设置符号字体样式

① 继续上例的操作。

② 参照上节汉字样式的设置过程，重复使用"文字样式"命令，设置一种名为"COMPLEX"的轴号字体样式，其参数设置如图2-32所示。

③ 单击 应用(A) 按钮，结束文字样式的设置过程。

图2-32 设置"COMPLEX"样式

2.4.4 设置尺寸数字样式

① 继续上例的操作。

② 参照上节汉字样式的设置过程，重复使用"文字样式"命令，设置一种名为"SIMPLEX"的文字样式，其参数设置如图2-33所示。

③ 单击 应用(A) 按钮，结束文字样式的设置过程。

④ 单击 关闭 按钮，关闭"文字样式"对话框。

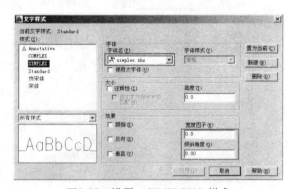

图2-33 设置"SIMPLEX"样式

2.4.5 设置尺寸标注样式

① 继续上节的操作。

② 单击"绘图"工具栏中的 按钮，绘制宽度为0.5、长度为2的多段线，作为尺寸箭尖，并使用"窗口缩放"功能将绘制的多段线放大显示。

③ 使用"直线"命令绘制一条长度为3的水平线段，并使直线段的中点与多段线的中点对齐，如图2-34所示。

图2-34　绘制细线　　图2-35　旋转结果

④ 执行"修改"菜单中的"旋转"命令，将箭头旋转45°，如图2-35所示。

⑤ 执行"绘图"菜单中的"块"|"创建块"命令，在打开的"块定义"对话框中设置块参数，如图2-36所示。

⑥ 单击"拾取点"按钮 ，返回绘图区，捕捉多段线中点作为块的基点，然后将其创建为图块。

提示•

　　"创建块"命令用于将选择的单个或多个图形对象创建为一个整体单元，保存于当前图形文件内，以供当前图形文件重复使用，这种图块被称为内部块。

⑦ 单击"样式"工具栏中的 按钮，打开"标注样式管理器"对话框。

⑧ 单击对话框中的 新建(N)... 按钮，为新样式命名，如图2-37所示。

图2-36　设置块参数

图2-37　"创建新标注样式"对话框

⑨ 单击 继续 按钮，打开"新建标注样式：建筑标注"对话框，设置基线间距、起点偏移量等参数，如图2-38所示。

⑩ 展开"符号和箭头"选项卡，然后单击"箭头"组合框中的"第一项"列表框，选择列表中的"用户箭头"选项，如图2-39所示。

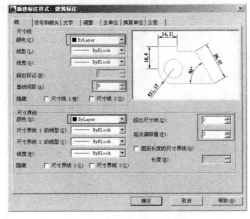

图2-38　设置"线"参数

图2-39　"箭头"下拉列表框

⑪ 此时系统弹出"选择自定义箭头块"对话框，然后选择"尺寸箭头"块作为尺寸箭头，如图2-40所示。

⑫ 单击 确定 按钮，返回"符号和箭头"选项卡，设置参数如图2-41所示。

图2-40 设置尺寸箭头

⑬ 在对话框中展开"文字"选项卡，设置文字的样式、颜色、大小等参数，如图2-42所示。

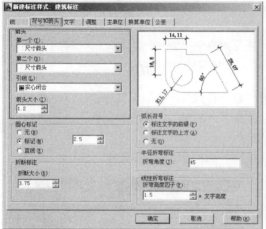

图2-41 设置直线和箭头参数

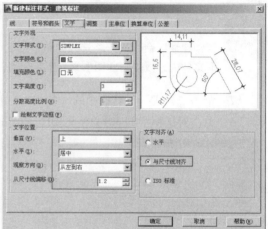

图2-42 设置文字参数

⑭ 展开"调整"选项卡，调整文字、箭头与尺寸线等的位置，如图2-43所示。

⑮ 展开"主单位"选项卡，设置尺寸线性参数和角度标注参数，如图2-44所示。

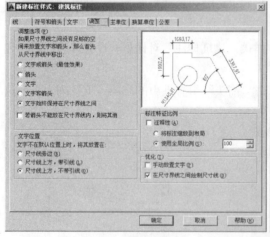

图2-43 "调整"选项卡

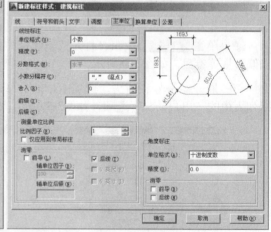

图2-44 "主单位"选项卡

⑯ 单击 确定 按钮，返回"标注样式管理器"对话框，新设置的尺寸样式出现在此对话框中，如图2-45所示。

⑰ 在"标注样式管理器"对话框中，单击 置为当前(U) 按钮，将"建筑标注"设置为当前样式，同时结束命令。

⑱ 最后使用"另存为"命令，将当前文件更名存储为"设置常用样式.dwg"。

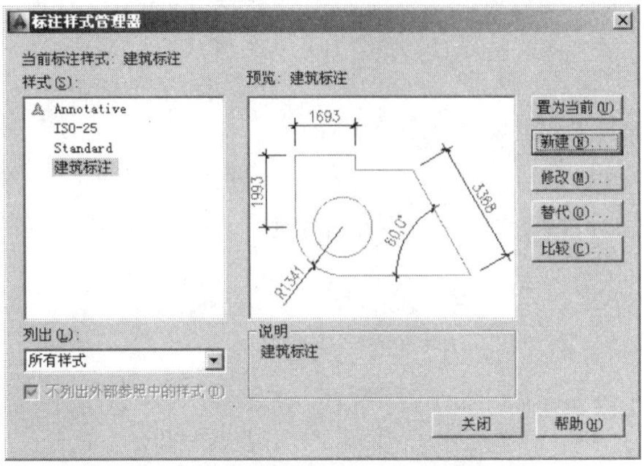

图2-45 "标注样式管理器"对话框

2.5 绘制和填充图纸边框

本节主要学习样板图中，2号图纸标准图框的绘制技巧以及图框标题栏的文字填充技巧。

2.5.1 绘制图纸边框

① 以上例存储的"设置常用样式.dwg"文件作为当前文件。

② 单击"绘图"工具栏中的 按钮，绘制长度为594、宽度为420的矩形，作为2号图纸的外边框，如图2-46所示。

③ 按Enter键，重复执行"矩形"命令，配合"捕捉自"功能绘制内框。命令行操作如下。

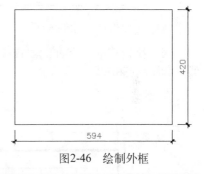

图2-46 绘制外框

```
命令：                                      // 按 Enter 键。
RECTANG 指定第一个角点或 [ 倒角 (C)/ 标高 (E)/ 圆角 (F)/ 厚度 (T)/ 宽度 (W)]：//w，按 Enter 键。
指定矩形的线宽 <0>：                         //2，按 Enter 键，设置线宽。
指定第一个角点或 [ 倒角 (C)/ 标高 (E)/ 圆角 (F)/ 厚度 (T)/ 宽度 (W)]：激活"捕捉自"功能。
_from 基点：                                // 捕捉外框的左下角点。
< 偏移 >：                                  //@25,10，按 Enter 键。
指定另一个角点或 [ 面积 (A)/ 尺寸 (D)/ 旋转 (R)]：// 激活"捕捉自"功能。
_from 基点：                                // 捕捉外框右上角点。
< 偏移 >：                                  //@-10,-10，按 Enter 键，绘制结果如图 2-47 所示。
```

④ 重复执行"矩形"命令，配合"端点捕捉"功能绘制标题栏外框。命令行操作过程如下。

```
命令：_rectang
当前矩形模式：宽度 =2.0
```

指定第一个角点或 [倒角 (C)/ 标高 (E)/ 圆角 (F)/ 厚度 (T)/ 宽度 (W)]: // w，按 Enter 键。

指定矩形的线宽 <2.0>: //1.5，按 Enter 键，设置线宽。

指定第一个角点或 [倒角 (C)/ 标高 (E)/ 圆角 (F)/ 厚度 (T)/ 宽度 (W)]:

// 捕捉内框右下角点。

指定另一个角点或 [面积 (A)/ 尺寸 (D)/ 旋转 (R)]:

//@-240,50，按 Enter 键，绘制结果如图 2-48 所示。

⑤ 重复执行"矩形"命令，配合"端点捕捉"功能绘制会签栏的外框。命令行操作过程如下。

命令：_rectang

当前矩形模式：宽度 =1.5

指定第一个角点或 [倒角 (C)/ 标高 (E)/ 圆角 (F)/ 厚度 (T)/ 宽度 (W)]:

// 捕捉内框的左上角点。

指定另一个角点或 [面积 (A)/ 尺寸 (D)/ 旋转 (R)]:

//@-20,-100，按 Enter 键，绘制结果如图 2-49 所示。

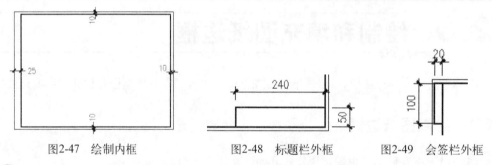

图2-47　绘制内框　　　　图2-48　标题栏外框　　　图2-49　会签栏外框

⑥ 执行菜单"绘图"|"直线"命令，参照所示尺寸，绘制标题栏和会签栏内部的分格线，如图2-50和图2-51所示。

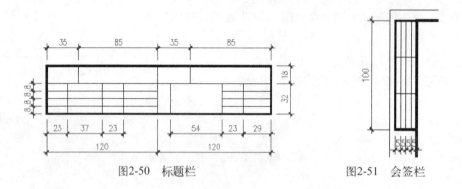

图2-50　标题栏　　　　　　　　　图2-51　会签栏

2.5.2　填充图纸边框

① 继续上节的操作。

② 单击"绘图"工具栏中的 A 按钮，分别捕捉如图2-52所示的角点A和B，打开"文字格式"编辑器，然后设置文字的对正方式，如图2-53所示。

③ 在文字编辑器中设置文字样式为"宋体"、字体高度为8，然后在输入框内输入"设计单位"，如图2-54所示。

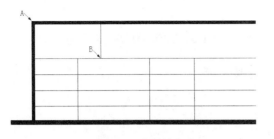

图2-52 定位捕捉点 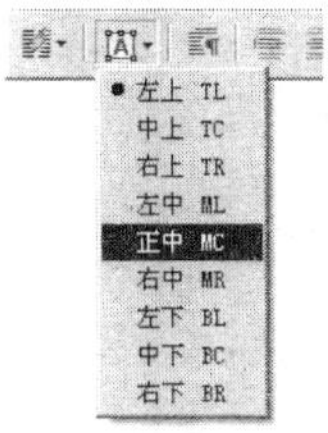   图2-53 设置对正方式

图2-54 输入文字

④ 单击 确定 按钮，关闭"文字格式"编辑器，观看文字的填充结果，如图2-55所示。

⑤ 重复使用"多行文字"命令，设置文字样式、高度和对正方式不变，填充如图2-56所示的文字。

图2-55 填充结果

图2-56 填充结果

⑥ 重复执行"多行文字"命令，设置字体样式为"宋体"、字体高度为4.6、对正方式为"正中"，填充标题栏的其他文字，如图2-57所示。

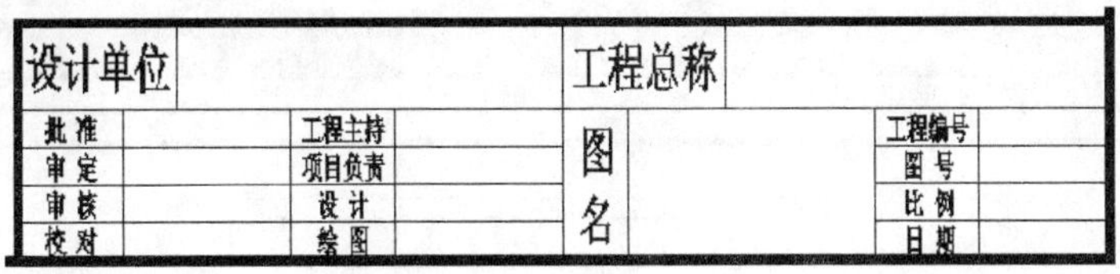

设计单位		工程总称	
批 准	工程主持	图 名	工程编号
审 定	项目负责		图 号
审 核	设 计		比 例
校 对	绘 图		日 期

图2-57 标题栏填充结果

⑦ 单击"修改"工具栏 ○ 按钮，激活"旋转"命令，将会签栏旋转-90°，然后使用"多行文字"命令，设置样式为"宋体"、高度为2.5，对正方式为"正中"，为会签栏填充文字，结果如图2-58所示。

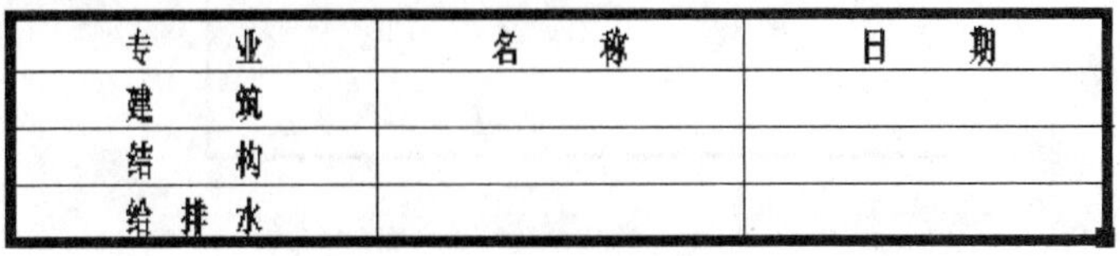

专 业	名 称	日 期
建 筑		
结 构		
给 排 水		

图2-58 填充文字

⑧ 重复执行"旋转"命令，将会签栏及填充的文字旋转负90°，基点不变。

2.5.3 制作图框图块

① 继续上节的操作。

② 单击"绘图"工具栏中的按钮，或使用快捷键B激活"创建块"命令，打开"块定义"对话框。

③ 在"块定义"对话框中设置块名为"A2-H"，基点为外框左下角点，其他块参数如图2-59所示，将图框及填充文字创建为内部块。

④ 执行"另存为"命令，将当前文件另名存储为"创建并填充图框.dwg"。

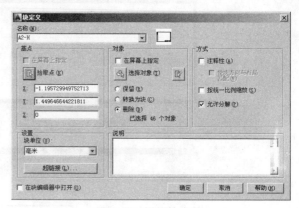

图2-59　设置块参数

2.6 室内样板图的页面布局

本节主要学习室内装潢模板的页面设置、图框配置以及样板文件的存储方法和具体的操作过程。

2.6.1 设置图纸打印页面

① 打开上例保存的"创建并填充图框.dwg"文件。

② 单击绘图区底部的"布局1"标签，进入如图2-60所示的布局空间。

③ 使用"删除"命令，选择布局内的矩形视口边框进行删除。

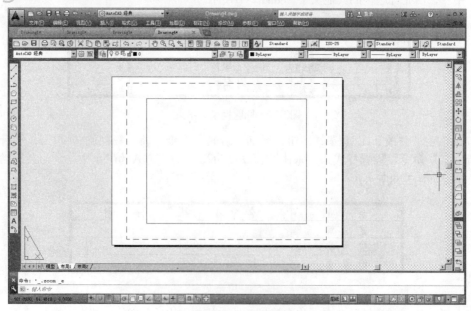

图2-60　布局空间

④ 在打开的"页面设置管理器"对话框中单击 新建(N)... 按钮，打开"新建页面设置"对话框，为新页面命名，如图 2-61所示。

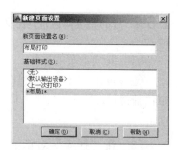

⑤ 单击 确定(O) 按钮，进入"页面设置-布局1"对话框，设置打印设备、图纸尺寸、打印样式、打印比例等页面参数，如图2-62所示。

⑥ 单击 确定(O) 按钮，返回"页面设置管理器"对话框，将刚设置的新页面设置为当前页面，如图2-63所示。

图2-61　为新页面赋名

图2-62　设置页面参数

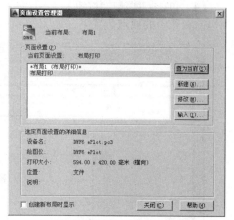

图2-63　"页面设置管理器"对话框

⑦ 单击 关闭(C) 按钮，结束命令，新布局的页面设置效果如图2-64所示。

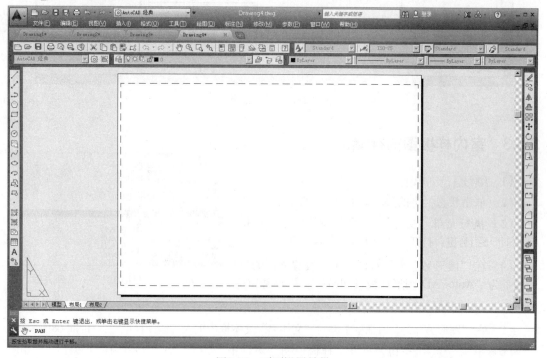

图2-64　页面设置效果

2.6.2 配置标准图纸边框

① 继续上节的操作。

② 单击"绘图"工具栏中的 按钮，或使用快捷键I激活"插入块"命令，打开"插入"对话框。

③ 在"插入"对话框中设置插入点、缩放比例等参数，如图2-65所示。

④ 单击 确定① 按钮，A2-H图表框被插入到当前布局中的原点位置上，如图2-66所示。

图2-65　设置块参数

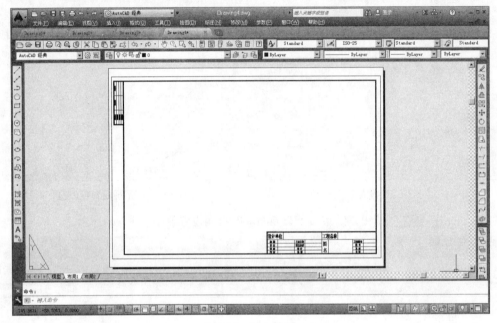

图2-66　插入结果

2.6.3 室内样板图的存储

① 继续上节的操作。

② 单击状态栏上的 图纸 按钮，返回模型空间。

③ 执行菜单"文件"|"另存为"命令，或按Ctrl+Shift+S组合键，打开"图形另存为"对话框。

④ 在"图形另存为"对话框中，设置文件的存储类型为"AutoCAD 图形样板（*dwt）"，如图2-67所示。

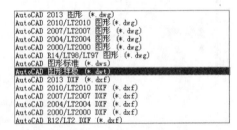

图2-67　"文件类型"下拉列表框

⑤ 在"图形另存为"对话框下部的"文件名"文本框内输入"绘图样板"，如图2-68所示。

⑥ 单击 保存… 按钮，打开"样板说明"对话框，输入"A2-H幅面样板文件"，如图2-69所示。

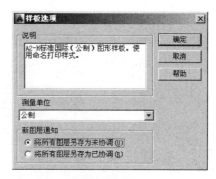

图2-68 样板文件的创建　　　　　图2-69 "样板选项"文本框

（7） 单击 确定 按钮，制图样板文件创建完成，保存于AutoCAD安装目录下的"Template"文件夹目录下。

（8） 最后使用"另存为"命令，将当前图形另名存储为"页面布局.dwg"。

2.7 室内制图规范与常用尺寸

室内装修施工图与建筑施工图一样，一般都是按照正投影原理以及视图、剖视和断面等的基本图示方法绘制的，其制图规范，也应遵循建筑制图和家具制图中的图标规定，具体如下。

2.7.1 图纸与图框尺寸

CAD工程图要求图纸的大小必须按照规定图纸幅面和图框尺寸裁剪。在建筑施工图中，经常用到的图纸幅面如表2-1所示。

表2-1 图纸幅面和图框尺寸（mm）

尺寸代号	A0	A1	A2	A3	A4
L×B	1188×841	841×594	594×420	420×297	297×210
c	10			5	
a	25				
e	20			10	

表1-1中的L表示图纸的长边尺寸，B为图纸的短边尺寸，图纸的长边尺寸L等于短边尺寸B的根下2倍。当图纸是带有装订边时，a为图纸的装订边，尺寸为25mm；c为非装订边，A0~A2号图纸的非装订边边宽为10mm，A3、A4号图纸的非装订边边宽为5mm；当图纸为无装订边图纸时，e为图纸的非装订边，A0~A2号图纸边宽尺寸为20mm，A3、A4号图纸边宽为10mm，各种图纸图框尺寸如图2-70所示。

> **提示**
>
> 图纸的长边可以加长，短边不可以加长，但长边加长时需符合标准：对于A0、A2和A4幅面可按A0长边的1/8的倍数加长，对于A1和A3幅面可按A0短边的1/4的整数倍进行加长。

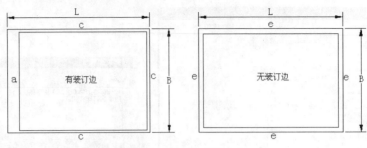

图2-70　图纸图框尺寸

2.7.2　标题栏与会签栏

在一张标准的工程图纸上，总有一个特定的位置用来记录该图纸的有关信息资料，这个特定的位置就是标题栏。标题栏的尺寸是有规定的，但是各行各业却可以有自己的规定和特色。一般来说，常见的CAD工程图纸标题栏有四种形式，如图2-71所示。

一般从零号图纸到四号图纸的标题栏尺寸均为40mm×180mm，也可以是30mm×180mm或40mm×180mm。另外，需要会签栏的图纸要在图纸规定的位置绘制出会签栏，作为图纸会审后签名使用，会签栏的尺寸一般为20mm×75mm，如图2-72所示。

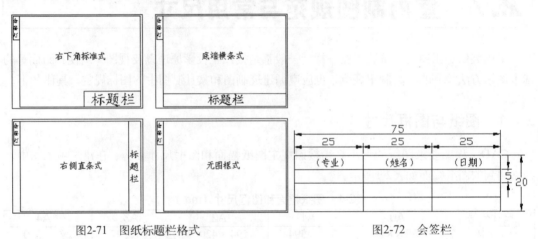

图2-71　图纸标题栏格式　　　　　　　图2-72　会签栏

2.7.3　比例

建筑物形体庞大，必须采用不同的比例来绘制。对于整幢建筑物、构筑物的局部和细部结构都分别予以缩小绘出，特殊细小的线脚等有时不缩小，甚至需要放大绘出。在建筑施工图中，各种图样的常用比例见表2-2所示。

表2-2　施工图比例

图名	常用比例	备注
总平面图	1:500、1:1000、1:2000	
平面图		
立面图	1:50、1:100、　1:200	
剖视图		

(续)

图名	常用比例	备注
次要平面图	1:300、1:400	次要平面图指屋面平面 图、工具建筑的地面平面图等
详图	1:1、1:2、1:5、1:10、1:20、1:25、1:50	1:25仅适用于结构构件详图

2.7.4 图线

在建筑施工图中，为了表明不同的内容并使层次分明，须采用不同线型和线宽的图线绘制。在绘制每个图样时，应根据复杂程度与比例大小，首先确定基本线宽b，然后再根据制图需要，确定各种线型的线宽。图线的线型和线宽按表2-3的说明来选用。

表2-3 图线的线型、线宽及用途

名称	线宽	用途
粗实线	b	平面图、剖视图中被剖切的主要建筑构造（包括构配件）的轮廓线 建筑立面图的外轮廓线 建筑构造详图中被剖切的主要部分的轮廓线 建筑构配件详图中的构配件的外轮廓线
中实线	0.5b	平面图、剖视图中被剖切的次要建筑构造（包括构配件）的轮廓线 建筑平面图、立面图、剖视图中建筑构配件的轮廓线 建筑构造详图及建筑构配件详图中的一般轮廓线
细实线	0.35b	小于0.5b的图形线、尺寸线、尺寸界线、图例线、索引符号、标高符号等
中虚线	0.5b	建筑构造及建筑构配件不可见的轮廓线 平面图中的起重机轮廓线 拟扩建的建筑物轮廓线
细实线	0.35b	图例线、小于0.5b的不可见轮廓线
粗点画线	b	起重机轨道线
细点画线	0.35b	中心线、对称线、定位轴线
折断线	0.35b	不需绘制全的断开界线
波浪线	0.35b	不需绘制全的断开界线、构造层次的断开界线

2.7.5 字体与尺寸

图纸上标注的文字、字符和数字等，应做到排列整齐、清楚正确，尺寸大小要协调一致。当汉字、字符和数字并列书写时，汉字的字高要略高于字符和数字；汉字应采用国家标准规定的矢量汉字，汉字的高度应不小于2.5mm，字母与数字的高度应不小于1.8mm；图纸及说明中汉字的字体应采用长仿宋体，图名、大标题、标题栏等可选用长仿宋体、宋体、楷体或黑体等；汉字的最小行距应不小于2mm，字符与数字的最小行距应不小于1mm，当汉字与字符数字混合时，最小行距应根据汉字的规定使用。

图纸上的尺寸应包括尺寸界线、尺寸线、尺寸起止符号和尺寸数字等。尺寸界线是表示所度量图形尺寸的范围边限，应用细实线标注；尺寸线是表示图形尺寸度量方向的直线，它与被标注的对象之间的距离不宜小于10mm，且互相平行的尺寸线之间的距离要保持一致，一般为7~10mm；尺寸数字一律使用阿拉伯数字注写，在打印出图后的图纸上，字高一般为2.5~3.5mm，同一张图纸上的尺寸数字大小应一致，并且图样上的尺寸单位，除建筑标高和总平面图等建筑图纸以m为单位之外，均应以mm为单位。

2.7.6 常用设计尺寸

下面列举了室内装饰装潢设计中一些常用的基本尺寸，单位为毫米（mm）。

➢ 墙面与餐厅尺寸

◆ 踢脚板高：80~200mm。

◆ 墙裙高：800~1500mm。

◆ 挂镜线高：1600~1800（画中心距地面高度）mm。

◆ 餐桌高：750~790mm。

◆ 餐椅高：450~500mm。

◆ 圆桌直径：二人500mm、三人800mm、四人900mm、五人1100mm、六人1100~1250mm、八人1300mm、十人1500mm、十二人1800mm。

◆ 方餐桌尺寸：二人700mm×850mm、四人1350mm×850mm、八人2250mm×850mm。

◆ 餐桌转盘直径：700~800mm。

◆ 餐桌间距：（其中座椅占500mm）应大于500mm。

◆ 主通道宽：1200~1300mm。

◆ 内部工作道宽：600~900mm。

◆ 酒吧台高：900~1050mm、宽500mm。

◆ 酒吧凳高：600~750mm。

➢ 商场营业厅

◆ 单边双人走道宽：1600mm。

◆ 双边双人走道宽：2000mm。

◆ 双边三人走道宽：2300mm。

◆ 双边四人走道宽：3000mm。

◆ 营业员柜台走道宽：800mm。

◆ 营业员货柜台：厚600mm、高800~1000mm。

◆ 单背立货架：厚300~500mm、高1800~2300mm。

◆ 双背立货架：厚600~800mm、高1800~2300mm

◆ 小商品橱窗：厚500~800mm、高400~1200mm。

◆ 陈列地台高：400~800mm。

◆ 敞开式货架：400~600mm。

◆ 放射式售货架：直径2000mm。

◆ 收款台：长1600mm、宽600mm。

➢ 饭店客房

◆ 标准面积：大型客房为25平方米、中型客房为16~18平方米、小型客房为16平方米。

◆ 床高：400~450mm。

◆ 床头高：850~950mm。

◆ 床头柜：高500~700mm、宽500~800mm。

◆ 写字台：长1100~1500mm、宽450~600mm、高700~750mm。

◆ 行李台：长910~1070mm、宽500mm、高400mm。

- ◆ 衣柜：宽800~1200mm、高1600~2000mm、深500mm。
- ◆ 沙发：宽600~800mm、高350~400mm、背高1000mm。
- ◆ 衣架高：1700~1900mm。
- ➢ 卫生间
- ◆ 卫生间面积：3~5平方米。
- ◆ 浴缸长度一般有三种1220mm、1520mm、1680mm、宽720mm、高450mm。
- ◆ 坐便：750×350mm。
- ◆ 冲洗器：690×350mm。
- ◆ 盥洗盆：550mm×410mm。
- ◆ 淋浴器高：2100mm。
- ◆ 化妆台：长1350mm、宽450 mm。
- ➢ 交通空间
- ◆ 楼梯间休息平台净空：等于或大于2100mm。
- ◆ 楼梯跑道净空：等于或大于2300mm。
- ◆ 客房走廊高：等于或大于2400mm。
- ◆ 两侧设座的综合式走廊宽度等于或大于2500mm。
- ◆ 楼梯扶手高：850~1100mm。
- ◆ 门的常用尺寸：宽850~1000mm。
- ◆ 窗的常用尺寸：宽400~1800mm（不包括组合式窗子）。
- ◆ 窗台高：800~1200mm。
- ➢ 办公空间
- ◆ 办公桌：长1200~1600mm、宽500~650mm 、高700~800mm。
- ◆ 办公椅：高400~450mm、长×宽为450mm×450mm。
- ◆ 沙发：宽600~800mm、高350~400mm、背面1000mm。
- ◆ 茶几：前置型900mm×400mm×400mm、中心型900mm×900mm×400mm、左右型600mm×400mm×400mm。
- ◆ 书柜：高1800mm、宽1200~1500mm、深450~500mm。
- ◆ 书架：高1800mm 、宽1000~1300mm、深350~450mm。
- ➢ 室内用具
- ◆ 大吊灯最小高度：2400mm。
- ◆ 壁灯高：1500~1800mm。
- ◆ 反光灯槽最小直径：等于或大于灯管直径的两倍。
- ◆ 壁式床头灯高：1200~1400mm。
- ◆ 照明开关高：1000mm。
- ◆ 衣橱：深度600~650mm；推拉门700mm，衣橱门宽度400~650mm。
- ◆ 推拉门：宽度750~1500mm、高度1900~2400mm。
- ◆ 矮柜：深度350~450mm、柜门宽300~600mm。
- ◆ 电视柜：深度450~600 mm、高度600~700 mm。
- ◆ 单人床：宽度有900mm、1050mm、1200mm三种；长度有1800mm、1860mm、2000mm、2100mm四种。

- 双人床：宽度有1350mm、1500mm、1800mm三种；长度有1800mm、1860mm、2000mm、2100mm四种。
- 圆床：直径1860mm、2125mm、2424mm（常用）。
- 室内门：宽度800~950mm；高度有1900mm、2000mm、2100mm、2200mm和2400mm 5种。
- 厕所、厨房门：宽度800mm、900mm；高度有1900mm、2000mm、2100mm三种。
- 窗帘盒：高120~180mm；深度：单层布120mm、双层布160~180mm（实际尺寸）。
- 单人沙发：长度800~950mm、深度850~900mm、坐垫高350~420mm、背高700~900mm。
- 双人沙发：长度1260~1500mm、深度800~900mm。
- 三人沙发：长度1750~1960mm、深度800~900mm。
- 四人沙发：长度2320~2520mm、深度800~900mm。
- 小型茶几（长方形）：长度600~750mm，宽度450~600mm，高度380~500mm（380mm最佳）。
- 中型茶几（长方形）：长度1200~1350mm；宽度380~500mm或者600~750mm。
- 中型茶几（正方形）：长度750~900mm，高度430~500mm。
- 大型茶几（长方形）：长度1500~1800mm、宽度600~800mm，高度330~420mm（330mm最佳）。
- 大型茶几（圆形）：直径750mm、900mm、1050mm、1200mm；高度330~420mm。
- 大型茶几（正方形）：宽度900mm、1050mm、1200mm、1350mm、1500mm；高度330~420mm。
- 书桌（固定式）：深度450~700mm（600mm最佳）、高度750mm。
- 书桌（活动式）：深度650~800mm、高度750~780mm。
- 书桌下缘离地至少580mm；长度最少900mm（1500~1800mm最佳）。
- 餐桌：高度750~780mm（一般）、西式高度680~720mm。
- 方桌：宽度1200mm、900mm、750mm。
- 长方桌：宽度800mm、900mm、1050mm、1200mm；长度1500mm、1650mm、1800mm、2100mm、2400mm。
- 圆桌：直径900mm、1200mm、1350mm、1500mm、1800mm。
- 书架：深度250~400mm（每一格）、长度600~1200mm、下大上小型的下方深度350~450mm、高度800~900mm。
- 活动未及顶高柜：深度450mm，高度1800~2000mm。

2.8 本章小结

本章在了解样板文件概念、功能及室内设计制图规范等的前提下，主要学习了室内装饰装潢绘图样板文件的具体设置过程和设置技巧，为以后绘制施工图纸做好了充分的准备。在具体的设置过程中，需要掌握绘图环境的设置、图层及特性的设置、各类绘图样式的设置以及打印页面的布局、图框的合理配置和样板的另名存储等技能。

第3章

普通住宅平面设计方案

- ☐ 普通住宅平面设计理念
- ☐ 平面布置图设计思路
- ☐ 绘制套三厅户型墙体结构图
- ☐ 绘制套三厅户型装修布置图
- ☐ 绘制套三厅户型地面材质图
- ☐ 标注套三厅装修图文本注释
- ☐ 标注套三厅装修图尺寸与投影
- ☐ 本章小结

3.1 普通住宅平面设计理念

本节在简述普通住宅概念的前提下，主要学习普通住宅的室内平面布置图的形成、功能、设计内容等理论知识。

3.1.1 什么是普通住宅

从消费角度上说，民用住宅一般分为普通住宅和高档住宅两种，普通住宅是指建筑容积率在1.0以上、单套建筑面积约在140平方米以下、按一般民用住宅标准建造的居住用住宅。此类住宅主要有多层和高层两种，多层住宅是指2至6层的楼房；高层住宅多是指6层以上的楼房。

高档住宅是指建筑造价和销售价格明显超出普通住宅建筑标准的高标准住宅，通常包括别墅和高档公寓。别墅是指拥有私家车库、花园、草坪、院落等的园林式住宅；高档公寓是指单位建筑面积销售价格高于普通住宅销售价格一倍以上的高档次住宅，通常为复式住宅、跃层住宅、顶层有花园或多层住宅配有电梯，并拥有较好的绿化、商业服务、物业管理等配套设施的住宅。

3.1.2 平面布置图的形成

平面布置图是假想用一个水平的剖切平面，在窗台上方位置，将经过室内外装修的房屋整个剖开，移去以上部分向下所作的水平投影图。要绘制平面布置图，除了要表明楼地面、门窗、楼梯、隔断、装饰柱、护壁板或墙裙等装饰结构的平面形式和位置外，还要标明室内家具、陈设、绿化和室外水池、装饰小品等配套设置体的平面形状、数量和位置等。

3.1.3 平面布置图的功能

平面布置图是装修行业中的一种重要的图纸，主要用于表明建筑室内外种种装修布置的平面形状、位置、大小和所用材料，表明这些布置与建筑主体结构之间，以及这些布置与布置之间的相互关系等。

另外，室内装修平面布置图还控制了水平向纵横两轴的尺寸数据，其他视图又多数是由它引出的，因而平面布置图是绘制和识读建筑装修施工图的重点和基础，是装修施工的首要图纸。

3.1.4 平面布置图设计内容

要绘制平面布置图，除了要表明楼地面、门窗、楼梯、隔断、装饰柱、护壁板或墙裙等装饰结构的平面形式和位置外，还要标明室内家具、陈设、绿化和室外水池、装饰小品等配套设置体的平面形状、数量和位置等。在具体设计时，需要兼顾以下几个表达特点。

➢ 功能布局

住宅室内空间的合理利用，在于不同功能区域的合理分割、巧妙布局，充分发挥居室的使用功能。例如，卧室、书房要求静，可设置在靠里边一些的位置，以不被其他室内活动干扰；起居室、客厅是对外接待、交流的场所，可设置在靠近入口的位置；卧室、书房与起居室、客厅相连处又可设置过渡空间或共享空间，起间隔调节作用。此外，厨房应紧靠餐厅，卧室与卫生间贴近。

➢ 空间设计

平面空间设计主要包括区域划分和交通流线两个内容。区域划分是指室内空间的组成，交通流线是指室内各活动区域之间以及室内外环境之间的联系，它包括有形和无形两种，有形的指门厅、走廊、楼梯、户外的道路等；无形的指其他可能供作交通联系的空间。设计时应尽量减少有形的交通区域，增加无形的交通区域，以达到空间充分利用且自由、灵活和缩短距离的效果。

另外，区域划分与交通流线是居室空间整体组合的要素，区域划分是整体空间的合理分配，交通流线寻求的是个别空间的有效连接。唯有两者相互协调作用，才能取得理想的效果。

➢ 内含物的布置

室内内含物主要包括家具、陈设、灯具、绿化等设计内容，这些室内内含物通常要处于视觉中显著的位置，它可以脱离界面布置于室内空间内，不仅具有实用和观赏的作用，对烘托室内环境气氛，形成室内设计风格等方面也起到举足轻重的作用。

➢ 整体上的统一

"整体上的统一"指的是将同一空间的许多细部，以一个共同的有机因素统一起来，使它变成一个完整而和谐的视觉系统。设计构思时，需要根据业主的职业特点、文化层次、个人爱好、家庭成员构成、经济条件等做综合的设计定位。

3.2 平面布置图设计思路

在设计并绘制平面布置图时，具体可以参照如下思路。

第一，根据测量出的数据绘制出墙体平面结构图。

第二，根据墙体平面图进行室内内含物的合理布置，如家具与陈设的布局以及室内环境的绿化等。

第三，对室内地面、柱等进行装饰设计，分别以线条图案和文字注解的形式，表达出设计的内容。

第四，为布置图标注必要的文字注解，以体现出所选材料、装修要求以及各房间功能性注释等内容。

第五，为布置图标注必要的施工尺寸，以体现各构件间的位置尺寸。

第六，为布置图标注室内墙面投影符号等。

3.3 绘制套三厅户型墙体结构图

本节通过绘制套三厅户型墙体结构平面图，主要学习普通住宅墙体结构平面图的具体绘制过程和绘制技巧。本例最终绘制效果如图3-1所示。

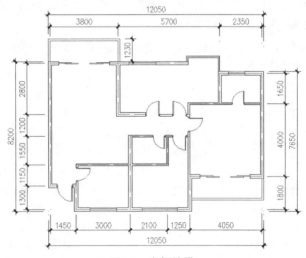

图3-1 实例效果

在绘制套三厅户型墙体结构平面图时，具体可以参照如下绘图思路。

◆ 首先调用"绘图样板.dwt"文件，并综合使用"直线"和"偏移"命令绘制户型图的纵横定位轴线。

◆ 使用夹点编辑、"拉长"命令快速编辑套三厅户型图的墙体纵横定位轴线。

◆ 综合使用"偏移"、"打断"、"修剪"、"删除"等命令绘制套三厅户型墙体轴线门洞和窗洞。

◆ 综合使用"多线"、"多线样式"和"多线编辑工具"等命令绘制套三厅户型图的主墙线和次墙线。

◆ 综合使用"多线"、"多线样式"、"多段线"和"偏移"等命令绘制户型图的窗子和阳台构件。

◆ 综合使用"插入块"、"矩形"和"镜像"等命令绘制套三厅户型图的单开门和推拉门等室内构件。

3.3.1 绘制墙体定位轴线图

① 单击"快速访问"工具栏中的▣按钮，在打开的"选择样板"对话框中选择随书光盘中的"\样板文件\绘图样板.dwt"文件，新建空白文件。

> **提示·**
>
> 为了方便调用样板文件，用户可以事先将随书光盘中的"绘图样板.dwt"文件拷贝至AutoCAD安装目录下的"Templat"文件夹下。

② 使用快捷键LA激活"图层"命令，在打开的"图层特性管理器"对话框中双击"轴线层"，将其设置为当前图层。

③ 在命令行输入Ltscale并按Enter键，将线型比例设置为40。

④ 单击状态栏上的▣按钮或按F8功能键，打开"正交"功能。

> **提示·**
>
> "正交"是一个辅助绘图工具，用于将光标强制定位在水平位置或垂直位置上。

⑤ 单击"绘图"工具栏上的✎按钮，激活"直线"命令，配合坐标输入功能绘制两条垂直相交的直线作为基准轴线，如图3-2所示。

⑥ 单击"修改"工具栏上的▣按钮，激活"偏移"命令，将水平基准轴线向上偏移1300和8000个单位，如图3-3所示。

图3-2　绘制定位轴线　　　　　　　　　图3-3　偏移结果

⑦ 重复执行"偏移"命令，继续对水平基准轴线进行偏移，间距分别为500、650、1550、1200、600和1650，结果如图3-4所示。

⑧ 重复执行"偏移"命令，将垂直基准轴线向右偏移，间距分别为1450、2350、650、2100、1250、1700和2350，偏移结果如图3-5所示。

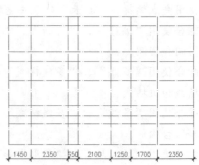

图3-4　偏移水平轴线　　　　　　　　　图3-5　偏移垂直轴线

⑨ 在无命令执行的前提下，选择最左侧的垂直轴线，使其呈现夹点显示状态，如图3-6所示。

⑩ 在最下侧的夹点上单击鼠标左键，使其变为夹基点（也称热点），此时该点变为红色。

⑪ 在命令行"** 拉伸 ** 指定拉伸点或 [基点(B)/复制(C)/放弃(U)/退出(X)]:"提示下捕捉如图3-7所示的交点，对其进行夹点拉伸，结果如图3-8所示。

⑫ 按Esc键，取消对象的夹点显示状态，夹点拉伸后的效果如图3-9所示。

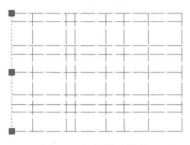

图3-6 夹点显示轴线

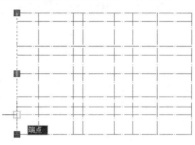

图3-7 捕捉端点

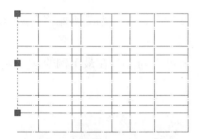

图3-8 拉伸结果

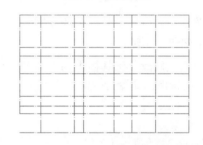

图3-9 取消夹点后的效果

⑬ 参照第9～12操作步骤，配合端点捕捉和交点捕捉功能，分别对其他轴线进行夹点拉伸，编辑结果如图3-10所示。

⑭ 使用快捷键LEN激活"拉长"命令，对最上侧的水平轴线进行编辑。命令行操作如下：

```
命令：len
LENGTHEN
选择对象或 [ 增量 (DE)/ 百分数 (P)/ 全部 (T)/ 动态 (DY)]: //t，按 Enter 键。
指定总长度或 [ 角度 (A)] <1>:              // 7730，按 Enter 键，设置总长度。
选择要修改的对象或 [ 放弃 (U)]:            // 在所选水平轴线的右端单击鼠标左键。
选择要修改的对象或 [ 放弃 (U)]:            // 按 Enter 键，结束命令，编辑结果如图 3-11 所示。
```

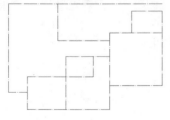

图3-10 编辑其他轴线

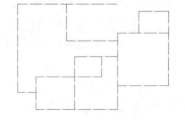

图3-11 编辑结果

至此，套三厅户型墙体定位轴线绘制完毕，下一小节将学习门窗洞口的开洞方法和开洞技巧。

3.3.2　在轴线上定位门窗洞口

① 继续上节的操作。

② 单击"修改"工具栏上的 按钮，激活"偏移"命令，将最左侧的垂直轴线向右偏移500和3300个单位，偏移结果如图3-12所示。

③ 单击"修改"工具栏上的 按钮，激活"修剪"命令，以刚偏移出的两条辅助轴线作为边界，对最上侧的水平轴线进行修剪，以创建宽度为2800的窗洞，修剪结果如图3-13所示。

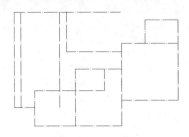

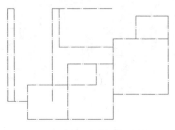

图3-12　偏移结果　　　　　　　　　　图3-13　修剪结果

④ 单击"修改"工具栏上的 按钮，激活"删除"命令，删除刚偏移出的两条水平辅助线，结果如图3-14所示。

⑤ 单击"修改"工具栏上的 按钮，激活"打断"命令，在最下侧的水平轴线上创建宽度为1500的窗洞。命令行操作如下。

```
命令：_break
选择对象：                              //选择最下侧的水平轴线。
指定第一个打断点 或 [ 第一点 (F)]:      //F，按 Enter 键，重新指定第一断点。
指定第二个打断点：                      //激活"捕捉自"功能。
_from 基点：                            //捕捉最下侧水平轴线的左端点。
<偏移>：                                //@750,0，按 Enter 键。
指定第二个打断点：                      //@1500,0，按 Enter 键，打断结果如图 3-15 所示。
```

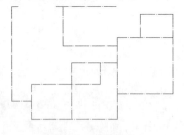

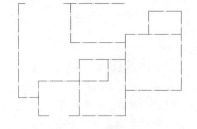

图3-14　删除结果　　　　　　　　　　图3-15　打断结果

⑥ 参照上述打洞方法，综合使用"偏移"、"修剪"和"打断"命令，分别创建其他位置的门洞和窗洞，结果如图3-16所示。

至此，门窗洞口创建完毕，下一小节将学习户型图主墙线和次墙线的快速绘制过程和绘制技巧。

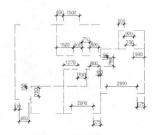

图3-16　创建其他洞口

3.3.3　绘制套三厅纵横墙线图

①　继续上节的操作。

②　展开"图层"工具栏中的"图层控制"下拉列表，设置"墙线层"设为当前图层。

③　执行"绘图"菜单中的"多线"命令，配合端点捕捉功能绘制主墙线，命令行操作如下：

```
命令 : _mline
当前设置 : 对正 = 上，比例 = 20.00，样式 = 墙线样式
指定起点或 [ 对正 (J)/ 比例 (S)/ 样式 (ST)]:      //s，按 Enter 键。
输入多线比例 <20.00>:                          //200，按 Enter 键。
当前设置 : 对正 = 上，比例 = 200.00，样式 = 墙线样式样式
指定起点或 [ 对正 (J)/ 比例 (S)/ 样式 (ST)]:      //j，按 Enter 键。
输入对正类型 [ 上 (T)/ 无 (Z)/ 下 (B)]<上>:     //z，按 Enter 键。
当前设置 : 对正 = 无，比例 = 200.00，样式 = 墙线样式
指定起点或 [ 对正 (J)/ 比例 (S)/ 样式 (ST)]:      // 捕捉如图 3-17 所示的端点 1。
指定下一点 :                                  // 捕捉如图 3-17 所示的端点 2。
指定下一点或 [ 放弃 (U)]:                       // 捕捉如图 3-17 所示的端点 3。
指定下一点或 [ 闭合 (C)/ 放弃 (U)]:              // 捕捉如图 3-17 所示的端点 4。
指定下一点或 [ 闭合 (C)/ 放弃 (U)]:              // 按 Enter 键，绘制结果如图 3-18 所示。
```

④　重复执行"多线"命令，设置多线比例和对正方式保持不变，配合端点捕捉和交点捕捉功能绘制其他主墙线，结果如图3-19所示。

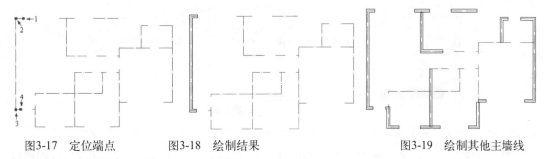

图3-17　定位端点　　　　　　图3-18　绘制结果　　　　　　图3-19　绘制其他主墙线

⑤　重复执行"多线"命令，设置多线对正方式不变，绘制宽度为100的非承重墙线。命令行操作如下。

```
命令 : ML                                    // 按 Enter 键，激活命令。
MLINE 当前设置 : 对正 = 无，比例 = 200.00，样式 = 墙线样式
指定起点或 [ 对正 (J)/ 比例 (S)/ 样式 (ST)]:      //S，按 Enter 键。
输入多线比例 <200.00>:                         //100，按 Enter 键。
指定起点或 [ 对正 (J)/ 比例 (S)/ 样式 (ST)]:      // 捕捉如图 3-20 所示的端点。
指定下一点 :                                  // 捕捉如图 3-21 所示的端点。
指定下一点或 [ 放弃 (U)]:                       // 按 Enter 键，结果如图 3-22 所示。
```

⑥　重复执行"多线"命令，设置多线比例与对正方式不变，配合对象捕捉功能分别绘制其他位置的非承重墙线，结果如图3-23所示。

⑦　展开"图层"工具栏中的"图层控制"下拉列表，关闭"轴线层"，结果如图3-24所示。

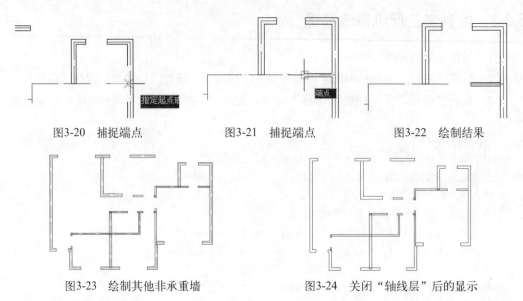

图3-20　捕捉端点　　　　　图3-21　捕捉端点　　　　　图3-22　绘制结果

图3-23　绘制其他非承重墙　　　　　　图3-24　关闭"轴线层"后的显示

⑧　执行"修改"菜单中的"对象"|"多线"命令，在打开的"多线编辑工具"对话框内单击⊤按钮，激活"T形合并"功能。

⑨　返回绘图区，在命令行的"选择第一条多线："提示下，选择如图3-25所示的墙线。

⑩　在"选择第二条多线："提示下，选择如图3-26所示的墙线，这两条T形相交的多线被合并，如图3-27所示。

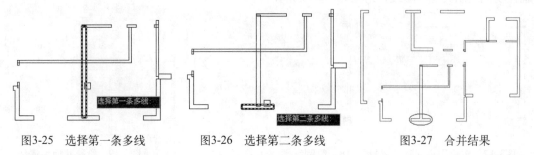

图3-25　选择第一条多线　　　　图3-26　选择第二条多线　　　　图3-27　合并结果

⑪　继续在"选择第一条多线或[放弃（U）]："提示下，分别选择其他位置的T形墙线进行合并，合并结果如图3-28所示。

⑫　在任一墙线上双击鼠标左键，在打开的"多线编辑工具"对话框中单击"角点结合"按钮└。

⑬　返回绘图区，在"选择第一条多线或[放弃（U）]："提示下，单击如图3-29所示的墙线。

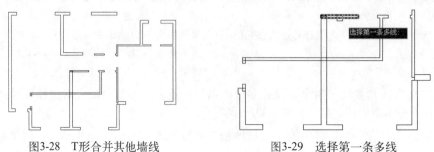

图3-28　T形合并其他墙线　　　　　图3-29　选择第一条多线

⑭ 在"选择第二条多线："提示下，选择如图3-30所示的墙线，这两条T形相交的多线被合并，如图3-31所示。

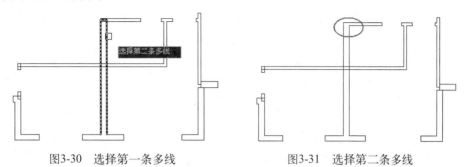

图3-30 选择第一条多线   图3-31 选择第二条多线

⑮ 继续根据命令行的提示，对其他位置的拐角墙线进行编辑，编辑结果如图3-32所示。

⑯ 在任一墙线上双击鼠标左键，在打开的"多线编辑工具"对话框中单击"十字合并"按钮。

⑰ 返回绘图区，在"选择第一条多线或 [放弃（U）]："提示下，单击如图3-33所示的墙线。

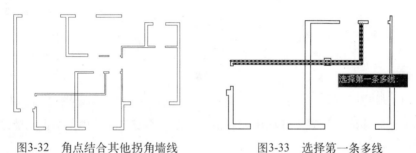

图3-32 角点结合其他拐角墙线   图3-33 选择第一条多线

⑱ 在"选择第二条多线："提示下，选择如图3-34所示的墙线，这两条T形相交的多线被合并，如图3-35所示。

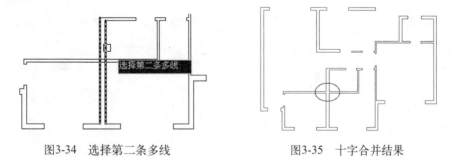

图3-34 选择第二条多线   图3-35 十字合并结果

至此，户型图纵横墙线编辑完毕，下一小节将学习套三厅户型图的平面窗、凸窗、阳台等建筑构件的绘制方法和技巧。

3.3.4 绘制套三厅窗子与阳台

① 继续上节的操作。

② 展开"图层"工具栏中的"图层控制"下拉列表，设置"门窗层"为当前图层。

③ 执行"格式"菜单中的"多线样式"命令，在打开的"多线样式"对话框中设置"窗线样式"为当前样式。

④ 执行菜单栏"绘图"｜"多线"命令，配合中点捕捉功能绘制窗线，命令行操作如下。

```
命令：_mline
当前设置：对正=上，比例=100.00，样式=窗线样式
指定起点或 [ 对正 (J)/ 比例 (S)/ 样式 (ST)]:        //s，按 Enter 键。
输入多线比例 <100.00>:                          //200，按 Enter 键。
当前设置：对正=上，比例=200.00，样式=窗线样式
指定起点或 [ 对正 (J)/ 比例 (S)/ 样式 (ST)]:        //j，按 Enter 键。
输入对正类型 [ 上 (T)/ 无 (Z)/ 下 (B)] < 上 >:      //z，按 Enter 键。
当前设置：对正=无，比例=200.00，样式=窗线样式
指定起点或 [ 对正 (J)/ 比例 (S)/ 样式 (ST)]:        // 捕捉如图 3-36 所示的中点。
指定下一点：                                    // 捕捉如图 3-37 所示的中点。
指定下一点或 [ 放弃 (U)]:                         // 按 Enter 键，绘制结果如图 3-38 所示。
```

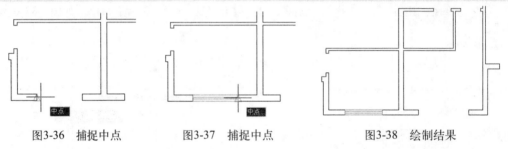

图3-36　捕捉中点　　　　　图3-37　捕捉中点　　　　　图3-38　绘制结果

⑤ 重复上一步骤，设置多线比例和对正方式保持不变，配合中点捕捉功能绘制其他窗线，结果如图3-39所示。

⑥ 单击"绘图"工具栏上的 按钮，激活"多段线"命令，配合点的追踪和坐标输入功能绘制凸窗轮廓线。命令行操作如下。

```
命令：_pline
指定起点：                                      // 捕捉如图 3-40 所示的端点。
```

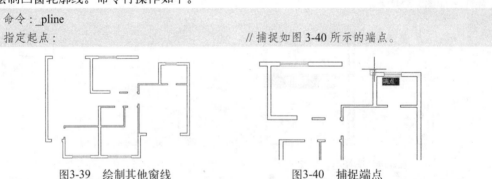

图3-39　绘制其他窗线　　　　　　　　图3-40　捕捉端点

```
当前线宽为 0.0
指定下一个点或 [ 圆弧 (A)/ 半宽 (H)/ 长度 (L)/ 放弃 (U)/ 宽度 (W)]:
                                        //@0,740，按 Enter 键。
指定下一点或 [ 圆弧 (A)/ 闭合 (C)/ 半宽 (H)/ 长度 (L)/ 放弃 (U)/ 宽度 (W)]:
                                        //@-1670,0，按 Enter 键。
指定下一点或 [ 圆弧 (A)/ 闭合 (C)/ 半宽 (H)/ 长度 (L)/ 放弃 (U)/ 宽度 (W)]:
                                        // 捕捉如图 3-41 所示的端点。
```

指定下一点或 [圆弧 (A)/ 闭合 (C)/ 半宽 (H)/ 长度 (L)/ 放弃 (U)/ 宽度 (W)]:

　　　　　　　　　　　　　　　　// 按 Enter 键，绘制结果如图 3-42 所示。

⑦ 按快捷键O激活"偏移"命令，将凸窗轮廓线向上侧偏移50和100个单位，结果如图3-43所示。

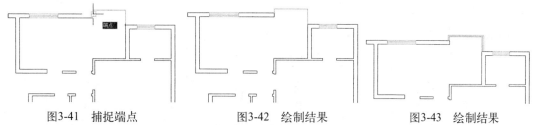

　　　图3-41　捕捉端点　　　　　　　　　图3-42　绘制结果　　　　　　　图3-43　绘制结果

⑧ 执行菜单栏"格式"|"多线样式"命令，将"墙线样式"设置为当前多线样式。

⑨ 执行菜单栏"绘图"|"多线"命令，配合捕捉与坐标输入功能绘制阳台轮廓线。命令行操作如下：

```
命令 : _mline
当前设置 : 对正 = 无，比例 = 200.00，样式 = 墙线样式
指定起点或 [ 对正 (J)/ 比例 (S)/ 样式 (ST)]:      //s，按 Enter 键。
输入多线比例 <200.00>:                          //100，按 Enter 键。
当前设置 : 对正 = 无，比例 = 100.00，样式 = 墙线样式
指定起点或 [ 对正 (J)/ 比例 (S)/ 样式 (ST)]:      //j，按 Enter 键。
输入对正类型 [ 上 (T)/ 无 (Z)/ 下 (B)] < 无 >:    //T，按 Enter 键。
当前设置 : 对正 = 上，比例 = 100.00，样式 = 墙线样式
指定起点或 [ 对正 (J)/ 比例 (S)/ 样式 (ST)]:      // 捕捉如图 3-44 所示的端点。
指定下一点 :                                    //@0,-1200，按 Enter 键。
指定下一点或 [ 放弃 (U)]:                        // 捕捉如图 3-45 所示的追踪虚线的交点。
指定下一点或 [ 闭合 (C)/ 放弃 (U)]:              // 按 Enter 键，绘制结果如图 3-46 所示。
```

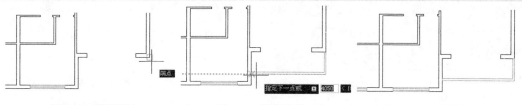

　　　图3-44　捕捉端点　　　　　　　图3-45　捕捉端点　　　　　　　图3-46　绘制结果

⑩ 单击"绘图"工具栏上的 按钮，激活"多段线"命令，配合坐标输入功能绘制阳台的外轮廓线。命令行操作如下：

```
命令 : _pline
指定起点 :                                              // 捕捉如图 3-47 所示的端点。
当前线宽为 0
指定下一个点或 [ 圆弧 (A)/ 半宽 (H)/ 长度 (L)/ 放弃 (U)/ 宽度 (W)]: //@0,1230，按 Enter 键。
指定下一点或 [ 圆弧 (A)/ 闭合 (C)/ 半宽 (H)/ 长度 (L)/ 放弃 (U)/ 宽度 (W)]:
                                                       //@4000,0，按 Enter 键。
指定下一点或 [ 圆弧 (A)/ 闭合 (C)/ 半宽 (H)/ 长度 (L)/ 放弃 (U)/ 宽度 (W)]:
                                                       //@0,-1230，按 Enter 键。
```

指定下一点或 [圆弧 (A)/ 闭合 (C)/ 半宽 (H)/ 长度 (L)/ 放弃 (U)/ 宽度 (W)]:

// 按 Enter 键，结束命令，绘制结果如图 3-48 所示。

⑪ 按快捷键O激活"偏移"命令，将刚绘制的阳台轮廓线向内侧偏移100个单位，结果如图3-49所示。

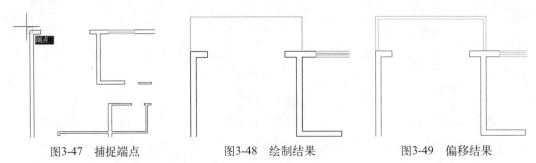

图3-47　捕捉端点　　　　　图3-48　绘制结果　　　　　图3-49　偏移结果

至此，户型图中的平面窗、阳台等建筑构件绘制完毕，下一小节将学习单开门、推拉门等构件的快速绘制方法和技巧。

3.3.5　绘制套三厅单开门和推拉门

① 继续上节的操作。

② 单击"绘图"工具栏上的按钮，激活"插入块"命令，插入随书光盘"\图块文件\单开门.dwg"文件，块参数设置如图3-50所示，插入点如图3-51所示的中点。

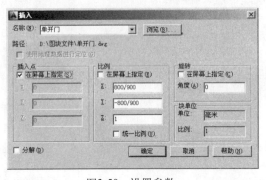
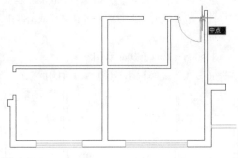

图3-50　设置参数　　　　　　　　　图3-51　定位插入点

③ 重复执行"插入块"命令，设置插入参数，如图3-52所示，插入点如图3-53所示的中点。

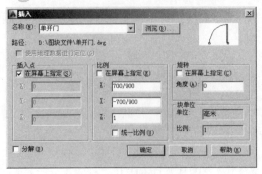
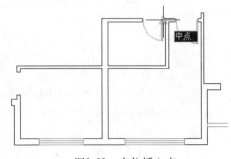

图3-52　设置参数　　　　　　　　　图3-53　定位插入点

④ 重复执行"插入块"命令，设置插入参数，如图3-54所示，插入点如图3-55所示的中点。

图3-54　设置参数

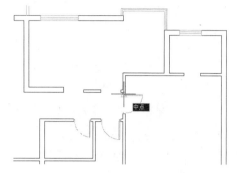

图3-55　定位插入点

⑤ 重复执行"插入块"命令，设置插入参数，如图3-56所示，插入结果如图3-57所示的中点。

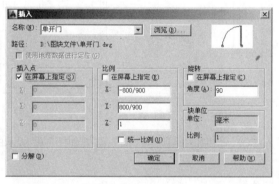

图3-56　设置参数

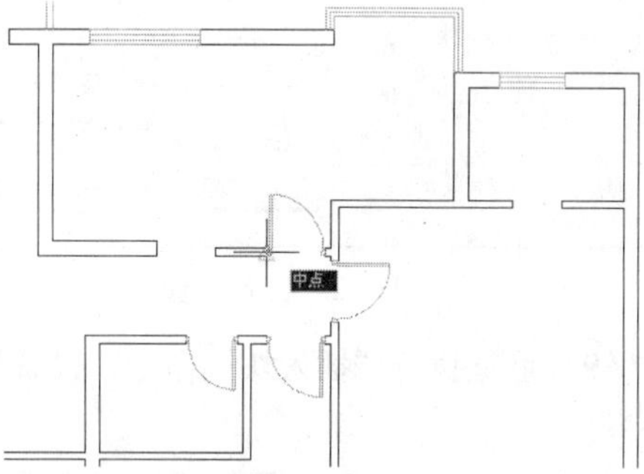

图3-57　定位插入点

⑥ 重复执行"插入块"命令，设置插入参数，如图3-58所示，插入结果如图3-59所示的中点。

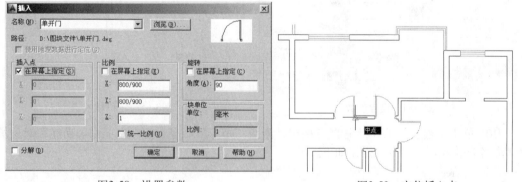

图3-58　设置参数

图3-59　定位插入点

⑦ 重复执行"插入块"命令，设置插入参数，如图3-60所示，插入结果如图3-61所示的中点。

⑧ 重复执行"插入块"命令，设置插入参数，如图3-62所示，插入结果如图3-63所示的中点。

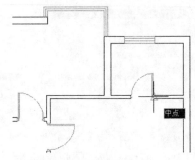

图3-60　设置参数　　　　　　　　　　图3-61　定位插入点

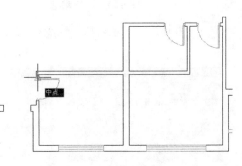

图3-62　设置参数　　　　　　　　　　图3-63　定位插入点

⑨　重复执行"插入块"命令，设置插入参数，如图3-64所示，插入结果如图3-65所示的中点。

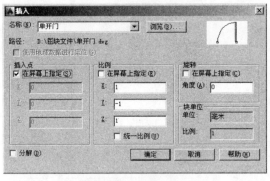

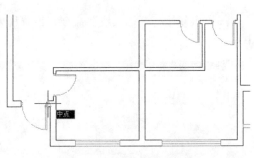

图3-64　设置参数　　　　　　　　　　图3-65　定位插入点

⑩　单击"绘图"工具栏上的 ▢ 按钮，激活"矩形"命令，配合坐标输入功能和对象捕捉功能绘制推拉门。命令行操作如下。

命令：_rectang
指定第一个角点或 [倒角 (C)/ 标高 (E)/ 圆角 (F)/ 厚度 (T)/ 宽度 (W)]:
　　　　　　　　　　　　　　　　　　// 捕捉如图 3-66 所示的中点。
指定另一个角点或 [面积 (A)/ 尺寸 (D)/ 旋转 (R)]: //@720,50，按 Enter 键。
命令：　　　　　　　　　　　　　　　// 按 Enter 键。
RECTANG 指定第一个角点或 [倒角 (C)/ 标高 (E)/ 圆角 (F)/ 厚度 (T)/ 宽度 (W)]:
　　　　　　　　　　　　　　　　// 捕捉刚绘制的矩形下侧水平边的中点。

指定另一个角点或 [面积 (A)/ 尺寸 (D)/ 旋转 (R)]: //@720,-50，按 Enter 键，绘制结果如图3-67 所示。

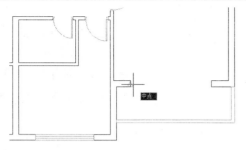

图3-66　捕捉中点

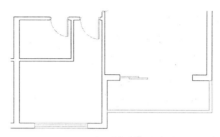

图3-67　绘制结果

⑪ 按快捷键MI激活"镜像"命令，配合"两点之间的中点"捕捉功能，对刚绘制的推拉门进行镜像，镜像结果如图3-68所示。

⑫ 参照第10、11操作步骤，综合使用"矩形"和"镜像"命令，绘制上侧的四扇推拉门，结果如图3-69所示。

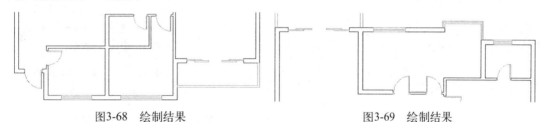

图3-68　绘制结果

图3-69　绘制结果

⑬ 调整视图，使图形全部显示，结果如图3-1所示。

⑭ 最后执行"保存"命令，将图形命名存储为"绘制普通住宅墙体结构图.dwg"。

3.4 绘制套三厅户型装修布置图

本节通过绘制套三厅户型各房间家具布置图，主要学习普通住宅装修布置图的具体绘制过程和绘制技巧。本例最终绘制效果如图3-70所示。

在绘制套三厅户型装修布置图时，具体可以参照如下绘图思路。

◆ 首先使用"打开"命令调用户型墙体结构图。

◆ 使用"插入块"命令为客厅和餐厅布置电视、电视柜、沙发、绿化植物、餐桌椅和酒水柜等图块。

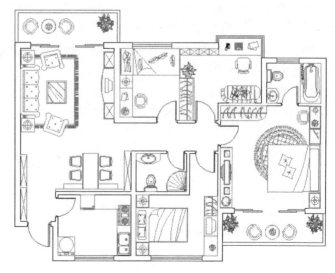

图3-70　实例效果

◆ 使用"设计中心"命令为主卧室和次卧室布置床、床头柜、电视柜、梳妆台以及衣柜等家具图块。

◆ 使用"工具选项板"命令为书房和儿童房布置书桌、书架、沙发、床、学习桌、衣柜以及绿化植物等图块。

◆ 综合使用"插入块"、"设计中心"和"工具选项板"等命令，绘制其他房间内的布置图。

◆ 最后使用"多段线"、"矩形"等命令并配合捕捉追踪功能绘制鞋柜、装饰柜和厨房操作台等，对室内布置图进行完善。

3.4.1 绘制客厅与餐厅布置图

① 执行"打开"命令，打开随书光盘中的"\效果文件\第3章\绘制普通住宅墙体结构图.dwg"文件。

② 按快捷键LA激活"图层"命令，在打开的"图层特性管理器"对话框中双击"家具层"，将此图层设置为当前图层。

③ 单击"绘图"工具栏上的 按钮，激活"插入块"命令，在打开的"插入"对话框中单击 浏览(B)... 按钮，然后选择随书光盘中的"\图块文件\电视及电视柜.dwg"文件。

④ 返回"插入"对话框，采用默认参数，将图块插入到客厅平面图中，插入点为图3-71所示的中点，插入结果如图3-72所示。

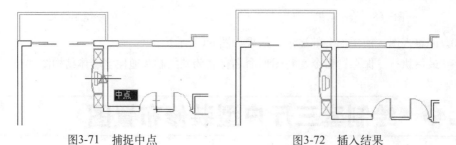

图3-71　捕捉中点　　　　　　　　　　　　图3-72　插入结果

⑤ 重复执行"插入块"命令，在打开的"插入"对话框中单击 浏览(B)... 按钮，插入随书光盘中的"\图块文件\沙发组合03.dwg"文件。

⑥ 返回"插入"对话框，采用默认参数设置，配合端点捕捉和"对象追踪"功能将电视与电视柜图块插入到平面图中。

⑦ 在命令行"指定插入点或 [基点(B)/比例(S)/旋转(R)]:"提示下，垂直向下引出如图3-73所示的对象追踪虚线，输入1620后按Enter键，定位插入点，插入结果如图3-74所示。

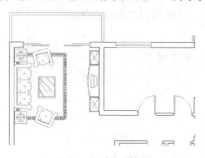

图3-73　引出对象追踪虚线　　　　　　　　图3-74　插入结果

(8) 重复执行"插入块"命令，插入随书光盘中的"\图块文件\绿化植物05.dwg"文件，将其以默认参数插入到平面图中，并适当调整其位置，结果如图3-75所示。

(9) 重复执行"插入块"命令，插入随书光盘中的"\图块文件\休闲桌椅03.dwg"文件，旋转角度为90，并适当调整其位置，结果如图3-76所示。

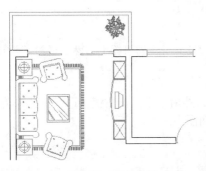

图3-75 插入结果

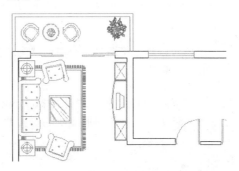

图3-76 复制结果

(10) 重复执行"插入块"命令，插入随书光盘中的"\图块文件\餐桌椅03.dwg"文件，图块的参数设置如图3-77所示，插入结果如图3-78所示。

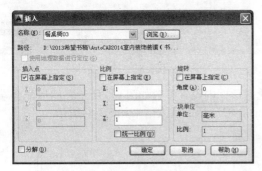

图3-77 设置参数

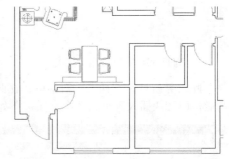

图3-78 插入结果

(11) 综合使用"矩形"和"直线"命令，绘制酒水柜和墙面装饰柜示意图，结果如图3-79所示。

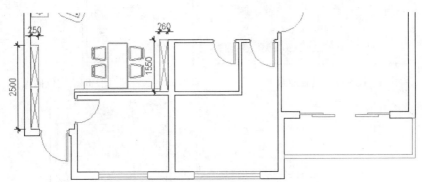

图3-79 绘制结果

至此，客厅与餐厅家具布置图绘制完毕，下一小节将学习主卧室和次卧室家具布置图的绘制过程和绘制技巧。

3.4.2 绘制主卧和次卧布置图

① 继续上节的操作。

② 单击"标准"工具栏上的 按钮，激活"设计中心"命令，打开"设计中心"窗口，定位随书光盘中的"图块文件"文件夹，如图3-80所示。

提示

用户可以事先将随书光盘中的"图块文件"拷贝至用户的机器上，然后通过"设计中心"工具进行定位。

③ 在右侧的窗口中选择"双人床03.dwg"文件，然后单击鼠标右键，选择"插入为块"选项，如图3-81所示，将此图形以块的形式共享到平面图中。

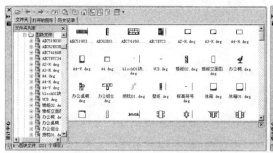

图3-80 定位目标文件夹

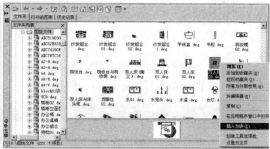

图3-81 选择文件

④ 此时系统打开"插入"对话框，在此对话框内设置参数如图3-82所示，然后配合端点捕捉功能将该图块插入到平面图中，插入点如图3-83所示，插入结果如图3-84所示。

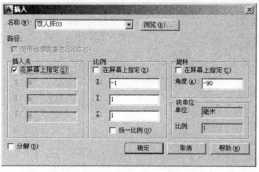

图3-82 设置参数

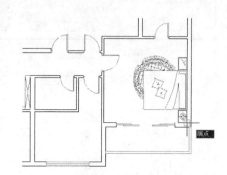

图3-83 定位插入点

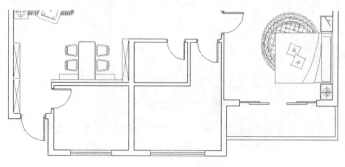

图3-84 插入结果

⑤ 在"设计中心"右侧的窗口中向下移动滑块，找到"电视柜.dwg"文件并选中，如图 3-85所示。

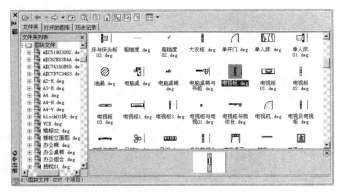

图3-85 定位文件

⑥ 按住鼠标左键不放，将其拖曳至平面图中，配合端点捕捉功能将图块插入到平面图中。命令行操作如下：

命令：_-INSERT 输入块名或 [?]
单位：毫米 转换： 1.0
指定插入点或 [基点 (B)/ 比例 (S)/X/Y/Z/ 旋转 (R)]： // 捕捉如图 3-86 所示的端点。
输入 X 比例因子，指定对角点，或 [角点 (C)/XYZ(XYZ)] <1>： 按 Enter 键。
输入 Y 比例因子或 < 使用 X 比例因子 >： // 按 Enter 键。
指定旋转角度 <0.0>： // 按 Enter 键,结果如图 3-87 所示。

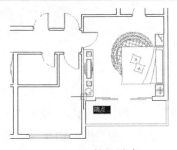

图3-86 捕捉端点

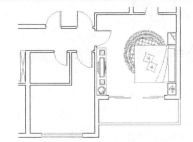

图3-87 插入结果

⑦ 在右侧窗口中定位"衣柜02.dwg"图块，然后单击鼠标右键，选择"复制"选项，如图3-88所示。

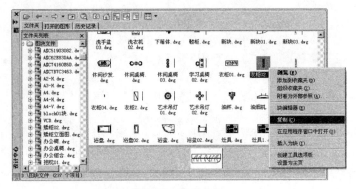

图3-88 定位文件

(8) 返回绘图区，使用"粘贴"命令将衣柜图块粘贴到平面图中。命令行操作如下：

```
命令：_pasteclip
命令：_-INSERT 输入块名或 [?]
"D:\ 素材盘 \ 图块文件 \ 衣柜 02.dwg"
单位：毫米  转换：    1.0
指定插入点或 [ 基点 (B)/ 比例 (S)/X/Y/Z/ 旋转 (R)]:        // 捕捉如图 3-89 所示的端点。
输入 X 比例因子，指定对角点，或 [ 角点 (C)/XYZ(XYZ)] <1>: // 按 Enter 键。
输入 Y 比例因子或 < 使用 X 比例因子 >:                    // 按 Enter 键。
指定旋转角度 <0.0>:                                      // 按 Enter 键，结果如图 3-90 所示。
```

(9) 参照上述操作，将"梳妆台.dwg"、"休闲桌椅03.dwg"、"绿化植物05.dwg"、"床与床头柜02.dwg"和"多功能组合柜.dwg"等图块共享到卧室平面图中，结果如图3-91所示。

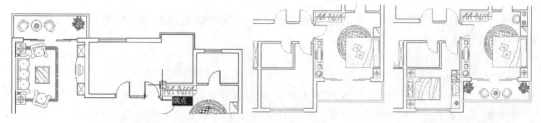

图3-89 捕捉端点   图3-90   粘贴结果   图3-91   共享结果

至此，主卧室与次卧室家具布置图绘制完毕，下一小节将学习书房和儿童房家具布置图的绘制过程和绘制技巧。

3.4.3 绘制书房与儿童房布置图

(1) 继续上节的操作。

(2) 展开"图层"工具栏上的"图层控制"下拉列表，将"轮廓线"设为当前图层。

(3) 按快捷键PL激活"多段线"命令，配合"捕捉自"和"坐标输入"功能绘制书房与儿童房之间的隔墙。命令行操作如下：

```
命令：pl                                               // 按 Enter 键。
PLINE 指定起点：                                       // 激活"捕捉自"功能。
_from 基点：                                           // 捕捉如图 3-92 所示的端点。
< 偏移 >:                                              //@300,0，按 Enter 键。
指定下一个点或 [ 圆弧 (A)/ 半宽 (H)/ 长度 (L)/ 放弃 (U)/ 宽度 (W)]: @0,-1130，按 Enter 键。
指定下一点或 [ 圆弧 (A)/ 闭合 (C)/ 半宽 (H)/ 长度 (L)/ 放弃 (U)/ 宽度 (W)]:
                                                      //@540,0，按 Enter 键。
指定下一点或 [ 圆弧 (A)/ 闭合 (C)/ 半宽 (H)/ 长度 (L)/ 放弃 (U)/ 宽度 (W)]:
                                                      //@0,-1570，按 Enter 键。
指定下一点或 [ 圆弧 (A)/ 闭合 (C)/ 半宽 (H)/ 长度 (L)/ 放弃 (U)/ 宽度 (W)]:
                                                      // 按 Enter 键，绘制结果如图 3-93 所示。
```

(4) 按快捷键O激活"偏移"命令，将刚绘制的多段线向右侧偏移30个单位，结果如图3-94所示。

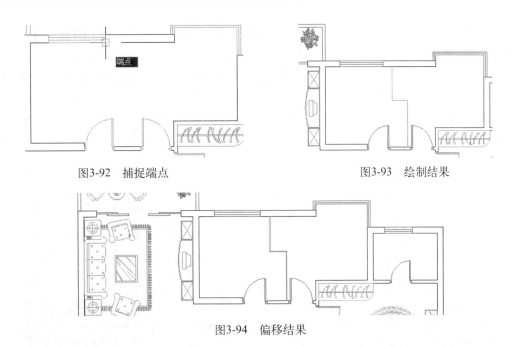

图3-92 捕捉端点 　　　　　　　图3-93 绘制结果

图3-94 偏移结果

⑤ 展开"图层"工具栏上的"图层控制"下拉列表,将"家具层"设为当前图层。

⑥ 在"设计中心"左侧窗口中定位"图块文件"文件夹,然后单击鼠标右键,选择"创建块的工具选项板"选项,将"图块文件"文件夹创建为选项板,如图3-95所示,创建结果如图3-96所示。

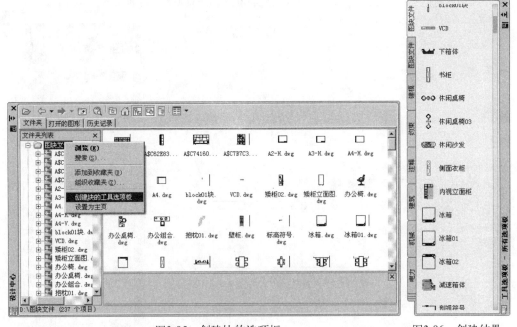

图3-95 创建块的选项板 　　　　　　　图3-96 创建结果

⑦ 在"工具选项板"窗口中向下拖动滑块,然后定位"电脑桌椅与书柜.dwg"文件图标,如图3-97所示。

⑧ 在"电脑桌椅与书柜.dwg"文件上按住鼠标左键不放，将其拖曳至绘图区，如图3-98 所示，以块的形式共享此图形，结果如图3-99所示。

⑨ 在"工具选项板"窗口中单击"床与床头柜01.dwg"文件图标，然后将光标移至绘图 区，此时图形将会呈现虚线状态，如图3-100所示。

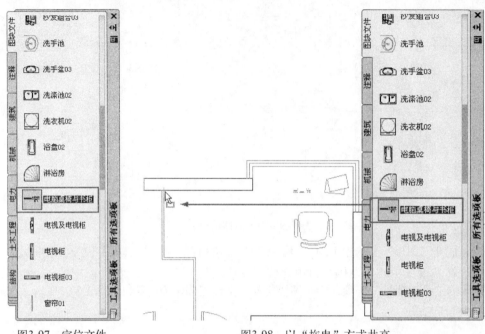

图3-97　定位文件　　　　　　　　　　　图3-98　以"拖曳"方式共享

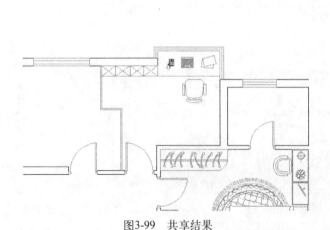

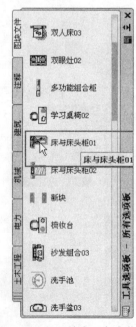

图3-99　共享结果　　　　　　　　　　　图3-100　以"单击"方式共享

⑩ 返回绘图区，在命令行"指定插入点或 [基点(B)/比例(S)/X/Y/Z/旋转(R)]:"提示下，捕捉如图3-101所示的端点，插入结果如图3-102所示。

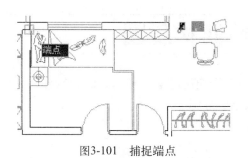

图3-101 捕捉端点

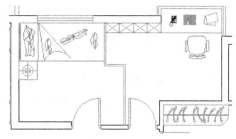

图3-102 插入结果

⑪ 参照上述操作，分别以"单击"和"拖曳"的形式，为书房布置"休闲沙发.dwg"和"绿化植物03.dwg"图块；为儿童房布置"衣柜01.dwg"和"学习桌椅02.dwg"图块，布置结果如图3-103所示。

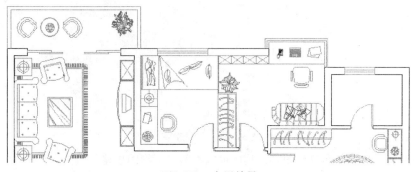

图3-103 布置结果

3.4.4 绘制户型其他家具布置图

参照第3.4.1~3.4.3小节中的家具布置方法，综合使用"插入块"、"设计中心"和"工具选项板"等命令，为厨房布置"双眼灶02.dwg"、"洗涤池02.dwg"、"冰箱02.dwg"和"洗衣机02.dwg"图例；为卫生间布置"洗手盆03.dwg"、"马桶.dwg"和"淋浴房.dwg"图例；为主卧卫生间布置"马桶.dwg"、"洗手池.dwg"和"浴盆02.dwg"图例，布置后的效果如图3-104所示。

使用"多段线"命令，配合坐标输入功能绘制厨房操作台轮廓线，结果如图3-105所示。

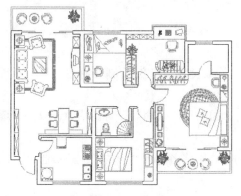

图3-104 布置其他图例

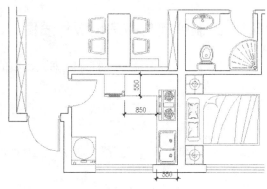

图3-105 绘制结果

3.5 绘制套三厅户型地面材质图

本例在综合所学知识的前提下，主要学习套三厅户型地面装修材质图的具体绘制过程和绘制技巧。套三厅户型地面装修材质图的最终绘制效果如图3-106所示。

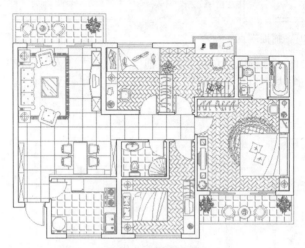

图3-106　实例效果

在绘制套三厅户型地面材质图时，具体可以参照如下绘图思路。

◆ 首先使用"打开"命令调用户型家具布置图文件。

◆ 使用"直线"命令配合端点捕捉功能封闭各房间的门洞位置。

◆ 配合层的状态控制功能和"快速选择"命令中的过滤选择功能，使用"图案填充"命令中的"预定义"功能，绘制卧室、书房、儿童房等房间内的地板材质图。

◆ 使用"多段线"命令绘制某些图块的边缘轮廓线。

◆ 配合层的状态控制功能，使用"图案填充"命令中的"用户定义"功能，绘制客厅和餐厅的600×600抛光地砖材质图。

◆ 使用"图案填充编辑"中的"设定原点"功能更改填充图案的填充原点。

◆ 配合层的状态控制功能和"快速选择"命令中的过滤选择功能，使用"图案填充"命令中的"预定义"功能，绘制卫生间、厨房、阳台等位置的300×300防滑地砖材质图。

3.5.1 绘制卧室与书房地板材质图

① 执行"打开"命令，打开随书光盘中的"\效果文件\第3章\绘制普通住宅家具布置图.dwg"文件。

② 按快捷键LA激活"图层"命令，在打开的"图层特性管理器"对话框中，双击"填充层"，将其设置为当前层。

③ 按快捷键L激活"直线"命令，配合捕捉功能分别将各房间两侧的门洞连接起来，以形成封闭区域，如图3-107所示。

④ 在无命令执行的前提下，夹点显示卧室、书房以及儿童房房间内的家具图块，如图3-108所示。

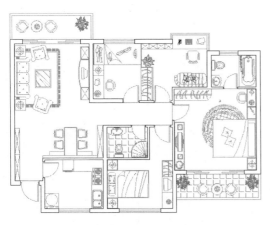

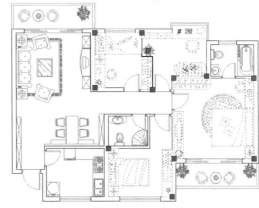

图3-107 绘制结果 　　　　　　 图3-108 夹点结果

(5) 展开"图层"工具栏中的"图层控制"下拉列表，将夹点显示的对象暂时放置在"0图层"上，如图3-109所示。

(6) 取消对象的夹点显示，然后展开"图层"工具栏中的"图层控制"下拉列表，冻结"家具层"，此时平面图的显示效果如图3-110所示。

(7) 单击"绘图"工具栏上的 ▨ 按钮，激活"图案填充"命令，打开"图案填充和渐变色"对话框。

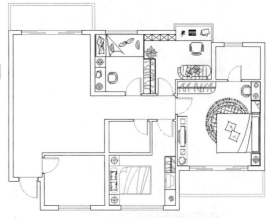

图3-109 更改图块所在层 　　　　　　 图3-110 冻结图层后的效果

提示•

更改图层及冻结"家具层"的目的就是为了方便地面图案的填充，如果不关闭图块层，由于图块太多，会大大影响图案的填充速度。

(8) 在"图案填充和渐变色"对话框中选择填充图案，并设置填充比例、角度、关联特性等，如图3-111所示。

(9) 单击"拾取点"按钮 ⊞，返回绘图区，在主卧室房间空白区域内单击鼠标左键，系统自动分析出填充边界并按照当前的图案设置进行填充，填充如图3-112所示。

(10) 参照第7~9操作步骤，分别为次卧室、书房和儿童房填充地板图案，填充图案与参数设置如图3-113所示，填充结果如图3-114所示。

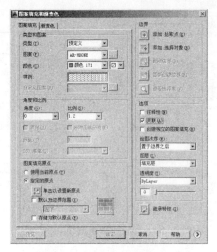

图3-111 设置填充图案与参数

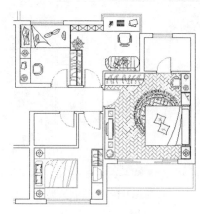

图3-112 填充结果

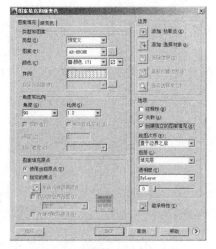

图3-113 设置填充图案与参数

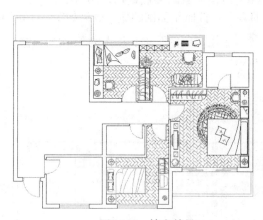

图3-114 填充结果

⑪ 执行"工具"菜单中的"快速选择"命令,设置过滤参数,如图3-115所示,选择"0图层"上的所有对象,选择结果如图3-116所示。

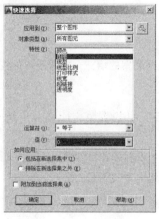

图3-115 设置过滤参数

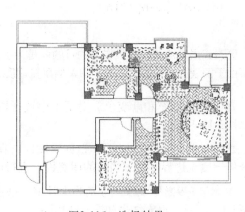

图3-116 选择结果

⑫ 展开"图层"工具栏中的"图层控制"下拉列表，将夹点显示的图形对象放到"家具层"上，同时解冻"家具层"，此时平面图的显示效果如图3-117所示。

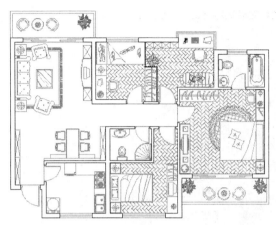

图3-117　解冻图层后的效果

至此，卧室、书房与儿童房地板材质图绘制完毕，下一小节将学习客厅与餐厅抛光地砖材质图的绘制过程和绘制技巧。

3.5.2　绘制客厅与餐厅抛光地砖材质

① 继续上节的操作。

② 按快捷键PL激活"多段线"命令，配合"对象捕捉"功能绘制客厅沙发组合图例的外边缘轮廓，然后夹点显示外边缘轮廓及其他家具图块，如图3-118所示。

③ 展开"图层"工具栏中的"图层控制"下拉列表，将夹点显示的图形暂时放置在"0图层"上，并冻结"家具层"，平面图的显示效果如图3-119所示。

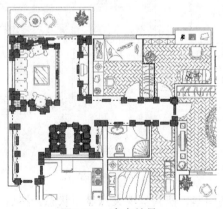

图3-118　夹点效果

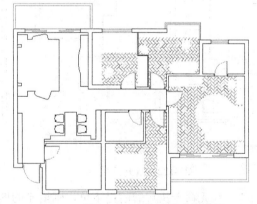

图3-119　冻结图层后的效果

④ 单击"绘图"工具栏上的 ▨ 按钮，激活"图案填充"命令，打开"图案填充和渐变色"对话框。

⑤ 在"图案填充和渐变色"对话框中选择填充图案并设置填充比例、角度、关联特性等，如图3-120所示。

⑥ 单击"图案填充和渐变色"对话框中的"拾取点"按钮 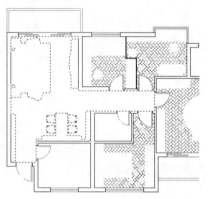，返回绘图区，在客厅房间空白区域内单击鼠标左键，系统自动分析出填充边界，如图3-121所示，

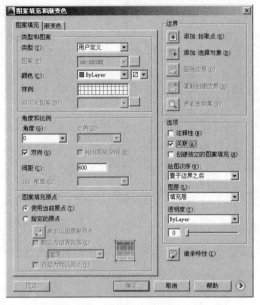

图3-120 设置填充图案与参数

图3-121 填充结果

⑦ 按Enter键结束"图案填充"命令，填充结果如图3-122所示。

⑧ 将客厅和餐厅内的各家具图例放置到"家具层"上，并解冻"家具层"，此时平面图的显示效果如图3-123所示。

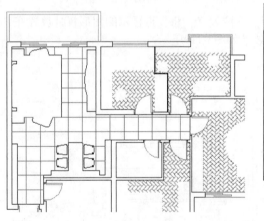

图3-122 填充结果

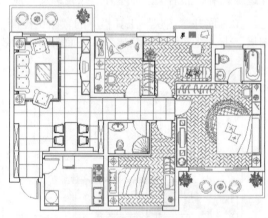

图3-123 操作结果

⑨ 在无命令执行的前提下单击刚填充的地砖图案，使其呈现夹点显示状态，然后单击鼠标右键，选择右键菜单上的"设定原点"选项，如图3-124所示。

⑩ 在命令行"选择新的图案填充原点:"提示下激活"两点之间的中点"功能。

⑪ 继续在命令行"_m2p 中点的第一点:"提示下捕捉如图3-125所示的端点。

⑫ 在命令行"中点的第二点:"提示下捕捉如图3-126所示的端点，更改填充原点后的效果如图3-127所示。

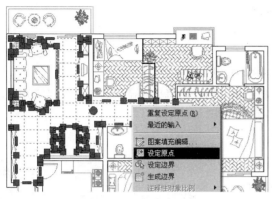

图3-124 图案右键菜单

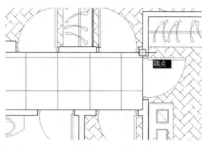

图3-125 捕捉端点

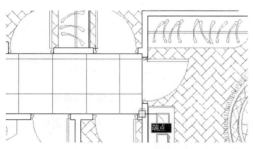

图3-126 捕捉端点

图3-127 更改填充原点后的效果

提示

在更改图案填充原点时，为了避免填充线延伸至填充边区域之外，可以事先冻结"家具层"。

⑬ 按快捷键E激活"删除"命令，将客厅与餐厅房间内各家具图例的边界轮廓线删除，结果如图3-128所示。

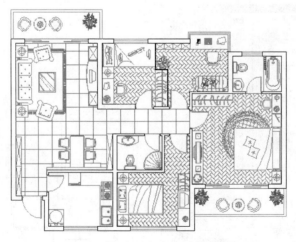

图3-128 解冻"家具层"后的效果

至此，客厅和餐厅地面材质图绘制完毕，下一小节学习厨房、卫生间、阳台等地砖材质图的绘制过程。

3.5.3　绘制厨房卫生间防滑地砖材质

①　继续上节的操作。

②　在无命令执行的前提下，夹点显示如图3-129所示的对象。

③　展开"图层"工具栏中的"图层控制"下拉列表，将夹点显示的图形放到"0图层"上，并冻结"家具层"，平面图的显示效果如图3-130所示。

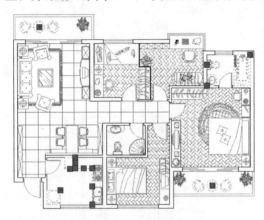

图3-129　夹点效果　　　　　　　　　　图3-130　平面图的显示

④　单击"绘图"工具栏上的按钮，激活"图案填充"命令，打开"图案填充和渐变色"对话框。

⑤　在"图案填充和渐变色"对话框中选择填充图案并设置填充比例、角度、关联特性等，如图3-131所示。

⑥　单击"图案填充和渐变色"对话框中的"拾取点"按钮，返回绘图区，分别在厨房、卫生间、阳台等空白区域内单击鼠标左键，系统自动分析出填充边界并按照当前的填充图案与参数进行填充，填充结果如图3-132所示。

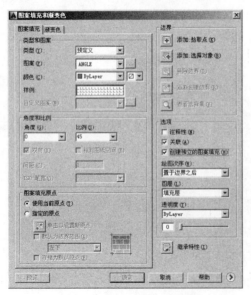
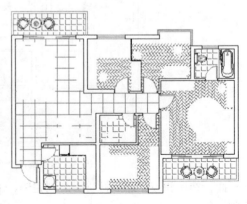

图3-131　设置填充图案与参数　　　　　图3-132　填充结果

⑦ 执行"工具"菜单中的"快速选择"命令，设置过滤参数，如图3-133所示，选择"0图层"上的所有对象，选择结果如图3-134所示。

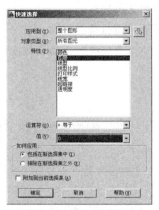

图3-133　设置过滤参数

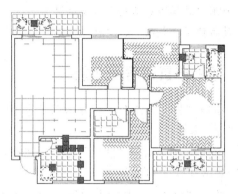

图3-134　选择结果

⑧ 展开"图层"工具栏中的"图层控制"下拉列表，将夹点显示的图形对象放到"家具层"上，此时平面图的显示效果如图3-135所示。

⑨ 展开"图层"工具栏中的"图层控制"下拉列表，解冻"家具层"，最终填充效果如图3-106所示。

⑩ 最后执行"另存为"命令，将当前图形另名存储为"绘制普通住宅地面材质图.dwg"。

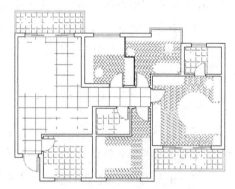

图3-135　更改图层后的效果

3.6 标注套三厅装修图文本注释

本例在综合所学知识的前提下，主要学习套三厅装修布置图房间功能和材质注释的等文本注释的具体标注过程和标注技巧。套三厅户型装修布置图文本注释的最终标注效果如图3-136所示。

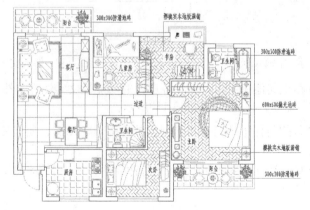

图3-136　实例效果

在标注套三厅户型地面布置图时，具体可以参照如下绘图思路。

◆ 首先调用地面材质图文件并设置当前层与文字样式。

◆ 使用"单行文字"命令快速标注套三厅户型各房间的使用功能。

◆ 使用"编辑图案填充"命令编辑套三厅户型各房间的地面材质。

◆ 最后使用"复制"、"直线"、"编辑文字"命令标注套三厅户型地面材质注解。

3.6.1 标注布置图房间功能

① 执行"打开"命令，打开随书光盘中的"\效果文件\第3章\绘制普通住宅地面材质图.dwg.dwg"文件。

② 按快捷键LA激活"图层"命令，在打开的"图层特性管理器"对话框中双击"文本层"，将其设置为当前图层。

③ 单击"绘图"工具栏上的 按钮，激活"文字样式"命令，在打开的"文字样式"对话框中设置"仿宋体"为当前文字样式。

④ 单击"绘图"工具栏上的 按钮，激活"单行文字"命令，在命令行"指定文字的起点或 [对正(J)/样式(S)]："的提示下，在书房内的适当位置上单击鼠标左键，拾取一点作为文字的起点。

⑤ 继续在命令行"指定高度 <2.5>："提示下，输入240并按Enter键，将当前文字的高度设置为240个绘图单位。

⑥ 在"指定文字的旋转角度<0.00>："提示下，直接按Enter键，表示不旋转文字。此时绘图区会出现一个单行文字输入框，如图3-137所示。

⑦ 在单行文字输入框内输入"书房"，输入的文字会出现在单行文字输入框内，如图3-138所示。

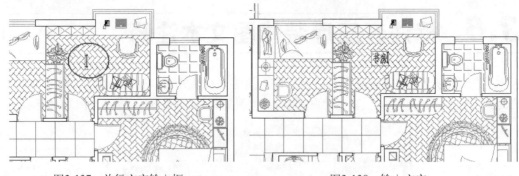

图3-137　单行文字输入框　　　　　　图3-138　输入文字

⑧ 分别将光标移至其他房间内，标注各房间的功能性文字注释，然后连续两次按Enter键，结束"单行文字"命令，标注结果如图3-139所示。

⑨ 在无命令执行的前提下单击书房房间内的地板填充图案，使其呈现图案夹点显示状态，如图3-140所示。

至此，套三厅户型布置图的房间功能性注释标注完毕，下一小节将学习地面材质图案的快速编辑方法和技巧。

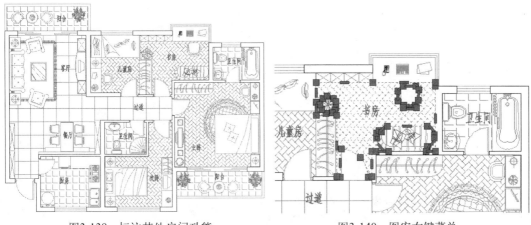

图3-139　标注其他房间功能　　　　　　图3-140　图案右键菜单

3.6.2　编辑地面装修材质图

① 继续上节的操作。

② 在书房填充图案上右击鼠标，在弹出的右键菜单上选择"图案填充编辑"命令，如图3-141所示。

③ 在打开的"图案填充编辑"对话框中，单击"添加：选择对象"按钮，如图3-142所示。

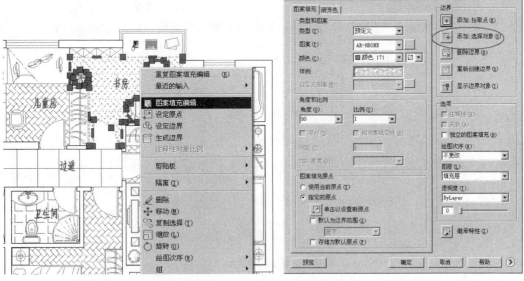

图3-141　图案填充右键菜单　　　　　　图3-142　"图案填充编辑"对话框

④ 在命令行"选择对象或 [拾取内部点(K)/删除边界(B)]:"提示下选择如图3-143所示的文字对象。

⑤ 返回"图案填充编辑"对话框，单击 确定 按钮，选择的文字对象以孤岛的形式，被排除在填充区域之外，结果如图3-144所示。

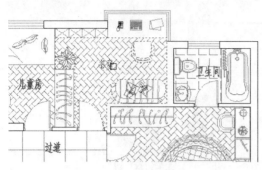

图3-143　选择文字

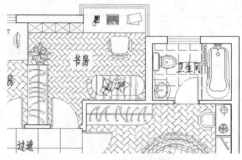

图3-144　编辑结果

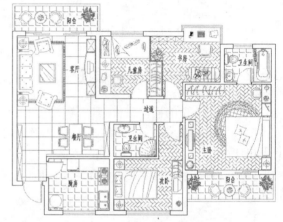

⑥　参照第1~5操作步骤，分别修改儿童房、卧室、厨房、客厅、阳台、卫生间等房间内的填充图案，将图案内的文字以孤岛形式排除在图案区域外，结果如图3-145所示。

至此，套三厅户型地面材质编辑完毕，下一小节将学习地面材质注释的标注方法和技巧。

3.6.3　标注布置图装修材质

①　继续上节的操作。

图3-145　修改其他填充图案

②　按快捷键L激活"直线"命令，绘制如图3-146所示的直线，作为文字指示线。

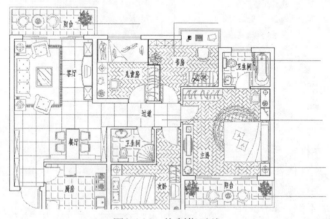

图3-146　绘制指示线

③　按快捷键CO激活"复制"命令，选择其中的一个单行文字注释，将其复制到其他指示线上，结果如图3-147所示。

④　在复制出的文字对象上双击鼠标左键，此时该文字呈现反白显示的单行文字输入框状态，如图3-148所示。

⑤　在反白显示的单行文字输入框内输入正确的文字注释，并适当调整文字的位置，修改后的结果如图3-149所示。

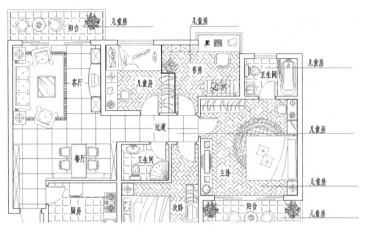

图3-147 复制结果

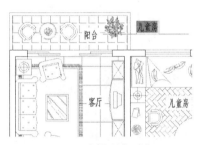

图3-148 选择文字对象

图3-149 修改结果

6 在命令行"选择文字注释对象或[放弃(U)]："的提示下，分别单击其他文字对象进行编辑，输入正确的文字内容，并适当调整文字的位置，结果如图3-150所示。

7 继续在命令行"选择文字注释对象或[放弃(U)]："的提示下，连续两次按Enter键，结束命令。

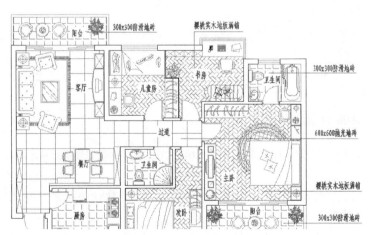

图3-150 编辑其他文字

8 最后执行"另存为"命令，将当前图形另名存储为"标注普通住宅布置图文本注释.dwg"。

至此，套三厅户型地面材质注解标注完毕，下一小节将学习户型装修布置图墙面投影符号的绘制过程。

3.7 标注套三厅装修图尺寸与投影

本例在综合所学知识的前提下，主要学习套三厅装修布置图墙面投影和尺寸的具体标注过程和标注技巧。套三厅户型装修布置图尺寸和投影的最终标注效果如图3-151所示。

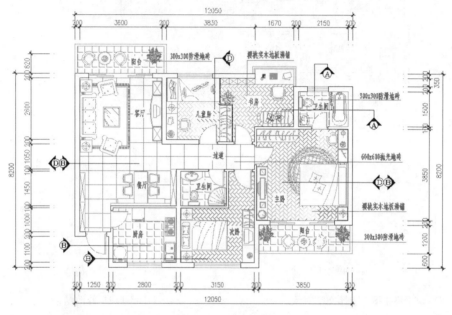

图3-151 实例效果

在标注套三厅户型地面布置图投影和尺寸时，具体可以参照如下绘图思路。

◆ 首先使用"复制"、"直线"、"编辑文字"命令标注套三厅户型地面材质注解。

◆ 使用"多段线"、"圆"、"修剪"、"图案填充"、"定义属性"、"创建块"等命令制作投影符号属性块。

◆ 使用"直线"、"插入块"、"编辑属性"等命令绘制投影符号指示线，并标注布置图墙面投影。

◆ 最后使用"构造线"、"线性"、"连续"等命令标注户型布置图尺寸。

3.7.1 制作墙面投影属性块

(1) 执行"打开"命令，打开随书光盘中的"\效果文件\第3章\标注普通住宅布置图文本注释.dwg"文件。

(2) 按快捷键LA激活"图层"命令，在打开的"图层特性管理器"对话框中双击"0图层"，将其设置为当前图层。

(3) 单击"绘图"工具栏上的 按钮，激活"多段线"命令，配合"极轴追踪"和"坐标输入"功能绘制如图3-152所示的投影符号。

(4) 单击"绘图"工具栏上的 按钮，激活"圆"命令，配合中点捕捉功能绘制半径为4的圆，如图3-153所示。

⑤ 单击"修改"工具栏上的 按钮，激活"修剪"命令，对投影符号进行修剪，结果如图3-154所示。

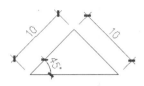

图3-152 绘制结果

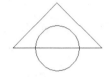

图3-153 绘制圆

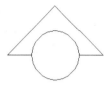

图3-154 修剪结果

⑥ 单击"绘图"工具栏上的 按钮，激活"图案填充"命令，为投影符号填充实体图案，填充结果如图3-155所示。

⑦ 展开"文字样式控制"下拉列表，设置"COMPLEX"为当前文字样式。

⑧ 按快捷键ATT激活"定义属性"命令，在打开的"属性定义"对话框中设置属性，如图3-156所示，为投影符号定义文字属性，属性的插入点为圆心，定义结果如图3-157所示。

图3-155 填充结果　　　图3-156 "属性定义"对话框　　　图3-157 定义结果

⑨ 单击"绘图"工具栏上的 按钮，激活"创建块"命令，设置块名及参数如图3-158所示，将投影符号和定义的文字属性一起创建为属性块，基点为如图3-159所示的端点。

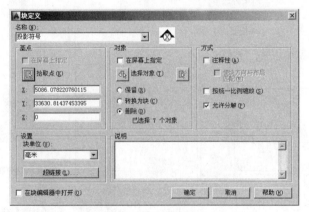
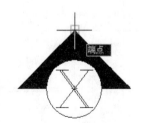

图3-158 设置块参数　　　图3-159 捕捉端点

⑩ 按快捷键W执行"写块"命令，将刚创建的"投影符号"内部块转化为同名的外部块，如图3-160所示。

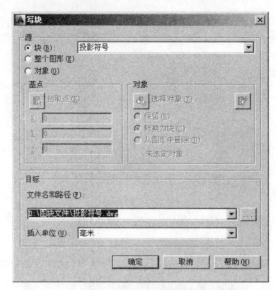

图3-160　定义外部块

　　至此，户型装修图墙面投影符号属性绘制完毕，下一小节将学习套三厅户型布置图墙面投影符号的标注过程。

3.7.2　标注布置图墙面投影

① 继续上节的操作。

② 展开"图层"工具栏中的"图层控制"下拉列表，设置"其他层"为当前操作层。

③ 单击"绘图"工具栏上的 ╱ 按钮，激活"直线"命令，绘制如图3-161所示的直线作为投影符号的指示线。

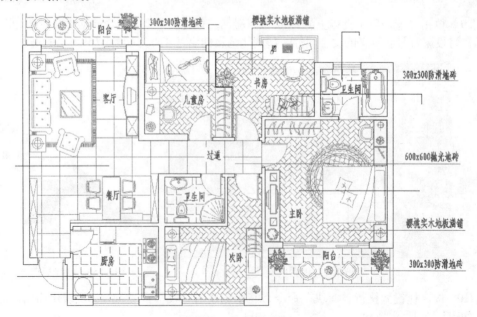

图3-161　绘制指示线

④ 单击"绘图"工具栏上的 ![]按钮，激活"插入块"命令，将刚定义的投影符号属性块插入到指示线的端点处，参数设置如图3-162所示，插入结果如图3-163所示。

图3-162 设置参数

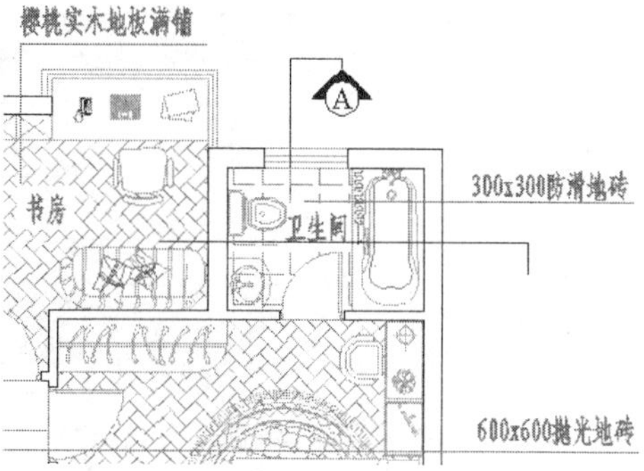

图3-163 插入结果

⑤ 重复执行"插入块"命令，设置块参数如图3-164所示，继续为布置图标注投影符号，属性值为D，标注结果如图3-165所示。

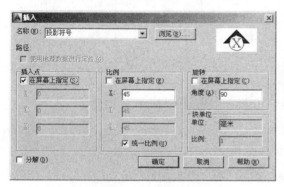

图3-164 设置参数

图3-165 插入结果

⑥ 重复执行"插入块"命令，设置块参数如图3-166所示，继续为布置图标注投影符号，插入点为如图3-167所示的端点。

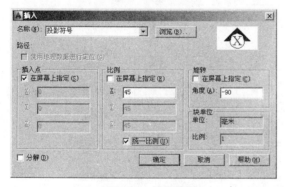

图3-166 设置参数

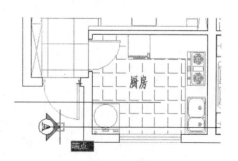

图3-167 捕捉端点

⑦ 当指定属性块的插入点后，系统自动打开"编辑属性"对话框，然后输入属性值，如图3-168所示，插入结果如图3-169所示。

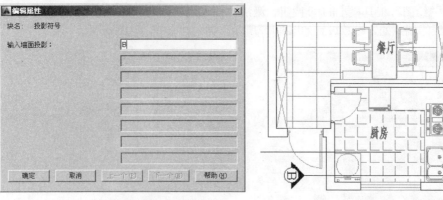

图3-168 "编辑属性"对话框 　　　　　　　　　　　图3-169 插入结果

⑧ 在刚插入的属性块上双击鼠标左键，在打开的"增强属性编辑器"对话框中编辑属性值的旋转角度，如图3-170所示。

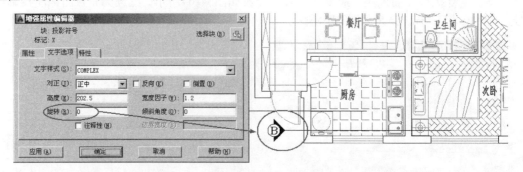

图3-170 编辑属性

⑨ 按快捷键CO执行"复制"命令，配合端点捕捉、象限点捕捉等功能，分别对投影符号进行复制，复制后的结果如图3-171所示。

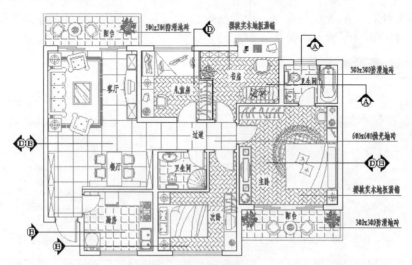

图3-171 复制结果

至此，套三厅户型布置图的墙面投影符号标注完毕，下一小节将学习布置图尺寸的标注过程及技巧。

3.7.3　标注室内布置图尺寸

① 继续上节的操作。

② 展开"图层"工具栏中的"图层控制"下拉列表，设置"尺寸层"为当前图层，如图3-172所示。

③ 按快捷键D激活"标注样式"命令，将"建筑标注"设为当前标注样式，并修改标注比例如图3-173所示。

图3-172　设置当前层

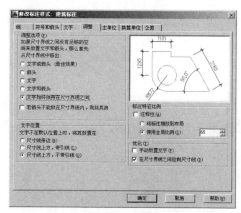

图3-173　设置当前样式与比例

④ 单击"绘图"工具栏上的 按钮，激活"构造线"命令，配合捕捉与追踪功能绘制如图3-174所示的构造线作为尺寸定位线。

图3-174　绘制结果

⑤ 单击"绘图"工具栏上的 按钮，激活"线性"命令，在命令行"指定第一个尺寸界线原点或 <选择对象>："提示下，捕捉如图3-175所示的端点作为第一条标注界线的起点。

⑥ 在"指定第二条尺寸界线原点："提示下，捕捉追踪虚线与辅助线的交点作为第二条标注界线的起点，如图3-176所示。

图3-175　捕捉端点

图3-176　捕捉交点

⑦ 在"指定尺寸线位置或 [多行文字(M)/文字(T)/角度(A)/水平(H)/垂直(V)/旋转(R)]："提示下，向下移动光标并指定尺寸线的位置，标注结果如图3-177所示。

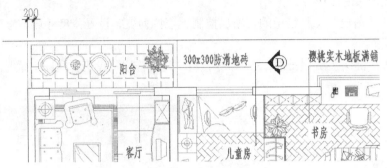

图3-177　标注结果

⑧ 单击"标注"工具栏上的　按钮，激活"连续"命令，在"指定第二条尺寸界线原点或 [放弃(U)/选择(S)] <选择>："提示下，捕捉如图3-178所示的交点，标注连续尺寸。

图3-178　捕捉交点

⑨ 在命令行在"指定第二条尺寸界线原点或 [放弃(U)/选择(S)] <选择>："提示下，配合捕捉与追踪功能，继续标注上侧的连续尺寸，标注结果如图3-179所示。

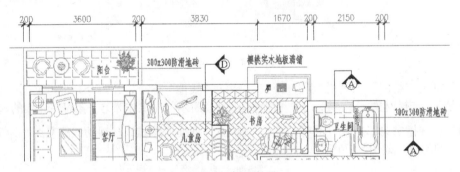

图3-179　标注结果

⑩ 连续两次按Enter键，结束"连续"命令。

⑪ 重复执行"线性"命令，配合捕捉与追踪功能，标注如图3-180所示的总尺寸。

⑫ 参照上述操作，综合使用"构造线"、"线性"和"连续"命令分别标注平面图其他侧的尺寸，结果如图3-181所示。

⑬ 按快捷键E激活"删除"命令，删除尺寸定位辅助线，结果如上图3-151所示。

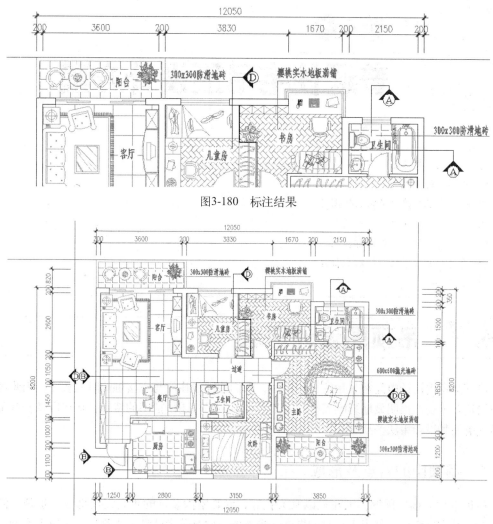

图3-180 标注结果

图3-181 标注其他侧尺寸

⑭ 最后使用"另存为"命令，将当前图形另存为"标注普通住宅布置图尺寸与投影.dwg"。

3.8 本章小结

　　本章在简述普通住宅平面布置图形成功能、设计内容以及绘图思路的前提下，通过绘制普通住宅墙体结构图、绘制普通住宅室内布置图、绘制普通住宅地面材质图、标注普通住宅室内布置图文字注释和标注普通住宅室内布置图尺寸投影等五个典型实例，学习了普通住宅平面布置图的设计方法、具体绘制过程和绘制技巧。

　　希望读者通过本章的学习，在理解和掌握布置图形成、功能等知识的前提下，掌握平面布置图方案的表达内容、完整的绘图过程和相关图纸的表达技巧。

Chapter

04

第4章

普通住宅吊顶设计方案

- ☐ 吊顶图设计理念
- ☐ 吊顶图的设计思路
- ☐ 绘制套三厅户型吊顶墙体图
- ☐ 绘制套三厅户型房间吊顶
- ☐ 绘制套三厅户型吊顶灯具图
- ☐ 套三厅户型吊顶图的后期标注
- ☐ 本章小结

4.1 吊顶图设计理念

吊顶是室内设计中经常采用的一种手法，人们的视线往往与它接触的时间较多，因此吊顶的形状及艺术处理很明显地影响着空间效果。本节主要简述吊顶图的特点、形成以及一些常用的吊顶类型和设计手法。

4.1.1 吊顶图的特点及形成

吊顶也称天棚、顶棚、天花板以及天花等，它是室内装饰的重要组成部分，也是室内空间装饰中最富有变化、最引人注目的界面，吊顶的形状及艺术处理很大程度上影响着空间的整体效果。一般情况下，吊顶的设计常常要从审美要求、物理功能、建筑照明、设备安装管线敷设、防火安全等多方面进行综合考虑。

吊顶平面图一般采用镜像投影法绘制，它主要是根据室内的结构布局，进行天花板的设计和灯具的布置，与室内其他内容构成一个有机联系的整体，让人们从光、色、形体等方面感受室内环境。

4.1.2 常用的吊顶

➤ 石膏板吊顶

石膏天花板是以熟石膏为主要原料掺入添加剂与纤维制成，具有质轻、绝热、吸声、阻燃和可锯等性能。一般采用600×600规格，有明骨和暗骨之分，龙骨常用铝或铁。

➤ 轻钢龙骨石膏板吊顶

石膏板与轻钢龙骨相结合，便构成轻钢龙骨石膏板。轻钢龙骨石膏板天花有纸面石膏板、装饰石膏板、纤维石膏板、空心石膏板等多种。目前，使用轻钢龙骨石膏板天花作隔断墙的较多，而用来做造型天花的则比较少。

> 夹板吊顶

夹板，也称胶合板，具有材质轻、强度高、良好的弹性和韧性，耐冲击和振动、易加工和涂饰、绝缘等优点。它还能轻易地创造出弯曲的、圆的、方的等各种各样的造型吊顶。

> 方形镀漆铝扣吊顶

此种吊顶在厨房、厕所等容易脏污的地方使用，是目前的主流产品。

> 彩绘玻璃天花

这种吊顶具有多种图形图案，内部可安装照明装置，但一般只用于局部装饰。

4.1.3　吊顶的几种设计手法

归纳起来，吊顶一般可以设计为平板吊顶、异型吊顶、格栅式吊顶、藻井式吊顶和局部吊顶五种。

> 平板吊顶

平板吊顶一般是以PVC板、铝扣板、石膏板、矿棉吸音板、玻璃纤维板、玻璃等作为主要装修材料，照明灯卧于顶部平面之内或吸于顶上。此种类型的吊顶多适用于卫生间、厨房、阳台和玄关等空间。

> 异型吊顶

异型吊顶是局部吊顶的一种，使用平板吊顶的形式，把顶部的管线遮挡在吊顶内，顶面可嵌入筒灯或内藏日光灯，使装修后的顶面形成两个层次，不会产生压抑感。此种吊顶比较适用于卧室、书房等房间。

异型吊顶采用的云型波浪线或不规则弧线，一般不超过整体顶面面积的三分之一，超过或小于这个比例，就难以达到好的效果。

> 格栅式吊顶

此种吊顶需要使用木材作成框架，镶嵌上透光或磨沙玻璃，光源在玻璃上面。这也属于平板吊顶的一种，但是造型要比平板吊顶生动和活泼，装饰的效果比较好。一般适用于餐厅、门厅、中厅或大厅等大空间，它的优点是光线柔和、轻松自然。

> 藻井式吊顶

藻井式吊顶是在房间的四周进行局部吊顶，可设计成一层或两层，装修后的效果有增加空间高度的感觉，还可以改变室内的灯光照明效果。

这类吊顶需要室内空间具有一定的高度，而且房间面积较大。

> 局部吊顶

局部吊顶是为了避免室内的顶部有水、暖、气管道，而且空间的高度又不允许进行全部吊顶的情况，采用的一种局部吊顶方式。

另外，由于城市的住房普遍较低，吊顶后会便人感到压抑和沉闷。随着装修的时尚，无顶装修开始流行起来。所谓无顶装修就是在房间顶面不加修饰的装修。无吊顶装修的方法是，顶面做简单的平面造型处理，采用现代的灯饰灯具，配以精致的角线，形成一种轻松自然的怡人风格。什么样的室内空间选用相应的吊顶，不但可以弥补室内空间的缺陷，还可以给室内增加个性色彩。

4.2 吊顶图的设计思路

在设计并绘制吊顶图时，具体可以参照如下思路。

第一，在布置图的基础上，初步准备墙体平面图。

第二，补画天花图细部构件，具体有门洞、窗洞、窗帘和窗帘盒等细节构件。

第三，为吊顶平面图绘制吊顶轮廓、灯池及灯带等内容。

第四，为吊顶平面图布置艺术吊顶、吸顶灯以及筒灯等。

第五，为吊顶平面图标注尺寸及必要的文字注释。

4.3 绘制套三厅户型吊顶轮廓图

本节将在上一章绘制的套三厅户型布置图的基础上，学习普通住宅吊顶墙体平面图和厨卫吊顶的绘制方法和绘制技巧。本例最终绘制效果如图4-1所示。

在绘制套三厅户型吊顶轮廓图时，具体可以参照如下绘图思路。

◆ 首先调用套三厅装修布置图文件，然后使用图层的状态控制功能初步调整平面图。

◆ 综合使用"删除"、"分解"、"直线"等命令以及图层的控制功能初步绘制吊顶轮廓图。

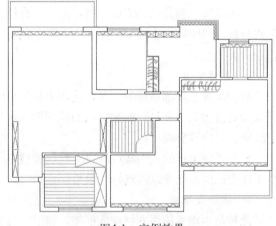

图4-1 实例效果

◆ 综合使用"直线"、"偏移"、"线型"、"特性"等命令并配合捕捉追踪功能绘制窗帘盒和卷帘。

◆ 最后使用"图案填充"、"图案填充编辑"等命令绘制厨房与卫生间吊顶。

4.3.1 绘制室内吊顶墙体图

① 执行"打开"命令，打开随书光盘中的"\效果文件\第3章\标注普通住宅布置图尺寸与投影.dwg"文件，如图5-2所示。

② 展开"图层"工具栏中的"图层控制"下拉列表，设置"吊顶层"为当前图层，并冻结尺寸层、文本层、填充层和其他层，此时平面图的显示效果如图4-2所示。

③ 单击"绘图"工具栏上的✐按钮，激活"删除"命令，删除与当前操作无关的对象，结果如图4-3所示。

④ 在无命令执行的前提下，单击衣柜、淋浴房、电脑桌椅及书架等图块，使其呈现夹点显示，结果如图4-4所示。

⑤ 单击"绘图"工具栏上的🗐按钮，激活"分解"命令，将夹点显示的图块分解。

⑥ 单击"绘图"工具栏上的 ✐ 按钮，激活"删除"命令，删除多余的图形对象，结果如图4-5所示。

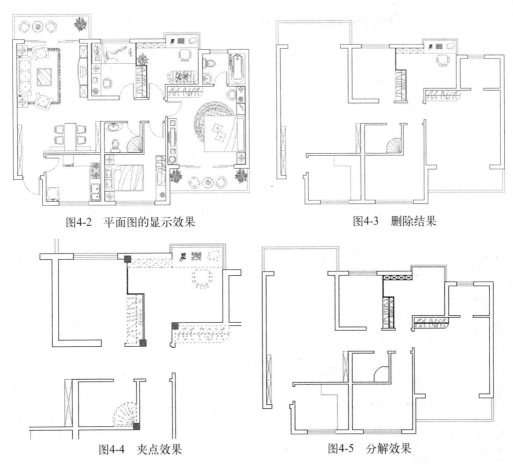

图4-2 平面图的显示效果

图4-3 删除结果

图4-4 夹点效果

图4-5 分解效果

⑦ 展开"图层"工具栏中的"图层控制"下拉列表，暂时关闭"墙线层"，此时平面图的显示效果如图4-6所示。

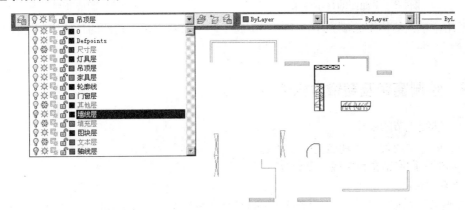

图4-6 关闭"墙线层"后的效果

⑧ 夹点显示如图4-6所示的所有对象，然后展开"图层"工具栏中的"图层控制"下拉列表，更改其图层为"吊顶层"，如图4-7所示。

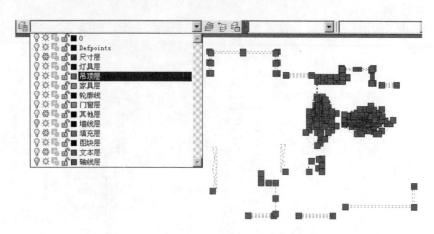

图4-7　更改夹点对象所在层

⑨ 取消对象的夹点显示，然后打开被关闭的"墙线层"，此时平面图的显示效果如图4-8所示。

⑩ 单击"绘图"工具栏上的 ✐ 按钮，激活"直线"命令，分别连接各门洞的两侧端点，绘制过梁底面的轮廓线以及橱柜示意线，结果如图4-9所示。

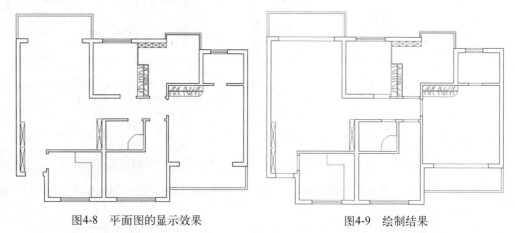

图4-8　平面图的显示效果　　　　　　　图4-9　绘制结果

至此，吊顶墙体图绘制完毕，下一小节将学习窗帘及窗帘盒构件的具体绘制过程和绘制技巧。

4.3.2　绘制窗帘及窗帘盒构件

① 继续上节的操作。

② 单击"绘图"工具栏上的 ✐ 按钮，激活"直线"命令，配合"对象追踪"和"极轴追踪"功能绘制窗帘盒轮廓线。命令行操作如下：

> 命令：_line
> 指定第一点： //垂直向下引出如图 4-10 所示的对象追踪矢量，然后输入 150,按 Enter 键。
> 指定下一点或 [放弃 (U)]: //水平向右引出极轴追踪矢量，然后捕捉追踪虚线与墙线的交点，如
> 　　　　　　　　　　　　　　图 4-11 所示。
> 指定下一点或 [放弃 (U)]: //按 Enter 键，绘制结果如图 4-12 所示。

③ 单击"修改"工具栏上的 按钮，激活"偏移"命令，选择刚绘制的窗帘盒轮廓线，将其向下偏移75个绘图单位，作为窗帘轮廓线，结果如图4-13所示。

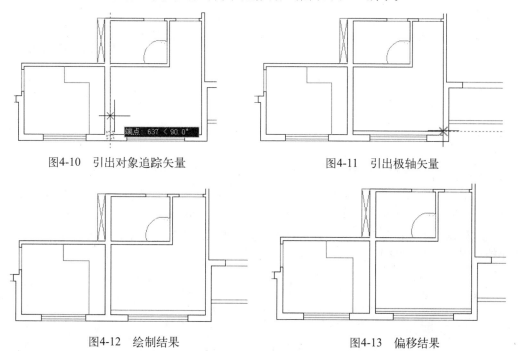

图4-10　引出对象追踪矢量　　　　　　　　图4-11　引出极轴矢量

图4-12　绘制结果　　　　　　　　　　　　图4-13　偏移结果

④ 按快捷键LT激活"线型"命令，打开"线型管理器"对话框，使用对话框中的"加载"功能，加载名为"ZIGZAG"的线型，并设置线型比例为15。

⑤ 在无命令执行的前提下夹点显示窗帘轮廓线，然后按Ctrl+1组合键，激活"特性"命令，在打开的"特性"窗口中修改窗帘轮廓线的线型及颜色特性，如图4-14所示。

⑥ 按Ctrl+1组合键，关闭"特性"窗口。

⑦ 按Esc键，取消对象的夹点显示状态，观看线型特性修改后的效果，如图4-15所示。

图4-14　修改线型及颜色特性

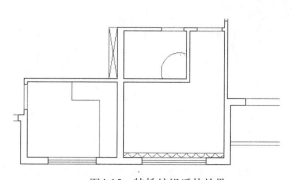

图4-15　特性编辑后的效果

⑧ 参照第2～7操作步骤，分别绘制其他房间内的窗帘及窗帘盒轮廓线，绘制结果如图 4-16所示。

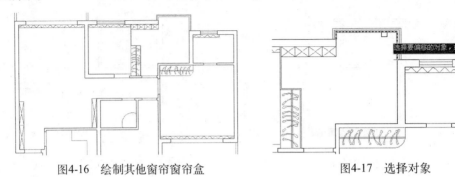

图4-16 绘制其他窗帘窗帘盒　　　　　　　　图4-17 选择对象

⑨ 单击"修改"工具栏上的 按钮，激活"偏移"命令，选择如图4-17所示的窗子内轮廓线，向下侧偏移50和100个单位，偏移结果如图4-18所示。

⑩ 使用"夹点拉伸"功能，分别对两条偏移出的轮廓线进行编辑完善，并补画下侧的水平轮廓线，结果如图4-19所示。

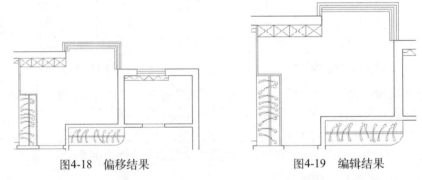

图4-18 偏移结果　　　　　　　　　　　图4-19 编辑结果

⑪ 在无命令执行的前提下夹点显示如图4-20所示的窗帘轮廓线，然后在"特性"窗口中更改其颜色、线型和线型比例等特性，如图4-21所示。

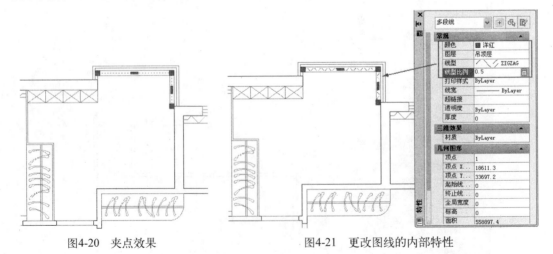

图4-20 夹点效果　　　　　　　　　　图4-21 更改图线的内部特性

⑫ 关闭"特性"窗口，并取消图线的夹点显示，特性编辑后的效果如图4-22所示。

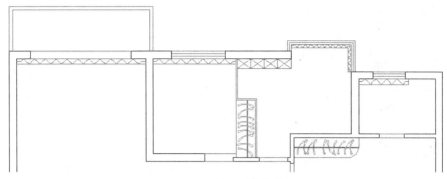

图4-22 编辑后的效果

至此，窗帘和窗帘盒轮廓线绘制完毕，下一小节将学习厨房、卫生间吊顶的绘制过程和绘制技巧。

4.3.3 绘制厨房与卫生间吊顶

① 继续上节的操作。

② 单击"绘图"工具栏上的 ▨ 按钮，激活"图案填充"命令，打开"图案填充和渐变色"对话框。

③ 在"图案填充和渐变色"对话框中选择"用户定义"图案，同时设置图案的填充角度及填充间距参数，如图4-23所示。

④ 单击"图案填充和渐变色"对话框中的"拾取点"按钮 ⊞ ，返回绘图区，分别在卫生间位置单击鼠标左键，拾取填充区域。

⑤ 返回"图案填充和渐变色"对话框后，单击 确定 按钮，结束命令，填充后的结果如图4-24所示。

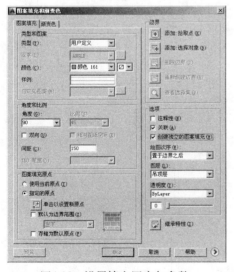

图4-23 设置填充图案与参数

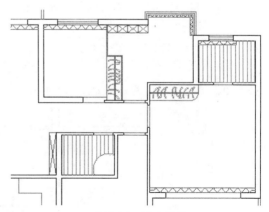

图4-24 填充结果

⑥ 重复执行"图案填充"命令，在打开的"图案填充和渐变色"对话框中设置填充图案与参数，如图4-25所示，为厨房填充如图4-26所示的图案。

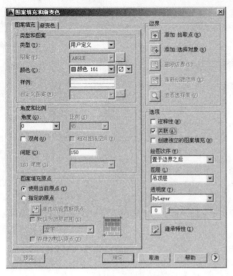
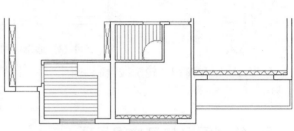

图4-25　设置填充图案与参数　　　　　　　　图4-26　填充结果

⑦ 在无命令执行的前提下，单击刚填充的厨房吊顶图案，使其呈现夹点显示状态，然后单击鼠标右键，选择右键菜单上的"设定原点"选项。

⑧ 返回绘图区，根据命令行的提示，配合"两点之间的中点"和端点捕捉功能，重新设置图案填充原点。命令行操作如下：

命令：_hatchsetorigin 找到 1 个	
选择新的图案填充原点：	// 激活"两点之间的中点"功能。
_m2p 中点的第一点：	// 捕捉如图 4-27 所示的端点。
中点的第二点：选择点：	// 捕捉如图 4-28 所示的端点。

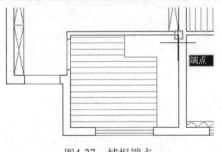
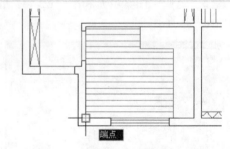

图4-27　捕捉端点　　　　　　　　　　图4-28　捕捉端点

⑨ 更改填充原点后的效果如图4-29所示。

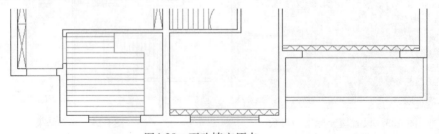

图4-29　更改填充原点

⑩ 最后执行"另存为"命令，将图形另名存储为"绘制普通住宅吊顶轮廓图.dwg"。

4.4 绘制套三厅户型造型吊顶图

本例在综合所学知识的前提下，主要学习套三厅各房间造型吊顶图的具体绘制过程和绘制技巧。套三厅各房间造型吊顶图的最终绘制效果如图4-30所示。

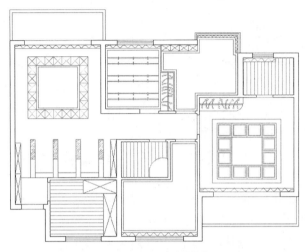

图4-30　实例效果

在绘制套三厅户型吊顶造型图时，具体可以参照如下绘图思路。

- 首先综合使用"矩形"、"偏移"、"直线"、"矩形阵列"、"删除"等命令绘制客厅造型吊顶。
- 综合使用"矩形"、"偏移"、"修剪"、"矩形阵列"、"删除"等命令绘制主卧室造型吊顶。
- 综合使用"直线"、"偏移"、"矩形"、"矩形阵列"等命令并配合延伸捕捉、"捕捉自"等辅助功能绘制儿童房造型吊顶。
- 综合使用"直线"、"矩形"、"矩形阵列"、"构造线"、"修剪"、"图案填充"等命令绘制餐厅造型吊顶。
- 综合使用"边界"、"偏移"、"构造线"、"圆角"等命令绘制次卧室和书房简易吊顶。

4.4.1 绘制客厅造型吊顶图

① 执行"打开"命令，打开随书光盘中的"\效果文件\第4章\绘制普通住宅吊顶轮廓图.dwg"文件。

② 单击"绘图"工具栏上的□按钮，激活"矩形"命令，配合"捕捉自"功能绘制客厅矩形吊顶。命令行操作如下：

```
命令：_rectang
指定第一个角点或 [ 倒角 (C)/ 标高 (E)/ 圆角 (F)/ 厚度 (T)/ 宽度 (W)]:
                                        // 激活"捕捉自"功能。
_from 基点：                             // 捕捉如图 4-31 所示的端点。
```

<偏移>:   //@-540,-325，按 Enter 键。
指定另一个角点或 [面积 (A)/ 尺寸 (D)/ 旋转 (R)]: //@-2520,2520,按 Enter 键,绘制结果如图 4-32 所示。

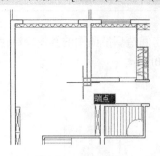

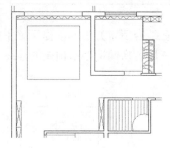

图4-31　捕捉端点　　　　　　　　　　　　　　　　　图4-32　绘制结果

③ 单击"修改"工具栏上的 按钮，激活"偏移"命令，将刚绘制的矩形向内侧偏移 360和435个绘图单位，结果如图4-33所示。

④ 单击"绘图"工具栏上的 按钮，激活"直线"命令，配合端点捕捉功能绘制如图 4-34所示的分隔线。

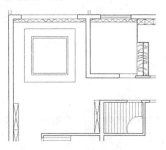

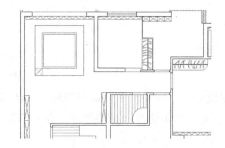

图4-33　偏移结果　　　　　　　　　　　　　　　　　图4-34　绘制结果

⑤ 单击"修改"工具栏上的 按钮，激活"矩形阵列"命令，将分隔线进行矩形阵列。命令行操作如下：

命令 : _arrayrect
选择对象 :   // 窗口选择如图 4-35 所示的对象。
选择对象 :   // 按 Enter 键。
类型 = 矩形　关联 = 是
选择夹点以编辑阵列或 [关联 (AS)/ 基点 (B)/ 计数 (COU)/ 间距 (S)/ 列数 (COL)/ 行数 (R)/ 层数
(L)/ 退出 (X)]<退出 >:   // COU，按 Enter 键。
输入列数数或 [表达式 (E)]<4>:   //7，按 Enter 键。
输入行数数或 [表达式 (E)]<3>:   //7，按 Enter 键。
选择夹点以编辑阵列或 [关联 (AS)/ 基点 (B)/ 计数 (COU)/ 间距 (S)/ 列数 (COL)/ 行数 (R)/ 层数
(L)/ 退出 (X)]<退出 >:   //s，按 Enter 键。
指定列之间的距离或 [单位单元 (U)]<540>:   //360，按 Enter 键。
指定行之间的距离 <540>:   //360，按 Enter 键。
选择夹点以编辑阵列或 [关联 (AS)/ 基点 (B)/ 计数 (COU)/ 间距 (S)/ 列数 (COL)/ 行数 (R)/ 层数
(L)/ 退出 (X)]<退出 >:   //AS，按 Enter 键。
创建关联阵列 [是 (Y)/ 否 (N)]<否 >:   //N，按 Enter 键。
选择夹点以编辑阵列或 [关联 (AS)/ 基点 (B)/ 计数 (COU)/ 间距 (S)/ 列数 (COL)/ 行数 (R)/ 层数
(L)/ 退出 (X)]<退出 >:   // 按 Enter 键，阵列结果如图 4-36 所示。

图4-35 窗口选择   图4-36 阵列结果

⑥ 单击"修改"工具栏上的 ✎ 按钮，激活"删除"命令，窗交选择如图4-37所示的对象进行删除，结果如图4-38所示。

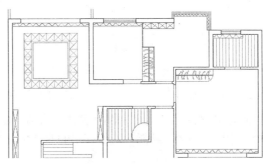

图4-37 窗交选择   图4-38 删除结果

⑦ 在无命令执行的前提下分别夹点显示如图4-39所示的分隔线进行删除，删除后的效果如图4-40所示。

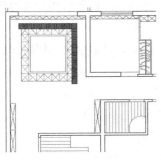

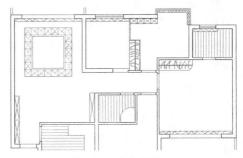

图4-39 夹点显示   图4-40 夹点显示

至此，客厅造型吊顶图绘制完毕，下一小节将学习主卧室造型吊顶图的绘制过程和绘制技巧。

4.4.2 绘制主卧室造型吊顶图

① 继续上节的操作。

② 单击"绘图"工具栏上的 ☐ 按钮，激活"矩形"命令，配合"捕捉自"功能绘制主卧室矩形吊顶。命令行操作如下。

```
命令：_rectang
指定第一个角点或 [ 倒角 (C)/ 标高 (E)/ 圆角 (F)/ 厚度 (T)/ 宽度 (W)]:
                              // 激活"捕捉自"功能。
```

_from 基点：   // 捕捉如图 4-41 所示的端点。

< 偏移 >：   //@-540,2805，按 Enter 键。

指定另一个角点或 [面积 (A)/ 尺寸 (D)/ 旋转 (R)]:

　　　　　　　　　　　　　　　　　//@-2870,-2590，按 Enter 键，绘制结果如图 4-42 所示。

③ 单击"修改"工具栏上的 按钮，激活"分解"命令，将刚绘制的矩形分解。

④ 单击"修改"工具栏上的 按钮，激活"偏移"命令，将分解后的两条垂直边向内侧偏移200个单位，将两条水平边向内侧偏移160个单位，结果如图4-43所示。

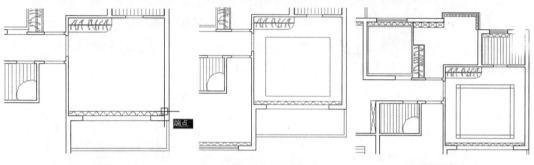

图4-41　捕捉端点　　　　　　图4-42　绘制结果　　　　　　图4-43　偏移结果

⑤ 单击"修改"工具栏上的 按钮，激活"圆角"命令，将圆角半径设置为0，然后配合使用命令中的"多个"功能，对偏移出的四条图线进行圆角，结果如图4-44所示。

技巧

在此也可以使用"倒角"命令，将两个倒角距离都设置为0，然后在"修剪"模式下快速为四条内图线进行倒角。

⑥ 单击"修改"工具栏上的 按钮，激活"偏移"命令，对圆角后的垂直图线和水平图线进行偏移，偏移间距及偏移结果如图4-45所示。

⑦ 单击"修改"工具栏上的 按钮，激活"修剪"命令，对偏移出的图线进行修剪，结果如图4-46所示。

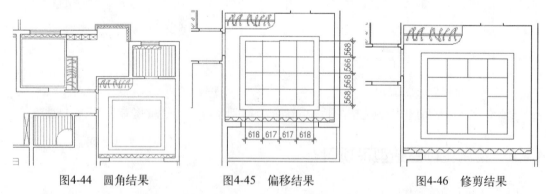

图4-44　圆角结果　　　　　　图4-45　偏移结果　　　　　　图4-46　修剪结果

⑧ 按快捷键BO激活"边界"命令，在如图4-47所示的区域拾取点，提取一条闭合的多段线边界。

⑨ 单击"修改"工具栏上的 按钮，激活"偏移"命令，将提取的多段线边界向内侧偏移50和80个单位，并删除原边界，结果如图4-48所示。

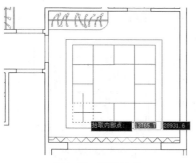

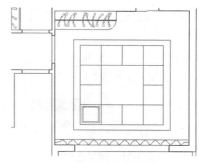

图4-47　提取边界　　　　　　　　　　　　图4-48　偏移边界

⑩　单击"修改"工具栏上的 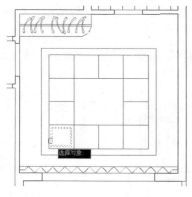 按钮，激活"矩形阵列"命令，将偏移出的两条边界进行矩形阵列。命令行操作如下。

```
命令：_arrayrect
选择对象：                                    // 窗交选择如图 4-49 所示的对象。
选择对象：                                    // 按 Enter 键。
类型 = 矩形 关联 = 是
选择夹点以编辑阵列或 [ 关联 (AS)/ 基点 (B)/ 计数 (COU)/ 间距 (S)/ 列数 (COL)/ 行数 (R)/ 层数
(L)/ 退出 (X)] < 退出 >：                      //COU，按 Enter 键。
输入列数数或 [ 表达式 (E)] <4>：              //4，按 Enter 键。
输入行数数或 [ 表达式 (E)] <3>：              //4，按 Enter 键。
选择夹点以编辑阵列或 [ 关联 (AS)/ 基点 (B)/ 计数 (COU)/ 间距 (S)/ 列数 (COL)/ 行数 (R)/ 层数
(L)/ 退出 (X)] < 退出 >：                      //s，按 Enter 键。
指定列之间的距离或 [ 单位单元 (U)] <540>：    //618，按 Enter 键。
指定行之间的距离 <540>：                      //568，按 Enter 键。
选择夹点以编辑阵列或 [ 关联 (AS)/ 基点 (B)/ 计数 (COU)/ 间距 (S)/ 列数 (COL)/ 行数 (R)/ 层数
(L)/ 退出 (X)] < 退出 >：                      //AS，按 Enter 键。
创建关联阵列 [ 是 (Y)/ 否 (N)] < 否 >：        //N，按 Enter 键。
选择夹点以编辑阵列或 [ 关联 (AS)/ 基点 (B)/ 计数 (COU)/ 间距 (S)/ 列数 (COL)/ 行数 (R)/ 层数
(L)/ 退出 (X)] < 退出 >：                      // 按 Enter 键，阵列结果如图 4-50 所示。
```

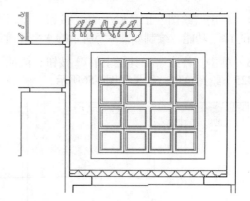

图4-49　窗口选择　　　　　　　　　　　　图4-50　阵列结果

⑪　单击"修改"工具栏上的 ✐ 按钮，激活"删除"命令，窗交选择如图4-51所示的对象进行删除，结果如图4-52所示。

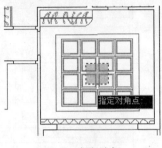

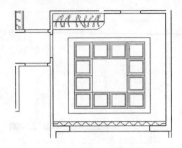

图4-51　窗交选择　　　　　　　　　　图4-52　删除结果

至此，主卧室造型吊顶图绘制完毕，下一小节将学习儿童房造型吊顶图的绘制过程和绘制技巧。

4.4.3　绘制儿童房造型吊顶图

① 继续上节的操作。

② 按快捷键BO激活"边界"命令，在儿童房房间内单击鼠标左键，提取如图4-53所示的多段线边界。

③ 单击"修改"工具栏上的 按钮，激活"偏移"命令，将提取的边界向内侧偏移80，并删除原边界，结果如图4-54所示。

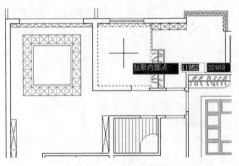

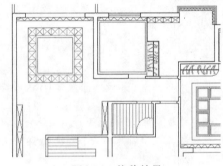

图4-53　提取边界　　　　　　　　　　图4-54　偏移结果

④ 单击"绘图"工具栏上的 按钮，激活"直线"命令，配合延伸捕捉、交点捕捉和"极轴追踪"功能，绘制如图4-55所示的水平轮廓线。

⑤ 单击"修改"工具栏上的 按钮，激活"偏移"命令，将刚绘制的水平轮廓线向上侧偏移25个绘图单位，结果如图4-56所示。

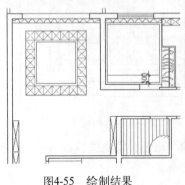

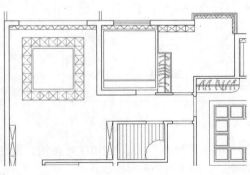

图4-55　绘制结果　　　　　　　　　　图4-56　偏移结果

⑥ 单击"绘图"工具栏上的 □ 按钮，激活"矩形"命令，配合"捕捉自"功能绘制矩形结构。命令行操作如下。

命令：_rectang

指定第一个角点或 [倒角 (C)/ 标高 (E)/ 圆角 (F)/ 厚度 (T)/ 宽度 (W)]:

　　　　　　　　　　　　　　　　　　　　　// 激活"捕捉自"功能。

_from 基点：　　　　　　　　　　　　　　// 捕捉如图 4-57 所示的端点。

< 偏移 >:　　　　　　　　　　　　　　　　//@445,280，按 Enter 键。

指定另一个角点或 [面积 (A)/ 尺寸 (D)/ 旋转 (R)]: //@25,95，按 Enter 键，结果如图 4-58 所示。

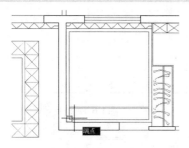 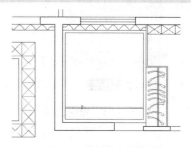

图4-57 捕捉端点　　　　　　　　　　　　图4-58 绘制结果

⑦ 单击"修改"工具栏上的 按钮，激活"复制"命令，配合坐标输入或"极轴追踪"功能，将刚绘制的矩形水平向右复制。命令行操作如下。

命令：_copy

选择对象：　　　　　　　　　　　　　　　// 选择刚绘制的矩形。

选择对象：　　　　　　　　　　　　　　　// 按 Enter 键。

当前设置：复制模式 = 多个

指定基点或 [位移 (D)/ 模式 (O)] < 位移 >:　// 拾取任一点。

指定第二个点或 [阵列 (A)] < 使用第一个点作为位移 >: //@612.5 ,0，按 Enter 键。

指定第二个点或 [阵列 (A)/ 退出 (E)/ 放弃 (U)] < 退出 >: //@1225 ,0，按 Enter 键。

指定第二个点或 [阵列 (A)/ 退出 (E)/ 放弃 (U)] < 退出 >: // 按 Enter 键，复制结果如图 4-59 所示。

⑧ 单击"修改"工具栏上的 按钮，激活"修剪"命令，以三个矩形作为边界，对两条水平轮廓线进行修剪，结果如图4-60所示。

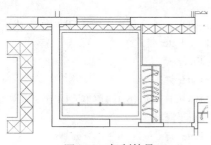 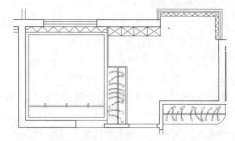

图4-59 复制结果　　　　　　　　　　　　图4-60 修剪结果

⑨ 单击"修改"工具栏上的 按钮，激活"镜像"命令，配合"捕捉自"和端点捕捉功能，对修剪后的吊顶结构进行镜像。命令行操作如下：

命令：_mirror

选择对象：　　　　　　　　　　　　　　　// 窗交选择如图 4-61 所示的对象。

选择对象：　　　　　　　　　　　　　　　// 按 Enter 键。

指定镜像线的第一点：	// 激活"捕捉自"功能。
_from 基点：	// 捕捉如图 4-62 所示的端点。
<偏移>：	// @0,100，按 Enter 键。
指定镜像线的第二点：	// @1,0，按 Enter 键。
要删除源对象吗？[是 (Y)/ 否 (N)] <N>：	// 按 Enter 键，镜像结果如图 4-63 所示。

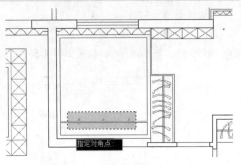

图4-61　窗交选择

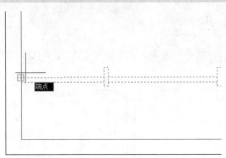

图4-62　捕捉端点

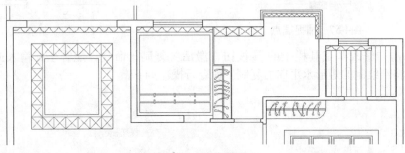

图4-63　镜像结果

⑩　单击"修改"工具栏上的 ▦ 按钮，激活"矩形阵列"命令，窗交选择如图4-65所示的图形，进行阵列。命令行操作如下。

命令：_arrayrect	
选择对象：	// 窗交选择如图 4-64 所示的图形。
选择对象：	// 按 Enter 键。
类型 = 矩形　关联 = 是	
选择夹点以编辑阵列或 [关联 (AS)/ 基点 (B)/ 计数 (COU)/ 间距 (S)/ 列数 (COL)/ 行数 (R)/ 层数 (L)/ 退出 (X)] <退出 >：	//COU，按 Enter 键。
输入列数数或 [表达式 (E)] <4>:	//1，按 Enter 键。
输入行数数或 [表达式 (E)] <3>:	//3，按 Enter 键。
选择夹点以编辑阵列或 [关联 (AS)/ 基点 (B)/ 计数 (COU)/ 间距 (S)/ 列数 (COL)/ 行数 (R)/ 层数 (L)/ 退出 (X)] <退出 >：	//s，按 Enter 键。
指定列之间的距离或 [单位单元 (U)] <540>:	//1，按 Enter 键。
指定行之间的距离 <540>:	//720，按 Enter 键。
选择夹点以编辑阵列或 [关联 (AS)/ 基点 (B)/ 计数 (COU)/ 间距 (S)/ 列数 (COL)/ 行数 (R)/ 层数 (L)/ 退出 (X)] <退出 >：	//AS，按 Enter 键。
创建关联阵列 [是 (Y)/ 否 (N)] < 否 >：	//N，按 Enter 键。
选择夹点以编辑阵列或 [关联 (AS)/ 基点 (B)/ 计数 (COU)/ 间距 (S)/ 列数 (COL)/ 行数 (R)/ 层数 (L)/ 退出 (X)] <退出 >：	// 按 Enter 键，阵列结果如图 4-65 所示。

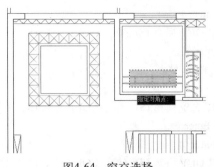

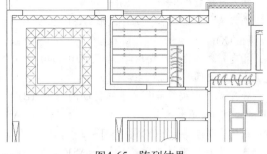

图4-64 窗交选择　　　　　　　　　图4-65 阵列结果

　　至此，儿童房造型吊顶图绘制完毕，下一小节将学习餐厅、书房以及次卧室吊顶图的绘制过程和绘制技巧。

4.4.4 绘制餐厅及其他房间吊顶

　①　继续上节的操作。

　②　单击"绘图"工具栏上的 ✏ 按钮，激活"直线"命令，配合端交点捕捉和"极轴追踪"功能，绘制如图4-66所示的两条水平轮廓线。

　③　单击"绘图"工具栏上的 ▢ 按钮，激活"矩形"命令，配合"捕捉自"功能绘制矩形结构。命令行操作如下。

```
命令：_rectang
指定第一个角点或 [ 倒角 (C)/ 标高 (E)/ 圆角 (F)/ 厚度 (T)/ 宽度 (W)]: // 激活"捕捉自"功能。
_from 基点：                                    // 捕捉如图 4-67 所示的端点。
```

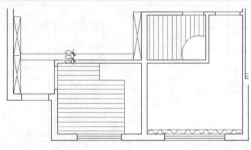

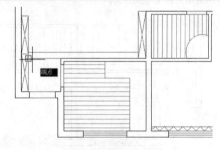

图4-66 绘制结果　　　　　　　　　图4-67 捕捉端点

```
< 偏移 >:                        //@390,0，按 Enter 键。
指定另一个角点或 [ 面积 (A)/ 尺寸 (D)/ 旋转 (R)]: //@200,1550,按 Enter 键,绘制结果如图 4-68 所示。
```

　④　单击"修改"工具栏上的 ▦ 按钮，激活"矩形阵列"命令，选择刚绘制的矩形，进行阵列。命令行操作如下：

```
命令：_arrayrect
选择对象：                        // 选择刚绘制的矩形。
选择对象：                        // 按 Enter 键。
类型 = 矩形 关联 = 是
选择夹点以编辑阵列或 [ 关联 (AS)/ 基点 (B)/ 计数 (COU)/ 间距 (S)/ 列数 (COL)/ 行数 (R)/ 层数
(L)/ 退出 (X)] < 退出 >:            //COU，按 Enter 键。
输入列数数或 [ 表达式 (E)] <4>:     //4，按 Enter 键。
```

输入行数数或 [表达式 (E)] <3>:   //1，按 Enter 键。

选择夹点以编辑阵列或 [关联 (AS)/ 基点 (B)/ 计数 (COU)/ 间距 (S)/ 列数 (COL)/ 行数 (R)/ 层数 (L)/ 退出 (X)] < 退出 >:   //s，按 Enter 键。

指定列之间的距离或 [单位单元 (U)] <540>: //950，按 Enter 键。

指定行之间的距离 <540>:   //1，按 Enter 键。

选择夹点以编辑阵列或 [关联 (AS)/ 基点 (B)/ 计数 (COU)/ 间距 (S)/ 列数 (COL)/ 行数 (R)/ 层数 (L)/ 退出 (X)] < 退出 >:   //AS，按 Enter 键。

创建关联阵列 [是 (Y)/ 否 (N)] < 否 >:   //N，按 Enter 键。

选择夹点以编辑阵列或 [关联 (AS)/ 基点 (B)/ 计数 (COU)/ 间距 (S)/ 列数 (COL)/ 行数 (R)/ 层数 (L)/ 退出 (X)] < 退出 >:   // 按 Enter 键，阵列结果如图 4-69 所示。

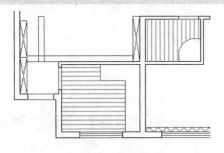 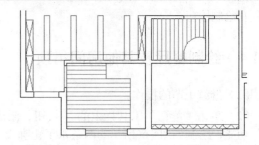

图4-68　绘制结果   图4-69　阵列结果

⑤ 单击"修改"工具栏上的 ✂ 按钮，激活"修剪"命令，以四个矩形作为边界，对水平轮廓线进行修剪，修剪结果如图4-70所示。

单击"绘图"工具栏上的 ✒ 按钮，激活"构造线"命令，配合延伸捕捉功能，绘制如图4-71所示的水平构造线。

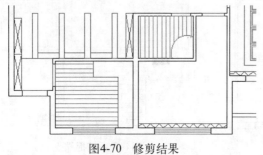 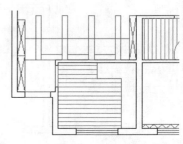

图4-70　修剪结果   图4-71　绘制构造线

⑥ 单击"修改"工具栏上的 ✂ 按钮，激活"修剪"命令，以四个矩形作为边界，对水平构造线进行修剪，修剪结果如图4-72所示。

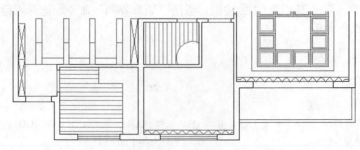

图4-72　修剪结果

(7) 单击"绘图"工具栏上的 ▦ 按钮，激活"图案填充"命令，设置填充图案与参数，如图4-73所示，填充如图4-74所示的图案。

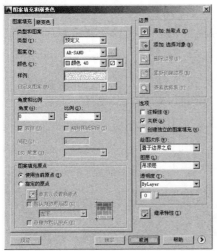

图4-73 设置填充图案与参数

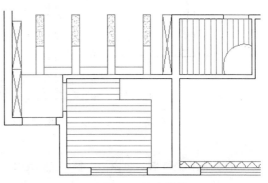

图4-74 填充结果

(8) 重复执行"图案填充"命令，设置填充图案与参数，如图4-75所示，填充如图4-76所示的图案。

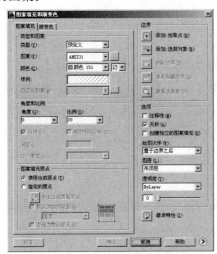

图4-75 设置填充图案与参数

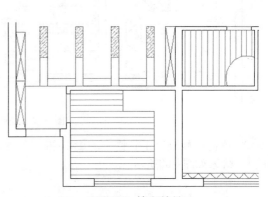

图4-76 填充结果

(9) 单击"绘图"工具栏上的 ✒ 按钮，激活"构造线"命令，在次卧室房间内绘制6条构造线，构造线距离内墙线为80个单位，结果如图4-77所示。

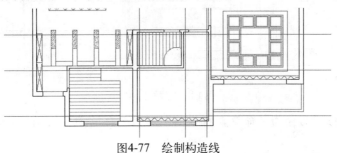

图4-77 绘制构造线

⑩ 单击"修改"工具栏上的 □ 按钮，激活"圆角"命令，将圆角半径设置为0，对6条构造线进行圆角操作，结果如图4-78所示。

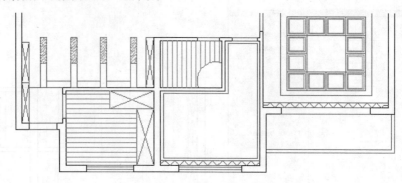

图4-78　圆角结果

技巧·
在绘制构造线时，可以巧妙使用"构造线"命令中的"偏移"选项功能，快速精确地绘制构造线。

⑪ 按快捷键BO激活"边界"命令，在书房房间内拾取点，提取如图4-79所示的多段线边界。

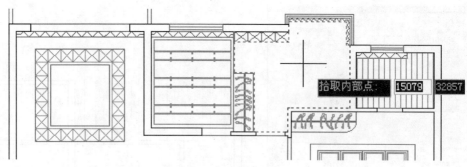

图4-79　提取边界

⑫ 单击"修改"工具栏上的 □ 按钮，激活"偏移"命令，将提取的边界向内侧偏移80个单位，结果如图4-80所示。

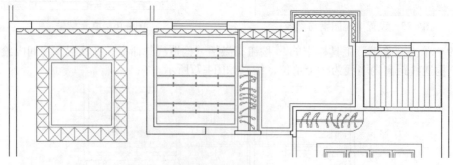

图4-80　偏移结果

⑬ 最后执行"另存为"命令，将当前图形另名存储为"绘制普通住宅造型吊顶图.dwg"。

4.5 绘制套三厅户型吊顶灯具图

本例在综合所学知识的前提下，主要学习套三厅户型吊顶灯具图的具体绘制过程和绘制技巧。套三厅户型吊顶灯具图的最终绘制效果如图4-81所示。

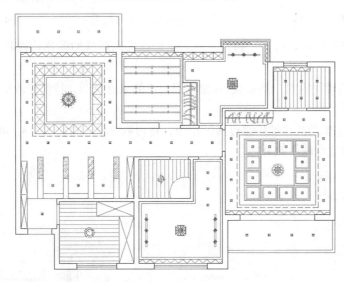

图4-81　实例效果

在绘制套三厅户型吊顶灯具图时，具体可以参照如下思路：

◆ 首先综合使用"线型"、"偏移"、"编辑多段线"、"特性"和"特性匹配"命令绘制吊顶灯带轮廓线。

◆ 使用"插入块"命令并配合"对象追踪"、中点捕捉功能布置吊顶艺术吊灯。

◆ 使用"插入块"、"复制"、"直线"等命令并配合中点捕捉、端点捕捉以及"两点之间的中点"等辅助功能布置吊顶吸顶灯具。

◆ 使用"插入块"、"镜像"命令并配合中点捕捉和"对象追踪"等辅助功能绘制轨道射灯。

◆ 最后使用"直线"、"定数等分"、"定距等分"、"多点"、"复制"、"矩形阵列"等命令绘制套三厅辅助灯具。

4.5.1 绘制天花吊顶灯带

① 执行"打开"命令，打开随书光盘中的"\效果文件\第4章\绘制普通住宅造型吊顶图.dwg"文件。

② 按快捷键LT激活"线型"命令，使用"线型管理器"对话框中的"加载"功能，加载一种名为"DASHED"的线型。

③ 单击"修改"工具栏上的 ⬚ 按钮，激活"偏移"命令，选择如图4-82所示的轮廓线，向外侧偏移90个单位，偏移结果如图4-83所示。

④ 在无命令执行的前提下单击刚偏移出的轮廓线，使其呈现夹点显示状态，如图4-84所示。

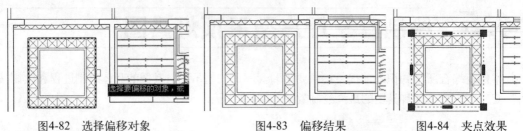

图4-82　选择偏移对象　　　　　图4-83　偏移结果　　　　　图4-84　夹点效果

⑤ 按Ctrl+1组合键，打开"特性"窗口，修改夹点图线的颜色特性和线型特性，如图4-85所示。

⑥ 关闭"特性"窗口，然后按Esc键取消对象的夹点显示，特性修改后的效果如图4-86所示。

⑦ 按快捷键PE激活"编辑多段线"命令，将图4-87所示的1、2、3、4四条轮廓线编辑成一条多段线。命令行操作如下。

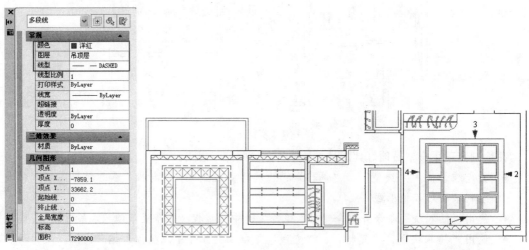

图4-85　修改线型　　　　　图4-86　修改结果　　　　　图4-87　编辑多段线

```
命令：PE                                    // 按 Enter 键。
PEDIT 选择多段线或 [ 多条 (M)]:               //m，按 Enter 键。
选择对象：                                   // 选择图 4-87 所示的轮廓线 1。
选择对象：                                   // 选择图 4-87 所示的轮廓线 2。
选择对象：                                   // 选择图 4-87 所示的轮廓线 3。
选择对象：                                   // 选择图 4-87 所示的轮廓线 4。
选择对象：                                   // 按 Enter 键。
是否将直线、圆弧和样条曲线转换为多段线？ [ 是 (Y)/ 否 (N)]? <Y>        // 按 Enter 键。
输入选项 [ 闭合 (C)/ 打开 (O)/ 合并 (J)/ 宽度 (W)/ 拟合 (F)/ 样条曲线 (S)/ 非曲线化 (D)/ 线型生成
(L)/ 反转 (R)/ 放弃 (U)]:                    // J，按 Enter 键。
合并类型 = 延伸
输入模糊距离或 [ 合并类型 (J)] <0.0>:         // 按 Enter 键。
多段线已增加 3 条线段
输入选项 [ 闭合 (C)/ 打开 (O)/ 合并 (J)/ 宽度 (W)/ 拟合 (F)/ 样条曲线 (S)/ 非曲线化 (D)/ 线型生成
(L)/ 反转 (R)/ 放弃 (U)]:                    // 按 Enter 键，合并后的夹点效果如图 4-88 所示。
```

⑧ 单击"修改"工具栏上的 按钮，激活"偏移"命令，夹点显示的多段线向外侧偏移90个单位，结果如图4-89所示。

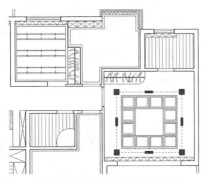

图4-88 多段线夹点效果

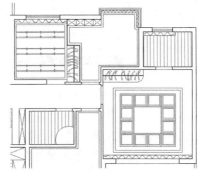

图4-89 偏移结果

⑨ 按快捷键MA激活"特性匹配"命令，选择如图4-90所示的灯带轮廓线作为源对象，将其线型特性和颜色特性匹配给刚偏移出的多段线，匹配结果如图4-91所示。

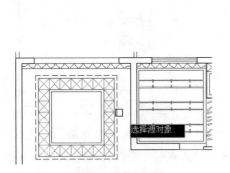

图4-90 选择源对象

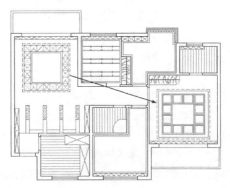

图4-91 匹配结果

至此，吊顶灯带轮廓线绘制完毕，下一小节将学习客厅与主卧室艺术吊顶的布置过程和布置制技巧。

4.5.2 布置天花艺术吊灯

① 继续上节的操作。

② 打开状态栏上的"对象捕捉"与"对象追踪"功能。

③ 按快捷键LA激活"图层"命令，在打开的"图层特性管理器"对话框中创建名为"灯具层"的新图层，设置图层颜色为230号色，并将此图层设置为当前图层。

④ 单击"绘图"工具栏上的 按钮，激活"插入块"命令，在打开的"插入"对话框中单击 浏览(B)... 按钮，然后选择随书光盘中的"\图块文件\艺术吊灯01.dwg"文件。

⑤ 返回"插入"对话框，采用默认参数，将图块插入到客厅吊顶图中，在命令行"指定插入点或 [基点(B)/比例(S)/旋转(R)]:"提示下，配合"对象捕捉"和"对象追踪"功能，引出如图4-92所示的两条追踪矢量。

⑥ 捕捉两条追踪矢量的交点作为图块的插入点，插入结果如图4-93所示。

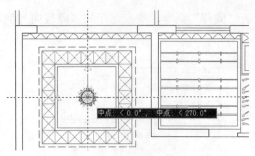

图4-92　引出中点追踪虚线

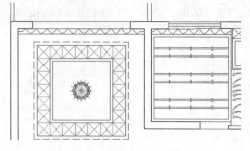

图4-93　插入结果

⑦　重复执行"插入块"命令，在打开的"插入"对话框中单击 浏览(B)... 按钮，然后选择随书光盘中的"\图块文件\艺术吊灯02.dwg"文件。

⑧　返回绘图区，配合延伸捕捉和"对象追踪"功能，将图块插入到卧室吊顶中，块的缩放比例为2，插入点为如图4-94所示的追踪矢量和延伸矢量的交点，插入结果如图4-95所示。

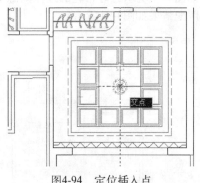

图4-94　定位插入点

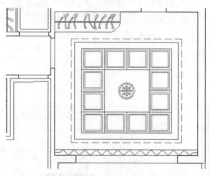

图4-95　插入结果

至此，客厅与主卧室艺术吊灯布置完毕，在定位插入点时，要注意捕捉与追踪功能的双重应用技能。下一小节将学习吸顶灯的快速布置技能。

4.5.3　布置天花吸顶灯具

①　继续上节的操作。

②　单击"绘图"工具栏上的 ✐ 按钮，激活"直线"命令，配合交点捕捉和延伸捕捉功能，绘制如图4-96所示的两条灯具定位辅助线。

③　单击"绘图"工具栏上的 🗗 按钮，激活"插入块"命令，在打开的"插入"对话框中单击 浏览(B)... 按钮，然后选择随书光盘中的"\图块文件\工艺灯具01.dwg"文件。

④　返回"插入"对话框，采用默认参数，将图块插入到次卧室吊顶中，在命令行"指定插入点或 [基点(B)/比例(S)/旋转(R)]:"提示下，捕捉如图4-97所示的中点作为插入点，插入结果如图4-98所示。

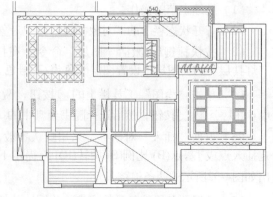

图4-96　绘制辅助线

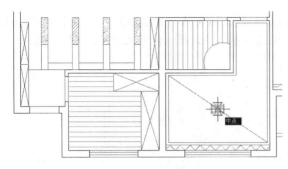

图4-97 定位插入点

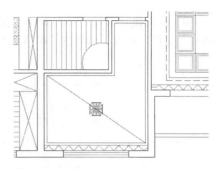

图4-98 插入结果

⑤ 单击"修改"工具栏上的 按钮，激活"复制"命令，配合中点捕捉功能将插入的灯具图块复制到书房吊顶中，结果如图4-99所示。

⑥ 单击"绘图"工具栏上的 按钮，激活"插入块"命令，在打开的"插入"对话框中单击 浏览(B)... 按钮，然后选择随书光盘中的"\图块文件\吸顶灯.dwg"文件。

⑦ 返回"插入"对话框，设置块的等比缩放比例为0.8，然后在命令行"指定插入点或[基点(B)/比例(S)/旋转(R)]:"提示下，激活"两点之间的中点"功能。

⑧ 继续在命令行"_m2p 中点的第一点:"提示下捕捉如图4-100所示的端点。

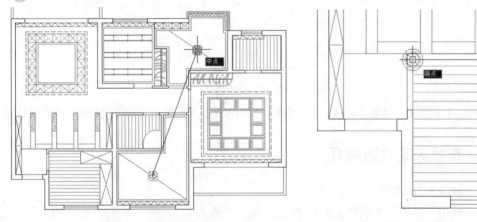

图4-99 复制结果

图4-100 捕捉端点

⑨ 在"中点的第二点:"提示下捕捉如图4-101所示的端点，插入结果如图4-102所示。

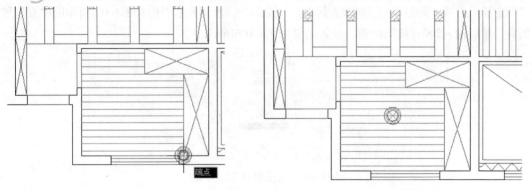

图4-101 捕捉端点

图4-102 插入结果

⑩ 再次执行"插入块"命令，采用默认参数，插入随书光盘中的"\图块文件\吸顶灯03.dwg"文件，配合"捕捉自"和端点捕捉功能定位插入点，插入位置及结果如图4-103所示。

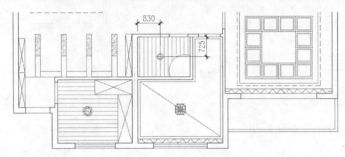

图4-103　插入结果

⑪ 夹点显示厨房吊顶图案，然后在夹点图案右键菜单上选择"图案填充编辑"命令。

⑫ 在打开的"图案填充编辑"对话框中单击"添加：选择对象"按钮 ，返回绘图区，选择厨房吊顶位置的"吸顶灯"图块，将其排除在填充区域外，编辑结果如图4-104所示。

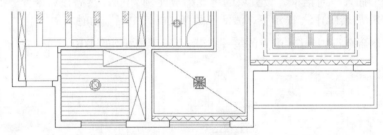

图4-104　编辑结果

至此，吊顶吸顶灯具布置完毕，下一小节将学习书房、主卧室吊顶轨道射灯的快速布置技能。

4.5.4　布置天花轨道射灯

① 继续上节的操作。

② 单击"绘图"工具栏上的 按钮，激活"插入块"命令，在打开的"插入"对话框中单击 浏览(B)... 按钮，然后选择随书光盘中的"\图块文件\轨道射灯.dwg"文件。

③ 返回"插入"对话框，采用默认参数，将图块插入到次卧室的吊顶中，在命令行"指定插入点或 [基点(B)/比例(S)/旋转(R)]:"提示下，水平向右引出如图4-105所示的中点追踪矢量，然后输入200并按Enter键，插入结果如图4-106所示。

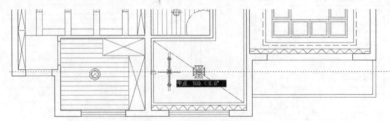

图4-105　引出中点追踪矢量

④ 单击"修改"工具栏上的 按钮，激活"镜像"命令，配合中点捕捉功能对刚插入的轨道射灯图块进行镜像，结果如图4-107所示。

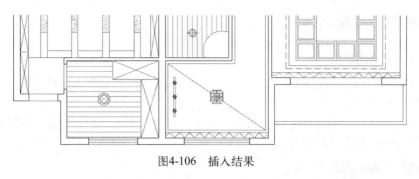

图4-106 插入结果

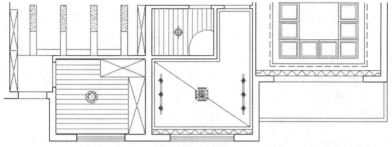

图4-107 镜像结果

⑤ 重复执行"插入块"命令,以90度的旋转角度,再次插入随书光盘中的"\图块文件\轨道射灯.dwg"文件。

⑥ 在命令行"指定插入点或[基点(B)/比例(S)/旋转(R)]:"提示下,激活"捕捉自"功能。

⑦ 在命令行"_from 基点:"提示下捕捉如图4-108所示的中点。

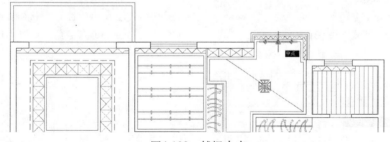

图4-108 捕捉中点

⑧ 继续在命令行"<偏移>:"提示下,输入@0,-300后按Enter键,插入结果如图4-109所示。

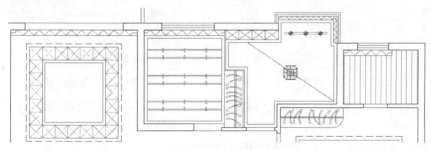

图4-109 插入结果

至此,轨道射灯布置完毕,下一小节将学习套三厅户型吊顶辅助灯具的快速布置方法和相关技巧。

4.5.5 布置天花吊顶筒灯

① 继续上节的操作。

② 单击"格式"菜单中的"点样式"命令，在打开的对话框中设置当前点的样式和点的大小，如图4-110所示。

③ 单击"绘图"工具栏上的 ✏ 按钮，激活"直线"命令，配合捕捉或追踪功能，绘制如图4-111所示的灯具定位辅助线。

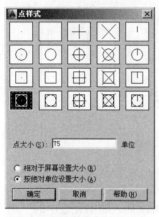

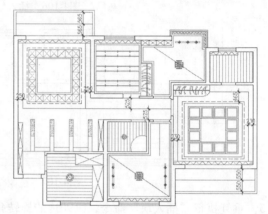

图4-110 设置点样式及尺寸　　　　图4-111 绘制结果

④ 执行"绘图"菜单中的"点"|"定距等分"命令，为辅助线进行定距等分，在等分点处放置点标记代表筒灯。命令行操作如下：

```
命令：_measure
选择要定距等分的对象：              // 在如图 4-112 所示的位置单击鼠标左键。
指定线段长度或 [ 块 (B)]:           //775，按 Enter 键，等分结果如图 4-113 所示。
```

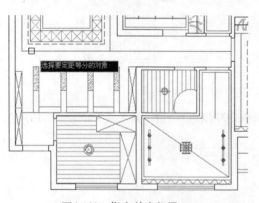

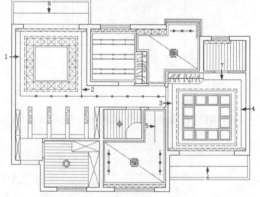

图4-112 指定单击位置　　　　　　图4-113 等分结果

⑤ 重复执行"定距等分"命令，将辅助线1、2、7以750个单位的距离进行等分；将辅助线3、4以760个单位的距离进行等分；将辅助线5以600个单位的距离进行等分；将辅助线6以830个单位的距离进行等分，等分结果如图4-114所示。

⑥ 单击"修改"工具栏上的 ✥ 按钮，激活"移动"命令，窗选如图4-115所示的筒灯，水平向左移动100个单位。

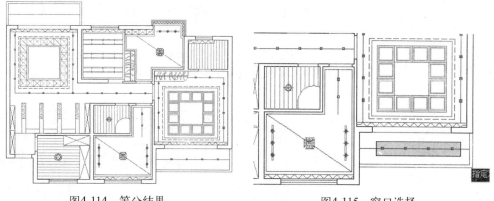

图4-114 等分结果   图4-115 窗口选择

（7） 重复执行"移动"命令，将如图4-116所示的夹点显示的8个筒灯垂直向下移动375个
单位，结果如图4-117所示。

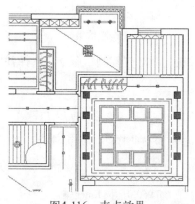 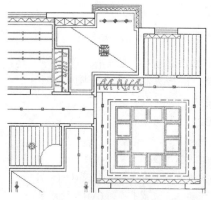

图4-116 夹点效果   图4-117 移动结果

（8） 单击"绘图"工具栏上的 ▇ 按钮，激活"多点"命令，配合"对象捕捉"或"坐标
输入"功能，绘制如图4-118所示的点作为筒灯。

（9） 执行"绘图"菜单中的"点"|"定数等分"命令，选择客厅上侧的阳台辅助线，等
分为5份，结果如图4-119所示。

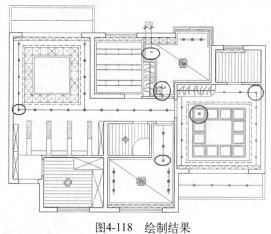 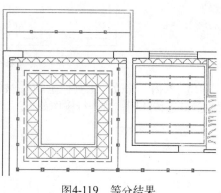

图4-118 绘制结果   图4-119 等分结果

⑩ 单击"修改"工具栏上的 ✎ 按钮，激活"删除"命令，删除所有定位辅助线，结果如图4-120所示。

⑪ 单击"绘图"工具栏上的 ⊡ 按钮，激活"多点"命令，配合"捕捉自"、"对象追踪"和"对象捕捉"功能，绘制如图4-121所示的点作为筒灯。

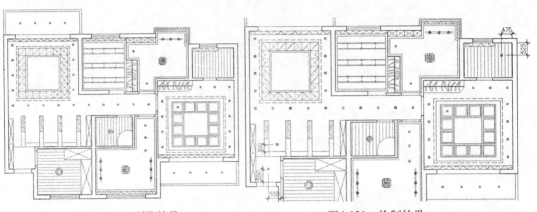

图4-120　删除结果　　　　　　　　　　　　　图4-121　绘制结果

⑫ 按快捷键CO或单击"修改"工具栏上的 ⅍ 按钮，激活"复制"命令，选择餐厅吊顶位置的筒灯进行复制。命令行操作如下。

命令：CO	// 按 Enter 键。
COPY 选择对象：	// 选择餐厅吊顶位置的筒灯。
选择对象：	// 按 Enter 键。
当前设置：复制模式＝多个	
指定基点或 [位移 (D)/ 模式 (O)] ＜位移＞:	// 拾取任一点。
指定第二个点或 [阵列 (A)] ＜使用第一个点作为位移＞:	//@950,0，按 Enter 键。
指定第二个点或 [阵列 (A)/ 退出 (E)/ 放弃 (U)] ＜退出＞:	//@1900,0，按 Enter 键。
指定第二个点或 [阵列 (A)/ 退出 (E)/ 放弃 (U)] ＜退出＞:	// 按 Enter 键，复制结果如图 4-122 所示。

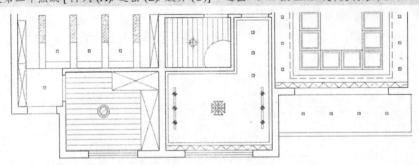

图4-122　复制结果

⑬ 单击"修改"工具栏上的 ⊞ 按钮，激活"矩形阵列"命令，选择主卧卫生间吊顶位置的筒灯进行阵列，命令行操作如下。

命令：_arrayrect	
选择对象：	// 选择主卧室卫生间位置的筒灯。
选择对象：	// 按 Enter 键。
类型＝矩形 关联＝是	

选择夹点以编辑阵列或 [关联 (AS)/ 基点 (B)/ 计数 (COU)/ 间距 (S)/ 列数 (COL)/ 行数 (R)/ 层数 (L)/ 退出 (X)] < 退出 >: //COU，按 Enter 键。

输入列数或 [表达式 (E)] <4>: //3，按 Enter 键。

输入行数或 [表达式 (E)] <3>: //2，按 Enter 键。

选择夹点以编辑阵列或 [关联 (AS)/ 基点 (B)/ 计数 (COU)/ 间距 (S)/ 列数 (COL)/ 行数 (R)/ 层数 (L)/ 退出 (X)] < 退出 >: //s，按 Enter 键。

指定列之间的距离或 [单位单元 (U)] <540>: //-600，按 Enter 键。

指定行之间的距离 <540>: //-600，按 Enter 键。

选择夹点以编辑阵列或 [关联 (AS)/ 基点 (B)/ 计数 (COU)/ 间距 (S)/ 列数 (COL)/ 行数 (R)/ 层数 (L)/ 退出 (X)] < 退出 >: //AS，按 Enter 键。

创建关联阵列 [是 (Y)/ 否 (N)] < 否 >: //N，按 Enter 键。

选择夹点以编辑阵列或 [关联 (AS)/ 基点 (B)/ 计数 (COU)/ 间距 (S)/ 列数 (COL)/ 行数 (R)/ 层数 (L)/ 退出 (X)] < 退出 >: // 按 Enter 键，阵列结果如图 4-123 所示。

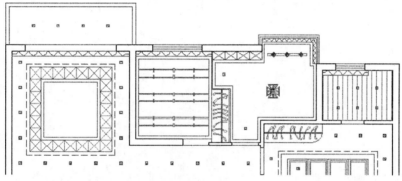

图4-123　阵列结果

⑭　单击"修改"工具栏上的 ▦ 按钮，激活"矩形阵列"命令，窗口选择如图4-124所示的筒灯，进行阵列，命令行操作如下。

命令：_arrayrect

选择对象： // 窗口选择如图 4-124 所示的筒灯点标记。

选择对象： // 按 Enter 键。

类型 = 矩形　关联 = 是

选择夹点以编辑阵列或 [关联 (AS)/ 基点 (B)/ 计数 (COU)/ 间距 (S)/ 列数 (COL)/ 行数 (R)/ 层数 (L)/ 退出 (X)] < 退出 >: //COU，按 Enter 键。

输入列数或 [表达式 (E)] <4>: //4，按 Enter 键。

输入行数或 [表达式 (E)] <3>: //4，按 Enter 键。

选择夹点以编辑阵列或 [关联 (AS)/ 基点 (B)/ 计数 (COU)/ 间距 (S)/ 列数 (COL)/ 行数 (R)/ 层数 (L)/ 退出 (X)] < 退出 >: //s，按 Enter 键。

指定列之间的距离或 [单位单元 (U)] <540>: //617.5，按 Enter 键。

指定行之间的距离 <540>: //-567.5，按 Enter 键。

选择夹点以编辑阵列或 [关联 (AS)/ 基点 (B)/ 计数 (COU)/ 间距 (S)/ 列数 (COL)/ 行数 (R)/ 层数 (L)/ 退出 (X)] < 退出 >: //AS，按 Enter 键。

创建关联阵列 [是 (Y)/ 否 (N)] < 否 >: //N，按 Enter 键。

选择夹点以编辑阵列或 [关联 (AS)/ 基点 (B)/ 计数 (COU)/ 间距 (S)/ 列数 (COL)/ 行数 (R)/ 层数 (L)/ 退出 (X)] < 退出 >: // 按 Enter 键，阵列结果如图 4-125 所示。

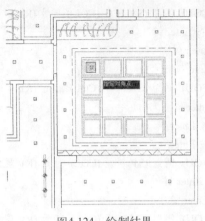

图4-124 绘制结果

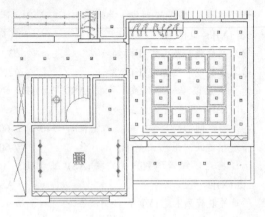

图4-125 阵列结果

⑮ 在无命令执行的前提下夹点显示如图4-126所示的四个点标记筒灯，按Delete键删除。

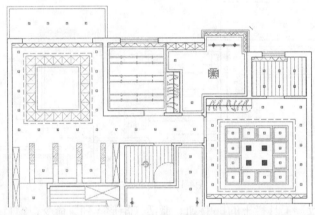

图4-126 夹点效果

⑯ 调整视图，使图形全部显示，最终结果如图4-81所示。

⑰ 最后执行"另存为"命令，将图形另名存储为"绘制普通住宅吊顶灯具图.dwg"。

4.6 套三厅户型吊顶图的后期标注

本例在综合所学知识的前提下，主要学习套三厅户型吊顶装修图文字和尺寸的快速标注过程和标注技巧。套三厅户型吊顶装修图文字和尺寸的最终标注效果如图4-127所示。

在标注吊顶图文字及尺寸时，具体可以参照如下思路。

◆ 首先调用吊顶灯具图文件，并设置当前层与当前样式。

◆ 使用"多段线"或"直线"命令绘制文字的指示线。

◆ 使用"多行文字"命令标注单个文本注释。

◆ 使用"复制"命令对单个文本进行多重复制。

◆ 使用"编辑文字"命令修改复制出的各文本注释。

◆ 使用"线性"、"连续"、"移动"命令快速标注吊顶图的尺寸。

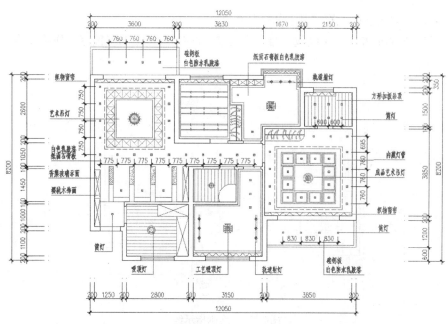

图4-127　实例效果

4.6.1　绘制文字注释指示线

① 执行"打开"命令，打开随书光盘中的"\效果文件\第4章\绘制普通住宅吊顶灯具图.dwg"文件。

② 展开"图层"工具栏中的"图层控制"下拉列表，解冻"文本层"，将此图层设置为当前操作层。

③ 单击"工具"菜单中的"快速选择"命令，设置过滤参数，如图4-128所示，选择"文本层"上的所有对象，选择结果如图4-129所示。

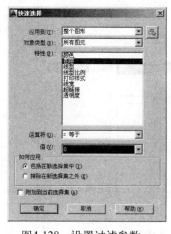

图4-128　设置过滤参数　　　　　　图4-129　选择结果

④ 单击"修改"工具栏上的 ✐ 按钮，激活"删除"命令，将夹点显示的文字删除。

⑤ 展开"文字样式控制"下拉列表，设置"仿宋体"为当前文字样式。

⑥ 暂时关闭状态栏上的"对象捕捉"功能。

⑦ 按快捷键PL激活"多段线"命令，绘制如图4-130所示的多段线，作为文本注释的指示线。

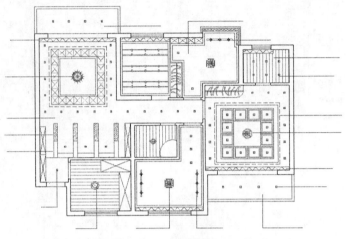

图4-130 绘制指示线

提示

在绘制指示线时，可以配合状态栏上的"正交"或"极轴追踪"功能。

至此，文字指示线绘制完毕，下一小节将学习吊顶图文字注释的具体标注过程和标注技巧。

4.6.2 标注套三厅吊顶图文字

① 继续上节的操作。

② 按快捷键ST激活"文字样式"命令，修改当前文字样式的高度为240。

③ 单击"绘图"工具栏上的 **A** 按钮，激活"多行文字"命令，根据命令行的提示，在指示线上端拉出如图4-131所示的矩形框。

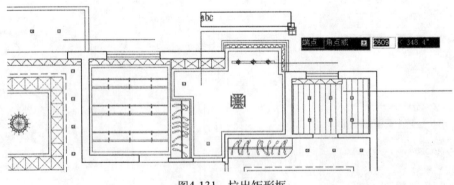

图4-131 拉出矩形框

④ 当指定了矩形框的右下角点时，系统自动打开"文字格式"对话框。

⑤ 在下侧的文字输入框内单击鼠标左键，以指定文字的输入位置，然后输入"方形扣板吊顶"字样，如图4-132所示。

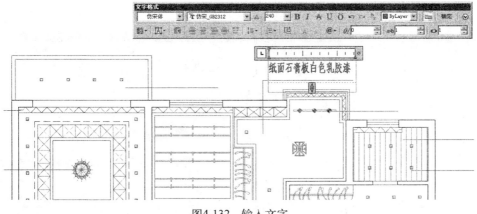

图4-132　输入文字

⑥ 单击 确定 按钮，关闭"文字格式"对话框，文字的创建结果如图4-133所示。

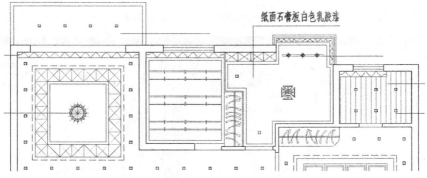

图4-133　标注结果

⑦ 单击"修改"工具栏上的 按钮，激活"复制"命令，选择刚创建的文字对象，将其复制到其他指示线上，结果如图4-134所示。

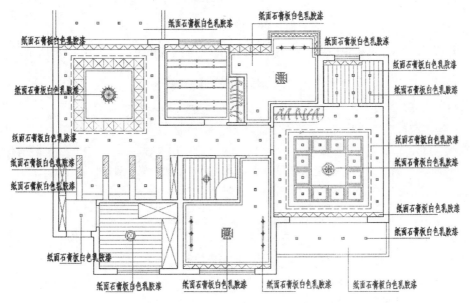

图4-134　复制结果

⑧ 在复制出的多行文字上双击鼠标左键，打开如图4-135所示的多行文字输入框。

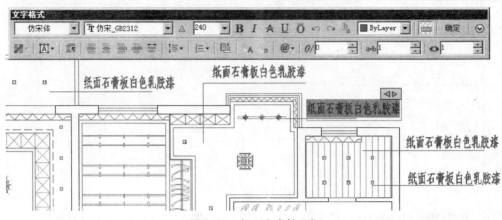

图4-135 打开文字输入框

⑨ 在下侧的多行文字输入框内输入正确的文字内容，如图4-136所示。

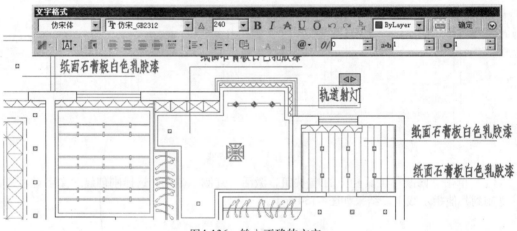

图4-136 输入正确的文字

⑩ 单击鼠标左键结束命令，绘图区中选中的文字内容被更改，如图4-137所示。

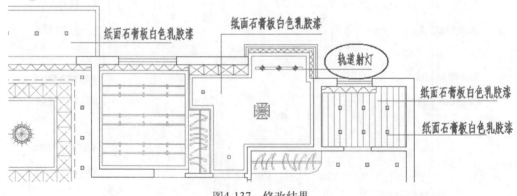

图4-137 修改结果

⑪ 参照上述操作，分别在其他文字上双击鼠标左键，输入正确的文字内容，并适当调整文字的位置，结果如图4-138所示。

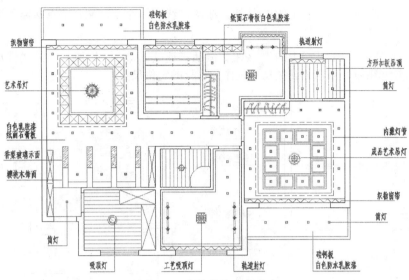

图4-138　修改其他文字内容

至此，吊顶图中的文字注释标注完毕。下一小节学习吊顶图尺寸的快速标注过程和标注技巧。

4.6.3　标注套三厅吊顶图尺寸

① 继续上节的操作。

② 展开"图层"工具栏中的"图层控制"下拉列表，打开"尺寸层"，并将此图层设置为当前图层。

③ 按快捷键M激活"移动"命令，适当调整尺寸的位置，结果如图4-139所示。

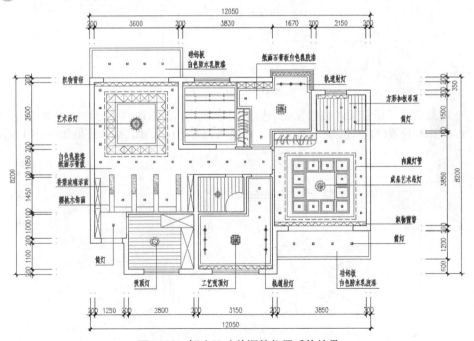

图4-139　解冻尺寸并调整位置后的效果

④ 单击"绘图"工具栏上的按钮，激活"线性"命令，配合节点捕捉和端点捕捉功能，标注如图4-140所示的线性尺寸。

⑤ 单击"标注"工具栏上的按钮，激活"连续"命令，以刚标注的线性尺寸作为基准尺寸，标注如图4-141所示的连续尺寸，作为灯具的定位尺寸。

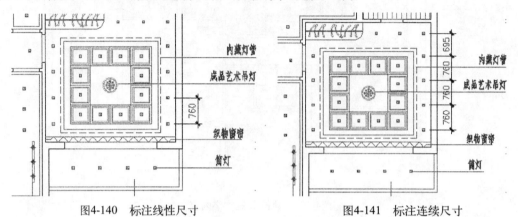

图4-140 标注线性尺寸   图4-141 标注连续尺寸

⑥ 执行"标注"菜单中的"快速标注"命令，根据命令行的提示，窗交选择如图4-142所示的筒灯。

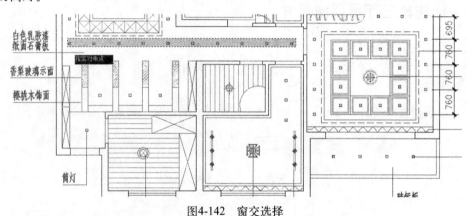

图4-142 窗交选择

⑦ 在命令行"指定尺寸线位置或 [连续(C)/并列(S)/基线(B)/坐标(O)/半径(R)/直径(D)/基准点(P)/编辑(E)/设置(T)] <连续>:"提示下，在适当位置定位尺寸，标注结果如图4-143所示。

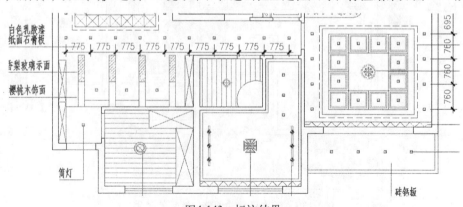

图4-143 标注结果

⑧ 综合使用"线性"、"快速标注"和"连续"命令，分别标注其他位置的灯具定位尺寸，结果如图4-144所示。

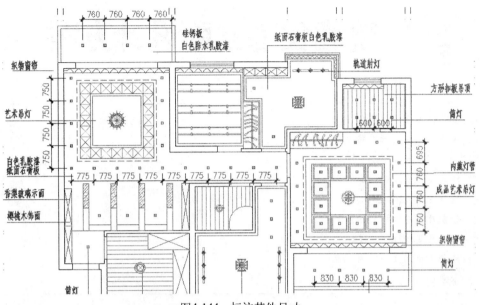

图4-144 标注其他尺寸

⑨ 调整视图，使吊顶图完全显示，最终效果如图4-127所示。

⑩ 最后执行"另存为"命令，将当前图形另名存储为"标注普通住宅吊顶装修图.dwg"。

4.7 本章小结

本章主要学习了普通住宅吊顶图的绘制方法和绘制技巧。在具体的绘制过程中，主要分为绘制普通住宅吊顶墙体图、绘制普通住宅房间吊顶图、绘制普通住宅吊顶灯具图和普通住宅吊顶图的后期标注等操作环节。在绘制吊顶轮廓图时，巧妙使用了"图案填充"工具中的用户定义图案，快速创建出卫生间与厨房内的吊顶图案，此种技巧有极强的代表性；在布置灯具时，则综合使用了"插入块"、"点样式"、"定数等分"、"定距等分"、"复制"、"阵列"等命令，以绘制点标记来代表吊顶筒灯，这种操作技法简单直接，巧妙方便。

另外，在绘制灯带轮廓线时，通过加载线型，修改对象特性等工具的巧妙组合，快速、明显地区分出灯带轮廓线与其他轮廓线，也是一种常用技巧。

第5章

普通住宅立面设计方案

5.1 室内立面图设计理念

5.1.1 室内立面图表达内容

立面装饰详图主要用于表明建筑内部某一装修空间的立面形式、尺寸及室内配套布置等内容，其图示内容如下。

◆ 在装饰立面图中，具体需要表现出室内立面上的各种装饰品，如壁画、壁挂、金属等的式样、位置和大小尺寸。

◆ 在装饰立面图上还需要体现出门窗、花格、装修隔断等构件的高度尺寸和安装尺寸以及家具和室内配套产品的安放位置和尺寸等内容。

◆ 如果采用剖面图形表示装饰立面图，还要标明顶棚的选级变化以及相关的尺寸。

◆ 最后有必要时需配合文字说明其饰面材料的品名、规格、色彩和工艺要求等。

5.1.2 室内立面图形成特点

立面装饰图的形成，归纳起来主要有以下三种方式。

（1）假想将室内空间垂直剖开，移去剖切平面前的部分，对余下的部分做正投影而成。这种立面图实质上是带有立面图示的剖面图。它所示图像的进深感比较强，并能同时反映顶棚的选级变化。但此种形式的缺点是剖切位置不明确（在平面布置上没有剖切符号，仅用投影符号标明视向），其剖面图示安排较难与平面布置图和顶棚平面图对应。

（2）假想将室内各墙面沿面与面相交处拆开，移去暂时不予图示的墙面，将剩下的墙面及其装饰布置，向铅直投影面作投影而成。这种立面图不出现剖面图像，只出现相邻墙面及其上装饰构件与该墙面的表面交线。

（3）设想将室内各墙面沿某轴阴角拆开，依次展开，直至都平等于同一铅直投影面，形成立面展开图。这种立面图能将室内各墙面的装饰效果连贯地展示在人们眼前，以便人们研究各墙面之间的统一与反差及相互衔接关系，对室内装饰设计与施工有着重要作用。

5.2 室内立面图设计思路

在设计并绘制室内立面图时，具体可以参照如下思路。

第一，根据地面布置图，定位需要投影的立面，并绘制主体轮廓线。

第二，绘制立面内部构件定位线。

第三，布置各种装饰图块。

第四，填充立面装饰图案。

第五，标注文本注释。

第六，标注装饰尺寸和各构件的安装尺寸。

5.3 绘制客厅与餐厅B向立面图

本例在综合所学知识的前提下，主要学习客厅与餐厅B向装修立面图的具体绘制过程和绘制技巧。客厅与餐厅B向立面图的最终绘制效果如图5-1所示。

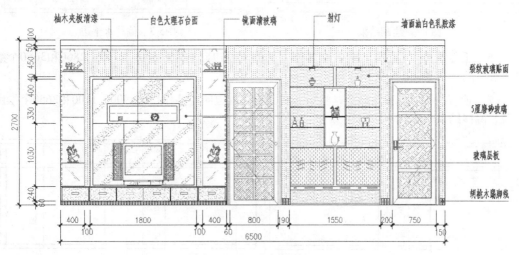

图5-1 实例效果

在绘制客厅与餐厅B向立面图时，具体可以参照如下思路。

◆ 首先使用"新建"命令调用室内绘图样板文件。

◆ 使用"矩形"、"分解"、"偏移"、"圆角"、"修剪"等命令绘制B向墙面轮廓线。

- 使用"偏移"、"修剪"、"圆角"、"矩形阵列"、"矩形"、"图案填充"等命令并配合"捕捉自"或"对象捕捉"功能绘制电视柜和电视墙立面图。
- 使用"偏移"、"矩形阵列"、"修剪"、"镜像"等命令绘制博古架立面图。
- 使用"插入块"、"复制"、"镜像"、"修剪"等命令布置并完善B向立面图构件。
- 使用"线性"、"连续"命令标注立面图细部尺寸和总尺寸。
- 最后使用快速引线命令快速标注立面图引线注释。

5.3.1 绘制B向墙面轮廓图

① 执行"新建"命令，以随书光盘中的"\样板文件\绘图样板.dwt"作为基础样板，创建空白文件。

② 展开"图层"工具栏中的"图层控制"下拉列表，设置"轮廓线"为当前操作层。

③ 单击"绘图"工具栏上的□按钮，激活"矩形"命令，绘制长度为6500、宽度为2700的矩形，作为墙面外轮廓线，如图5-2所示。

④ 单击"修改"工具栏上的按钮，激活"分解"命令，将矩形分解为四条独立的线段。

⑤ 单击"修改"工具栏上的按钮，激活"偏移"命令，将上侧的矩形水平边向下偏移100和600个绘图单位，将下侧的矩形水平边向上偏移100和2000个绘图单位，结果如图5-3所示。

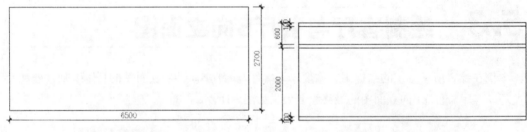

图5-2 绘制结果   图5-3 偏移水平边

⑥ 重复执行"偏移"命令，将矩形左侧的垂直边向右偏移500、2300、2860和3660个绘图单位，偏移结果如图5-4所示。

⑦ 重复执行"偏移"命令，将矩形右侧的垂直边向左偏移150、900、1100和2650个绘图单位，偏移结果如图5-5所示。

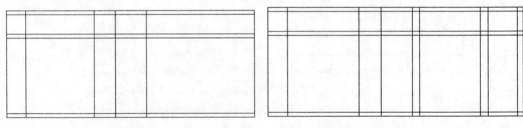

图5-4 偏移左侧垂直边   图5-5 偏移右侧垂直边

⑧ 单击"修改"工具栏上的△按钮，激活"圆角"命令，将圆角半径设置为0，对如图5-6所示的轮廓线1、2、3进行圆角操作，圆角结果如图5-7所示。

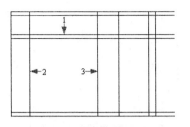

图5-6　指定圆角图线

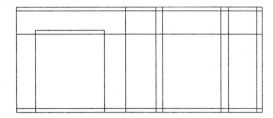

图5-7　圆角结果

⑨ 重复执行"圆角"命令，分别对其他位置的图线进行圆角操作，结果如图5-8所示。

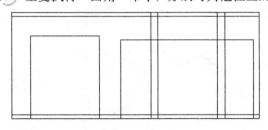

图5-8　圆角结果

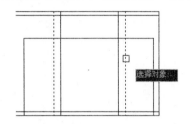

图5-9　选择修剪边界

⑩ 单击"修改"工具栏上的 ⁄ 按钮，激活"修剪"命令，选择如图5-9所示的两条垂直边作为修剪边界，对边界之间的水平图线进行修剪，结果如图5-10所示。

⑪ 重复执行"修剪"命令，分别对其他位置的图线进行修剪，修剪结果如图5-11所示。

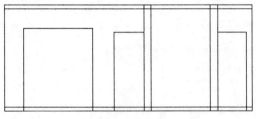

图5-10　修剪结果

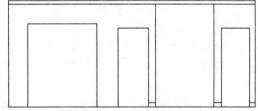

图5-11　修剪其他图线

至次，客厅与餐厅B向墙面轮廓图绘制完毕，下一小节将学习客厅电视柜立面图绘制过程和绘制技巧。

5.3.2　绘制客厅墙面轮廓图

① 继续上节的操作。

② 展开"图层"工具栏中的"图层控制"下拉列表，设置"家具层"为当前操作层。

③ 单击"修改"工具栏上的 ▨ 按钮，激活"偏移"命令，将左侧的垂直轮廓线向右偏移2800；将下侧的水平轮廓线向上偏移60、280和300个单位，结果如图5-12所示。

④ 单击"修改"工具栏上的 ⁄ 按钮，激活"修剪"命令，对偏移出的水平轮廓线和垂直轮廓线进行修剪，结果如图15-13所示。

⑤ 单击"修改"工具栏上的 ▨ 按钮，激活"偏移"命令，将如图5-13所示的垂直轮廓线1向右偏移25、475和485个单位，将垂直轮廓线2向左偏移25个单位，结果如图5-14所示。

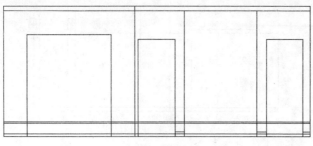

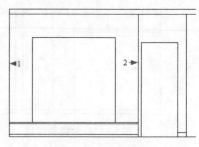

图5-12　偏移结果　　　　　　　　　　　　图5-13　修剪结果

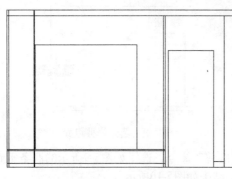

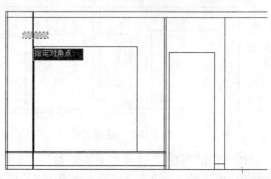

图5-14　偏移结果　　　　　　　　　　　　图5-15　窗交选择

⑥　单击"修改"工具栏上的 ▦ 按钮，激活"矩形阵列"命令，将偏移出的垂直轮廓线进行矩形阵列。命令行操作如下：

命令：_arrayrect

选择对象：　　　　　　　　　　　　　　// 窗交选择如图 5-15 所示的对象。

选择对象：　　　　　　　　　　　　　　// 按 Enter 键。

类型 = 矩形　关联 = 是

选择夹点以编辑阵列或 [关联 (AS)/ 基点 (B)/ 计数 (COU)/ 间距 (S)/ 列数 (COL)/ 行数 (R)/ 层数 (L)/ 退出 (X)] < 退出 >：　　　　　　　//COU，按 Enter 键。

输入列数或 [表达式 (E)] <4>：　　　　　//5，按 Enter 键。

输入行数或 [表达式 (E)] <3>：　　　　　//1，按 Enter 键。

选择夹点以编辑阵列或 [关联 (AS)/ 基点 (B)/ 计数 (COU)/ 间距 (S)/ 列数 (COL)/ 行数 (R)/ 层数 (L)/ 退出 (X)] < 退出 >：　　　　　　　//s，按 Enter 键。

指定列之间的距离或 [单位单元 (U)] <540>：　　//460，按 Enter 键。

指定行之间的距离 <540>：　　　　　　　//1，按 Enter 键。

选择夹点以编辑阵列或 [关联 (AS)/ 基点 (B)/ 计数 (COU)/ 间距 (S)/ 列数 (COL)/ 行数 (R)/ 层数 (L)/ 退出 (X)] < 退出 >：　　　　　　　//AS，按 Enter 键。

创建关联阵列 [是 (Y)/ 否 (N)] < 否 >：　　//N，按 Enter 键。

选择夹点以编辑阵列或 [关联 (AS)/ 基点 (B)/ 计数 (COU)/ 间距 (S)/ 列数 (COL)/ 行数 (R)/ 层数 (L)/ 退出 (X)] < 退出 >：　　　　　　　// 按 Enter 键，阵列结果如图 5-16 所示。

⑦　单击"修改"工具栏上的 ⊢ 按钮，激活"修剪"命令，对偏移出的轮廓线和阵列出的垂直轮廓线进行修剪，编辑出电视柜的立面结构轮廓图，结果如图5-17所示。

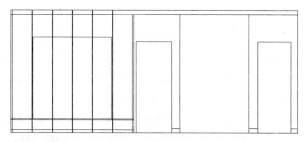

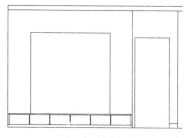

图5-16　阵列结果　　　　　　　　　　　　图5-17　修剪结果

(8) 单击"绘图"工具栏上的 □ 按钮，激活"矩形"命令，配合"捕捉自"功能绘制矩形把手。命令行操作如下。

命令：_rectang
指定第一个角点或 [倒角 (C)/ 标高 (E)/ 圆角 (F)/ 厚度 (T)/ 宽度 (W)]：// 激活"捕捉自"功能。
_from 基点：　　　　　　　　　　　// 捕捉如图 5-18 所示的端点。
<偏移>：　　　　　　　　　　　　//@165,-80，按 Enter 键。
指定另一个角点或 [面积 (A)/ 尺寸 (D)/ 旋转 (R)]：//@120,-25，按 Enter 键，绘制结果如图 5-19 所示。

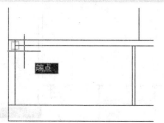

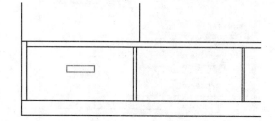

图5-18　捕捉端点　　　　　　　　　　　　图5-19　绘制结果

(9) 单击"修改"工具栏上的 品 按钮，激活"矩形阵列"命令，对绘制的矩形把手进行矩形阵列。命令行操作如下。

命令：_arrayrect
选择对象：　　　　　　　　　　　// 选择刚绘制的矩形。
选择对象：　　　　　　　　　　　// 按 Enter 键。
类型 = 矩形　关联 = 是
选择夹点以编辑阵列或 [关联 (AS)/ 基点 (B)/ 计数 (COU)/ 间距 (S)/ 列数 (COL)/ 行数 (R)/ 层数 (L)/ 退出 (X)] < 退出 >：　　　　//COU，按 Enter 键。
输入列数或 [表达式 (E)] <4>：　　//6，按 Enter 键。
输入行数或 [表达式 (E)] <3>：　　//1，按 Enter 键。
选择夹点以编辑阵列或 [关联 (AS)/ 基点 (B)/ 计数 (COU)/ 间距 (S)/ 列数 (COL)/ 行数 (R)/ 层数 (L)/ 退出 (X)] < 退出 >：　　　　//s，按 Enter 键。
指定列之间的距离或 [单位单元 (U)] <540>：//460，按 Enter 键。
指定行之间的距离 <540>：　　　　//1，按 Enter 键。
选择夹点以编辑阵列或 [关联 (AS)/ 基点 (B)/ 计数 (COU)/ 间距 (S)/ 列数 (COL)/ 行数 (R)/ 层数 (L)/ 退出 (X)] < 退出 >：　　　　//AS，按 Enter 键。
创建关联阵列 [是 (Y)/ 否 (N)] < 否 >：　//N，按 Enter 键。
选择夹点以编辑阵列或 [关联 (AS)/ 基点 (B)/ 计数 (COU)/ 间距 (S)/ 列数 (COL)/ 行数 (R)/ 层数 (L)/ 退出 (X)] < 退出 >：　　　　// 按 Enter 键，阵列结果如图 5-20 所示。

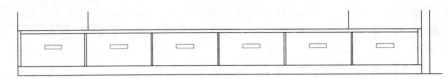

图5-20　阵列结果

⑩　单击"绘图"工具栏上的 ▣ 按钮，激活"图案填充"命令，设置填充图案与参数，如图5-21所示，返回绘图区，拾取如图5-22所示的区域，为电视柜填充如图5-23所示的图案。

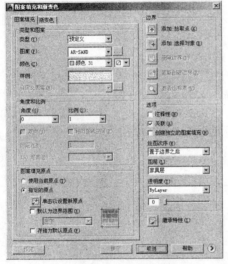

图5-21　设置填充图案与参数

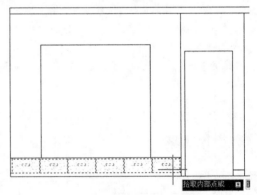

图5-22　填充结果

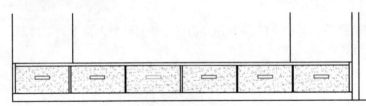

图5-23　填充结果

⑪　单击"修改"工具栏上的 ▱ 按钮，激活"偏移"命令，将如图5-24所示的轮廓线1、2、3向内侧偏移40个单位，将轮廓线4向上侧偏移20个单位，结果如图5-25所示。

⑫　单击"修改"工具栏上的 ▱ 按钮，激活"圆角"命令，对偏移出的图线进行圆角操作，圆角半径为0，结果如图5-26所示。

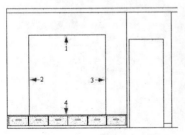

图5-24　定位偏移对象

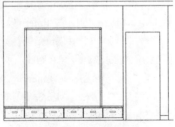

图5-25　偏移结果

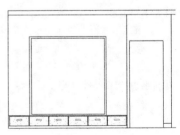

图5-26　圆角结果

⑬ 单击"修改"工具栏上的 按钮,激活"偏移"命令,将圆角后的两个垂直边分别向内侧偏移530,将圆角后的上侧水平边向下偏移730,结果如图5-27所示。

⑭ 单击"绘图"工具栏上的 按钮,激活"矩形"命令,配合"捕捉自"功能绘制内部的矩形结构。命令行操作如下。

```
命令: _rectang
指定第一个角点或 [ 倒角 (C)/ 标高 (E)/ 圆角 (F)/ 厚度 (T)/ 宽度 (W)]: //激活"捕捉自"功能。
_from 基点 :                      // 捕捉如图 5-28 所示的端点。
< 偏移 >:                         //@250,-400, 按 Enter 键。
指定另一个角点或 [ 面积 (A)/ 尺寸 (D)/ 旋转 (R)]: //@1220,-330,按 Enter 键,绘制结果如图5-29所示。
```

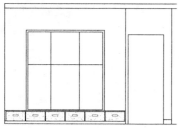

图5-27 偏移结果

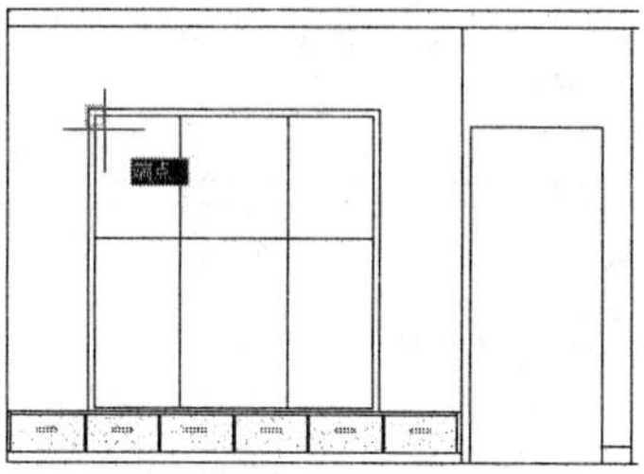

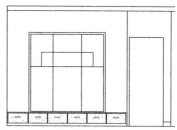

图5-28 捕捉端点

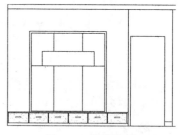

图5-29 绘制结果

⑮ 单击"修改"工具栏上的 按钮,激活"修剪"命令,以刚绘制的矩形作为边界,对内部的两条垂直轮廓线进行修剪,结果如图5-30所示。

⑯ 单击"修改"工具栏上的 按钮,激活"偏移"命令,将刚绘制的矩形向内侧偏移40个单位,如图5-31所示。

⑰ 单击"绘图"工具栏上的 按钮,激活"直线"命令,配合中点捕捉功能绘制内侧矩形的水平中线,结果如图5-32所示。

图5-30 修剪结果

⑱ 按快捷键LT激活"线型"命令,加载名为"DASHED"的线型,并设置线型比例为6。

⑲ 夹点显示矩形的水平中心线,然后打开"特性"窗口,修改中心线的线型为"DASHED"线型,修改中心线的颜色特性为30号色,结果如图5-33所示。

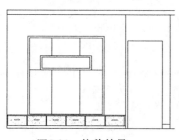

图5-31 偏移结果

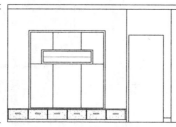

图5-32 绘制结果

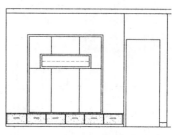

图5-33 修改线型及颜色

⑳ 单击"绘图"工具栏上的 按钮,激活"构造线"命令,将构造线角度设置为45,绘制如图5-34所示的8组构造线作为示意辅助线。

㉑ 单击"绘图"菜单上的"图案填充"命令,采用默认参数,为构造线组填充"AR-

SAND"图案，图案颜色为140号色，填充结果如图5-35所示。

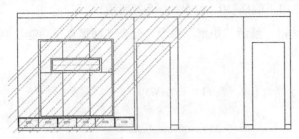
图5-34 绘制构造线

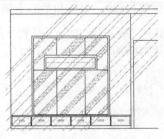
图5-35 填充结果

㉒ 单击"修改"工具栏上的 ✐ 按钮，激活"删除"命令，删除构造线，结果如图5-36所示。

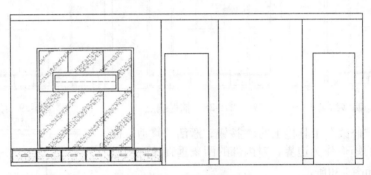
图5-36 删除结果

㉓ 单击"修改"工具栏上的 ⊡ 按钮，激活"偏移"命令，将如图5-37所示的垂直轮廓线1向右偏移400个绘图单位，并将偏移出的水平轮廓线的颜色特性修改为53号色。

㉔ 重复执行"偏移"命令，将如图5-37所示的水平轮廓线2向上偏移10个绘图单位，并将偏移出的水平轮廓线的颜色特性修改为绿色；将如图5-37所示的水平轮廓线3向下偏移50个单位，并将偏移出的水平轮廓线的颜色特性修改为53号色，结果如图5-38所示。

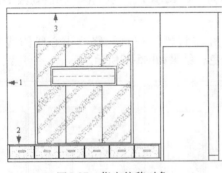
图5-37 指定偏移对象

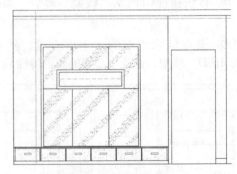
图5-38 偏移结果

㉕ 单击"修改"工具栏上的 ⊞ 按钮，激活"矩形阵列"命令，对水平轮廓线进行矩形阵列。命令行操作如下。

```
命令：_arrayrect
选择对象：                              // 窗交选择如图 5-39 所示的两条水平轮廓线。
选择对象：                              // 按 Enter 键。
```

类型 = 矩形 关联 = 是

选择夹点以编辑阵列或 [关联 (AS)/ 基点 (B)/ 计数 (COU)/ 间距 (S)/ 列数 (COL)/ 行数 (R)/ 层数 (L)/ 退出 (X)] < 退出 >:　　　　　　　　//COU，按 Enter 键。

输入列数或 [表达式 (E)] <4>:　　　　　　//1，按 Enter 键。

输入行数或 [表达式 (E)] <3>:　　　　　　//6，按 Enter 键。

选择夹点以编辑阵列或 [关联 (AS)/ 基点 (B)/ 计数 (COU)/ 间距 (S)/ 列数 (COL)/ 行数 (R)/ 层数 (L)/ 退出 (X)] < 退出 >:　　　　　　　　//s，按 Enter 键。

指定列之间的距离或 [单位单元 (U)] <540>:　　//1，按 Enter 键。

指定行之间的距离 <540>:　　　　　　　　//375，按 Enter 键。

选择夹点以编辑阵列或 [关联 (AS)/ 基点 (B)/ 计数 (COU)/ 间距 (S)/ 列数 (COL)/ 行数 (R)/ 层数 (L)/ 退出 (X)] < 退出 >:　　　　　　　　//AS，按 Enter 键。

创建关联阵列 [是 (Y)/ 否 (N)] < 否 >:　　　　//N，按 Enter 键。

选择夹点以编辑阵列或 [关联 (AS)/ 基点 (B)/ 计数 (COU)/ 间距 (S)/ 列数 (COL)/ 行数 (R)/ 层数 (L)/ 退出 (X)] < 退出 >:　　　　　　　　// 按 Enter 键，阵列结果如图 5-40 所示。

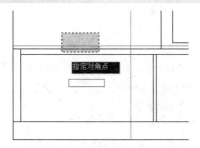 

　　　　图5-39　窗交选择　　　　　　　　　　　　图5-40　阵列结果

㉖ 单击"修改"工具栏上的 ┼ 按钮，激活"修剪"命令，对偏移出的轮廓线和阵列出的轮廓线进行修剪，编辑出博古架立面结构，如图5-41所示。

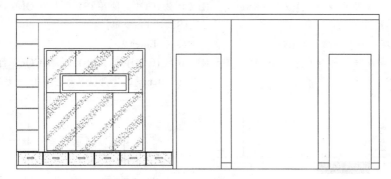

图5-41　修剪结果

㉗ 单击"绘图"工具栏上的 □ 按钮，激活"矩形"命令，配合"捕捉自"功能绘制内部的矩形结构。命令行操作如下。

命令 : _rectang

指定第一个角点或 [倒角 (C)/ 标高 (E)/ 圆角 (F)/ 厚度 (T)/ 宽度 (W)]: // 激活"捕捉自"功能。

_from 基点 :　　　　　　　　　　　// 捕捉如图 5-42 所示的端点。

< 偏移 >:　　　　　　　　　　　　　//@0,20，按 Enter 键。

指定另一个角点或 [面积 (A)/ 尺寸 (D)/ 旋转 (R)]: //@20,30，按 Enter 键，绘制结果如图 5-43 所示。

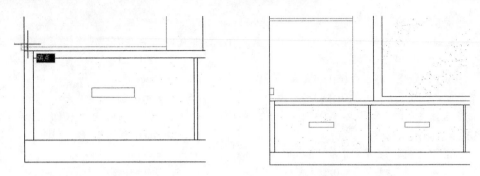

图5-42　捕捉端点　　　　　　　　　　图5-43　绘制结果

㉘　单击"修改"工具栏上的 按钮，激活"矩形阵列"命令，对刚绘制的矩形进行矩形阵列。命令行操作如下。

```
命令：_arrayrect
选择对象：                         // 窗口选择如图 5-44 所示的矩形。
选择对象：                         // 按 Enter 键。
类型 = 矩形  关联 = 是
类型 = 矩形  关联 = 是
选择夹点以编辑阵列或 [ 关联 (AS)/ 基点 (B)/ 计数 (COU)/ 间距 (S)/ 列数 (COL)/ 行数 (R)/ 层数
(L)/ 退出 (X)] < 退出 >：           //COU，按 Enter 键。
输入列数或 [ 表达式 (E)] <4>：      //1，按 Enter 键。
输入行数或 [ 表达式 (E)] <3>：      //28，按 Enter 键。
选择夹点以编辑阵列或 [ 关联 (AS)/ 基点 (B)/ 计数 (COU)/ 间距 (S)/ 列数 (COL)/ 行数 (R)/ 层数
(L)/ 退出 (X)] < 退出 >：           //s，按 Enter 键。
指定列之间的距离或 [ 单位单元 (U)] <540>：//1，按 Enter 键。
指定行之间的距离 <540>：           //80，按 Enter 键。
选择夹点以编辑阵列或 [ 关联 (AS)/ 基点 (B)/ 计数 (COU)/ 间距 (S)/ 列数 (COL)/ 行数 (R)/ 层数
(L)/ 退出 (X)] < 退出 >：           //AS，按 Enter 键。
创建关联阵列 [ 是 (Y)/ 否 (N)] < 否 >： //N，按 Enter 键。
选择夹点以编辑阵列或 [ 关联 (AS)/ 基点 (B)/ 计数 (COU)/ 间距 (S)/ 列数 (COL)/ 行数 (R)/ 层数
(L)/ 退出 (X)] < 退出 >：           // 按 Enter 键，阵列结果如图 5-45 所示。
```

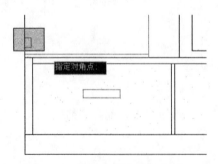　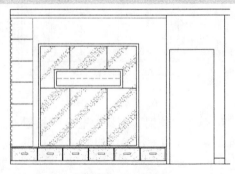

图5-44　窗交选择　　　　　　　　　　图5-45　阵列结果

㉙　单击"修改"工具栏上的 按钮，激活"镜像"命令，配合中点捕捉功能，窗交选择如图5-46所示的博古架进行镜像，镜像结果如图5-47所示。

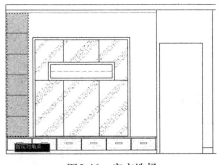

图5-46 窗交选择

图5-47 镜像结果

(30) 单击"修改"工具栏上的 ⊢ 按钮，激活"修剪"命令，以博古架的矩形结构作为边界，对水平轮廓线进行修整完善，结果如图5-48所示。

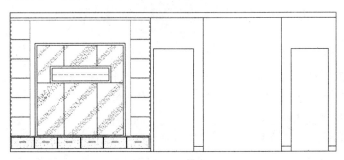

图5-48 完善结果

至此，客厅墙面轮廓图绘制完毕，下一小节将学习客厅与餐厅墙面构件图的快速绘制过程和技巧。

5.3.3 绘制B向墙面构件图

(1) 继续上节的操作。

(2) 单击"绘图"工具栏上的 ⬚ 按钮，激活"插入块"命令，在打开的"插入"对话框中单击 浏览(B)... 按钮，然后选择随书光盘中的"\图块文件\立面门01.dwg"文件。

(3) 返回"插入"对话框，将X轴向比例设置为"-8/9"，然后将立面门图块插入到立面图中，插入点为如图5-49所示的端点A，插入结果如图5-50所示。

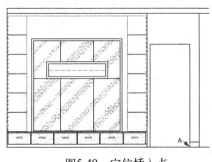

图5-49 定位插入点

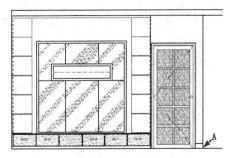

图5-50 插入结果

(4) 单击"绘图"工具栏上的 ⬚ 按钮，激活"插入块"命令，采用默认参数，插入随书光盘中的"\图块文件\酒水柜01.dwg"文件，插入点为图5-50所示的端点A，插入结果如图5-51所示。

⑤ 重复执行"插入块"命令，在打开的"插入"对话框中单击 浏览(B)... 按钮，然后选择随书光盘中的"\图块文件\立面门02.dwg"文件。

⑥ 返回"插入"对话框，将X轴向比例设置为"750/710"，然后将立面门图块插入到立面图中，插入点为图5-51所示的端点A，插入结果如图5-52所示。

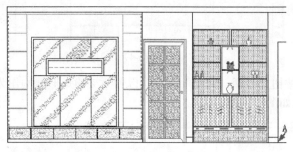
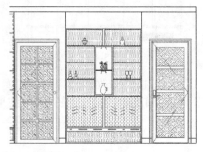

图5-51 插入结果　　　　　　　图5-52 插入结果

⑦ 重复执行"插入块"命令，分别插入随书光盘中的"\图块文件\"目录下的"雕塑品01.dwg、雕塑品03.dwg、电视.dwg、block01.dwg和筒灯02.dwg"等图块，插入结果如图5-53所示。

⑧ 重复执行"插入块"命令，配合"两点之间的中点"和端点捕捉功能，以0.8的等分缩放比例，插入光盘中的"\图块文件\筒灯02.dwg"文件，如图5-54所示。

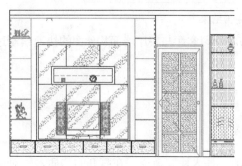
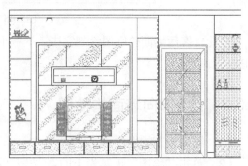

图5-53 插入其他图块　　　　　图5-54 插入结果

⑨ 单击"修改"工具栏上的按钮，激活"复制"命令，将电视墙上侧的筒灯图块水平向右复制650和1300个单位，结果如图5-55所示。

⑩ 单击"绘图"工具栏上的按钮，激活"直线"命令，配合平行线捕捉功能绘制3组平行线，作为玻璃示意线，绘制结果如图5-56所示。

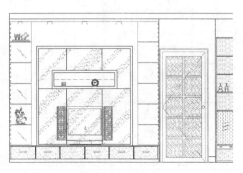

图5-55 复制结果　　　　　　　图5-56 绘制结果

⑪ 单击"修改"工具栏上的 ⚒ 按钮，激活"镜像"命令，配合中点捕捉功能，窗口选择如图5-57所示的图形，进行镜像，镜像结果如图5-58所示。

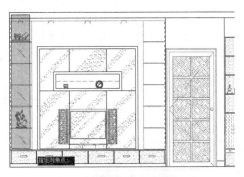 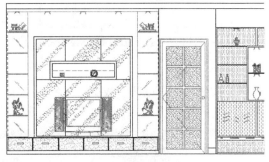

图5-57 窗口选择　　　　　　　　　　　图5-58 镜像结果

⑫ 使用"分解"、"修剪"和"删除"命令，对立面图构件轮廓线进行修整，删除被遮挡住的图线，结果如图5-59所示。

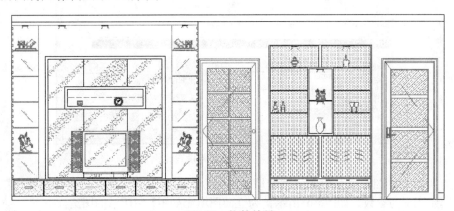

图5-59 修整结果

至此，客厅与餐厅B向立面图绘制完毕，下一小节将学习B向墙面材质的具体绘制过程和技巧。

5.3.4 绘制B向墙面材质图

① 继续上节的操作。

② 展开"图层"工具栏上的"图层控制"下拉列表，设置"填充层"为当前操作层。

③ 单击"绘图"菜单中的"图案填充"命令，在打开的"图案填充和渐变色"对话框中设置填充图案与参数，如图5-60所示，为立面图填充如图5-61所示的图案。

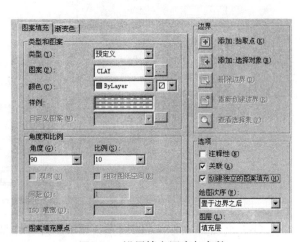

图5-60 设置填充图案与参数

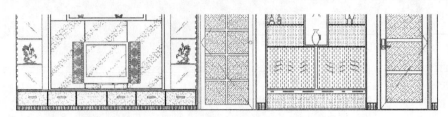

图5-61　填充结果

④　按快捷键LT激活"线型"命令，在打开的"线型管理器"对话框中，加载线型并设置线型比例，如图5-62所示。

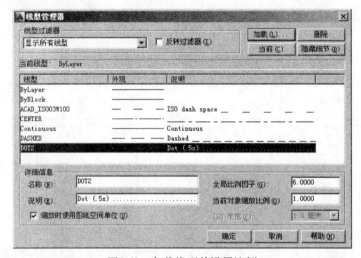

图5-62　加载线型并设置比例

⑤　执行"绘图"菜单中的"图案填充"命令，在打开的"图案填充和渐变色"对话框中设置填充图案与参数，如图5-63所示，为立面图填充如图5-64所示的图案。

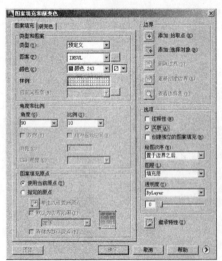

图5-63　设置填充图案与参数

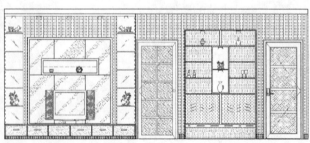

图5-64　填充结果

⑥　夹点显示刚填充的图案，然后展开"线型控制"下拉列表，设置夹点图案的线型为DOT2，结果如图5-65所示。

图5-65　修改结果

　　至此，客厅与餐厅B向墙面材质图绘制完毕，下一小节将学习客厅与餐厅B向立面图尺寸的具体标注过程。

5.3.5　标注B向墙面尺寸

①　继续上节的操作。

②　展开"图层"工具栏中的"图层控制"下拉列表，设置"尺寸层"为当前操作层。

③　按快捷键D激活"标注样式"命令，将"建筑标注"设为当前样式，同时修改标注比例为30。

④　单击"绘图"工具栏上的 ⊟ 按钮，激活"线性"命令，配合端点捕捉功能，标注如图5-66所示的线性尺寸。

⑤　单击"标注"工具栏上的 ⊞ 按钮，激活"连续"命令，以刚标注的线性尺寸作为基准尺寸，标注立面图左侧的细部尺寸，并对尺寸文字进行调整位置，结果如图5-67所示。

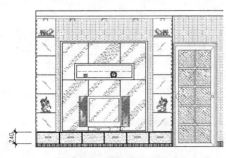

图5-66　标注线性尺寸

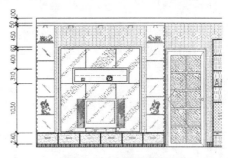

图5-67　标注连续尺寸

⑥　单击"绘图"工具栏上的 ⊟ 按钮，激活"线性"命令，配合端点捕捉功能，标注立面图左侧的总高尺寸，结果如图5-68所示。

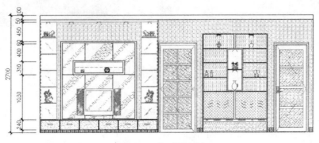

图5-68　标注结果

⑦ 参照第4~6操作步骤，综合使用"线性"、"连续"、"编辑标注文字"等命令，标注立面图下侧的细部尺寸和总尺寸，标注结果如图5-69所示。

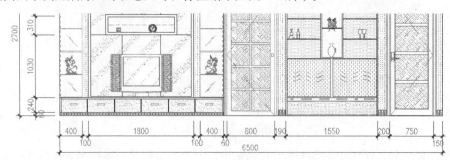

图5-69 标注结果

至此，客厅与餐厅B向立面图的尺寸标注完毕，下一小节将学习立面引线注释样式的设置过程。

5.3.6 标注B向墙面材质

① 继续上节的操作。

② 展开"图层"工具栏中的"图层控制"下拉列表，设置"文本层"为当前操作层。

③ 按快捷键D激活"标注样式"命令，打开"标注样式管理器"话框。

④ 在"标注样式管理器"话框中单击 替代(O)... 按钮，然后在"替代当前样式：建筑标注"对话框中展开"符号和箭头"选项卡，设置引线的箭头及大小，如图5-70所示。

⑤ 在"替代当前样式：建筑标注"对话框中展开"文字"选项卡，设置文字样式如图5-71所示。

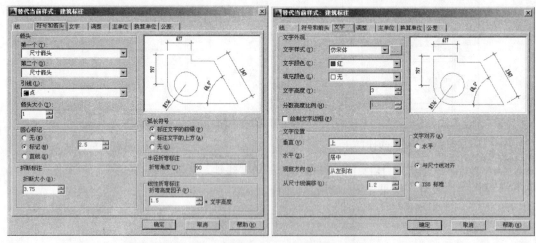

图5-70 设置箭头及大小　　　　　　　图5-71 设置文字样式

⑥ 在"替代当前样式：建筑标注"对话框中展开"调整"选项卡，设置标注全局比例，如图5-72所示。

⑦ 在"替代当前样式：建筑标注"对话框中单击 确定 按钮，返回"标注样式管理器"对话框，样式替代效果如图5-73所示。

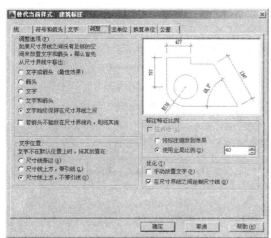

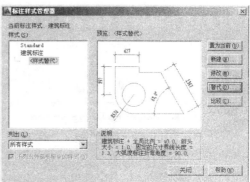

图5-72 设置比例   图5-73 替代效果

⑧ 在"标注样式管理器"对话框中单击 关闭 按钮，结束命令。

⑨ 按快捷键LE激活"快速引线"命令，在命令行"指定第一个引线点或 [设置(S)] <设置>："提示下激活"设置"选项，打开"引线设置"对话框。

⑩ 在"引线设置"对话框中展开"引线和箭头"选项卡，然后设置参数如图5-74所示。

⑪ 在"引线设置"对话框中展开"附着"选项卡，设置引线注释的附着位置，如图5-75所示。

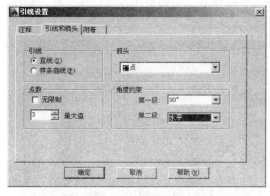

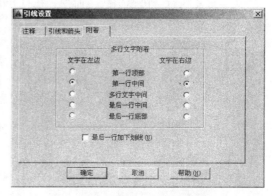

图5-74 "引线和箭头"选项卡   图5-75 "附着"选项卡

⑫ 单击"引线设置"对话框中的 确定 按钮，返回绘图区，根据命令行的提示，指定三个引线点绘制引线，如图5-76所示。

⑬ 在命令行"指定文字宽度 <0>："提示下按Enter键。

⑭ 在命令行"输入注释文字的第一行 <多行文字(M)>："提示下，输入"柚木夹板清漆"，并按Enter键。

⑮ 继续在命令行"输入注释文字的第一行 <多行文字(M)>："提示下，按Enter键结束命令，标注结果如图5-77所示。

⑯ 重复执行"快速引线"命令，按照当前的引线参数设置，分别标注其他位置的引线注释，标注结果如图5-78所示。

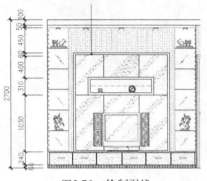

图5-76　绘制引线

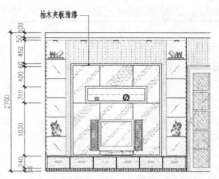

图5-77　输入引线注释

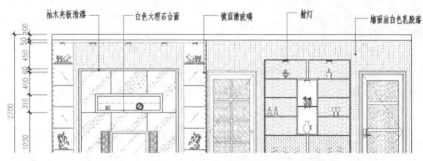

图5-78　标注其他注释

⑰　重复执行"快速引线"命令，在打开的"引线设置"对话框中设置引线参数，如图5-79和图5-80所示。

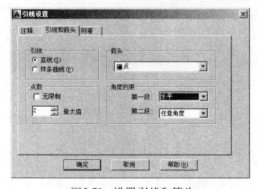

图5-79　设置引线和箭头

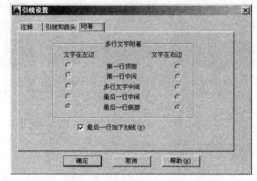

图5-80　设置附着位置

⑱　返回绘图区，根据命令行的提示，绘制引线并标注如图5-81所示的引线注释。

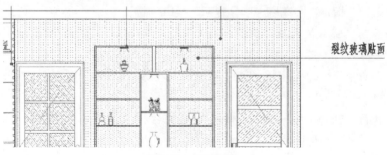

图5-81　标注结果

⑲ 重复执行"快速引线"命令，按照当前的引线参数设置，分别标注其他位置的引线注释，标注结果如图5-82所示。

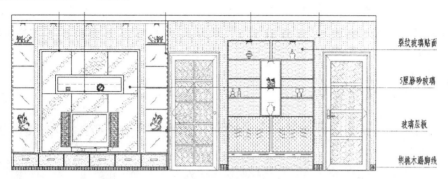

图5-82　标注其他注释

⑳ 调整视图，将图形全部显示，最终效果如图5-1所示。

㉑ 最后执行"保存"命令，将图形命名存储为"绘制客厅与餐厅B向立面图.dwg"。

5.4　绘制主卧室B向立面图

本例在综合所学知识的前提下，主要学习主卧室B向装修立面图的具体绘制过程和绘制技巧。主卧室B向立面图的最终绘制效果如图5-83所示。

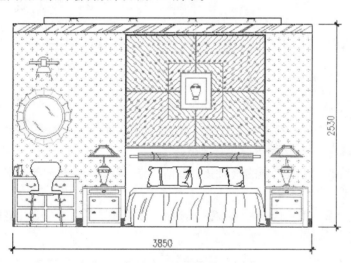

图5-83　实例效果

在绘制主卧室B向立面图时，具体可以参照如下思路。

◆ 首先使用"新建"命令调用室内绘图样板文件。

◆ 使用"矩形"、"分解"、"偏移"、"圆角"、"修剪""多线"等命令绘制B向墙面轮廓线。

◆ 使用"矩形"、"矩形阵列"、"插入块"命令并配合"捕捉自"、端点捕捉功能绘制梳妆台立面图。

- 使用"插入块"、"镜像"、"修剪"、"分解"等命令并配合"捕捉自"或"对象捕捉"功能绘制B向立面构件图。
- 使用"图案填充"命令绘制立面图壁纸装饰图案。
- 最后使用"插入块"、"矩形阵列"命令并配合"捕捉自"、端点捕捉功能绘制立面图辅助灯具。

5.4.1 绘制B向墙面轮廓图

① 单击"快速访问"工具栏中的 □ 按钮,选择随书光盘中的"\样板文件\绘图样板.dwt"文件,新建空白文件。

② 展开"图层"工具栏中的"图层控制"下拉列表,设置"轮廓线"为当前操作层。

③ 单击"绘图"工具栏上的 □ 按钮,激活"矩形"命令,绘制长度为3850、宽度为2530的矩形,作为墙面外轮廓线,如图5-84所示。

④ 单击"修改"工具栏上的 ⬚ 按钮,激活"分解"命令,将矩形分解为四条独立的线段。

⑤ 单击"修改"工具栏上的 ⬚ 按钮,激活"偏移"命令,将上侧的矩形水平边向下偏移100和130个绘图单位,将下侧的矩形水平边向上偏移100和990个绘图单位,结果如图5-85所示。

⑥ 重复执行"偏移"命令,将矩形左侧的垂直边向右偏移1450个绘图单位,将矩形右侧的垂直边向左偏移600个绘图单位,偏移结果如图5-86所示。

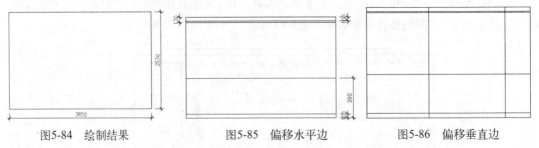

图5-84 绘制结果   图5-85 偏移水平边   图5-86 偏移垂直边

⑦ 单击"修改"工具栏上的 □ 按钮,激活"圆角"命令,将圆角半径设置为0,对内部的图线进行圆角操作,圆角结果如图5-87所示。

⑧ 单击"修改"工具栏上的 ⬚ 按钮,激活"修剪"命令,对内部的水平图线和垂直图线进行修剪,结果如图5-88所示。

⑨ 单击"绘图"工具栏上的 ⬚ 按钮,激活"多段线"命令,配合"坐标输入"功能绘制如图5-89所示的轮廓线。

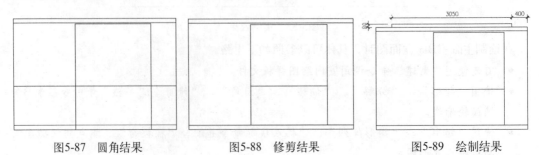

图5-87 圆角结果   图5-88 修剪结果   图5-89 绘制结果

⑩ 单击"修改"工具栏上的 ⚐ 按钮，激活"偏移"命令，将如图5-90所示的轮廓线1、2、3、4分别向外偏移13个单位，并将偏移出的图线颜色设置为11号色，结果如图5-91所示。

⑪ 单击"修改"工具栏上的 ⚐ 按钮，激活"圆角"命令，将圆角半径设置为0，对偏移出的图线进行圆角操作，圆角结果如图5-92所示。

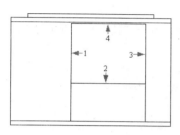
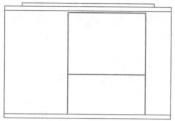
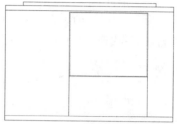

图5-90 指定偏移对象　　　　图5-91 偏移结果　　　　图5-92 圆角结果

⑫ 单击"修改"工具栏上的 ⚐ 按钮，激活"偏移"命令，将圆角后的两条垂直边向内侧偏移538个单位，将圆角后的两条水平边向内侧偏移342个单位，结果如图5-93所示。

⑬ 单击"修改"工具栏上的 ⚐ 按钮，激活"圆角"命令，将圆角半径设置为0，对偏移出的图线进行圆角操作，圆角结果如图5-94所示。

⑭ 单击"修改"工具栏上的 ⚐ 按钮，激活"偏移"命令，将圆角后的两条垂直边向内侧偏移148个单位，将圆角后的两条水平边向内侧偏移120个单位，结果如图5-95所示。

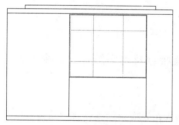
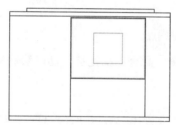
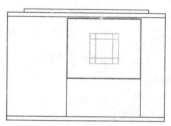

图5-93 偏移结果　　　　图5-94 圆角结果　　　　图5-95 偏移结果

⑮ 单击"修改"工具栏上的 ⚐ 按钮，激活"圆角"命令，将圆角半径设置为0，对偏移出的图线进行圆角操作，圆角结果如图5-96所示。

⑯ 按快捷键ML激活"多线"命令，将多线比例设置为6，对正方式设置为"无"，然后配合中点捕捉功能绘制如图5-97所示的分隔线。

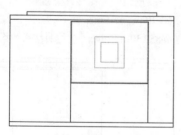
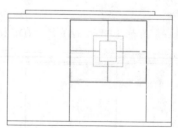

图5-96 圆角结果　　　　图5-97 绘制结果

⑰ 执行"分解"命令，将四条多线分解，然后将分解后的多线颜色修改为140号色。

至此，主卧室B向墙面轮廓图绘制完毕，下一小节将学习主卧室梳妆台立面图的绘制过程和绘制技巧。

5.4.2 绘制梳妆台立面图

① 继续上节的操作。

② 展开"图层"工具栏中的"图层控制"下拉列表，设置"家具层"为当前操作层。

③ 展开"颜色控制"下拉列表，设置当前颜色为11号色。

④ 单击"绘图"工具栏上的□按钮，激活"矩形"命令，配合"捕捉自"功能绘制梳妆台底部的矩形结构。命令行操作如下。

命令：_rectang

指定第一个角点或 [倒角 (C)/ 标高 (E)/ 圆角 (F)/ 厚度 (T)/ 宽度 (W)]: // 激活"捕捉自"功能。

_from 基点：   // 捕捉如图 5-98 所示的端点。

<偏移>：   //@20,0，按 Enter 键。

指定另一个角点或 [面积 (A)/ 尺寸 (D)/ 旋转 (R)]: //@810,25，按 Enter 键，绘制结果如图 5-99 所示。

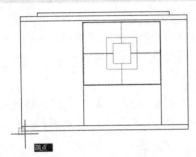

图5-98　捕捉端点

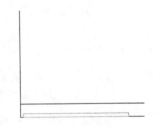

图5-99　绘制结果

⑤ 重复执行"矩形"命令，配合"捕捉自"功能绘制梳妆台及台面结构。命令行操作如下：

命令：_rectang

指定第一个角点或 [倒角 (C)/ 标高 (E)/ 圆角 (F)/ 厚度 (T)/ 宽度 (W)]: // 激活"捕捉自"功能

_from 基点：   // 捕捉刚绘制的矩形的左上角点。

<偏移>：   //@10,0，按 Enter 键。

指定另一个角点或 [面积 (A)/ 尺寸 (D)/ 旋转 (R)]: //@790,570，按 Enter 键，结果如图 5-100 所示。

命令：_rectang

指定第一个角点或 [倒角 (C)/ 标高 (E)/ 圆角 (F)/ 厚度 (T)/ 宽度 (W)]: // 激活"捕捉自"功能。

_from 基点：   // 捕捉刚绘制的矩形左上角点。

<偏移>：   //@-30,0，按 Enter 键。

指定另一个角点或 [面积 (A)/ 尺寸 (D)/ 旋转 (R)]: //@850,30，按 Enter 键，绘制结果如图 5-101 所示。

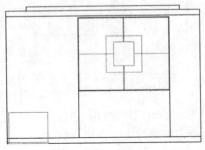

图5-100　绘制结果

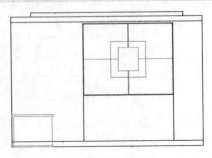

图5-101　绘制结果

⑥ 展开"颜色控制"下拉列表，设置当前颜色为181号色。

⑦ 单击"绘图"工具栏上的 ⬜ 按钮，激活"矩形"命令，配合"捕捉自"功能绘制梳妆台抽屉。命令行操作如下：

> 命令：_rectang
> 指定第一个角点或 [倒角 (C)/ 标高 (E)/ 圆角 (F)/ 厚度 (T)/ 宽度 (W)]: // 激活"捕捉自"功能。
> _from 基点：　　　　　　　　　　　　　　　// 捕捉如图 5-102 所示的端点。
> < 偏移 >:　　　　　　　　　　　　　　　　//@30,30，按 Enter 键。
> 指定另一个角点或 [面积 (A)/ 尺寸 (D)/ 旋转 (R)]: //@350,160，按 Enter 键，绘制结果如图 5-103 所示。

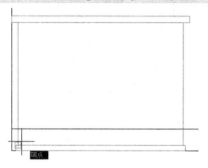

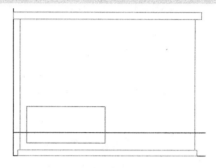

图5-102　捕捉端点　　　　　　　　　　　图5-103　绘制结果

⑧ 单击"绘图"工具栏上的 🖼 按钮，激活"插入块"命令，在打开的"插入"对话框中单击 浏览(B)... 按钮，然后选择随书光盘中的"\图块文件\拉手.dwg"文件。

⑨ 返回"插入"对话框，以默认参数将拉手图块插入到立面图中，其中，在命令行"指定插入点或 [基点(B)/比例(S)/旋转(R)]:"提示下，垂直向上引出如图5-104所示的中点追踪矢量，然后输入60，按Enter键，插入结果如图5-105所示。

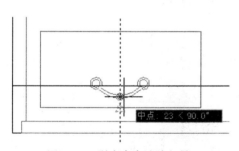

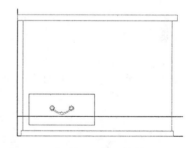

图5-104　引出中点追踪矢量　　　　　　　图5-105　插入结果

⑩ 单击"修改"工具栏上的 ⊞ 按钮，激活"矩形阵列"命令，对抽屉和拉手进行矩形阵列。命令行操作如下。

> 命令：_arrayrect
> 选择对象：　　　　　　　　　　　　　// 窗交选择如图 5-106 所示的抽屉和拉手。
> 选择对象：　　　　　　　　　　　　　// 按 Enter 键。
> 类型 = 矩形 关联 = 是
> 选择夹点以编辑阵列或 [关联 (AS)/ 基点 (B)/ 计数 (COU)/ 间距 (S)/ 列数 (COL)/ 行数 (R)/ 层数
> (L)/ 退出 (X)] < 退出 >:　　　　　　　//COU，按 Enter 键。
> 输入列数数或 [表达式 (E)] <4>:　　　　//2，按 Enter 键。
> 输入行数数或 [表达式 (E)] <3>:　　　　//3，按 Enter 键。

选择夹点以编辑阵列或 [关联 (AS)/ 基点 (B)/ 计数 (COU)/ 间距 (S)/ 列数 (COL)/ 行数 (R)/ 层数 (L)/ 退出 (X)] < 退出 >:   //s, 按 Enter 键。

指定列之间的距离或 [单位单元 (U)] <540>:   //380, 按 Enter 键。

指定行之间的距离 <540>:   //190, 按 Enter 键。

选择夹点以编辑阵列或 [关联 (AS)/ 基点 (B)/ 计数 (COU)/ 间距 (S)/ 列数 (COL)/ 行数 (R)/ 层数 (L)/ 退出 (X)] < 退出 >:   //AS, 按 Enter 键。

创建关联阵列 [是 (Y)/ 否 (N)] < 否 >:   //N, 按 Enter 键。

选择夹点以编辑阵列或 [关联 (AS)/ 基点 (B)/ 计数 (COU)/ 间距 (S)/ 列数 (COL)/ 行数 (R)/ 层数 (L)/ 退出 (X)] < 退出 >:   // 按 Enter 键, 阵列结果如图 5-107 所示。

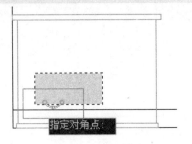

图5-106　窗交选择

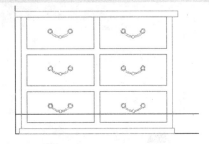

图5-107　阵列结果

至此, 主卧室梳妆台立面图绘制完毕, 下一小节将学习主卧室立面构件图的快速绘制过程和技巧。

5.4.3　绘制B向墙面构件图

① 继续上节的操作。

② 单击"绘图"工具栏上的 按钮, 激活"插入块"命令, 在打开的"插入"对话框中单击 浏览(B)... 按钮, 然后选择随书光盘中的"\图块文件\立面床01.dwg"文件。

③ 返回"插入"对话框, 以默认参数将立面床图块插入到立面图中, 插入点为如图5-108所示的端点, 插入结果如图5-109所示。

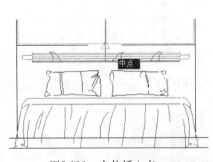

图5-108　定位插入点

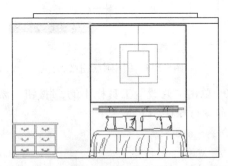

图5-109　插入结果

④ 单击"绘图"工具栏上的 按钮, 激活"插入块"命令, 采用默认参数插入随书光盘中的"\图块文件\床头柜与台灯01.dwg"文件。

⑤ 在命令行"指定插入点或 [基点(B)/比例(S)/旋转(R)]:"提示下, 激活"捕捉自"功能。

⑥ 在命令行"_from 基点:"提示下捕捉如图5-110所示的垂直轮廓线A的下端点。

⑦ 继续在命令行"<偏移>:"提示下，输入 @900,0后按Enter键，插入结果如图5-111所示。

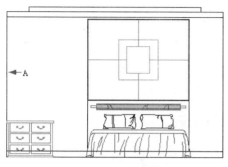
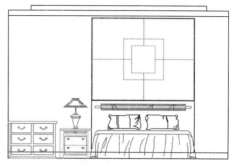

图5-110　定位插入点　　　　　　　　　　图5-111　插入结果

⑧ 单击"修改"工具栏上的⚒按钮，激活"镜像"命令，配合中点捕捉功能对刚插入的梳妆台图块进行镜像，镜像结果如图5-112所示。

⑨ 单击"绘图"工具栏上的📷按钮，激活"插入块"命令，采用默认参数，插入随书光盘中的"\图块文件\装饰画01.dwg"图块文件。

⑩ 在命令行"指定插入点或 [基点(B)/比例(S)/旋转(R)]:"提示下，引出如图5-113所示的两条中点追踪矢量，然后捕捉两条追踪矢量的交点作为插入点，插入结果如图5-114所示。

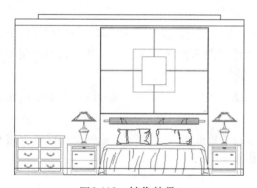
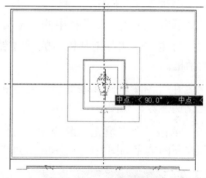

图5-112　镜像结果　　　　　　　　　　图5-113　定位插入点

⑪ 重复执行"插入块"命令，以默认参数，分别插入随书光盘"\图块文件\"目录下的"梳妆椅.dwg、梳妆镜.dwg、壁灯01.dwg和花瓶04.dwg"等图块，插入结果如图5-115所示。

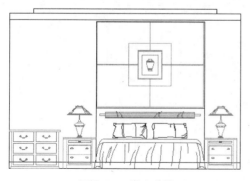
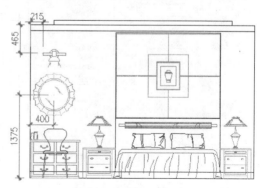

图5-114　插入装饰画　　　　　　　　　　图5-115　插入其他图块

⑫ 使用"分解"和"修剪"命令，对立面图构件轮廓线进行修整，删除被遮挡住的图线，结果如图5-116所示。

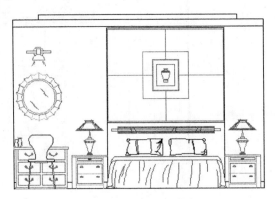

图5-116　修整结果

至此，主卧室立面构件图绘制完毕，下一小节将学习主卧室墙面装饰壁纸的快速表达方法和绘制技巧。

5.4.4　绘制B向墙面材质图

① 继续上节的操作。

② 展开"图层"工具栏中的"图层控制"下拉列表，设置"填充层"为当前操作层。

③ 单击"绘图"工具栏上的 ▨ 按钮，激活"图案填充"命令，打开"图案填充和渐变色"对话框。

④ 在"图案填充和渐变色"对话框中选择"预定义"图案，同时设置图案的填充角度及填充比例参数，如图5-117所示。

⑤ 单击"图案填充和渐变色"对话框中的"拾取点"按钮 ✛，返回绘图区拾取填充区域，为立面图填充如图5-118所示的墙面壁纸图案。

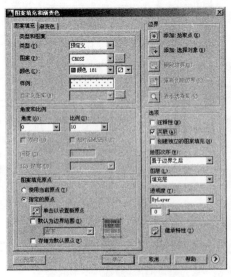

图5-117　设置填充图案与参数

图5-118　填充结果

(6) 按快捷键LT激活"线型"命令，在打开的"线型管理器"对话框中加载两种线型，并设置线型比例，如图5-119所示。

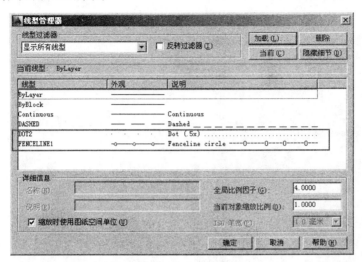

图5-119 加载线型

(7) 在无命令执行的前提下夹点显示刚填充的图案，然后展开"线型控制"下拉列表，修改其线型如图5-120所示，修改后的显示效果如图5-121所示。

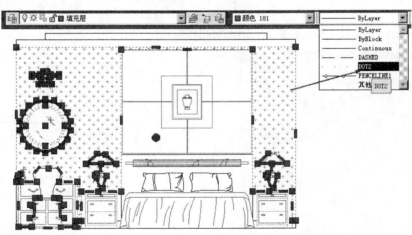

图5-120 修改线型

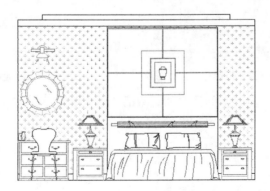

图5-121 修改后的效果

⑧ 单击"绘图"工具栏上的 ▣ 按钮，激活"图案填充"命令，在打开的"图案填充和渐变色"对话框中设置填充图案与填充参数，如图5-122所示，为立面图填充如图15-123所示的装饰图案。

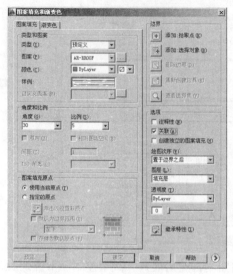

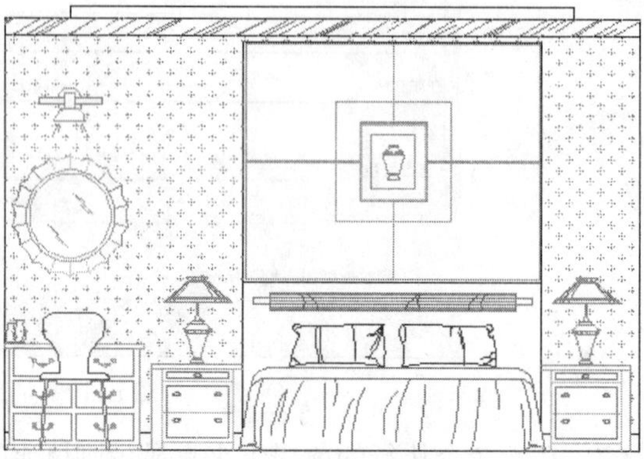

图5-122 置填充图案与参数

图5-123 填充结果

⑨ 单击"绘图"工具栏上的 ▣ 按钮，激活"图案填充"命令，设置填充图案与参数，如图5-124所示，为踢脚线填充如图5-125所示的图案。

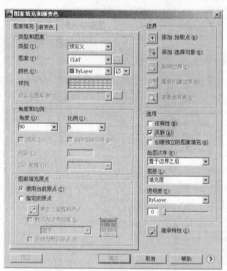

图5-124 设置填充图案与参数

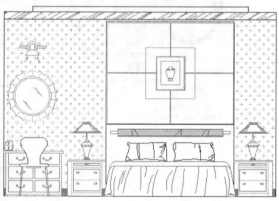

图5-125 填充结果

⑩ 单击"绘图"工具栏上的 ▣ 按钮，激活"图案填充"命令，设置填充图案与参数，如图5-126所示，墙面装饰填充如图5-127所示的图案。

⑪ 单击"绘图"工具栏上的 ▣ 按钮，激活"图案填充"命令，设置填充图案与参数，如图5-128所示，墙面装饰填充如图5-129所示的图案。

⑫ 在无命令执行的前提下夹点显示刚填充的图案，然后展开"线型控制"下拉列表，修改其线型，如图5-130所示，修改后的显示效果如图5-131所示。

图5-126　设置填充图案与参数

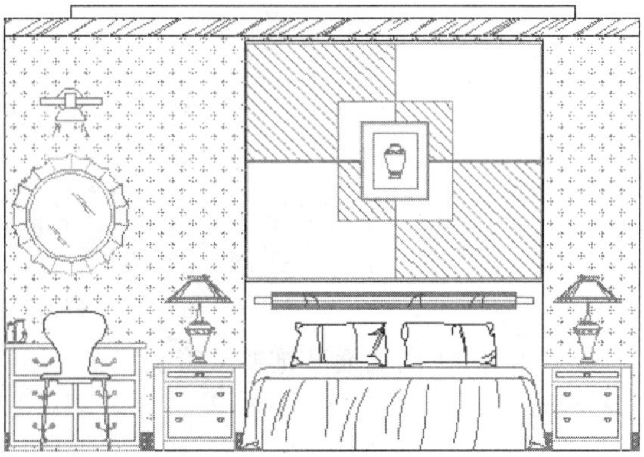

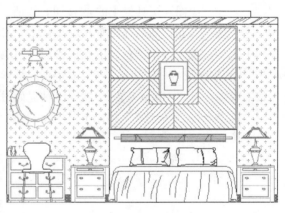

图5-127　填充结果

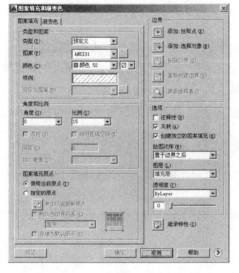

图5-128　设置填充图案与参数

图5-129　填充结果

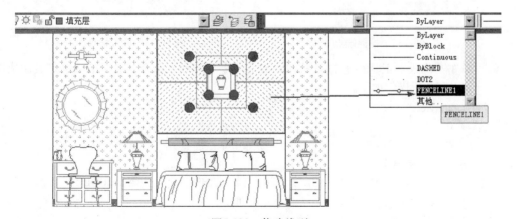

图5-130　修改线型

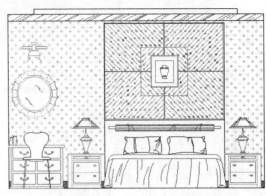

图5-131　修改后的效果

至此，主卧室B向墙面装饰壁纸绘制完毕，下一小节将学习主卧室B向立面辅助灯具的绘制过程和技巧。

5.4.5　绘制主卧室立面灯具图

① 继续上节的操作。

② 展开"图层"工具栏中的"图层控制"下拉列表，设置"家具层"为当前操作层。

③ 单击"绘图"工具栏上的 🖳 按钮，激活"插入块"命令，在打开的"插入"对话框中单击 浏览(B)... 按钮，然后选择随书光盘中的"\图块文件\筒灯02.dwg"文件。

④ 返回"插入"对话框，以默认参数将图块插入到立面图中，在命令行"指定插入点或 [基点(B)/比例(S)/旋转(R)]:"提示下，激活"捕捉自"功能。

⑤ 在命令行"_from 基点:"提示下捕捉如图5-132所示的端点。

⑥ 在命令行"<偏移>:"提示下，输入 @385,0后按Enter键，插入结果如图5-133所示。

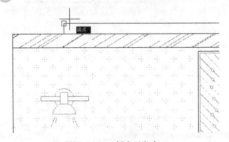

图5-132　捕捉端点

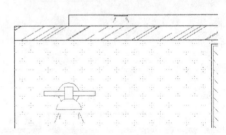

图5-133　插入结果

⑦ 单击"修改"工具栏上的 🔡 按钮，激活"矩形阵列"命令，将刚插入的灯具图块进行矩形阵列。命令行操作如下。

```
命令：_arrayrect
选择对象：                                    //选择刚插入的灯具图层。
选择对象：                                    //按 Enter 键。
类型＝矩形 关联＝是
选择夹点以编辑阵列或 [关联 (AS)/ 基点 (B)/ 计数 (COU)/ 间距 (S)/ 列数 (COL)/ 行数 (R)/ 层数
(L)/ 退出 (X)] < 退出 >：                      //COU，按 Enter 键。
输入列数数或 [ 表达式 (E)] <4>：               //4，按 Enter 键。
```

```
输入行数数或 [ 表达式 (E)] <3>:                    //1，按 Enter 键。
    选择夹点以编辑阵列或 [ 关联 (AS)/ 基点 (B)/ 计数 (COU)/ 间距 (S)/ 列数 (COL)/ 行数 (R)/ 层数
(L)/ 退出 (X)] < 退出 >:                           //s，按 Enter 键。
    指定列之间的距离或 [ 单位单元 (U)] <540>:        //760，按 Enter 键。
    指定行之间的距离 <540>:                         //1，按 Enter 键。
    选择夹点以编辑阵列或 [ 关联 (AS)/ 基点 (B)/ 计数 (COU)/ 间距 (S)/ 列数 (COL)/ 行数 (R)/ 层数
(L)/ 退出 (X)] < 退出 >:                           //AS，按 Enter 键。
    创建关联阵列 [ 是 (Y)/ 否 (N)] < 否 >:           //N，按 Enter 键。
    选择夹点以编辑阵列或 [ 关联 (AS)/ 基点 (B)/ 计数 (COU)/ 间距 (S)/ 列数 (COL)/ 行数 (R)/ 层数
(L)/ 退出 (X)] < 退出 >:                           // 按 Enter 键，阵列结果如图 5-134 所示。
```

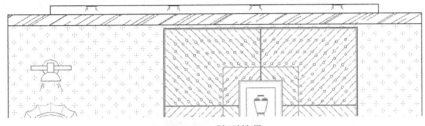

图5-134　阵列结果

⑧ 调整视图，将图形全部显示，最终效果如图5-83所示。

⑨ 最后执行"保存"命令，将图形命名存储为"绘制主卧室B向立面图.dwg"。

5.5 标注主卧室B向立面图

本例在综合所学知识的前提下，学习主卧室B向装修立面图引线注释和立面尺寸等内容的具体标注过程和标注技巧。主卧室B向立面图的最终标注效果如图5-135所示。

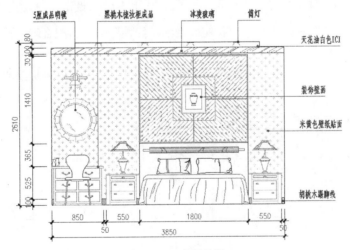

图5-135　实例效果

在标注主卧室B向立面图时，具体可以参照如下思路。

◆ 首先调用立面图文件并设置当前图层与标注样式。

- ◆ 使用"线性"、"连续"命令标注立面图的细部尺寸和总尺寸。
- ◆ 使用"快速夹点"功能调整完善尺寸标注文字。
- ◆ 使用"标注样式"命令设置引线注释样式。
- ◆ 最后使用"快速引线"命令快速标注立面图引线注释。

5.5.1　标注B向墙面尺寸

① 打开上例存储的"绘制主卧室B向立面图.dwg"文件，或直接从随书光盘中的"\效果文件\第5章\"目录下调用此文件。

② 展开"图层"工具栏中的"图层控制"下拉列表，设置"尺寸层"为当前操作层，如图5-136所示。

③ 按快捷键D激活"标注样式"命令，将"建筑标注"设为当前样式，同时修改标注比例，如图5-137所示。

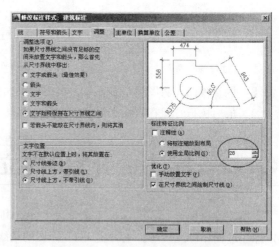

图5-136　设置当前样式　　　　　　图5-137　设置当前样式与比例

④ 单击"绘图"工具栏上的⊢按钮，激活"线性"命令，配合端点捕捉功能标注如图5-138所示的线性尺寸。

⑤ 单击"标注"工具栏上的⊞按钮，激活"连续"命令，以刚标注的线性尺寸作为基准尺寸，标注如图5-139所示的细部尺寸。

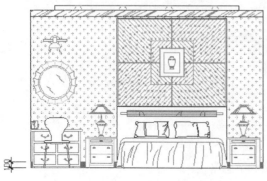

图5-138　标注线性尺寸　　　　　　　图5-139　标注连续尺寸

⑥　在无命令执行的前提下，单击如图5-140所示的细部尺寸，使其呈现夹点显示状态。

⑦　将光标放在尺寸文字夹点上，然后从弹出的快捷菜单中选择"仅移动文字"选项，如图5-141所示。

⑧　在命令行"** 仅移动文字 **指定目标点:"提示下，在适当位置指定文字的位置，结果如图5-142所示。

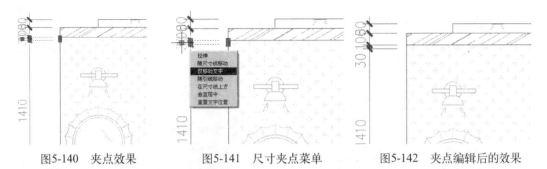

图5-140　夹点效果　　　　　图5-141　尺寸夹点菜单　　　　　图5-142　夹点编辑后的效果

⑨　参照6～8操作步骤，分别对其他位置的尺寸文字进行协调位置，结果如图5-143所示。

⑩　单击"绘图"工具栏上的└┘按钮，激活"线性"命令，配合端点捕捉功能标注立面图左侧的总尺寸，结果如图5-144所示。

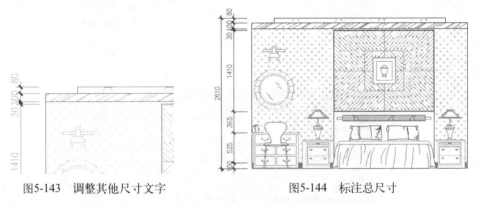

图5-143　调整其他尺寸文字　　　　　图5-144　标注总尺寸

⑪　参照4～10操作步骤，综合使用"线性"、"连续"等命令，标注立面图下侧的细部尺寸和总尺寸，并对尺寸文字进行协调位置，结果如图5-145所示。

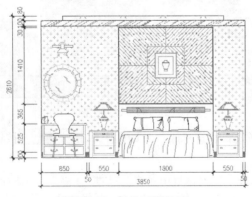

图5-145　标注两侧尺寸

至此，主卧室B向立面图的尺寸标注完毕，下一小节将学习立面引线注释样式的设置过程。

5.5.2 设置引线注释样式

① 继续上节的操作。

② 展开"图层"工具栏中的"图层控制"下拉列表，设置"文本层"为当前操作层。

③ 按快捷键D激活"标注样式"命令，打开"标注样式管理器"话框。

④ 在"标注样式管理器"对话框中单击 替代(O)... 按钮，然后在"替代当前样式：建筑标注"对话框中展开"符号和箭头"选项卡，设置引线的箭头及大小，如图5-146所示。

⑤ 在"替代当前样式：建筑标注"对话框中展开"文字"选项卡，设置文字样式如图5-147所示。

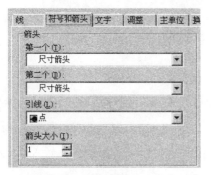
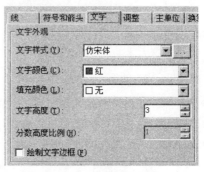

图5-146 设置箭头及大小 　　　　　　　图5-147 设置文字样式

⑥ 在"替代当前样式：建筑标注"对话框中展开"调整"选项卡，设置标注全局比例，如图5-148所示。

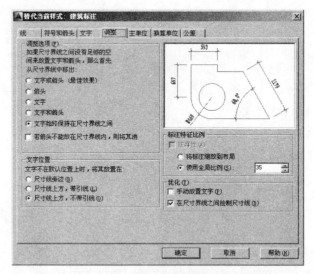

图5-148 设置比例

⑦ 在"替代当前样式：建筑标注"对话框中单击 确定 按钮，返回"标注样式管理器"对话框。

⑧ 在"标注样式管理器"对话框中单击 关闭 按钮，结束命令。

至此，立面图引线注释样式设置完毕，下一小节将详细学习立面图引线注释的具体标注过程和标注技巧。

5.5.3　标注B向装修材质

① 继续上节的操作。

② 按快捷键LE激活"快速引线"命令，在命令行"指定第一个引线点或 [设置(S)] <设置>："提示下激活"设置"选项，打开"引线设置"对话框。

③ 在"引线设置"对话框中展开"引线和箭头"选项卡，然后设置参数，如图5-149所示。

④ 在"引线设置"对话框中展开"附着"选项卡，设置引线注释的附着位置，如图5-150所示。

图5-149　"引线和箭头"选项卡

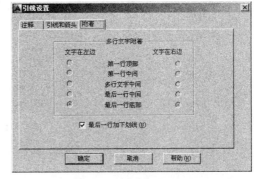
图5-150　"附着"选项卡

⑤ 单击"引线设置"对话框中的 确定 按钮，返回绘图区，根据命令行的提示，指定三个引线点绘制引线，如图5-151所示。

⑥ 在命令行"指定文字宽度 <0>："提示下按Enter键。

⑦ 在命令行"输入注释文字的第一行 <多行文字(M)>："提示下，输入"镜前灯"，并按Enter键。

⑧ 在命令行"输入注释文字的下一行："提示下，输入"黑桃木梳妆柜成品"，并按Enter键。

⑨ 继续在命令行"输入注释文字的下一行 <多行文字(M)>："提示下，按Enter键结束命令，标注结果如图5-152所示。

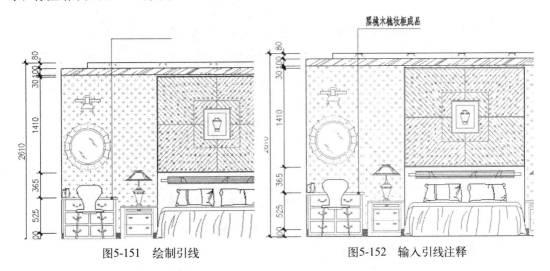

图5-151　绘制引线　　　　　　　　　图5-152　输入引线注释

⑩ 重复执行"快速引线"命令，按照当前的引线参数设置，分别标注其他位置的引线注释，标注结果如图5-153所示。

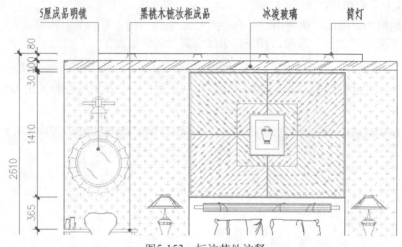

图5-153　标注其他注释

⑪ 重复执行"快速引线"命令，在打开的"引线设置"对话框中修改引线参数，如图5-154所示。

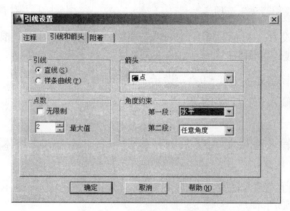

图5-154　设置引线和箭头

⑫ 返回绘图区，根据命令行的提示，绘制引线并标注如图5-155所示的引线注释。

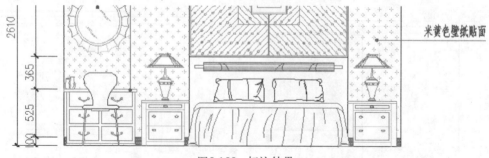

图5-155　标注结果

⑬ 重复执行"快速引线"命令，按照当前的引线参数设置，分别标注其他位置的引线注释，标注结果如图5-156所示。

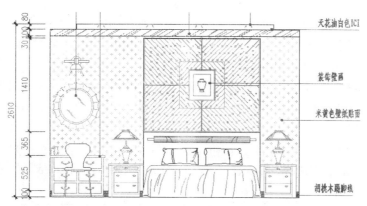

图5-156 标注其他注释

⑭ 调整视图，将图形全部显示，最终效果如图5-135所示。

⑮ 最后执行"另存为"命令，将图形另名存储为"标注主卧室B向立面图.dwg"。

5.6 绘制儿童房D向立面图

本例在综合所学知识的前提下，主要学习儿童房D向装修立面图的具体绘制过程和绘制技巧。儿童房D向立面图的最终绘制效果如图5-157所示。

在绘制儿童房D向立面图时，具体可以参照如下思路。

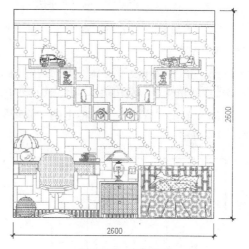

图5-157 实例效果

◆ 首先使用"新建"命令调用室内绘图样板文件并简单调整绘图环境。

◆ 综合使用"矩形"、"分解"、"偏移"、"圆角"、"修剪"等命令绘制儿童房D向墙面轮廓线。

◆ 综合使用"插入块"、"修剪"等命令，并配合"捕捉自"、"对象捕捉"功能绘制D向立面构件图。

◆ 综合使用"多线"、"镜像"、"多线编辑工具"等命令，并配合"捕捉自"、端点捕捉和"坐标输入"功能绘制墙面装饰架。

◆ 最后综合使用"图案填充"、"线型"、"特性"等命令绘制儿童房D向立面图的装饰壁纸。

5.6.1 绘制儿童房墙面轮廓图

① 单击"快速访问"工具栏上的按钮，选择随书光盘中的"\样板文件\绘图样板.dwt"文件，新建空白文件。

② 展开"图层"工具栏中的"图层控制"下拉列表，设置"轮廓线"为当前操作层。

③ 单击"绘图"工具栏上的 按钮，激活"矩形"命令，绘制长度为2600、宽度为2600的矩形，作为墙面外轮廓线。

④ 单击"修改"工具栏上的 按钮，激活"分解"命令，将矩形分解为四条独立的线段。

⑤ 单击"修改"工具栏上的 按钮，激活"偏移"命令，将上侧的矩形水平边向下偏移140和170个绘图单位，将下侧的矩形水平边向上偏移100和2400个绘图单位，结果如图5-158所示。

⑥ 单击"修改"工具栏上的 按钮，激活"偏移"命令，将矩形左侧的垂直边向右偏移1100个绘图单位，将右侧的矩形垂直边向左偏移1000个绘图单位位，结果如图5-159所示。

图5-158　偏移水平边

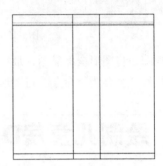
图5-159　偏移结果

⑦ 重复执行"偏移"命令，将最下侧的水平轮廓线向上偏移605个绘图单位，结果如图5-160所示。

⑧ 单击"修改"工具栏上的"圆角"按钮 ，将圆角半径设置为0，对偏移出的图线1和2进行圆角操作，圆角结果如图5-161所示。

⑨ 单击"修改"工具栏上的"修剪"按钮 ，对内部的水平轮廓线进行修剪，结果如图5-162所示。

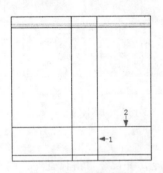
图5-160　偏移结果

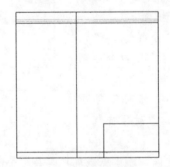
图5-161　圆角结果

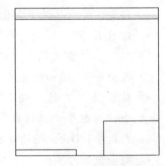
图5-162　修剪结果

至此，儿童房D向立面轮廓图绘制完毕，下一小节将学习儿童房D向构件图的具体绘制过程和表达技巧。

5.6.2　绘制儿童房墙面构件图

① 继续上节的操作。

② 展开"图层"工具栏中的"图层控制"下拉列表，设置"家具层"为当前操作层。

(3) 单击"绘图"工具栏上的按钮，激活"插入块"命令，在打开的"插入"对话框中单击 浏览(B)... 按钮，然后选择随书光盘中的"\图块文件\立面单人床.dwg"文件。

(4) 返回"插入"对话框，以默认参数将立面单人床插入到立面图中，插入点为如图5-163所示的端点A，插入结果如图5-164所示。

(5) 重复执行"插入块"命令，以默认参数插入随书光盘中的"\图块文件\学习桌与旋转椅.dwg"，插入点为如图5-164所示的端点A，插入结果如图5-165所示。

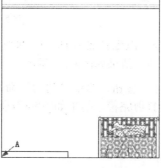
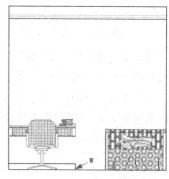

图5-163　定位插入点　　　　图5-164　插入立面床　　　　图5-165　插入结果

(6) 重复执行"插入块"命令，以默认参数插入随书光盘中的"\图块文件\床头柜02.dwg"图块文件，插入点为如图5-165所示的端点W，插入结果如图5-166所示。

(7) 重复执行"插入块"命令，配合中点捕捉功能，以默认参数插入随书光盘中的"\图块文件\立面台灯03.dwg"图块文件，插入结果如图5-167所示。

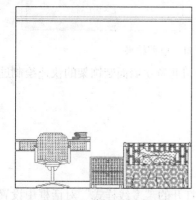

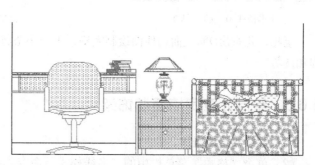

图5-166　插入床头柜　　　　　　　　　　图5-167　插入台灯

(8) 单击"绘图"工具栏上的按钮，激活"插入块"命令，在打开的"插入"对话框中单击 浏览(B)... 按钮，然后选择随书光盘中的"\图块文件\开关.dwg"文件。

(9) 返回"插入"对话框，以默认参数将图块插入到立面图中，在命令行"指定插入点或 [基点(B)/比例(S)/旋转(R)]:"提示下，激活"捕捉自"功能。

(10) 在命令行"_from 基点:"提示下，捕捉如图5-168所示的端点E。

(11) 在命令行"<偏移>:"提示下，输入"@1520,550"并按Enter键，插入结果如图5-169所示。

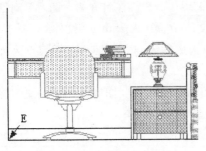
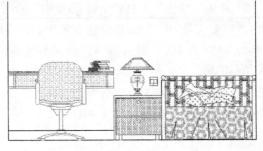

图5-168　定位插入点　　　　　　　　图5-169　插入结果

(12) 重复执行"插入块"命令，以默认参数插入随书光盘中的"\图块文件\"目录下的"台灯02.dwg和蓝球.dwg"文件，插入结果如图5-170所示。

(13) 单击"修改"工具栏上的 — 按钮，激活"修剪"命令，以插入的立面图块外边缘作为修剪边界，对下侧的踢脚线进行修剪完善，结果如图5-171所示。

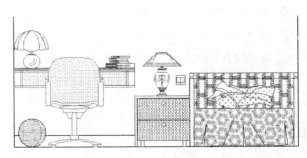

图5-170　插入结果　　　　　　　　图5-171　修剪结果

至此，儿童房D向立面构件图绘制完毕，下一小节将学习儿童房墙面装饰架的快速绘制过程和技巧。

5.6.3　绘制儿童房墙面装饰架

(1) 继续上节的操作。

(2) 单击"格式"菜单栏中的"多线样式"命令，在打开的"多线样式"对话框中设置"墙线样式"为当前多线样式。

(3) 按快捷键ML激活"多线"命令，配合"捕捉自"、端点捕捉和"坐标输入"功能绘制V形装饰架。命令行操作如下。

```
命令：ml
MLINE 当前设置：对正 = 上，比例 = 20.00，样式 = 墙线样式
指定起点或 [ 对正 (J)/ 比例 (S)/ 样式 (ST)]：  //j，按 Enter 键。
输入对正类型 [ 上 (T)/ 无 (Z)/ 下 (B)]< 上 >://B，按 Enter 键。
当前设置：对正 = 下，比例 = 20.00，样式 = 墙线样式
指定起点或 [ 对正 (J)/ 比例 (S)/ 样式 (ST)]：  // 激活"捕捉自"功能。
_from 基点：                          // 捕捉最左侧垂直轮廓线的上端点。
```

<偏移>:	//@190,-620，按 Enter 键。
指定下一点:	//@0 ,-120，按 Enter 键。
指定下一点或 [放弃 (U)]:	//@580,0，按 Enter 键。
指定下一点或 [闭合 (C)/ 放弃 (U)]:	//@0,-440，按 Enter 键。
指定下一点或 [闭合 (C)/ 放弃 (U)]:	//@440,0，按 Enter 键。
指定下一点或 [闭合 (C)/ 放弃 (U)]:	//@0,-200，按 Enter 键。
指定下一点或 [闭合 (C)/ 放弃 (U)]:	// 按 Enter 键，绘制结果如图 5-172 所示。

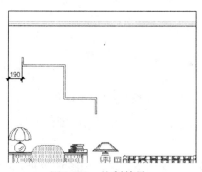
图5-172　绘制结果

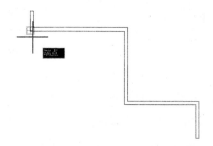
图5-173　捕捉端点

（4）重复执行"多线"命令，配合"捕捉自"、端点捕捉和"坐标输入"功能继续绘制V形装饰架。命令行操作如下。

命令 : ml	
MLINE 当前设置: 对正 = 下，比例 = 20.00，样式 = 墙线样式	
指定起点或 [对正 (J)/ 比例 (S)/ 样式 (ST)]:	// 激活"捕捉自"功能。
_from 基点 :	// 捕捉如图 5-173 所示的端点。
<偏移>:	//@380,0，按 Enter 键。
指定下一点 :	// @0,-220，按 Enter 键。
指定下一点或 [放弃 (U)]:	// @420,0，按 Enter 键。
指定下一点或 [闭合 (C)/ 放弃 (U)]:	//@0,-440，按 Enter 键。
指定下一点或 [闭合 (C)/ 放弃 (U)]:	//@620,0，按 Enter 键。
指定下一点或 [闭合 (C)/ 放弃 (U)]:	//@0,440，按 Enter 键。
指定下一点或 [闭合 (C)/ 放弃 (U)]:	//@420,0，按 Enter 键。
指定下一点或 [闭合 (C)/ 放弃 (U)]:	//@0,220，按 Enter 键。
指定下一点或 [闭合 (C)/ 放弃 (U)] :	// 按 Enter 键，绘制结果如图 5-174 所示。

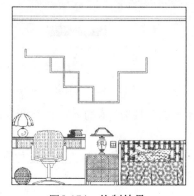
图5-174　绘制结果

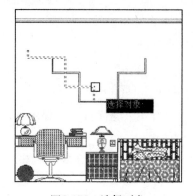
图5-175　选择对象

⑤ 单击"修改"工具栏上的 🔟 按钮，激活"镜像"命令，选择如图5-175所示的多线进行镜像，镜像线上的点为如图5-176所示的中点，镜像结果如图5-177所示。

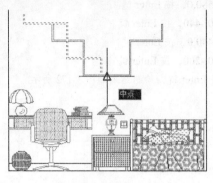
图5-176 定位镜像线上的点

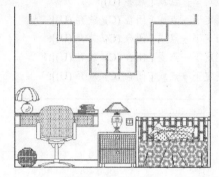
图5-177 镜像结果

⑥ 执行菜单栏"修改"|"对象"|"多线"命令，在打开的"多线编辑工具"对话框内单击 🔟 按钮，激活"T形合并"功能。

⑦ 返回绘图区，在命令行"选择第一条多线："提示下，选择如图5-178所示的多线。

⑧ 在"选择第二条多线："提示下，选择如图5-179所示的多线，这两条T形相交的多线被合并，如图5-180所示。

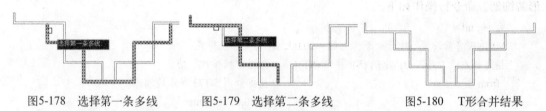
图5-178 选择第一条多线　　　　图5-179 选择第二条多线　　　　图5-180 T形合并结果

⑨ 继续在"选择第一条多线或 [放弃（U）]："提示下，分别选择其他位置的T形多线进行合并，合并结果如图5-181所示。

⑩ 在任一多线上双击鼠标左键，在打开的"多线编辑工具"对话框中单击"十字合并"按钮 🔟。

⑪ 返回绘图区，在"选择第一条多线或 [放弃（U）]："提示下，单击如图5-182所示的多线。

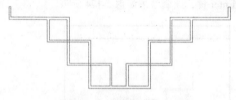
图5-181 T形合并其他多线

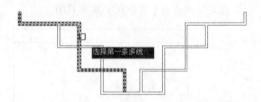
图5-182 选择第一条多线

⑫ 在"选择第二条多线："提示下，选择如图5-183所示的多线，这两条的多线被合并，如图5-184所示。

⑬ 继续在"选择第一条多线或 [放弃（U）]："提示下，分别选择其他位置的十字相并的多线进行合并，合并结果如图5-185所示。

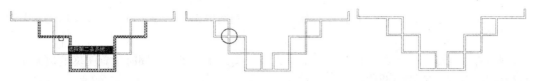

图5-183　选择第二条多线　　　图5-184　十字合并结果　　　图5-185　十字合并其他多线

⑭　单击"绘图"工具栏上的 按钮，激活"插入块"命令，在打开的"插入"对话框中单击 浏览(B)... 按钮，然后选择随书光盘中的"\图块文件\block1.dwg"文件。

⑮　返回"插入"对话框，配合最近点捕捉功能，以默认参数将图块插入到立面图中，插入结果如图5-186所示。

⑯　重复执行"插入块"命令，配合最近点捕捉功能，以默认参数插入随书光盘中的"\图块文件\"目录下的"block4.dwg、block5.dwg、block6.dwg、block8.dwg"图块文件，插入结果如图5-187所示。

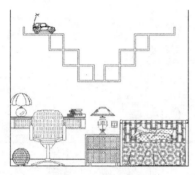 

图5-186　插入结果　　　　　　　图5-187　插入其他图块

⑰　按快捷键MI激活"镜像"命令，配合中点捕捉功能，对插入的图块进行镜像，结果如图5-188所示。

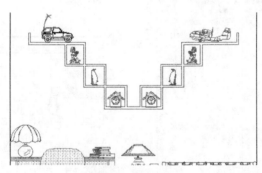

图5-188　镜像结果

至此，儿童房D向墙面V形装饰架绘制完毕，下一小节将学习儿童房D向墙面装饰壁纸的绘制过程和技巧。

5.6.4　绘制儿童房墙面壁纸

①　继续上节的操作。

②　展开"图层"工具栏中的"图层控制"下拉列表，设置"填充层"为当前操作层。

③ 单击"绘图"工具栏上的 ▨ 按钮，激活"图案填充"命令，打开"图案填充和渐变色"对话框。

④ 在"图案填充和渐变色"对话框中选择"预定义"图案，同时设置图案的填充角度及填充比例参数，如图5-189所示。

⑤ 单击"图案填充和渐变色"对话框中的"拾取点"按钮 ⊞，返回绘图区，拾取填充区域，为立面图填充如图5-190所示的图案。

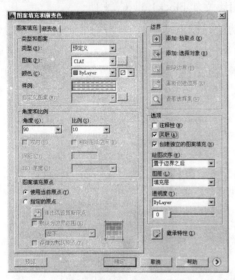

图5-189　设置填充图案与参数

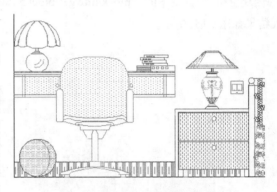

图5-190　填充结果

⑥ 重复执行"图案填充"命令，设置填充图案与参数，如图5-191所示，为立面图填充如图5-192所示的壁纸图案。

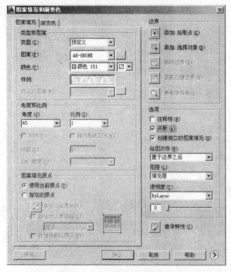

图5-191　设置填充图案与参数

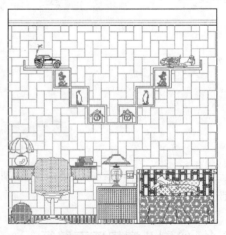

图5-192　填充结果

⑦ 按快捷键LT激活"线型"命令，打开"线型管理器"对话框，使用对话框中的"加载"功能，加载线型并设置线型比例，如图5-193所示。

图5-193　加载线型并设置比例

⑧ 在无命令执行的前提下单击刚填充的图案，使其呈现夹点显示状态。

⑨ 展开"特性"工具栏上的"线型控制"下拉列表，修改夹点图案的线型，如图5-194
所示。

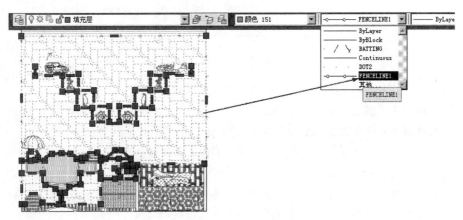

图5-194　修改线型

⑩ 按Esc键，取消图案的夹点显示，修改后的结果如图5-195所示。

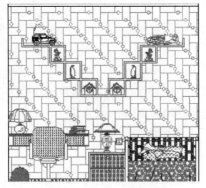

图5-195　修改后的效果

⑪ 调整视图，将图形全部显示，最终效果如图5-157所示。

⑫ 最后执行"保存"命令，将图形命名存储为"绘制儿童房D向立面图.dwg"。

5.7 标注儿童房D向立面图

本例在综合所学知识的前提下，主要学习儿童房D向装修立面图引线注释和立面尺寸等内容的具体标注过程和标注技巧。儿童房D向立面图的最终标注效果如图5-196所示。

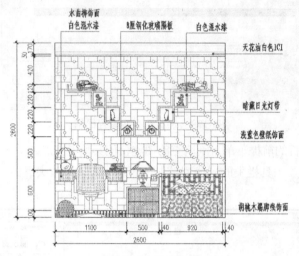

图5-196 实例效果

在标注儿童房D向立面图时，具体可以参照如下思路。

◆ 首先调用立面图文件并设置当前图层。

◆ 使用标注样式命令设置当前标注样式与比例。

◆ 使用"线性"、"连续"命令标注儿童房D向立面图的细部尺寸和总尺寸。

◆ 使用"快速夹点"功能调整完善D向立面图的尺寸标注文字。

◆ 使用标注样式命令设置D向立面图的引线注释样式。

◆ 最后使用快速引线命令快速标注儿童房D向立面图的引线注释。

5.7.1 标注D向墙面尺寸

① 打开上例存储的"绘制儿童房D向立面图.dwg"文件，或直接从随书光盘中的"\效果文件\第5章\"目录下调用此文件。

② 展开"图层"工具栏中的"图层控制"下拉列表，设置"尺寸层"为当前操作层。

③ 展开"文字样式控制"下拉列表，设置"建筑标注"为当前标注样式。

④ 在命令行设置系统变量DIMSCALE的值为22。

⑤ 单击"绘图"工具栏上的 按钮，激活"线性"命令，配合端点捕捉功能标注如图5-197所示的线性尺寸。

⑥ 单击"标注"工具栏上的 按钮，激活"连续"命令，以刚标注的线性尺寸作为基准尺寸，标注如图5-198所示的细部尺寸。

⑦ 在无命令执行的前提下单击如图5-199所示的细部尺寸，使其呈现夹点显示状态。

⑧ 将光标放在尺寸文字夹点上，然后从弹出的快捷菜单中选择"仅移动文字"选项。

⑨ 在命令行"** 仅移动文字 **指定目标点:"提示下,在适当位置指定文字的位置,结果如图5-200所示。

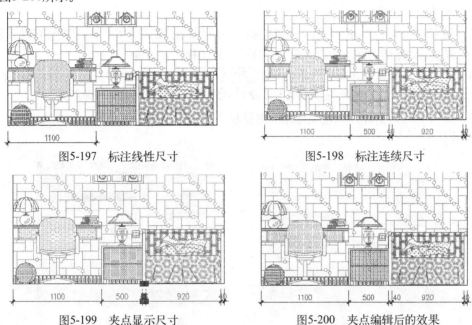

图5-197　标注线性尺寸　　　　　　　图5-198　标注连续尺寸

图5-199　夹点显示尺寸　　　　　　　图5-200　夹点编辑后的效果

⑩ 参照第7~9操作步骤,对其他位置的标注文字进行调整,结果如图5-201所示。

⑪ 单击"绘图"工具栏上的[ ]按钮,激活"线性"命令,配合端点捕捉功能标注立面图左侧的总尺寸,结果如图5-202所示。

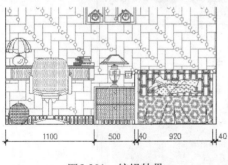
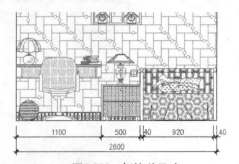

图5-201　编辑结果　　　　　　　　　图5-202　标注总尺寸

⑫ 参照第5~11操作步骤,综合使用"线性"、"连续"等命令配合"快速夹点"功能和"对象捕捉"功能,分别标注立面图的其他侧的细部尺寸和总尺寸,结果如图5-203所示。

至此,儿童房D向立面图尺寸标注完毕,下一小节将学习立面引线注释样式的设置过程。

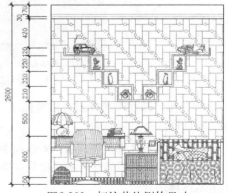

图5-203　标注其他侧的尺寸

5.7.2 设置快速引线样式

① 继续上节的操作。

② 展开"图层"工具栏中的"图层控制"下拉列表，设置"文本层"为当前操作层。

③ 按捷键D激活"标注样式"命令，打开"标注样式管理器"话框。

④ 在"标注样式管理器"话框中单击 替代(O)... 按钮，然后在"替代当前样式：建筑标注"对话框中展开"符号和箭头"选项卡，设置引线的箭头及大小，如图5-204所示。

⑤ 在"替代当前样式：建筑标注"对话框中展开"文字"选项卡，设置文字样式如图5-205所示。

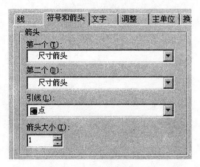
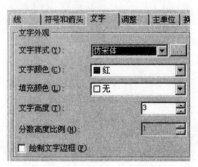

图5-204　设置引线箭头　　　　　图5-205　替代文字参数

⑥ 在"替代当前样式：建筑标注"对话框中展开"调整"选项卡，设置标注全局比例如图5-206所示。

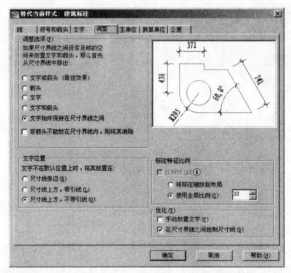

图5-206　替代标注比例

⑦ 在"替代当前样式：建筑标注"对话框中单击 确定 按钮，返回"标注样式管理器"对话框。

⑧ 在"标注样式管理器"对话框中单击 关闭 按钮，结束命令。

至此，立面图引线注释样式设置完毕，下一小节将详细学习立面图引线注释的具体标注过程和标注技巧。

5.7.3 标注墙面装修材质

① 继续上节的操作。

② 按快捷键LE激活"快速引线"命令，在命令行"指定第一个引线点或 [设置(S)] <设置>："提示下激活"设置"选项，打开"引线设置"对话框。

③ 在"引线设置"对话框中展开"引线和箭头"选项卡，然后设置参数，如图5-207所示。

④ 在"引线设置"对话框中展开"附着"选项卡，设置引线注释的附着位置，如图5-208所示。

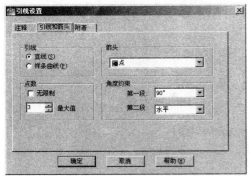

图5-207 "引线和箭头"选项卡

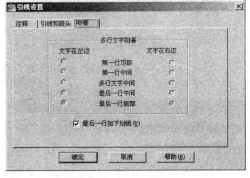

图5-208 "附着"选项卡

⑤ 单击"引线设置"对话框中的 [确定] 按钮，返回绘图区，根据命令行的提示，指定三个引线点绘制引线，如图5-209所示。

⑥ 在命令行"指定文字宽度 <0>："提示下按Enter键。

⑦ 在命令行"输入注释文字的第一行 <多行文字(M)>："提示下，输入两行文字"水曲柳饰面"和"白色混水漆"并按Enter键。

⑧ 在命令行"输入注释文字的下一行："提示下，按Enter键结束命令，标注结果如图5-210所示。

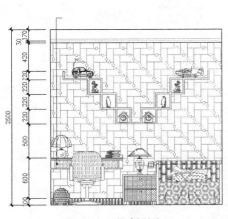

图5-209 绘制引线

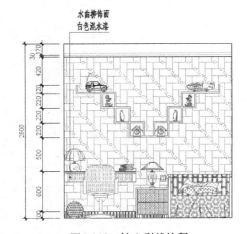

图5-210 输入引线注释

⑨ 重复执行"快速引线"命令，按照当前的引线参数设置，分别标注其他位置的引线注释，标注结果如图5-211所示。

⑩ 重复执行"快速引线"命令，在打开的"引线设置"对话框中修改引线参数，如图 5-212所示。

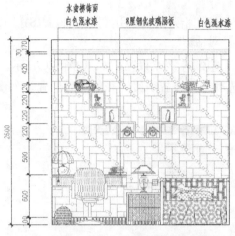

图5-211 标注其他注释

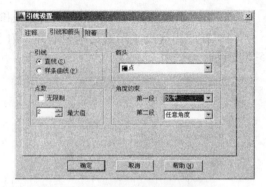

图5-212 设置引线和箭头

⑪ 返回绘图区，根据命令行的提示，绘制引线并标注如图5-213所示的引线注释。

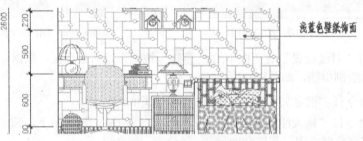

图5-213 标注结果

⑫ 重复执行"快速引线"命令，按照当前的引线参数设置，分别标注其他位置的引线注释，标注结果如图5-214所示。

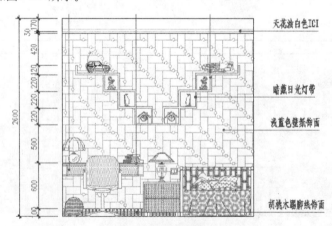

图5-214 标注其他注释

⑬ 调整视图，将图形全部显示，最终效果如图5-196所示。

⑭ 最后执行"另存为"命令，将图形另名存储为"标注儿童房D向立面图.dwg"。

5.8 绘制卫生间立面详图

本例在综合所学知识的前提下，主要学习卫生间立面详图的具体绘制过程和绘制技巧。卫生间立面详图的最终绘制效果如图5-215所示。

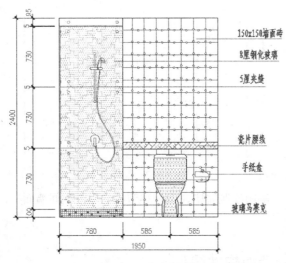

150x150墙面砖
8厘钢化玻璃
5厘夹缝

宽片腰线
手纸盒

玻璃马赛克

图5-215 实例效果

在绘制卫生间立面详图时，具体可以参照如下思路。

◆ 首先使用"新建"命令调用室内绘图样板文件。
◆ 使用"矩形"、"分解"、"偏移"、"修剪"等命令绘制卫生间墙面轮廓线。
◆ 使用"插入块"命令并配合"捕捉自"、"对象捕捉"、"对象追踪"功能绘制D向立面构件图。
◆ 使用"图案填充"命令绘制卫生间墙面材质图案。
◆ 使用"线性"、"连续"命令，并配合"快速夹点"、"对象捕捉"等辅助功能标注卫生间立面图尺寸。
◆ 最后综合使用"单行文字"、"复制"、"编辑文字"、"多段线"等命令标注卫生间墙面立面图引线注释。

5.8.1 绘制卫生间墙面轮廓图

① 单击"快速访问"工具栏上的 按钮，选择随书光盘中的"\样板文件\绘图样板.dwt"文件，新建空白文件。

② 展开"图层"工具栏中的"图层控制"下拉列表，设置"轮廓线"为当前操作层。

③ 单击"绘图"工具栏上的 按钮，激活"矩形"命令，绘制长度为1950、宽度为2400的矩形，作为墙面外轮廓线。

④ 单击"修改"工具栏上的 按钮，激活"分解"命令，将矩形分解为四条独立的线段。

⑤ 单击"修改"工具栏上的 按钮，激活"偏移"命令，将上侧的矩形水平边向下偏移1500个绘图单位，将下侧的矩形水平边向上偏移820个绘图单位，结果如图5-216所示。

⑥ 单击"修改"工具栏上的 按钮，激活"偏移"命令，将矩形右侧的垂直边向左偏移1170个绘图单位，结果如图5-217所示。

⑦ 单击"修改"工具栏上的 按钮，激活"修剪"命令，对内部的水平轮廓线进行修剪，结果如图5-218所示。

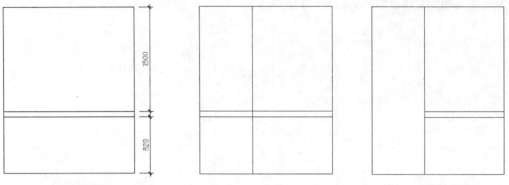

| 图5-216 偏移水平边 | 图5-217 偏移垂直边 | 图5-218 修剪结果 |

至此，卫生间立面轮廓图绘制完毕，下一小节将学习卫生间墙面构件图的具体绘制过程和表达技巧。

5.8.2 绘制卫生间墙面构件图

① 继续上节的操作。

② 展开"图层"工具栏中的"图层控制"下拉列表，设置"图块层"为当前操作层。

③ 单击"绘图"工具栏上的 按钮，激活"插入块"命令，选择随书光盘中的"\图块文件\立面马桶01.dwg"文件。

④ 返回"插入"对话框，以默认参数将立面马桶插入到立面图中，在命令行"指定插入点或 [基点(B)/比例(S)/旋转(R)]："提示下，水平向右引出如图5-219所示的端点追踪矢量，输入1365并按Enter键，插入结果如图5-220所示。

⑤ 重复执行"插入块"命令，以默认参数插入随书光盘中的"\图块文件\淋浴房立面图.dwg"文件，插入点为左侧垂直轮廓线的下端点，插入结果如图5-221所示。

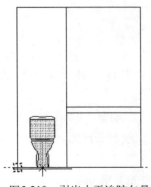
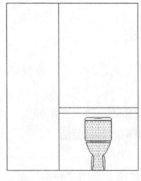
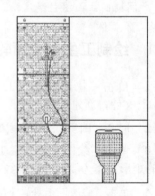

| 图5-219 引出水平追踪矢量 | 图5-220 插入结果 | 图5-221 插入结果 |

⑥ 单击"绘图"工具栏上的 按钮，激活"插入块"命令，选择随书光盘中的"\图块

文件\手纸盒.dwg"文件。

（7）返回"插入"对话框，以默认参数将图块插入到立面图中，在命令行"指定插入点或[基点(B)/比例(S)/旋转(R)]："提示下，激活"捕捉自"功能。

（8）在命令行"_from 基点："提示下，捕捉如图5-222所示的端点。

（9）继续在命令行"<偏移>："提示下输入"@-190,-260"，并按Enter键，插入结果如图5-223所示。

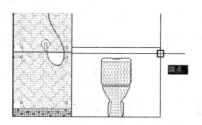

图5-222 定位插入点

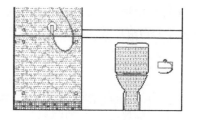

图5-223 插入结果

至此，卫生间墙面立面构件图绘制完毕，下一小节将学习卫生间墙面材质图的快速绘制过程和技巧。

5.8.3 绘制卫生间墙面材质图

（1）继续上节的操作。

（2）展开"图层"工具栏中的"图层控制"下拉列表，设置"填充层"为当前操作层。

（3）单击"绘图"工具栏上的 按钮，激活"图案填充"命令，打开"图案填充和渐变色"对话框。

（4）在"图案填充和渐变色"对话框中选择"用户定义"图案，同时设置图案的填充角度及填充比例参数，如图5-224所示。

（5）单击"图案填充和渐变色"对话框中的"拾取点"按钮 ，返回绘图区，拾取填充区域，为立面图填充如图5-225所示的图案。

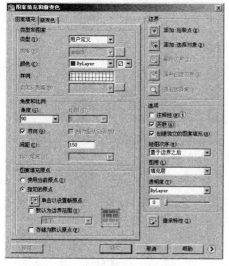

图5-224 设置填充图案与参数

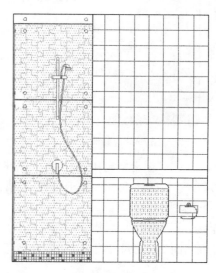

图5-225 填充结果

⑥ 按快捷键LT激活"线型"命令，打开"线型管理器"对话框，使用对话框中的"加载"功能，加载线型并设置线型比例，如图5-226所示。

⑦ 在无命令执行的前提下单击刚填充的图案，使其呈现夹点显示状态。

⑧ 展开"特性"工具栏上的"线型控制"下拉列表，修改夹点图案的线型，如图5-227所示。

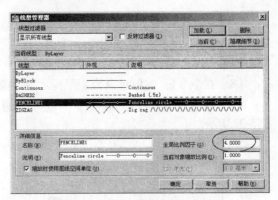

图5-226　加载线型并设置比例

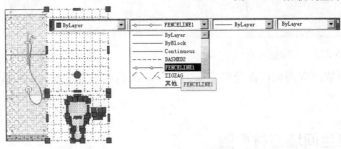

图5-227　修改线型

⑨ 按Esc键，取消图案的夹点显示，修改后的结果如图5-228所示。

⑩ 重复执行"图案填充"命令，在打开"图案填充和渐变色"对话框中设置图案的填充角度及填充比例参数，如图5-229所示。

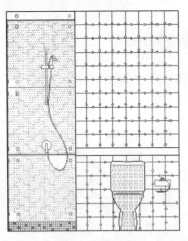

图5-228　修改结果

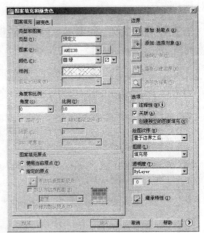

图5-229　设置填充图案与参数

⑪ 单击"图案填充和渐变色"对话框中的"拾取点"按钮 ，返回绘图区，拾取填充区域，为立面图填充如图5-230所示的图案。

至此，卫生间墙面材质图绘制完毕，下一小节将学习卫生间墙面立面图尺寸的标注过程和技巧。

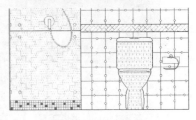

图5-230　填充结果

5.8.4 标注卫生间立面尺寸

① 继续上节的操作。

② 展开"图层"工具栏中的"图层控制"下拉列表,设置"尺寸层"为当前操作层。

③ 按快捷键D激活"标注样式"命令,将"建筑标注"设为当前样式,同时修改标注比例,如图5-231所示。

④ 单击"绘图"工具栏上的 按钮,激活"线性"命令,配合端点捕捉功能标注如图5-232所示的线性尺寸。

⑤ 单击"标注"工具栏上的 按钮,激活"连续"命令,以刚标注的线性尺寸作为基准尺寸,标注如图5-233所示的细部尺寸。

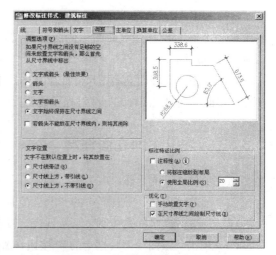

图5-231 设置当前样式与比例

⑥ 在无命令执行的前提下单击如图5-234所示的细部尺寸,使其呈夹点显示状态。

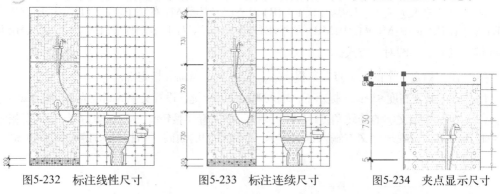

图5-232 标注线性尺寸　　　　图5-233 标注连续尺寸　　　　图5-234 夹点显示尺寸

⑦ 将光标放在尺寸文字夹点上,然后从弹出的快捷菜单中选择"仅移动文字"选项。

⑧ 在命令行"** 仅移动文字 **指定目标点:"提示下,在适当位置指定文字的位置,结果如图5-235所示。

⑨ 参照第6~8操作步骤,分别对其他位置的尺寸文字进行协调位置,结果如图5-236所示。

⑩ 单击"绘图"工具栏上的 按钮,激活"线性"命令,配合端点捕捉功能标注立面图左侧的总尺寸,结果如图5-237所示。

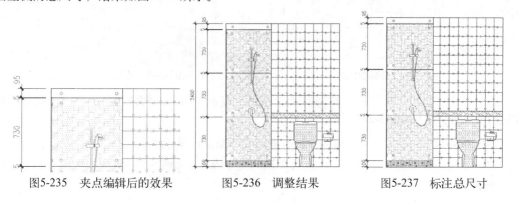

图5-235 夹点编辑后的效果　　　　图5-236 调整结果　　　　图5-237 标注总尺寸

⑪ 参照第4～10操作步骤，综合使用"线性"、"连续"等命令，分别标注立面图下侧的细部尺寸和总尺寸，结果如图5-238所示。

至此，卫生间墙面立面图尺寸标注完毕，下一小节将学习卫生间墙面立面引线注释的标注过程和技巧。

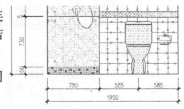

图5-238 标注两侧尺寸

5.8.5 标注卫生间立面注释

① 继续上节的操作。

② 展开"图层"工具栏中的"图层控制"下拉列表，设置"文本层"为当前操作层。

③ 展开"文字样式控制"下拉列表，设置"仿宋体"为当前文字样式。

④ 单击"绘图"工具栏上的 按钮，激活"多段线"命令，绘制如图5-239所示的文本注释指示线。

⑤ 单击"绘图"工具栏上的 **AI** 按钮，激活"单行文字"命令，在命令行"指定文字的起点或 [对正(J)/样式(S)]："提示下，输入J并按Enter键。

⑥ 在"输入选项 [左(L)/居中(C)/右(R)/对齐(A)/中间(M)/布满(F)/左上(TL)/中上(TC)/右上(TR)/左中(ML)/正中(MC)/右中(MR)/左下(BL)/中下(BC)/右下(BR)]："提示下，输入BL并按Enter键，设置文字的对正方式。

⑦ 在"指定文字的左下点："提示下，捕捉在适当位置指定点。

⑧ 在"指定高度 <3>："提示下，输入90并按Enter键，设置文字的高度为90个绘图单位。

⑨ 在"指定文字的旋转角度 <0.00>"提示下，直接按Enter键，此时在绘图区所指定的文字起点位置上出现一个文本输入框，输入"150x150墙面砖"后按Enter键，结果如图5-240所示。

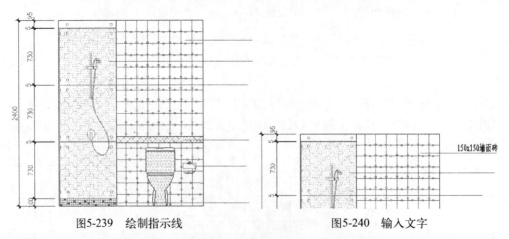

图5-239 绘制指示线   图5-240 输入文字

⑩ 单击"修改"工具栏上的 按钮，激活"复制"命令，将位移后的文字分别复制到其他指示线上，结果如图5-241所示。

⑪ 在复制出的文字上双击鼠标左键，此时文字呈反白显示状态，如图5-242所示。

⑫ 在反白显示的文字输入框内输入正确的文字内容，如图5-243所示，修改后的文字如图5-244所示。

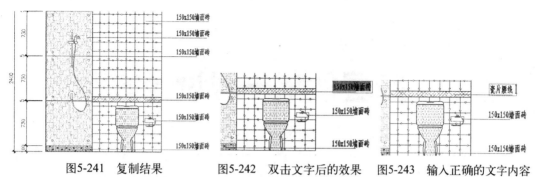

图5-241 复制结果　　　图5-242 双击文字后的效果　　图5-243 输入正确的文字内容

⑬ 参照上面两个操作步骤，分别在其他文字上双击鼠标左键，输入正确的文字内容，结果如图5-245所示。

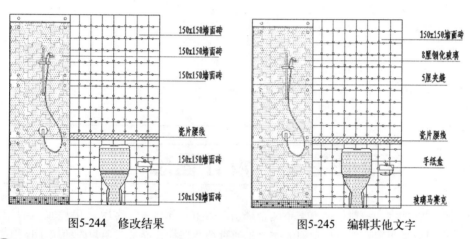

图5-244 修改结果　　　　　　　图5-245 编辑其他文字

⑭ 调整视图，将图形全部显示，最终效果如图5-215所示。

⑮ 最后执行"保存"命令，将图形命名存储为"绘制卫生间立面详图.dwg"。

5.9 本章小结

本章在概述室内立面图绘图思路及相关设计理念等知识的前提下，分别以绘制餐厅、客厅、主卧室、儿童房和卫生间等室内空间的立面装饰，以典型实例的形式，详细讲述了客厅与餐厅装饰立面图、主卧室装饰立面图、儿童房装饰立面图和卫生间立面详图的一般表达内容、绘制思路和具体的绘图过程，相信读者通过本章的学习，不仅能轻松学会各装饰立面图的绘制方法，而且还能学习并掌握各种常用的绘制技法，使用最少的时间来完成图形的绘制。

Chapter

第6章
跃层住宅一层设计方案

- □ 跃层住宅室内设计理念
- □ 跃层住宅一层方案设计思路
- □ 绘制跃层住宅一层墙体结构图
- □ 绘制跃层住宅一层家具布置图
- □ 绘制跃层住宅一层地面材质图
- □ 标注跃层住宅一层装修布置图
- □ 绘制跃层住宅一层吊顶装修图
- □ 绘制跃层住宅一层客厅立面图
- □ 本章小结

6.1 跃层住宅室内设计理念

所谓跃层式住宅，一般是占有上下两个楼层，卧室、起居室、客厅、卫生间、厨房及其他辅助用房可以分层布置，上下层之间的交通不通过公共楼梯，而是采用户内独用小楼梯连接。

跃层的一层一般为公共活动区域，为家庭用餐、看电视、接待亲朋好友，会见客人；二层为主人的私密区，也就是所谓的静区，布局主要有主人卧房、书房、私人卫浴室等。

6.2 跃层住宅一层方案设计思路

本章所要绘制的装修设计方案，则为跃层住宅的第一层设计方案，根据客户的简单要求，在一层装修方案中，将室内空间主要划分成了客厅、餐厅、厨房、保姆房、卫生间等。在设计跃层住宅一层方案时，具体可以参照如下思路。

第一，初步准备跃层住宅一层的墙体结构平面图，包括墙、窗、门、楼梯等内容。

第二，在跃层住宅一层墙体结构平面图的基础上，合理、科学地规划空间，绘制家具布置图。

第三，在跃层住宅一层家具布置图的基础上，绘制其地面材质图，以体现地面的装修概况。

第四，在跃层住宅一层布置图中标注必要的尺寸，并以文字的形式表达出装修材质及房间功能；另外，在布置图中还要标注出墙面投影符号。

第五，根据跃层住宅一层装修布置图，绘制跃层住宅一层的吊顶图，在绘制吊顶结构时，要注意与地面布置图相呼应。

第六，最后根据装修布置图绘制墙面立面图，并标注立面尺寸及材质说明等。

6.3 绘制跃层住宅一层墙体结构图

本节主要学习跃层住宅一层墙体结构图的具体绘制过程和绘制技巧。跃层住宅一层墙体结构图的最终绘制效果如图6-1所示。

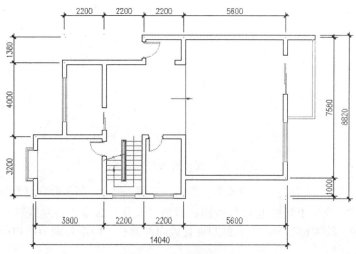

图6-1　实例效果

在绘制跃层住宅一层墙体结构图时，可以参照如下绘图思路。

◆ 使用"矩形"、"偏移"、"分解"等命令绘制墙体轴线。
◆ 使用"修剪"、"夹点编辑"等命令编辑墙体轴线。
◆ 使用"打断"、"修剪"、"偏移"、"删除"等命令创建门洞和窗洞。
◆ 使用"多线"、"多线样式"命令绘制主墙线和次墙线。
◆ 使用"多段线"、"多线"等命令绘制窗与阳台构件。
◆ 最后使用"插入块"和"矩形"命令绘制门与楼梯构件。

6.3.1 绘制跃一层定位轴线

① 以随书光盘中的"\样板文件\绘图样板.dwt"文件作为基础样板，新建空白文件。

② 展开"图层控制"下拉列表，将"轴线层"设置为当前图层，如图6-2所示。

图6-2　实例效果

③ 执行菜单"格式"|"线型"命令，在打开的"线型管理器"对话框中暂时设置线型比例为30。

④ 单击"绘图"工具栏上的 □ 按钮，激活"矩形"命令，绘制如图6-3所示的矩形作为基准轴线。

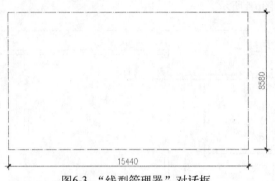

图6-3 "线型管理器"对话框

⑤ 单击"修改"工具栏上的 ☞ 按钮，激活"分解"命令，将矩形分解为四条独立的线段。

⑥ 单击"修改"工具栏上的 ☜ 按钮，激活"偏移"命令，将左侧的垂直边向右偏移，间距分别为1600、2200和2200；将右侧的垂直边向左偏移，间距分别为1640和5600，结果如图6-4所示。

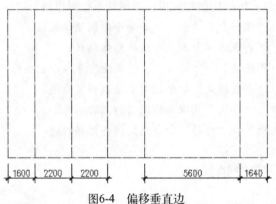

图6-4 偏移垂直边

⑦ 重复执行"偏移"命令，将上侧的水平边向下偏移，偏移间距分别为1380、4000和2200个单位，偏移结果如图6-5所示。

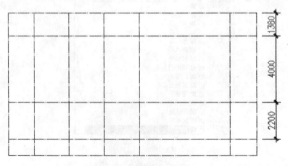

图6-5 偏移水平边

⑧ 删除最右侧的垂直轴线，然后在无命令执行的前提下，夹点显示如图6-6所示的水平图线。

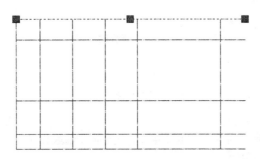

图6-6　夹点显示

⑨ 分别以两侧的夹点作为基点，使用夹点拉伸功能对其进行夹点拉伸，结果如图6-7所示。

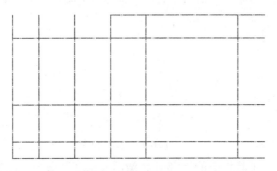

图6-7　夹点编辑

⑩ 重复执行夹点拉伸功能，对其他位置的轴线进行夹点拉伸，结果如图6-8所示。

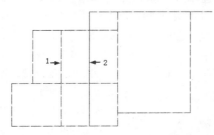

图6-8　拉伸结果

至此，跃一层纵横定位轴线绘制完毕，下一小节将学习纵横定位轴线的快速编辑过程和技巧。

6.3.2　编辑跃一层定位轴线

① 继续上节的操作。

② 单击"修改"工具栏上的 ⊬ 按钮，激活"修剪"命令，以如图6-8所示的垂直轴线1和垂直轴线2作为边界，对边界之间的水平轴线进行修剪，修剪结果如图6-9所示。

③ 单击"修改"工具栏上的 ⊬ 按钮，激活"修剪"命令，以图6-10所示的垂直轴线作为边界，对边界之间的水平轴线进行修剪，修剪结果如图6-11所示。

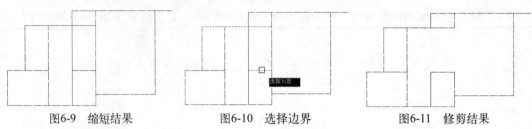

图6-9　缩短结果　　　　　图6-10　选择边界　　　　　图6-11　修剪结果

④ 按快捷键O激活"偏移"命令，将最右侧的垂直轴线向左偏移6100和7800个单位，结果如图6-12所示。

⑤ 重复执行"修剪"命令，以偏移出的两条垂直轴线作为边界，对上侧第二条水平轴线进行修剪，结果如图6-13所示。

⑥ 按快捷键E激活"删除"命令，删除偏移出的两条辅助轴线。

⑦ 执行"偏移"命令，将最下侧的水平轴线向上偏移950和2450个单位，作为边界，结果如图6-14所示。

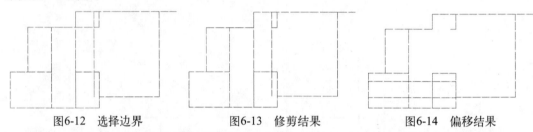

图6-12　选择边界　　　　　图6-13　修剪结果　　　　　图6-14　偏移结果

⑧ 单击"修改"工具栏上的 按钮，激活"修剪"命令，以偏移出的两条线段作为修剪边界，对垂直轴线进行修剪，以创建宽度为1500的窗洞，修剪结果如图6-15所示。

⑨ 将偏移出的两条垂直轴线删除，然后单击"修改"工具栏上的 按钮，激活"打断"命令，在下侧的水平轴线上创建窗洞。命令行操作如下。

```
命令：_break
选择对象：                            // 选择最下侧的水平轴线。
指定第二个打断点 或 [ 第一点 (F)]:     //F，按 Enter 键，重新指定第一断点。
指定第一个打断点：                     // 激活"捕捉自"功能。
 _from 基点：                         // 捕捉最下侧水平轴线的右端点。
＜偏移＞：                            //@4300,0，按 Enter 键。
指定第二个打断点：                     //@1200,0，按 Enter 键，结果如图 6-16 所示。
```

⑩ 参照第16~18操作步骤，分别对其他位置的轴线进行打断和修剪操作，以创建各位置的门、窗洞口，结果如图6-17所示。

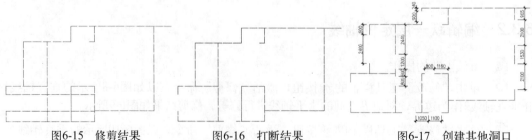

图6-15　修剪结果　　　　　图6-16　打断结果　　　　　图6-17　创建其他洞口

至此，跃一层墙体定位轴线绘制完毕，下一小节将学习跃一层主次墙线的具体绘制过程。

6.3.3 绘制跃一层纵横墙线

①　继续上节的操作。

②　展开"图层控制"下拉列表，将"墙线层"设为当前图层，如图6-18所示。

③　单击"格式"菜单中的"多线样式"命令，在打开的对话框中设置"墙线样式"为当前样式，如图6-19所示。

图6-18　设置当前层

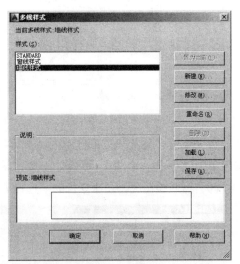

图6-19　设置当前样式

④　单击"绘图"菜单中的"多线"命令，配合端点捕捉功能绘制墙线，命令行操作如下。

命令：_mline
当前设置：对正 = 上，比例 = 20.00，样式 = 墙线样式
指定起点或 [对正 (J)/ 比例 (S)/ 样式 (ST)]:　　　//s，按 Enter 键。
输入多线比例 <20.00>:　　　　　　　　　　　//240，按 Enter 键。
当前设置：对正 = 上，比例 = 240.00，样式 = 墙线样式
指定起点或 [对正 (J)/ 比例 (S)/ 样式 (ST)]:　　　//j，按 Enter 键。
输入对正类型 [上 (T)/ 无 (Z)/ 下 (B)] < 上 >:　　//z，按 Enter 键。
当前设置：对正 = 无，比例 = 240.00，样式 = 墙线样式样式
指定起点或 [对正 (J)/ 比例 (S)/ 样式 (ST)]:　　　// 捕捉如图 6-20 所示的端点 1。
指定下一点：　　　　　　　　　　　　　　// 捕捉如图 6-20 所示的端点 2。
指定下一点或 [放弃 (U)]:　　　　　　　　　// 捕捉端点 3。
指定下一点或 [闭合 (C)/ 放弃 (U)]:　　　　　// 按 Enter 键，绘制结果如图 6-21 所示。

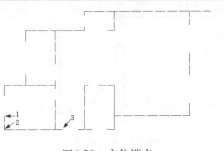

图6-20　定位端点

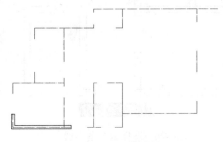

图6-21　绘制结果

⑤ 重复"多线"命令，设置多线比例和对正方式保持不变，配合端点捕捉和交点捕捉功能绘制其他墙线，结果如图6-22所示。

⑥ 展开"图层控制"下拉列表，关闭"轴线层"，此时图形的显示结果如图6-23所示。

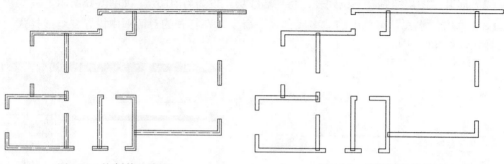

图6-22　绘制其他墙线　　　　　　　　　　　　图6-23　关闭轴线后的显示

⑦ 执行"修改"菜单栏中的"对象"|"多线"命令，在打开的"多线编辑工具"对话框内单击 ⊤ 按钮，激活"T形合并"功能，如图6-24所示。

⑧ 返回绘图区，在命令行的"选择第一条多线："提示下，选择如图6-25所示的墙线。

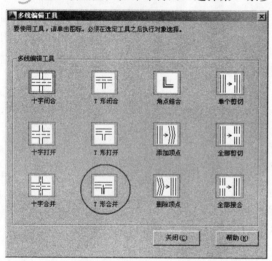

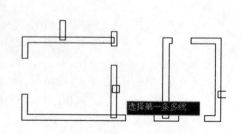

图6-24　"多线编辑工具"对话框　　　　　　　图6-25　选择第一条多线

⑨ 在"选择第二条多线："提示下，选择如图6-26所示的墙线，这两条T形相交的多线被合并，如图6-27所示。

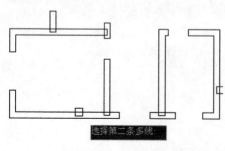

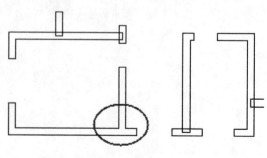

图6-26　选择第二条多线　　　　　　　　　　　图6-27　合并结果

⑩ 继续在"选择第一条多线或[放弃（U）]："提示下，分别选择其他位置的T形墙线进行合并，合并结果如图6-28所示。

至此，跃一层墙线绘制完毕，下一小节将学习跃一层平面窗、凸窗、阳台等建筑构件的具体绘制过程。

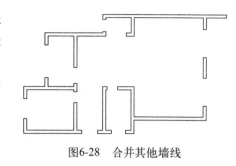

图6-28 合并其他墙线

6.3.4 绘制跃一层窗与阳台

① 继续上节的操作。

② 展开"图层控制"下拉列表，将"门窗层"设置为当前图层，如图6-29所示。

③ 执行"格式"菜单中的"多线样式"命令，在打开的"多线样式"对话框中，设置"窗线样式"为当前样式，如图6-30所示。

图6-29 设置当前层

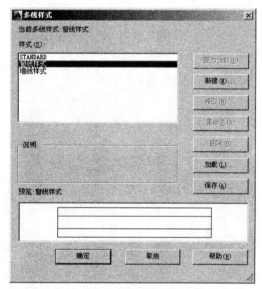

图6-30 "多线样式"对话框

④ 执行菜单"绘图"|"多线"命令，配合中点捕捉功能绘制窗线。

绘制窗线命令行操作如下。

```
命令：_mline
当前设置：对正 = 上，比例 = 120.00，样式 = 窗线样式
指定起点或 [ 对正 (J)/ 比例 (S)/ 样式 (ST)]：    //s，按 Enter 键。
输入多线比例 <20.00>:                        //240，按 Enter 键。
当前设置：对正 = 上，比例 = 240.00，样式 = 窗线样式
指定起点或 [ 对正 (J)/ 比例 (S)/ 样式 (ST)]：    //j，按 Enter 键。
输入对正类型 [ 上 (T)/ 无 (Z)/ 下 (B)] < 上 >:    //z，按 Enter 键。
当前设置：对正 = 无，比例 = 240.00，样式 = 窗线样式
指定起点或 [ 对正 (J)/ 比例 (S)/ 样式 (ST)]：    // 捕捉如图 6-31 所示的中点。
指定下一点：                                // 捕捉如图 6-32 所示的交点。
指定下一点或 [ 放弃 (U)]:                     // 按 Enter 键，绘制结果如图 6-33 所示。
```

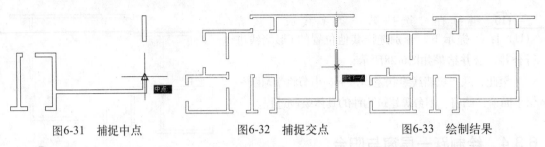

图6-31　捕捉中点　　　　　图6-32　捕捉交点　　　　　图6-33　绘制结果

⑤　重复执行"多线"命令，配合中点捕捉与追踪功能绘制其他侧的窗线，绘制结果如图6-34所示。

⑥　单击"绘图"菜单中的"多段线"命令，配合坐标输入功能绘制阳台轮廓线。命令行操作如下。

```
命令：_pline
指定起点：                              // 捕捉如图 6-35 所示的端点。
当前线宽为 0.0
指定下一个点或 [ 圆弧 (A)/ 半宽 (H)/ 长度 (L)/ 放弃 (U)/ 宽度 (W)]:
                                       //@0,-4280，按 Enter 键。
指定下一点或 [ 圆弧 (A)/ 闭合 (C)/ 半宽 (H)/ 长度 (L)/ 放弃 (U)/ 宽度 (W)]:
                                       //@-1520,0，按 Enter 键。
指定下一点或 [ 圆弧 (A)/ 闭合 (C)/ 半宽 (H)/ 长度 (L)/ 放弃 (U)/ 宽度 (W)]:
                                       // 按 Enter 键，绘制结果如图 6-36 所示。
```

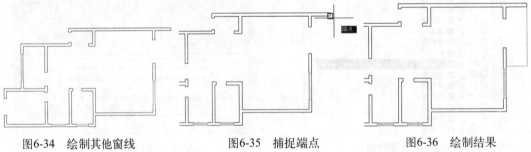

图6-34　绘制其他窗线　　　　图6-35　捕捉端点　　　　　图6-36　绘制结果

⑦　按快捷键O激活"偏移"命令，选择刚绘制的多段线，向内侧偏移120个单位，结果如图6-37所示。

⑧　重复执行"多段线"命令，配合坐标输入功能绘制如图6-38所示的凸窗轮廓线。

⑨　按快捷键O激活"偏移"命令，选择刚绘制的多段线，将其向外侧偏移80和160个单位，结果如图6-39所示。

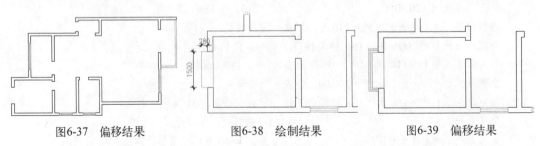

图6-37　偏移结果　　　　　图6-38　绘制结果　　　　　图6-39　偏移结果

至此，跃一层平面窗、凸窗、阳台等构件绘制完毕，下一小节将学习跃一层推拉门、单开门和楼梯等建筑构件的具体绘制过程。

6.3.5 绘制跃一层其他构件

① 继续上节的操作。

② 单击"绘图"菜单中的"矩形"命令，配合中点捕捉功能绘制推拉门。命令行操作如下。

命令：_rectang

指定第一个角点或 [倒角 (C)/ 标高 (E)/ 圆角 (F)/ 厚度 (T)/ 宽度 (W)]:

// 捕捉如图 6-40 所示的中点。

指定另一个角点或 [面积 (A)/ 尺寸 (D)/ 旋转 (R)]: //@50,650，按 Enter 键。

命令：_rectang

指定第一个角点或 [倒角 (C)/ 标高 (E)/ 圆角 (F)/ 厚度 (T)/ 宽度 (W)]:

// 捕捉刚绘制的矩形左侧的垂直边中点。

指定另一个角点或 [面积 (A)/ 尺寸 (D)/ 旋转 (R)]: //@-50,650,按 Enter 键，绘制结果如图 6-41 所示。

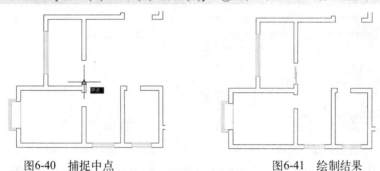

图6-40　捕捉中点　　　　　　　　　图6-41　绘制结果

③ 重复执行"矩形"命令，配合中点捕捉功能绘制右侧的推拉门，长度为1100、宽度为50，结果如图6-42所示。

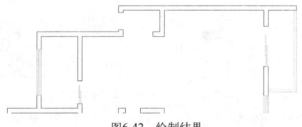

图6-42　绘制结果

④ 单击"绘图"工具栏上的 按钮，激活"插入块"命令，插入随书光盘中的"\图块文件\单开门.dwg"文件，块参数设置如图6-43所示，插入点如图6-44所示。

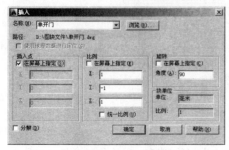

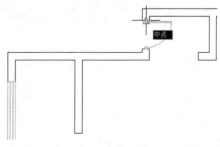

图6-43　设置参数　　　　　　　　　图6-44　定位插入点

⑤ 重复执行"插入块"命令，设置块参数如图6-45所示，插入点如图6-46所示的中点。

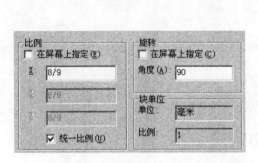

图6-45　设置参数

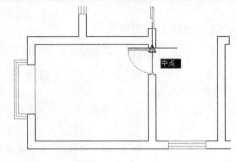

图6-46　定位插入点

⑥ 重复执行"插入块"命令，设置插入参数如图6-47所示，插入点如图6-48所示的中点。

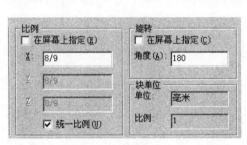

图6-47　设置参数

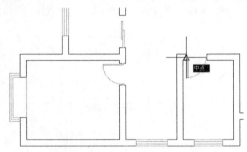

图6-48　定位插入点

⑦ 重复执行"插入块"命令，以默认参数插入随书光盘中的"\图块文件\楼梯01.dwg"文件，插入点为如图6-49所示的端点，插入结果如图6-50所示。

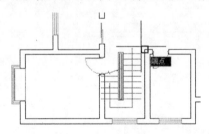

图6-49　定位插入点

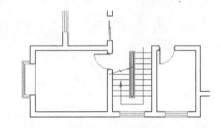

图6-50　插入结果

⑧ 按快捷键PL激活"多段线"命令，配合端点捕捉功能，绘制如图6-51所示的台阶轮廓线和方向线。

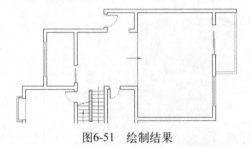

图6-51　绘制结果

⑨ 最后执行"保存"命令，将图形命名存储为"绘制跃一层墙体结构图.dwg"。

6.4 绘制跃层住宅一层家具布置图

本节主要学习跃层住宅一层室内装修家具布置图的具体绘制过程和绘制技巧。跃一层室内装修家具布置图的最终绘制效果如图6-52所示。

在绘制跃一层住宅布置图时，可以参照如下绘图思路。

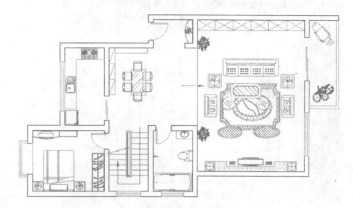

◆ 首先调用墙体结构图文件，并设置当前操作层。

◆ 使用"插入块"命令绘制一层保姆房家具布置图。

图6-52 实例效果

◆ 使用"设计中心"命令中的资源共享功能绘制一层卧室的家具布置图。

◆ 综合使用"插入块"、"设计中心"命令绘制一层其他房间的家具布置图。

◆ 使用"多段线"命令绘制柜子及厨房操作台轮廓线，对家具布置图进行完善。

6.4.1 绘制一层保姆房布置图

① 执行"打开"命令，打开随书光盘中的"\效果文件\第6章\绘制跃一层墙体结构图.dwg"文件。

② 执行菜单"格式"|"图层"命令，在打开的对话框中双击"图块层"，将此图层设为当前层。

③ 按F3功能键，打开状态栏上的"对象捕捉"功能。

④ 单击"绘图"工具栏上的 按钮，激活"插入块"命令，在打开的对话框中单击 浏览(B)... 按钮，选择随书光盘中的"\图块文件\双人床1.dwg"文件，如图6-53所示。

⑤ 采用系统的默认设置，将其插入到立面图中，插入点为如图6-54所示位置的端点。

图6-53 选择文件

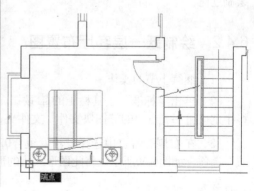

图6-54 定位插入点

⑥ 重复执行"插入块"命令，插入随书光盘中的"\图块文件\衣柜1.dwg"文件，如图6-55所示，插入点为如图6-56所示的端点。

图6-55　选择文件

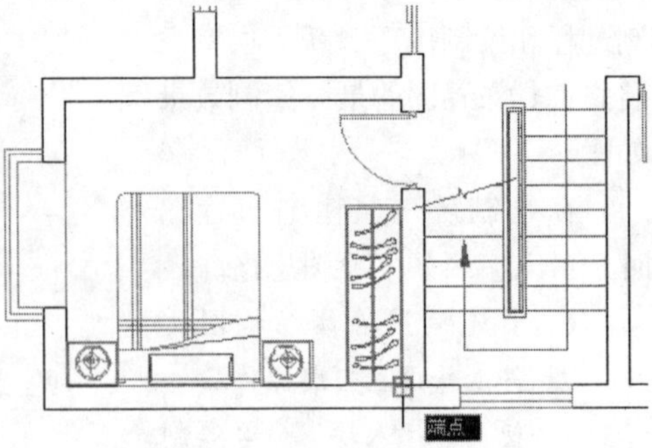

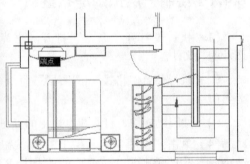

图6-56　定位插入点

⑦ 重复执行"插入块"命令，插入随书光盘中的"\图块文件\电视柜与梳妆台.dwg"文件，如图6-57所示，插入点为如图6-58所示的端点。

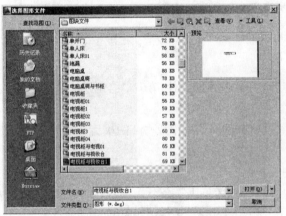

图6-57　选择文件

图6-58　定位插入点

至此，跃一层保姆房家具布置图绘制完毕，下一小节将学习跃一层客厅家具布置图的具体绘制过程。

6.4.2　绘制跃一层客厅布置图

① 继续上节的操作。

② 单击"标准"工具栏上的▦按钮，打开设计中心窗口，在左侧的树状资源管理器一栏中定位随书光盘中的"图块文件"文件夹，如图6-59所示。

③ 在右侧的窗口中选择"沙发组合02.dwg"文件，然后单击鼠标右键，选择"插入为块"选项，如图6-60所示，将此图形以块的形式共享到平面图中。

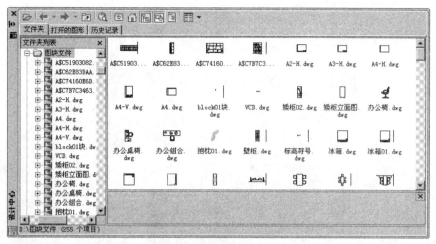

图6-59 定位目标文件夹

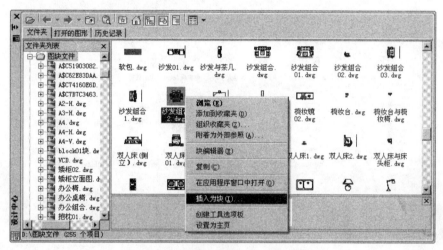

图6-60 选择"插入为块"选项

④ 此时系统弹出"插入"对话框，在此对话框内设置块的插入参数，如图6-61所示，返回绘图区，在命令行"指定插入点或 [基点(B)/比例(S)/旋转(R)]:"提示下，垂直向下引出如图6-62所示的中点追踪矢量，输入1880后按Enter键，将其插入到平面图中，插入结果如图6-63所示。

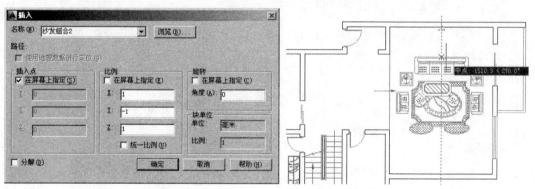

图6-61 设置块参数   图6-62 引出中点追踪虚线

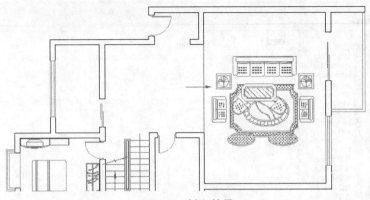

图6-63　插入结果

⑤ 在"设计中心"右侧的窗口中向下移动滑块，找到"电视柜04.dwg"文件并选中，如图6-64所示。

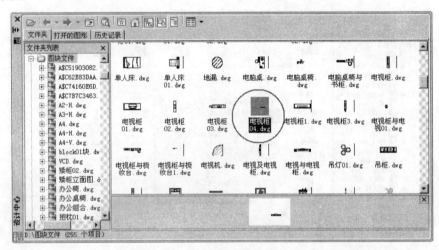

图6-64　定位文件

⑥ 按住鼠标左键不放，将"电视柜04"拖曳至平面图中，以默认参数共享此图形，插入点为如图6-65所示的端点，插入结果如图6-66所示。

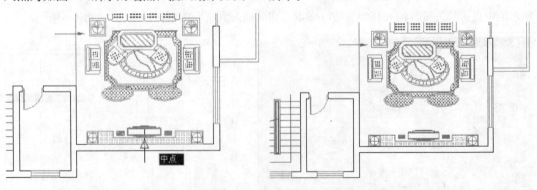

图6-65　捕捉端点　　　　　　　　　　　　图6-66　插入结果

⑦ 参照第2~6操作操作，使用"设计中心"的资源共享功能，为一层客厅布置"躺椅1.dwg"、"绿化植物05.dwg"和"绿化植物06.dwg"图块，结果如图6-67所示。

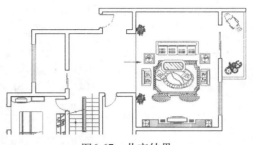

图6-67　共享结果

⑧ 执行"绘图"菜单中的"多段线"命令，配合坐标输入功能，绘制壁柜示意图。命令行操作如下。

命令：_pline

指定起点：　　　　　　　　　　　　　　// 捕捉如图 6-68 所示的端点。

当前线宽为 0.0

指定下一个点或 [圆弧 (A)/ 半宽 (H)/ 长度 (L)/ 放弃 (U)/ 宽度 (W)]:
　　　　　　　　　　　　　　　　　　//@5360/6,-500，按 Enter 键。

指定下一点或 [圆弧 (A)/ 闭合 (C)/ 半宽 (H)/ 长度 (L)/ 放弃 (U)/ 宽度 (W)]:
　　　　　　　　　　　　　　　　　　//@-5360/6,0，按 Enter 键。

指定下一点或 [圆弧 (A)/ 闭合 (C)/ 半宽 (H)/ 长度 (L)/ 放弃 (U)/ 宽度 (W)]:
　　　　　　　　　　　　　　　　　　//@5360/6,500，按 Enter 键。

指定下一点或 [圆弧 (A)/ 闭合 (C)/ 半宽 (H)/ 长度 (L)/ 放弃 (U)/ 宽度 (W)]:
　　　　　　　　　　　　　　　　　　//@0,-500，按 Enter 键。

指定下一点或 [圆弧 (A)/ 闭合 (C)/ 半宽 (H)/ 长度 (L)/ 放弃 (U)/ 宽度 (W)]:
　　　　　　　　　　　　　　　　　// 按 Enter 键，结束命令，绘制结果如图 6-69 所示。

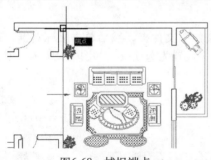
图6-68　捕捉端点

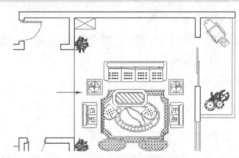
图6-69　绘制结果

⑨ 单击"修改"工具栏上的 按钮，激活"矩形阵列"命令，将柜子示意图进行矩形阵列。命令行操作如下。

命令：_arrayrect

选择对象：　　　　　　　　　　　　　// 窗口选择如图 6-70 所示的对象。

选择对象：　　　　　　　　　　　　　// 按 Enter 键。

类型 = 矩形　关联 = 是

选择夹点以编辑阵列或 [关联 (AS)/ 基点 (B)/ 计数 (COU)/ 间距 (S)/ 列数 (COL)/ 行数 (R)/ 层数 (L)/ 退出 (X)] < 退出 >:　　　　//COU，按 Enter 键。

输入列数数或 [表达式 (E)] <4>:　　　　//6，按 Enter 键。

输入行数数或 [表达式 (E)] <3>:　　　　//1，按 Enter 键。

选择夹点以编辑阵列或 [关联 (AS)/ 基点 (B)/ 计数 (COU)/ 间距 (S)/ 列数 (COL)/ 行数 (R)/ 层数 (L)/ 退出 (X)] < 退出 >:　　　　　　　　　　　　//s，按 Enter 键。
　　指定列之间的距离或 [单位单元 (U)] <540>:　//5360/6，按 Enter 键。
　　指定行之间的距离 <540>:　　　　　　　　//1，按 Enter 键。
　　选择夹点以编辑阵列或 [关联 (AS)/ 基点 (B)/ 计数 (COU)/ 间距 (S)/ 列数 (COL)/ 行数 (R)/ 层数 (L)/ 退出 (X)] < 退出 >:　　　　　　　　　　　　//AS，按 Enter 键。
　　创建关联阵列 [是 (Y)/ 否 (N)] < 否 >:　　　//N，按 Enter 键。
　　选择夹点以编辑阵列或 [关联 (AS)/ 基点 (B)/ 计数 (COU)/ 间距 (S)/ 列数 (COL)/ 行数 (R)/ 层数 (L)/ 退出 (X)] < 退出 >:　　　　　　　　　　　　// 按 Enter 键，阵列结果如图 6-71 所示。

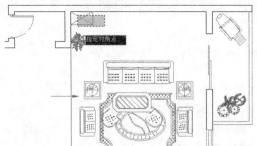
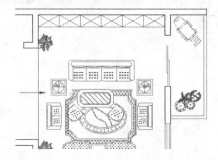

图6-70　窗口选择　　　　　　　　　　　图6-71　阵列结果

　　至此，跃一层客厅家具布置图绘制完毕，下一小节将学习跃一层其他房间布置图的具体绘制过程。

6.4.3　绘制一层其他房间布置图

① 继续上节的操作。

② 在"设计中心"左侧的窗口中定位"图块文件"文件夹，然后单击鼠标右键，选择"创建块的工具选项板"选项，将"图块文件"文件夹设置为选项板，如图6-72所示，创建结果如图6-73所示。

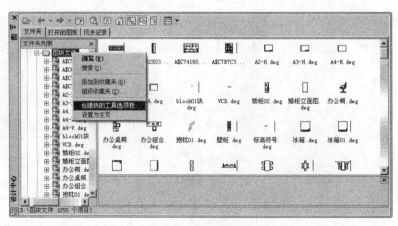

图6-72　创建块的选项板　　　　　　　　图6-73　创建结果

③ 在"工具选项板"窗口中向下拖动滑块，然后定位"浴盆1.dwg"文件图标，如图6-74所示。

④ 在"浴盆.dwg"文件上按住鼠标左键不放，将其拖曳至绘图区，以块的形式共享此图形，然后适当调整其位置，共享结果如图6-75所示。

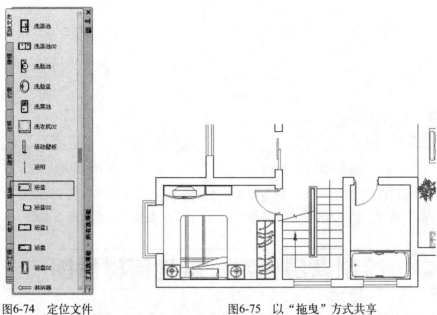

图6-74　定位文件　　　　　　　　　图6-75　以"拖曳"方式共享

⑤ 在"工具选项板"窗口中单击"洗手盆1.dwg"文件图标，如图6-76所示，将光标移至绘图区。

⑥ 在命令行"指定插入点或 [基点(B)/比例(S)/X/Y/Z/旋转(R)]:"提示下，捕捉如图6-77所示的端点。

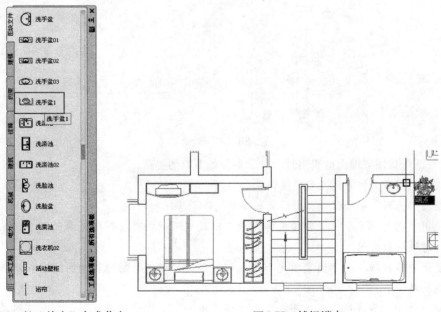

图6-76　以"单击"方式共享　　　　　　图6-77　捕捉端点

⑦ 参照上述操作，分别以"单击"和"拖曳"的形式，或使用"插入块"和"设计中心"命令，为平面图布置其他图例，结果如图6-78所示。

⑧ 重复执行"多段线"命令，配合捕捉与追踪功能绘制厨房操作台轮廓线，绘制结果如图6-79所示。

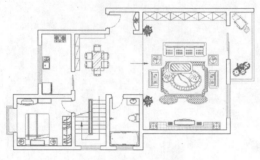 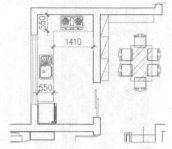

图6-78　布置结果　　　　　　　　　　图6-79　绘制结果

⑨ 执行"范围缩放"命令，调整视图，使平面图全部显示，最终结果如图6-52所示。

⑩ 最后执行"另存为"命令，将图形另名存储为"绘制跃一层家具布置图"。

6.5 绘制跃层住宅一层地面材质图

本节主要学习跃层住宅一层室内装修地面材质图的具体绘制过程和绘制技巧。跃一层室内装修地面材质图的最终绘制效果如图6-80所示。

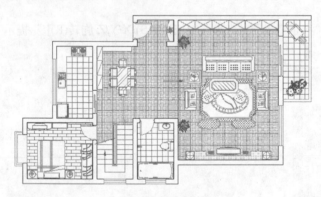

图6-80　实例效果

在绘制跃一层住宅地面材质图时，可以参照如下绘图思路。

◆ 首先调用源文件并设置当前操作层。
◆ 使用"直线"命令配合端点捕捉功能封闭每个房间的门洞。
◆ 使用"图案填充"、"快速选择"命令以及图层的状态控制功能绘制厨房和卫生间的防滑地砖材质图。
◆ 使用"多段线"、"图案填充"命令以及图层的状态控制功能绘制卧室和保姆房的地板材质图。
◆ 最后使用"多段线"、"删除"、"图案填充"、"设定原点"命令以及图层的状态控制功能绘制客厅和餐厅抛光砖材质图。

6.5.1 绘制厨房卫生间防滑砖材质

① 执行"打开"命令，打开随书光盘中的"\效果文件\第6章\绘制跃一层家具布置图.dwg"文件。

② 执行菜单"格式"|"图层"命令，在打开的对话框中，双击"填充层"，将其设置为当前层。

③ 按快捷键L激活"直线"命令，配合捕捉功能封闭每个房间位置的门洞，如图6-81所示，然后夹点显示如图6-81所示的图块与操作台轮廓线。

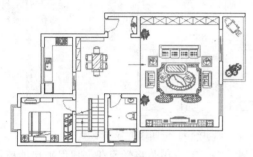 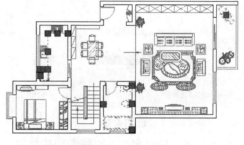

图6-81 封闭结果　　　　　　　　　　图6-82 夹点效果

④ 展开"图层控制"下拉列表，将夹点显示的对象放到"0图层"，然后冻结"家具层"和"图块层"，此时平面图的显示结果如图6-83所示。

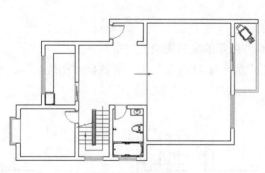 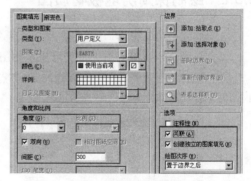

图6-83 图形的显示　　　　　　　　　　图6-84 设置填充参数

⑤ 单击"绘图"工具栏上的 ▦ 按钮，设置填充比例和填充类型等参数，如图6-84所示，返回绘图区，拾取如图6-85所示的区域，填充如图6-86所示的图案。

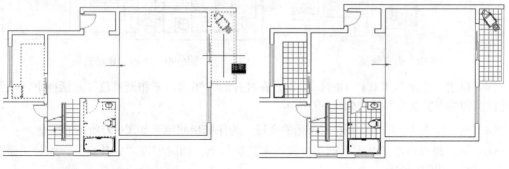

图6-85 拾取填充区域　　　　　　　　　　图6-86 填充结果

⑥ 单击"工具"菜单中的"快速选择"命令，设置过滤参数，如图6-87所示，选择"0图层"上的所有对象，将其放到"家具层"上。

⑦ 展开"图层控制"下拉列表，解冻"图块层"，此时平面图的显示效果如图6-88所示。

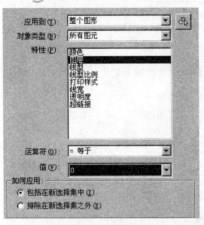

图6-87 设置过滤参数

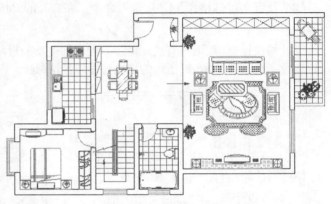

图6-88 平面图的显示效果

至此，跃一层厨房卫生间防滑地砖材质图绘制完毕，下一小节将学习跃一层保姆房地板材质图的具体绘制过程。

6.5.2 绘制保姆房地板材质图

① 继续上节的操作。

② 在无命令执行的前提下夹点显示如图6-89所示的家具图块。

③ 展开"图层控制"下拉列表，将夹点对象放到"0图层"上，并冻结"图块层"，平面图的显示效果如图6-90所示。

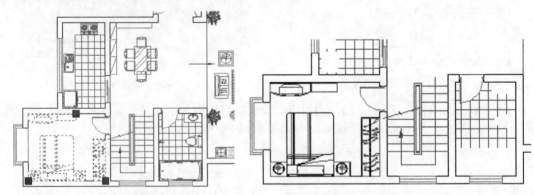

图6-89 夹点效果　　　　　　　　　图6-90 图形的显示效果

④ 单击"绘图"工具栏上的 按钮，在打开的"图案填充和渐变色"对话框中，设置填充比例和填充类型等参数，如图6-91所示。

⑤ 返回绘图区，拾取如图6-92所示的区域，为保姆房间填充如图6-93所示的图案。

⑥ 将保姆房内的三个家具图层放到"家具层"上，同时解冻"家具层"，此时平面图的显示效果如图6-94所示。

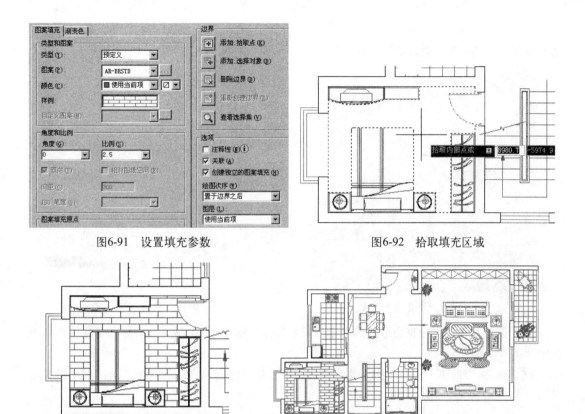

图6-91　设置填充参数　　　　　　图6-92　拾取填充区域

图6-93　填充结果　　　　　　　　图6-94　解冻图层后的效果

至此，跃一层保姆房地板材质图绘制完毕，下一小节将学习跃一层客厅与餐厅抛光砖材质图的具体绘制过程。

6.5.3　绘制客厅与餐厅抛光砖材质

① 继续上节的操作。

② 使用"多段线"命令，配合"对象捕捉"功能分别沿着客厅沙发组合图块的外边缘，绘制闭合的多段线边界，然后夹点显示边界以及如图6-95所示的图块。

③ 展开"图层控制"下拉列表，将夹点对象放到"0图层"上，并冻结"图块层"，此时平面图显示结果如图6-96所示。

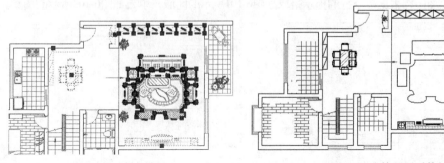

图6-95　夹点效果　　　　　　　　图6-96　冻结图层后的效果

④ 单击"绘图"工具栏上的 按钮，在打开的"图案填充和渐变色"对话框中设置填充比例和填充类型等参数，如图6-97所示。

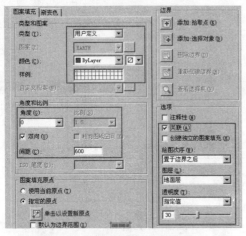

图6-97 设置填充图案与参数

图6-98 拾取填充区域

⑤ 返回绘图区，根据命令行的提示，拾取如图6-98所示的区域，为客厅和餐厅填充如图6-99所示的地砖图案。

⑥ 单击"绘图"工具栏上的 按钮，在打开的"图案填充和渐变色"对话框中设置填充比例和填充类型等参数，如图6-100所示。

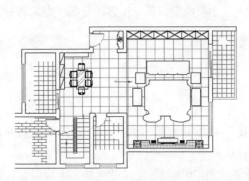

图6-99 填充结果

图6-100 设置填充参数

⑦ 返回绘图区，根据命令行的提示拾取如图6-101所示的区域，填充如图6-102所示的图案。

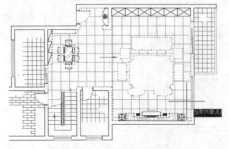

图6-101 拾取填充区域

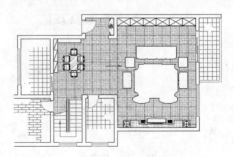

图6-102 填充结果

⑧ 在无命令执行的前提下，夹点显示如图6-103所示的多段线边界，然后执行"删除"命令将其删除，删除结果如图6-104所示。

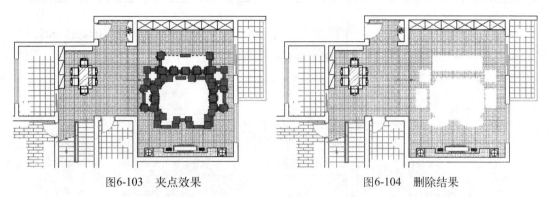

图6-103 夹点效果   图6-104 删除结果

⑨ 执行"工具"菜单中的"快速选择"命令，设置过滤参数，如图6-105所示，选择"0图层"上的所有对象，选择结果如图6-106所示。

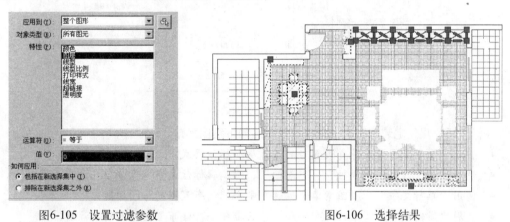

图6-105 设置过滤参数   图6-106 选择结果

⑩ 展开"图层控制"下拉列表，将夹点显示的图形放到"图块层"上，此时平面图的显示效果如图6-107所示。

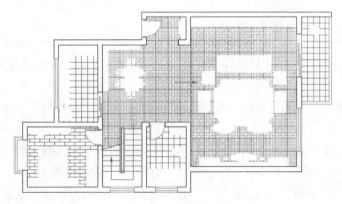

图6-107 显示效果

⑪ 再次展开"图层控制"下拉列表，解冻"图块层"，最终结果如图6-80所示。

⑫ 最后执行"另存为"命令，将图形另名存储为"绘制跃一层地面材质图.dwg"。

6.6 标注跃层住宅一层装修布置图

本节主要学习跃层住宅一层室内装修布置图尺寸、文字和墙面投影等内容的具体标注过程和标注技巧。跃一层室内装修布置图的最终标注效果如图6-108所示。

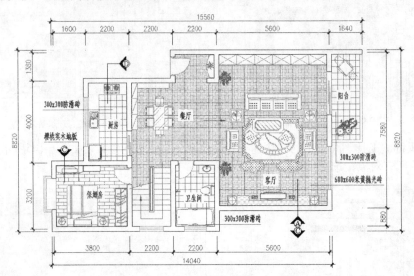

图6-108　实例效果

在标注跃一层住宅装修布置图时，可以参照如下绘图思路。

◆ 首先调用布置图源文件并设置当前操作层和标注样式。

◆ 使用"构造线"、"线性"、"连续"、"编辑标注文字"等命令标注布置图尺寸。

◆ 使用"单行文字"、"图案填充编辑"命令标注布置图的房间功能。

◆ 使用"多段线"、"单行文字"和"移动"命令标注布置图地面材质注解。

◆ 最后综合使用"插入块"、"镜像"、"编辑属性"和"图案填充编辑"命令标注一层布置图墙面投影。

6.6.1　标注跃一层布置图尺寸

① 执行"打开"命令，打开随书光盘中的"\效果文件\第6章\绘制跃一层地面材质图.dwg"文件。

② 单击"图层"工具栏中的"图层控制"列表，打开"轴线层"，将"尺寸层"设置为当前图层。

③ 执行"标注"菜单栏中的"标注样式"命令，打开"标注样式管理器"对话框中，修改"建筑标注"样式的标注比例为80，同时将此样式设置为当前尺寸样式。

④ 打开状态栏上的"对象捕捉"、"极轴追踪"和"对象追踪"功能，并在平面图的四侧绘制四条构造线，作为尺寸定位辅助线，如图6-109所示。

⑤ 单击"标注"工具栏上的 按钮，激活"线性"命令。在命令行"指定第一个尺寸界线原点或 <选择对象>："提示下，配合捕捉与追踪功能，捕捉追踪虚线与外墙的交点，作为第一条标注界线的起点，如图6-110所示。

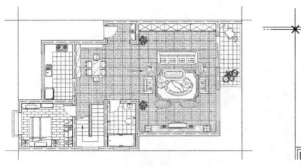
图6-109　绘制辅助线

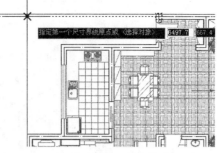
图6-110　捕捉交点

⑥ 在"指定第二条尺寸界线原点:"提示下,捕捉追踪虚线与外墙线的交点,作为第二条标注界线的起点,如图6-111所示。

⑦ 在"指定尺寸线位置或 [多行文字(M)/文字(T)/角度(A)/水平(H)/垂直(V)/旋转(R)]:"提示下,在适当位置指定尺寸线的位置,结果如图6-112所示。

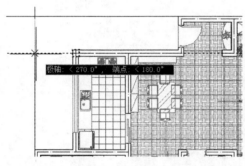
图6-111　捕捉第二原点

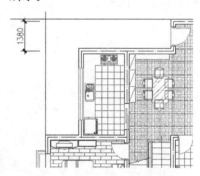
图6-112　标注结果

⑧ 单击"标注"工具栏上的 按钮,激活"连续"命令,系统自动以刚标注的线型尺寸作为连续标注的第一个尺寸界线,标注如图6-113所示的连续尺寸作为细部尺寸。

⑨ 单击"标注"菜单中的"线性"命令,配合捕捉与追踪功能,标注如图6-114所示的总尺寸。

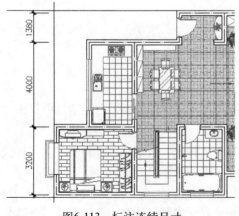
图6-113　标注连续尺寸

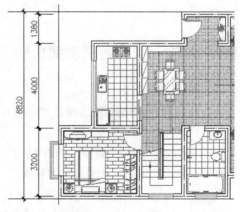
图6-114　标注总尺寸

⑩ 参照第5～9操作步骤,分别标注平面图其他三侧的尺寸,标注结果如图6-115所示。

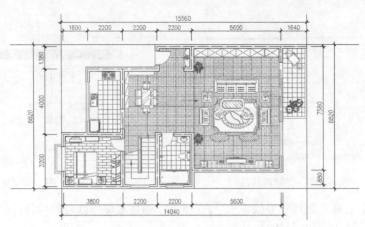

图6-115 标注其他三侧尺寸

⑪ 关闭"轴线层",然后执行"删除"命令,删除四条尺寸定位辅助线,尺寸的最终标注结果如图6-116所示。

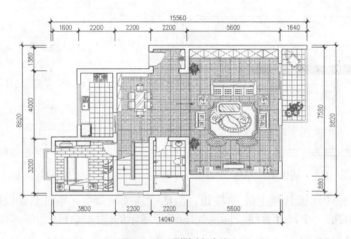

图6-116 删除辅助线

至此,跃一层住宅布置图的尺寸标注完毕,下一小节将学习跃一层住宅布置图房间功能注释的具体标注过程。

6.6.2 标注一层布置图房间功能

① 继续上节的操作。

② 执行菜单"格式"|"图层"命令,在打开的"图层特性管理器"对话框中双击"文本层",将其设置为当前图层。

③ 单击"样式"工具栏上的 A 按钮,激活"文字样式"命令,在打开的"文字样式"对话框中设置"仿宋体"为当前文字样式。

④ 执行菜单"绘图"|"文字"|"单行文字"命令,在命令行"指定文字的起点或 [对正(J)/样式(S)]:"的提示下,在卧室内的适当位置上单击鼠标左键,拾取一点作为文字的起点。

⑤ 在命令行"指定高度 <2.5>:"提示下,输入290并按Enter键,将当前文字的高度设置为290个绘图单位。

⑥ 在"指定文字的旋转角度<0.00>："提示下，直接按Enter键，表示不旋转文字。此时绘图区会出现一个单行文字输入框，如图6-117所示。

⑦ 在单行文字输入框内输入"卧室"，所输入的文字会出现在单行文字输入框内，如图6-118所示。

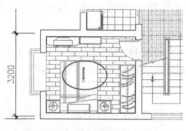

图6-117　单行文字输入框

图6-118　标注结果

⑧ 分别将光标移至楼梯及卫生间位置，标注其他位置的房间功能性文字注解，标注结果如图6-119所示。

⑨ 夹点显示卧室内的地板填充图案，然后单击鼠标右键，选择"图案填充编辑"命令，如图6-120所示。

图6-119　标注其他房间功能

图6-120　右键菜单

⑩ 在打开的"图案填充编辑"对话框中单击"添加：选择对象"按钮 ，返回绘图区，分别选择"卧室"文字对象，将其以孤岛的形式进行隔离，编辑结果如图6-121所示。

⑪ 参照第9、10操作步骤，分别对其他房间内的填充图案进行编辑，结果如图6-122所示。

图6-121　编辑结果

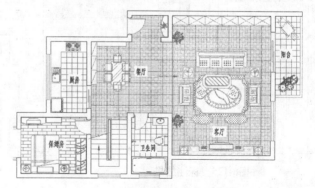

图6-122　编辑其他 充图案

至此，跃一层住宅布置图房间功能标注完毕，下一小节将学习一层布置图地面材质注释的具体标注过程。

6.6.3 标注一层布置图装修材质

① 继续上节的操作。

② 按快捷键PL激活"多段线"命令，绘制如图6-123所示的直线作为文本注释的指示线。

③ 执行"单行文字"命令，在命令行"指定文字的起点或 [对正(J)/样式(S)]："提示下，输入J并按Enter键。

④ 在"输入选项 [左(L)/居中(C)/右(R)/对齐(A)/中间(M)/布满(F)/左上(TL)/中上(TC)/右上(TR)/左中(ML)/正中(MC)/右中(MR)/左下(BL)/中下(BC)/右下(BR)]："提示下，输入BL并按Enter键，设置"左下"对正方式。

⑤ 在"指定文字的左中点："提示下，捕捉如图6-124所示的指示线的外端点。

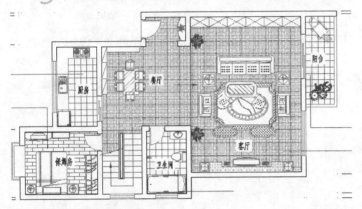

图6-123 绘制指示线

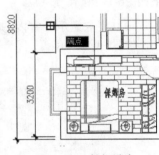

图6-124 捕捉端点

⑥ 在"指定高度 <240>："提示下，输入290并按Enter键。

⑦ 在"指定文字的旋转角度 <0.00>"提示下，直接按Enter 键，然后输入"樱桃实木地板"文字，按Enter键，结果如图6-125所示。

⑧ 按快捷键M激活"移动"命令，将标注的文字对象沿Y轴正方向位移150个单位，结果如图6-126所示。

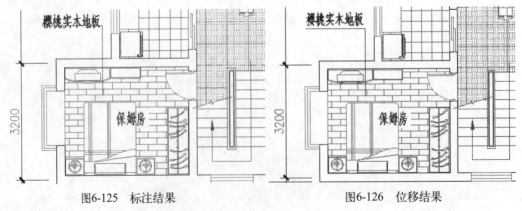

图6-125 标注结果

图6-126 位移结果

⑨ 重复执行第3～8操作步骤，分别标注其他指示线文字，结果如图6-127所示。

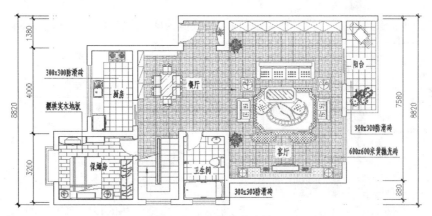

图6-127 标注其他文字

至此，跃一层装修布置图地面材质标注完毕，下一小节将学习一层装修布置图墙面投影符号的具体标注过程。

6.6.4 标注一层布置图墙面投影

① 继续上节的操作。

② 展开"图层"工具栏上的"图层控制"列表，将"其他层"设置为当前图层。

③ 按快捷键PL激活"多段线"命令，绘制如图6-128所示的投影符号指示线。

图6-128 绘制指示线

④ 按快捷键I激活"插入块"命令，插入随书光盘中的"\图块文件\投影符号.dwg"属性块文件，块的缩放比例如图6-129所示。

图6-129 设置块参数

⑤ 返回"编辑属性"对话框，然后输入属性值为D，捕捉如图6-130所示的端点作为插入点，插入结果如图6-131所示。

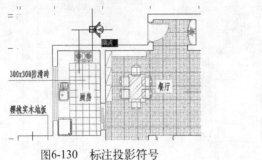

图6-130　标注投影符号　　　　图6-131　插入结果

⑥ 在插入的投影符号属性块上双击鼠标左键，打开"增强属性编辑器"对话框，然后修改属性文本的旋转角度，如图6-132所示。

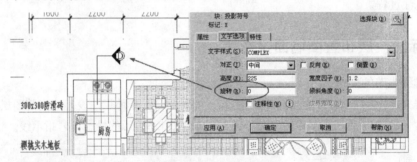

图6-132　修改角度

⑦ 按快捷键I激活"插入块"命令，插入随书光盘中的"\图块文件\投影符号.dwg"属性块文件，块的缩放比例如图6-133所示。

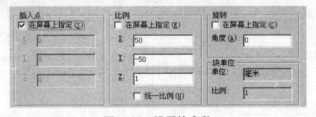

图6-133　设置块参数

⑧ 返回"编辑属性"对话框，输入属性值为C，捕捉如图6-134所示的端点作为插入点，插入结果如图6-135所示。

图6-134　标注投影符号　　　　图6-135　插入结果

⑨ 按快捷键I激活"插入块"命令，插入随书光盘中的"\图块文件\投影符号.dwg"属性块，块的缩放比例如图6-136所示。

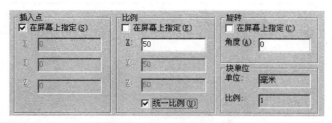

图6-136 设置块参数

⑩ 返回"编辑属性"对话框，输入属性值为A，捕捉如图6-137所示的端点作为插入点，插入结果如图6-138所示。

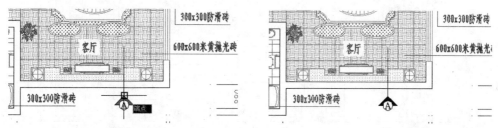

图6-137 标注投影符号　　　　　　　　　　图6-138 插入结果

⑪ 按快捷键MI激活"镜像"命令，配合象限点捕捉功能对投影符号进行垂直镜像，结果如图6-139所示。

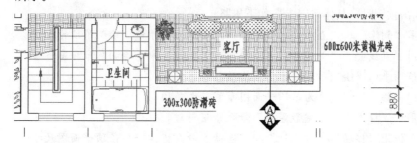

图6-139 镜像结果

⑫ 在镜像出的投影符号属性块上双击鼠标左键，打开"增强属性编辑器"对话框，然后修改属性值，如图6-140所示。

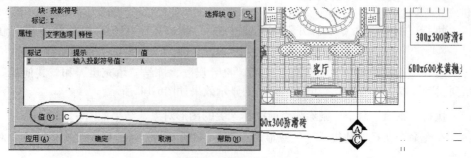

图6-140 修改属性值

⑬ 最后执行"另存为"命令，将图形另名存储为"标注跃一层装修布置图.dwg"。

6.7 绘制跃层住宅一层吊顶装修图

本节主要学习跃层住宅一层室内吊顶图的具体绘制过程和绘制技巧。一层吊顶图的最终绘制效果如图6-141所示。

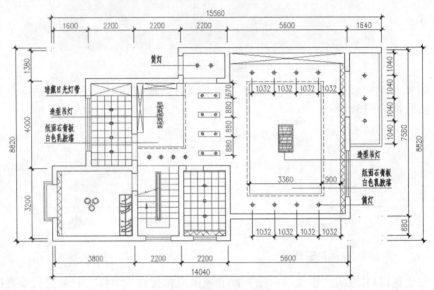

图6-141 实例效果

在绘制吊顶图时，具体可以参照如下思路。

- ◆ 使用"删除"、"直线"、"延伸"、"矩形"等命令绘制吊顶轮廓图。
- ◆ 使用"直线"、"偏移"、"线型"、"特性"命令绘制窗帘和窗帘盒。
- ◆ 为吊顶平面图绘制吊顶轮廓、灯池及灯带等内容。
- ◆ 使用"插入块"命令为吊顶平面图布置艺术吊顶。
- ◆ 使用"点样式"、"定数等分"命令布置射灯。
- ◆ 综合使用"移动"、"线性"和"连续"命令标注一层吊顶平面图尺寸。
- ◆ 综合使用"直线"、"单行文字"命令标注一层吊顶装修图文字注解。

6.7.1 绘制一层吊顶墙体图

① 执行"打开"命令，打开随书光盘中的"\效果文件\第6章\标注跃一层装修布置图.dwg"文件。

② 展开"图层控制"下拉列表，关闭"尺寸层"，冻结"填充层"和"其他层"，并将"吊顶层"设置为当前图层。此时平面图的显示效果如图6-142所示。

③ 执行"删除"命令，删除与当前操作无关的图形对象，结果如图6-143所示。

④ 在无命令执行的前提下，夹点显示如图6-144所示的柜子、墙面装饰柜等三个对象，进行分解。

⑤ 执行"删除"和"延伸"命令，删除多余的图线，并将厨房吊柜与装饰墙位置的轮廓线进行延伸，操作结果如图6-145所示。

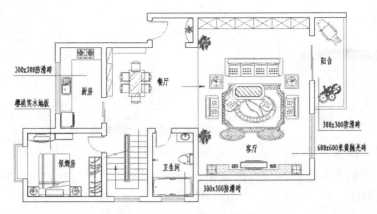

图6-142 平面图的显示效果

图6-143 删除结果 　　　　　图6-144 夹点显示 　　　　　图6-145 操作结果

⑥ 按快捷键L激活"直线"命令，配合端点捕捉功能绘制门洞及楼梯间位置的轮廓线，结果如图6-146所示。

⑦ 夹点显示如图6-147所示的轮廓线，将其放到"吊顶层"上，同时更改夹点图线的颜色为随层，此时平面图的显示效果如图6-148所示。

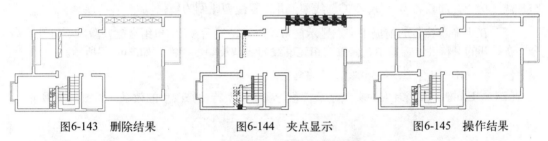

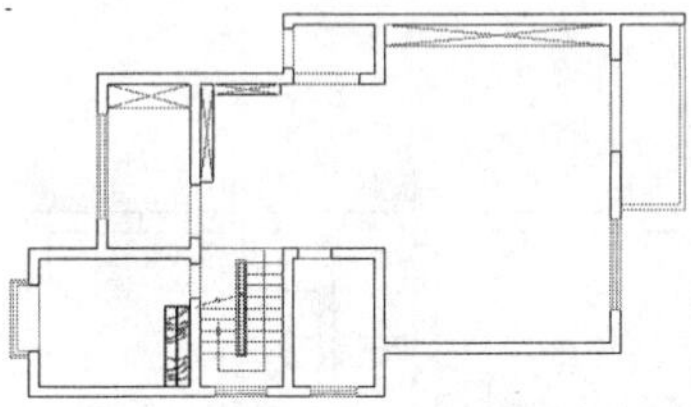

图6-146 绘制结果 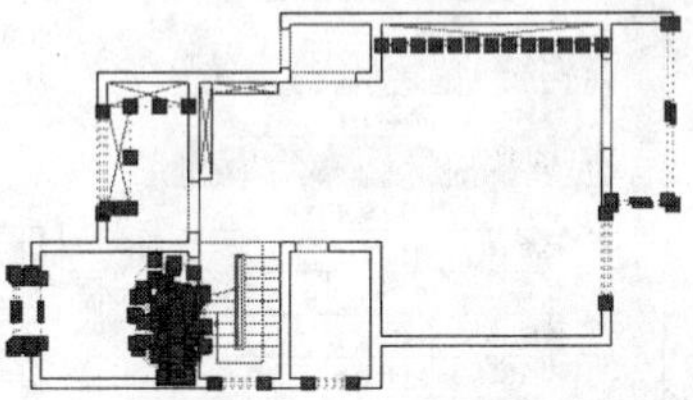 　　　　　图6-147 夹点效果 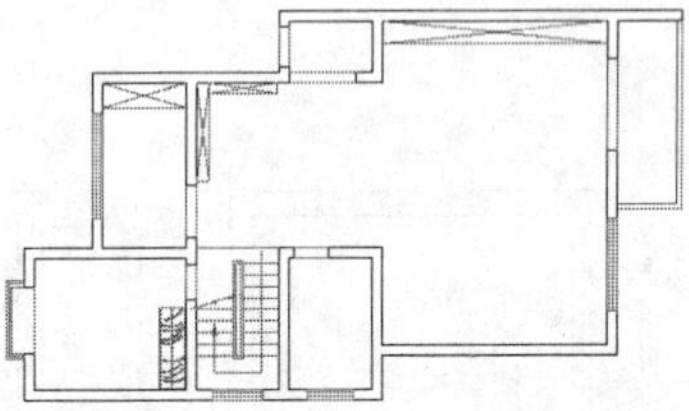 　　　　　图6-148 平面图的显示效果

至此，跃一层吊顶墙体结构图绘制完毕，下一小节将学习一层吊顶及吊顶构件图的具体绘制过程。

6.7.2 绘制窗帘与窗帘盒构件

① 继续上节的操作。

② 单击"绘图"工具栏上的 ✐ 按钮，激活"直线"命令，配合"对象追踪"和"极轴追踪"功能绘制窗帘盒轮廓线。命令行操作如下。

命令：_line
指定第一点： 　　　　　　　// 引出如图 6-149 所示的对象追踪矢量，然后输入 200，按 Enter 键。
指定下一点或 [放弃 (U)]： // 捕捉如图 6-150 所示的交点。
指定下一点或 [放弃 (U)]： // 按 Enter 键，绘制结果如图 6-151 所示。

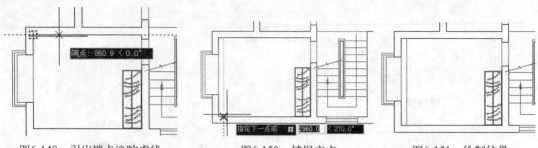

图6-149 引出端点追踪虚线　　　　图6-150 捕捉交点　　　　图6-151 绘制结果

③ 单击"修改"工具栏上的 按钮，激活"偏移"命令，选择刚绘制的窗帘盒轮廓线，将其向左偏移100个绘图单位，作为窗帘轮廓线，结果如图6-152所示。

④ 按快捷键LT激活"线型"命令，打开"线型管理器"对话框，使用此对话框中的"加载"功能，加载名为"ZIGZAG"线型，并设置线型比例为15。

⑤ 在无命令执行的前提下夹点显示窗帘轮廓线，然后按Ctrl+1组合键，激活"特性"命令，在打开的"特性"窗口中，修改窗帘轮廓线的线型及颜色特性，如图6-153所示。

⑥ 按Ctrl+1组合键，关闭"特性"窗口。

⑦ 按Esc键，取消对象的夹点显示状态，观看线型特性修改后的效果，如图6-154所示。

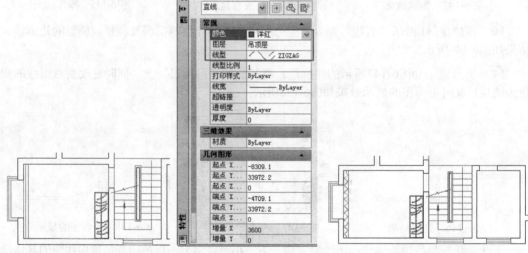

图6-152 偏移结果　　　图6-153 修改线型及颜色特性　　　图6-154 特性编辑后的效果

⑧ 参照第2～7操作步骤，分别绘制其他房间内的窗帘及窗帘盒轮廓线，绘制结果如图6-155所示。

6.7.3 绘制跃一层吊顶及灯带

① 继续上节的操作。

② 执行菜单"绘图"|"构造线"命令，使用命令中的"偏移"功能绘制如图6-156所示的四条构造线。

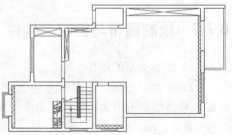

图6-155 绘制结果

③ 单击"绘图"菜单中的"边界"命令，在打开的"边界创建"对话框中，设置对象类型为"多段线"，然后返回绘图区，提取如图6-157所示的虚线边界。

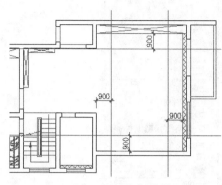

图6-156 绘制结果

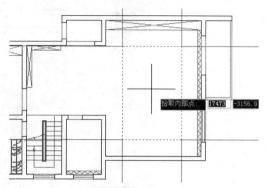

图6-157 提取边界

④ 按快捷键E激活"删除"命令，删除四条构造线，结果如图6-158所示。

⑤ 按快捷键O激活"偏移"命令，将提取的边界向外偏移100个单位作为灯带，结果如图6-159所示。

⑥ 按快捷键LT激活"线型"命令，在打开的"线型管理器"对话框中加载DASHED线型，并设置线型比例为15。

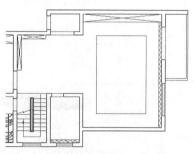

图6-158 删除结果

⑦ 夹点显示刚偏移出的灯带轮廓线，然后打开"特性"窗口，修改其线型为DASHED，修改其颜色为"洋红"，如图6-160所示，修改后的效果如图6-161所示。

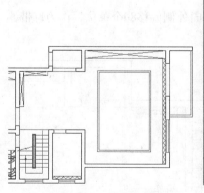

图6-159 偏移结果

图6-160 修改对象特性

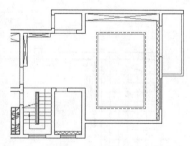

图6-161 修改结果

⑧ 按快捷键H激活"图案填充"命令，在打开的"图案填充和渐变色"对话框中，设置填充图案与参数，如图6-162所示。

⑨ 返回绘图区，根据命令行的提示拾取如图6-163所示的区域，为厨房和卫生间填充如图6-164所示的吊顶图案。

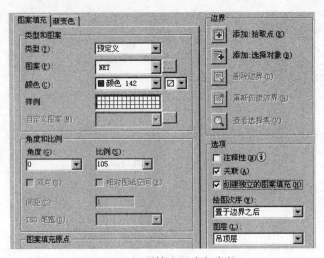

图6-162　设置填充图案与参数

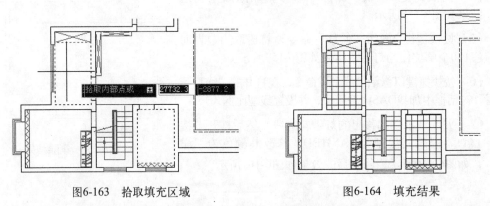

图6-163　拾取填充区域　　　　　　　　　　图6-164　填充结果

⑩　按快捷键PL激活"多段线"命令，配合捕捉追踪功能，绘制如图6-165所示的吊顶轮廓线。

⑪　按快捷键O激活"偏移"命令，将刚绘制的多段线向外侧偏移80个单位，作为灯带，如图6-166所示。

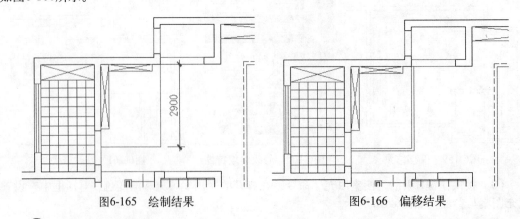

图6-165　绘制结果　　　　　　　　　　图6-166　偏移结果

⑫　按快捷键MA激活"特性匹配"命令，匹配客厅吊顶位置的灯带轮廓线的线型和颜色，匹配结果如图6-167所示。

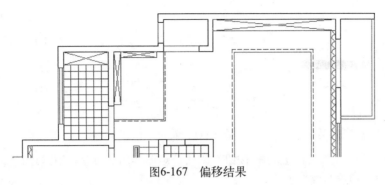

图6-167 偏移结果

⑬ 单击"绘图"菜单中的"矩形"命令，配合"捕捉自"功能绘制矩形凹槽。命令行操作如下。

命令: _rectang
指定第一个角点或 [倒角 (C)/ 标高 (E)/ 圆角 (F)/ 厚度 (T)/ 宽度 (W)]:
                                    // 激活"捕捉自"功能。
_from 基点: // 捕捉如图 6-168 所示的端点。
-< 偏移 >:   //@-480,450，按 Enter 键。
指定另一个角点或 [面积 (A)/ 尺寸 (D)/ 旋转 (R)]:
                                    //@-1040,220，按 Enter 键，结束命令，绘制结果如图 6-169 所示。

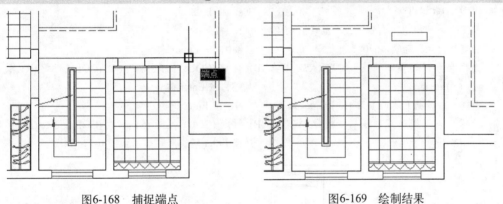

图6-168 捕捉端点   图6-169 绘制结果

至此，跃层住宅一层吊顶及构件图绘制完毕，下一小节将学习一层吊顶灯具图的具体绘制过程。

6.7.4 绘制一层吊顶主灯具

① 继续上节的操作。

② 单击"绘图"工具栏上的 🔲 按钮，激活"插入块"命令，在以默认参数插入随书光盘中的"\图块文件\灯具01.dwg"文件，在命令行"指定插入点或 [基点(B)/比例(S)/旋转(R)]:"提示下，向右引出如图6-170所示的中点追踪虚线，输入200，定位插入点，插入结果如图6-171所示。

③ 按快捷键MI激活"镜像"命令，对刚插入的灯具图块进行镜像，结果如图6-172所示。

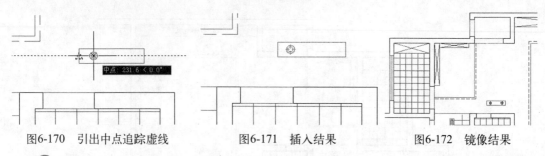

图6-170　引出中点追踪虚线　　　图6-171　插入结果　　　图6-172　镜像结果

④ 单击"修改"工具栏上的 按钮，激活"矩形阵列"命令，窗口选择如图6-173所示的对象进行阵列。命令行操作如下：

命令：_arrayrect

选择对象：　　　　　　　　　　　　// 窗口选择如图 6-173 所示的对象。

选择对象：　　　　　　　　　　　　// 按 Enter 键。

类型 = 矩形 关联 = 是

选择夹点以编辑阵列或 [关联 (AS)/ 基点 (B)/ 计数 (COU)/ 间距 (S)/ 列数 (COL)/ 行数 (R)/ 层数 (L)/ 退出 (X)] < 退出 >：　　　　　　　　// COU，按 Enter 键。

输入列数或 [表达式 (E)] <4>：　　// 1，按 Enter 键。

输入行数或 [表达式 (E)] <3>：　　// 4，按 Enter 键。

选择夹点以编辑阵列或 [关联 (AS)/ 基点 (B)/ 计数 (COU)/ 间距 (S)/ 列数 (COL)/ 行数 (R)/ 层数 (L)/ 退出 (X)] < 退出 >：　　　　　　　　// s，按 Enter 键。

指定列之间的距离或 [单位单元 (U)] <540>：// 1，按 Enter 键。

指定行之间的距离 <540>：　　　　// 880，按 Enter 键。

选择夹点以编辑阵列或 [关联 (AS)/ 基点 (B)/ 计数 (COU)/ 间距 (S)/ 列数 (COL)/ 行数 (R)/ 层数 (L)/ 退出 (X)] < 退出 >：　　　　　　　　//AS，按 Enter 键。

创建关联阵列 [是 (Y)/ 否 (N)] < 否 >：　// N，按 Enter 键。

选择夹点以编辑阵列或 [关联 (AS)/ 基点 (B)/ 计数 (COU)/ 间距 (S)/ 列数 (COL)/ 行数 (R)/ 层数 (L)/ 退出 (X)] < 退出 >：　　　　　　　　// 按 Enter 键，阵列结果如图 6-174 所示。

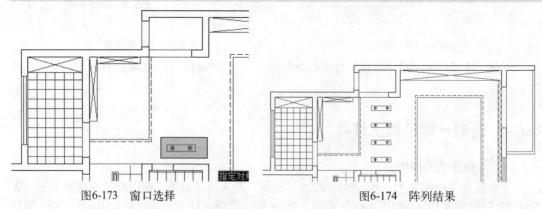

图6-173　窗口选择　　　　　　　　图6-174　阵列结果

⑤ 单击"绘图"工具栏上的 按钮，激活"插入块"命令，以默认参数插入随书光盘中的"\图块文件\造型吊灯1.dwg"文件。

⑥ 在命令行"指定插入点或 [基点(B)/比例(S)/旋转(R)]:"提示下，配合捕捉与追踪功能，捕捉如图6-175所示的虚线交点，插入结果如图6-176所示。

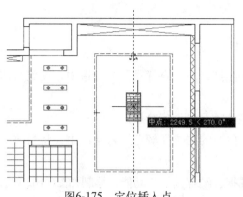

图6-175 定位插入点

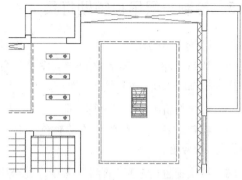

图6-176 插入结果

⑦ 单击"绘图"工具栏上的 ☑ 按钮,激活"插入块"命令,以默认参数插入随书光盘中的"\图块文件\造型吊灯2.dwg"文件。

⑧ 在命令行"指定插入点或 [基点(B)/比例(S)/旋转(R)]:"提示下,配合捕捉与追踪功能,捕捉如图6-177所示的虚线交点,插入结果如图6-178所示。

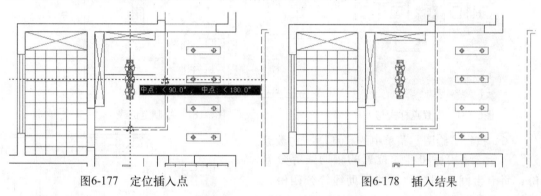

图6-177 定位插入点

图6-178 插入结果

⑨ 单击"绘图"工具栏上的 ☑ 按钮,激活"插入块"命令,以默认参数插入随书光盘中的"\图块文件\艺术吊灯03.dwg"文件。

⑩ 在命令行"指定插入点或 [基点(B)/比例(S)/旋转(R)]:"提示下,向右引出如图6-179所示的中点追踪矢量,输入1400,定位插入点,插入结果如图6-180所示。

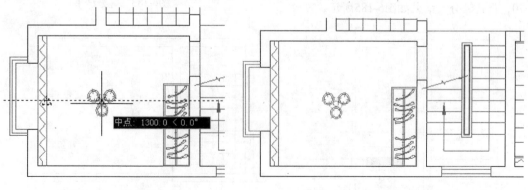

图6-179 定位插入点

图6-180 插入结果

至此,跃一层吊顶灯具图绘制完毕,下一小节将学习跃一层辅助灯具图的具体绘制过程。

6.7.5　绘制一层吊顶辅助灯具

① 继续上节的操作。

② 执行"格式"菜单中的"点样式"命令，在打开的"点样式"对话框中，设置当前点的样式和点的大小，如图6-181所示。

③ 按快捷键X激活"分解"命令，将厨房和卫生间吊顶图案分解。

④ 执行"格式"菜单中的"颜色"命令，在打开的"选择颜色"对话框中，将当前颜色设置为230号色。

⑤ 按快捷键L激活"直线"命令，配合中点捕捉、端点捕捉等功能，绘制如图6-182所示的直线，作为筒灯定位辅助线。

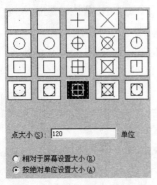

图6-181　设置点样式与大小

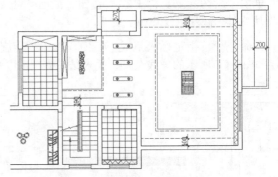

图6-182　绘制定位线

⑥ 执行"绘图"菜单中的"点"|"定数等分"命令，将厨房和客厅位置的辅助线等分五份；将卫生间和阳台位置的辅助线等分四份；将玄关位置的辅助线等分三份，结果如图6-183所示。

⑦ 按快捷键ME激活"定距等分"命令，在如图6-184所示的位置单击辅助线，设置等分距为570，将其等分，结果如图6-185所示。

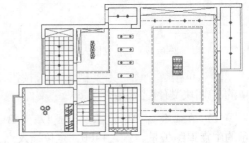

图6-183　等分结果

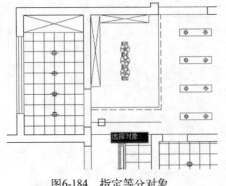

图6-184　指定等分对象

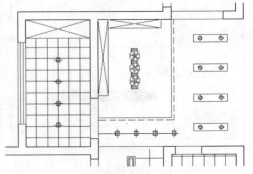

图6-185　等分结果

⑧ 执行"删除"命令，删除各位置的定位辅助线，结果如图6-186所示。

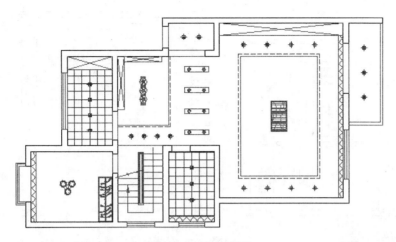

图6-186 删除辅助线

至此，跃一层吊顶辅助灯具图绘制完毕，下一小节将学习跃一层吊顶图尺寸和文字的具体标注过程。

6.7.6 标注吊顶图尺寸和文字

① 继续上节的操作。

② 单击"图层控制"列表，解冻"尺寸层"，并设置其为当前图层，此时图形的显示结果如图6-187所示。

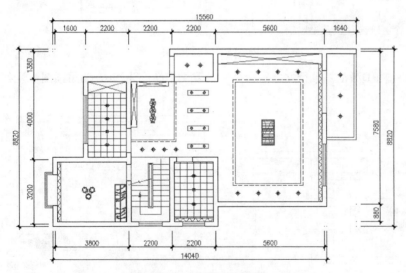

图6-187 图形的显示

③ 将右侧的尺寸进行外移，然后综合执行"线性"和"连续"命令，配合节点捕捉等功能，标注如图6-188所示的内部尺寸。

④ 展开"图层控制"下拉列表，将"文本层"设置为当前图层。

⑤ 展开"文字样式控制"下拉列表，将"仿宋体"设置为当前文字样式。

⑥ 按快捷键L激活"直线"命令，绘制如图6-189所示的文字指示线。

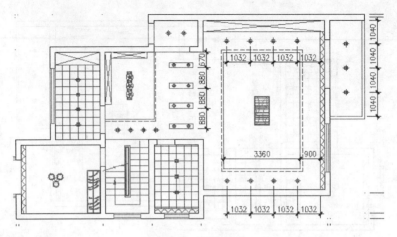

图6-188 标注结果

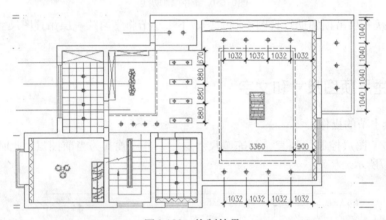

图6-189 绘制结果

⑦ 按快捷键D激活"单行文字"命令，设置文字高度为290，为吊顶图标注如图6-190所示的文字注释。

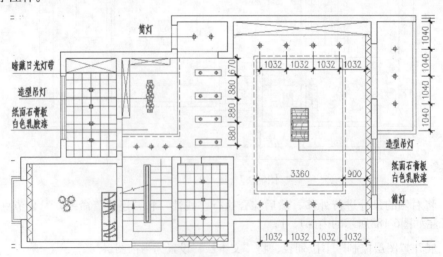

图6-190 标注文字

⑧ 最后执行"另存为"命令，将图形另名存储为"绘制跃一层吊顶装修图.dwg"。

6.8 绘制跃层住宅一层客厅立面图

本节主要学习跃层住宅一层客厅A向立面图的绘制过程和相关技巧。客厅A向立面图的最终绘制效果如图6-191所示。

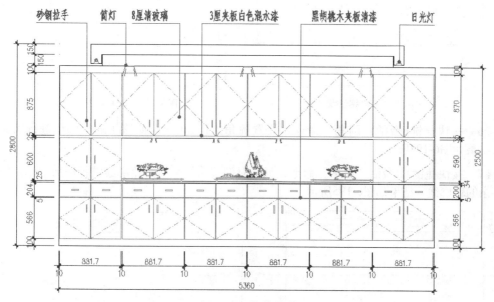

图6-191 实例效果

在绘制一层客厅A向立面图时，可以参照如下思路。

◆ 首先调用样板文件，然后使用"直线"命令绘制主体轮廓线。
◆ 使用"偏移"、"修剪"和"圆角"命令绘制内部轮廓结构。
◆ 使用"矩形"、"多段线"、"矩形阵列"、"镜像"等命令绘制客厅壁柜构件。
◆ 使用"插入块"、"复制"和"阵列"命令布置立面图内部构件及装饰图块。
◆ 使用"修剪"、"图案填充"、"图层"命令绘制和完善墙面装饰线。
◆ 综合使用"线性"、"连续"和"编辑标注文字"命令标注立面图尺寸。
◆ 最后使用"标注样式"和"快速引线"命令标注立面图引线注释。

6.8.1 绘制客厅A向墙面轮廓图

① 执行"新建"命令，以随书光盘中的"\样板文件\绘图样板.dwt"文件作为基础样板，新建文件。

② 单击"图层"工具栏上的"图层控制"下拉列表，将"轮廓线"设置为当前图层。

③ 执行"绘图"菜单中的"矩形"命令，绘制长度为5360、宽度为2800的矩形，作为客厅A向墙面外轮廓线。

④ 将刚制的矩形分解，然后执行"修改"菜单中的"偏移"命令，以矩形下侧的水平边作为首次偏移对象，以偏移出的边作为下次偏移对象，创建内部的水平轮廓线，偏移间距分别为875、25、600、25、875、100和150，结果如图6-192所示。

⑤ 重复执行"偏移"命令，将最上侧的水平边向下偏移270个单位；将矩形两侧的垂直边分别向内侧偏移，结果如图6-193所示。

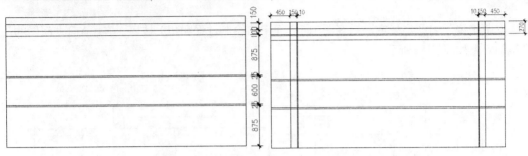

图6-192　偏移结果　　　　　　　　　图6-193　偏移结果

⑥ 按快捷键F激活"圆角"命令，设置圆角半径为0，对偏移了的轮廓线进行圆角操作，结果如图6-194所示。

⑦ 按快捷键TR激活"修剪"命令，继续对偏移出的纵横向轮廓线进行修剪编辑，修剪掉多余的轮廓线，结果如图6-195所示。

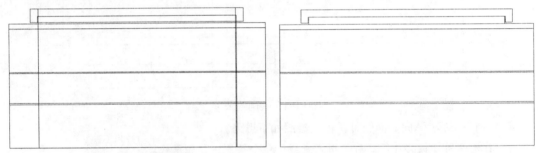

图6-194　圆角结果　　　　　　　　　图6-195　修剪结果

至此，一层客厅A向墙面轮廓图绘制完毕，下一小节将学习一层客厅墙面壁柜立面构件图的绘制过程。

6.8.2　绘制客厅墙面壁柜立面图

① 继续上节的操作。

② 展开"图层"工具栏上的"图层控制"下拉列表，将"家具层"设为当前层。

③ 执行"绘图"菜单中的"矩形"命令，配合"捕捉自"功能绘制柜门。命令行操作如下。

```
命令：_rectang
指定第一个角点或 [ 倒角 (C)/ 标高 (E)/ 圆角 (F)/ 厚度 (T)/ 宽度 (W)]:
                        // 激活 "捕捉自" 功能。
_from 基点：             // 捕捉如图 6-196 所示的端点。
< 偏移 >：               //@10,100，按 Enter 键。
指定另一个角点或 [ 面积 (A)/ 尺寸 (D)/ 旋转 (R)]:
                        //@5260/12,566，按 Enter 键，结束命令，绘制结果如图 6-197 所示。
```

④ 重复执行"矩形"命令，配合"捕捉自"功能绘制抽屉。命令行操作如下。

命令：_rectang

指定第一个角点或 [倒角 (C)/ 标高 (E)/ 圆角 (F)/ 厚度 (T)/ 宽度 (W)]：

//激活"捕捉自"功能。

_from 基点：　　　　　　　　// 捕捉如图 6-198 所示的端点。

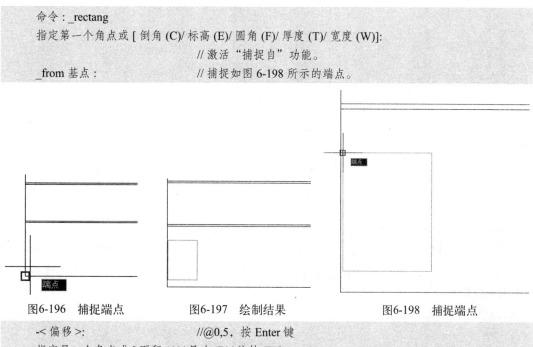

图6-196　捕捉端点　　　　图6-197　绘制结果　　　　图6-198　捕捉端点

-< 偏移 >:　　　　　　　　//@0,5，按 Enter 键

指定另一个角点或 [面积 (A)/ 尺寸 (D)/ 旋转 (R)]：

//@5260/12,200，按 Enter 键，结束命令，绘制结果如图 6-199 所示。

⑤ 重复执行"矩形"命令，配合"捕捉自"功能绘制矩形把手，矩形的长边为100、短边为5，结果如图6-200所示。

⑥ 按快捷键PL激活"多段线"命令，配合端点捕捉和中点捕捉功能，绘制如图6-201所示的方向示意线。

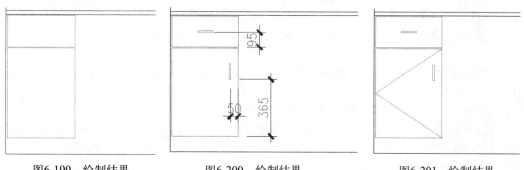

图6-199　绘制结果　　　　图6-200　绘制结果　　　　图6-201　绘制结果

⑦ 执行"格式"菜单中的"线型"命令，加载名为DASHEDOT的线型，并设置线型比例为5。

⑧ 夹点显示柜门开启方向示意线，然后展开"线型控制"下拉列表，修改其线型为DASHEDOT，结果如图6-202所示。

⑨ 参照第3～8操作步骤，综合使用"矩形"、"多段线"等命令，绘制上侧的柜门及方向线等，结果如图6-203所示。

⑩ 执行"修改"菜单中的"镜像"命令，配合捕捉或追踪功能，对柜门、方向线、抽屉等进行镜像，结果如图6-204所示。

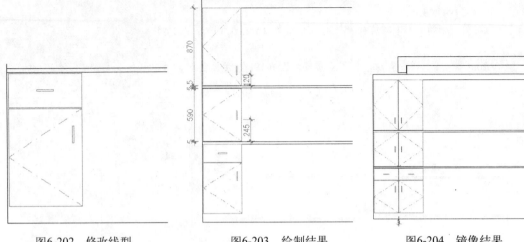

图6-202　修改线型　　　　图6-203　绘制结果　　　　图6-204　镜像结果

⑪ 单击"修改"工具栏上的 ⊞ 按钮，激活"矩形阵列"命令，将柜门、方向线及拉手等对象进行矩形阵列。命令行操作如下。

```
命令：_arrayrect
选择对象：                                        // 选择如图 6-205 所示的对象。
选择对象：                                        // 按 Enter 键。
类型 = 矩形  关联 = 是
选择夹点以编辑阵列或 [ 关联 (AS)/ 基点 (B)/ 计数 (COU)/ 间距 (S)/ 列数 (COL)/ 行数 (R)/ 层数
(L)/ 退出 (X)] < 退出 >：                          //COU，按 Enter 键。
输入列数或 [ 表达式 (E)] <4>：                      //6，按 Enter 键。
输入行数或 [ 表达式 (E)] <3>：                      //1，按 Enter 键。
选择夹点以编辑阵列或 [ 关联 (AS)/ 基点 (B)/ 计数 (COU)/ 间距 (S)/ 列数 (COL)/ 行数 (R)/ 层数
(L)/ 退出 (X)] < 退出 >：                          //s，按 Enter 键。
指定列之间的距离或 [ 单位单元 (U)] <540>：           //5260/6+15，按 Enter 键。
指定行之间的距离 <0>：                             //1，按 Enter 键。
选择夹点以编辑阵列或 [ 关联 (AS)/ 基点 (B)/ 计数 (COU)/ 间距 (S)/ 列数 (COL)/ 行数 (R)/ 层数
(L)/ 退出 (X)] < 退出 >：                          //AS，按 Enter 键。
创建关联阵列 [ 是 (Y)/ 否 (N)] < 否 >：              //N，按 Enter 键。
选择夹点以编辑阵列或 [ 关联 (AS)/ 基点 (B)/ 计数 (COU)/ 间距 (S)/ 列数 (COL)/ 行数 (R)/ 层数
(L)/ 退出 (X)] < 退出 >：                          // 按 Enter 键，阵列结果如图 6-206 所示。
```

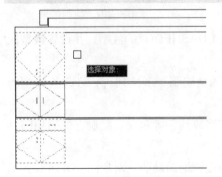

图6-205　选择结果

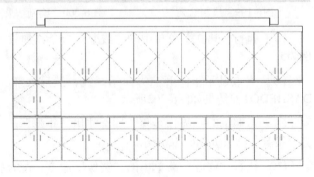

图6-206　阵列结果

⑫ 执行"修改"菜单中的"镜像"命令，配合中点捕捉功能，窗交选择如图6-207所示的对象进行镜像，结果如图6-208所示。

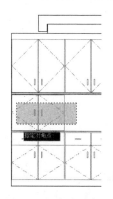

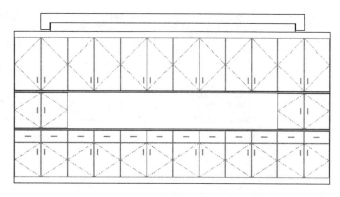

图6-207　窗交选择　　　　　　　　　　　　　　　图6-208　镜像结果

至此，跃一层客厅壁柜立面图绘制完毕，下一小节将学习客厅A向墙面立面构件图具体绘制过程。

6.8.3　完善一层客厅立面轮廓图

① 继续上节的操作。

② 展开"图层"工具栏上的"图层控制"下拉列表，将"图块层"设为当前层。

③ 执行"插入"菜单中的"块"命令，或按快捷键I激活"插入块"命令，以默认参数插入随书光盘中的"\图块文件\日光灯01.dwg"文件，插入点为如图6-209所示的中点，插入结果如图6-210所示。

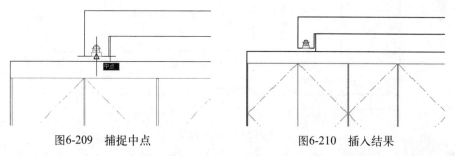

图6-209　捕捉中点　　　　　　　　　　　　图6-210　插入结果

④ 重复执行"插入块"命令，配合捕捉追踪功能，以默认参数插入随书光盘中的"\图块文件\筒灯-01.dwg"文件，插入结果如图6-211所示。

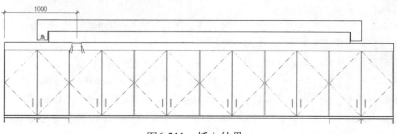

图6-211　插入结果

（5）重复执行"插入块"命令，设置块参数如图6-212所示，再次插入随书光盘中的"\图块文件\筒灯-01.dwg"文件，插入结果如图6-213所示。

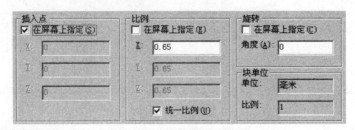

图6-212 设置块参数

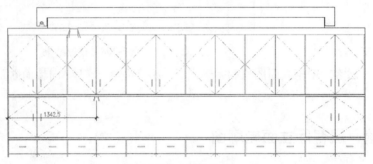

图6-213 插入结果

（6）重复执行"插入块"命令，配合捕捉追踪功能，以默认参数插入随书光盘中的"\图块文件\block1.dwg和block2.dwg"文件，插入结果如图6-214所示。

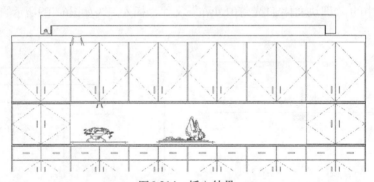

图6-214 插入结果

（7）单击"修改"菜单中的"复制"命令，对上侧的筒灯图块进行复制。命令行操作如下。

```
命令：_copy
选择对象：                                    // 选择插入的筒灯图块。
选择对象：                                    // 按 Enter 键。
当前设置：复制模式 = 多个
指定基点或 [ 位移 (D)/ 模式 (O)] < 位移 >：       // 拾取任一点。
指定第二个点或 [ 阵列 (A)] < 使用第一个点作为位移 >： // @1680,0，按 Enter 键。
指定第二个点或 [ 阵列 (A)/ 退出 (E)/ 放弃 (U)] < 退出 >： //@3360,0，按 Enter 键。
指定第二个点或 [ 阵列 (A)/ 退出 (E)/ 放弃 (U)] < 退出 >：// 按 Enter 键，结束命令，复制结果如
                                                图 6-215 所示。
```

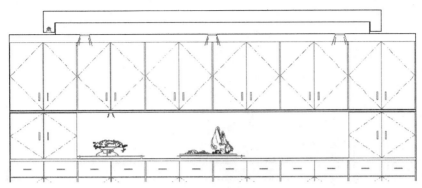

图6-215　复制结果

⑧ 单击"修改"工具栏上的 ▦ 按钮，激活"矩形阵列"命令，选择下侧的筒灯图块进行矩形阵列。命令行操作如下。

```
命令：_arrayrect
选择对象：                              //选择如图 6-216 所示的对象。
选择对象：                              // 按 Enter 键。
类型 = 矩形  关联 = 是
选择夹点以编辑阵列或 [ 关联 (AS)/ 基点 (B)/ 计数 (COU)/ 间距 (S)/ 列数 (COL)/ 行数 (R)/ 层数
(L)/ 退出 (X)] < 退出 >：                //COU，按 Enter 键。
输入列数或 [ 表达式 (E)] <4>：          //4，按 Enter 键。
输入行数或 [ 表达式 (E)] <3>：          //1，按 Enter 键。
选择夹点以编辑阵列或 [ 关联 (AS)/ 基点 (B)/ 计数 (COU)/ 间距 (S)/ 列数 (COL)/ 行数 (R)/ 层数
(L)/ 退出 (X)] < 退出 >：                //s，按 Enter 键。
指定列之间的距离或 [ 单位单元 (U)] <540>：//2675/3，按 Enter 键。
指定行之间的距离 <540>：                // 1，按 Enter 键。
选择夹点以编辑阵列或 [ 关联 (AS)/ 基点 (B)/ 计数 (COU)/ 间距 (S)/ 列数 (COL)/ 行数 (R)/ 层数
(L)/ 退出 (X)] < 退出 >：                //AS，按 Enter 键。
创建关联阵列 [ 是 (Y)/ 否 (N)] < 否 >：  //N，按 Enter 键。
选择夹点以编辑阵列或 [ 关联 (AS)/ 基点 (B)/ 计数 (COU)/ 间距 (S)/ 列数 (COL)/ 行数 (R)/ 层数
(L)/ 退出 (X)] < 退出 >：                // 按 Enter 键，阵列结果如图 6-217 所示。
```

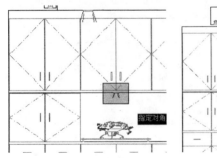

图6-216　窗口选择

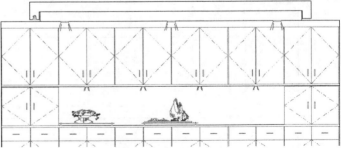

图6-217　阵列结果

⑨ 执行"修改"菜单中的"镜像"命令，对上侧的日光灯图块和下侧的block1图块进行镜像，结果如图6-218所示。

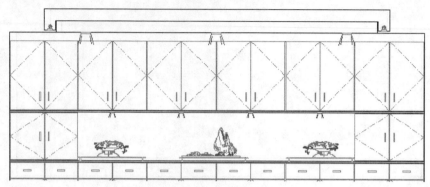

图6-218 镜像结果

至此，跃一层A向客厅立面图绘制完毕，下一小节将学习一层客厅立面图尺寸的具体标注过程。

6.8.4 标注一层客厅立面图尺寸

① 继续上节的操作。

② 展开"样式"工具栏上的"标注样式控制"下拉列表，将"建筑标注"设置为当前样式，如图6-219所示。

图6-219 设置当前样式

③ 执行菜单"标注"|"标注样式"命令，修改当前标注样式的全局比例为25，线性标注的标注精度为0.0。

④ 执行"标注"菜单中的"线性"命令，标注如图6-220所示的线性尺寸，作为基准尺寸。

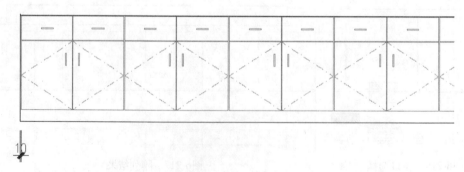

图6-220 标注线性尺寸

⑤ 执行"标注"菜单中的"连续"命令，配合捕捉与追踪功能，标注如图6-221所示的连续尺寸。

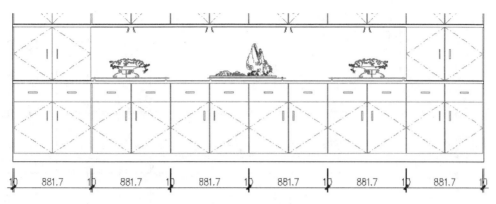

图6-221 标注连续尺寸

⑥ 单击"标注"工具栏上的 按钮，激活"编辑标注文字"命令，对重叠尺寸文字进行编辑，结果如图6-222所示。

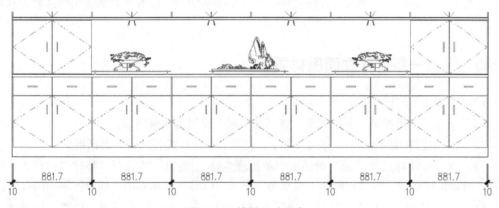

图6-222 编辑尺寸文字

⑦ 重复执行"线性"命令，配合捕捉或追踪功能，标注立面图下侧的总尺寸，结果如图6-223所示。

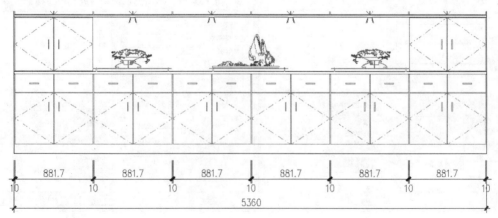

图6-223 标注总尺寸

⑧ 参照上述操作，综合使用"线性"、"连续"和"编辑标注文字"等命令，分别标注立面图两侧的尺寸，结果如图6-224所示。

273

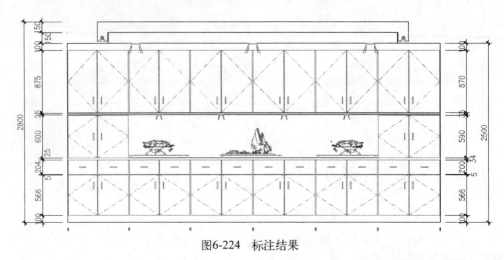

图6-224　标注结果

至此，一层客厅立面图尺寸标注完毕，下一小节将学习一层客厅立面图引线注释的具体标注过程。

6.8.5　标注一层客厅立面图材质

①　继续上节的操作。

②　展开"图层控制"下拉列表，将"文本层"设置为当前图层。

③　按快捷键D激活"标注样式"命令，打开"标注样式管理器"对话框。

④　在"标注样式管理器"对话框中单击 替代(O)... 按钮，然后在"替代当前样式：建筑标注"对话框中展开"符号和箭头"选项卡，设置引线的箭头及大小，如图6-225所示。

⑤　在"替代当前样式：建筑标注"对话框中展开"文字"选项卡，设置文字样式，如图6-226所示。

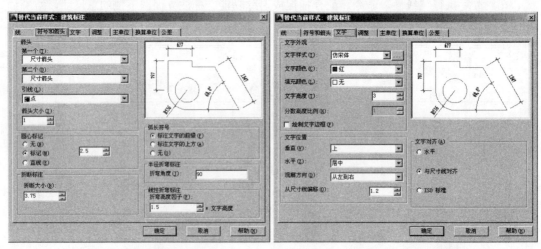

图6-225　设置箭头及大小　　　　　图6-226　设置文字样式

⑥　在"替代当前样式：建筑标注"对话框中展开"调整"选项卡，设置标注全局比例，如图6-227所示。

⑦　在"替代当前样式：建筑标注"对话框中单击 确定 按钮，返回"标注样式管理器"对话框，样式替代效果如图6-228所示。

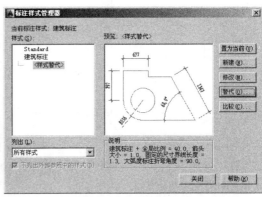

图6-227　设置比例　　　　　　　　　图6-228　替代效果

⑧　在"标注样式管理器"对话框中单击 关闭 按钮，结束命令。

⑨　按快捷键LE激活"快速引线"命令，在命令行"指定第一个引线点或 [设置(S)] <设置>："提示下激活"设置"选项，打开"引线设置"对话框。

⑩　在"引线设置"对话框中展开"引线和箭头"选项卡，然后设置参数，如图6-229所示。

⑪　在"引线设置"对话框中展开"附着"选项卡，设置引线注释的附着位置，如图6-230所示。

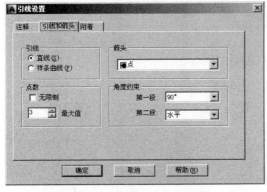

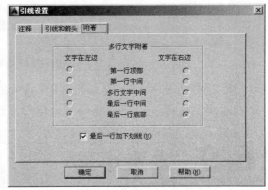

图6-229　"引线和箭头"选项卡　　　　图6-230　"附着"选项卡

⑫　单击"引线设置"对话框中的 确定 按钮，返回绘图区，根据命令行的提示，指定三个引线点绘制引线，如图6-231所示。

⑬　在命令行"指定文字宽度 <0>："提示下按Enter键。

⑭　在命令行"输入注释文字的第一行 <多行文字(M)>："提示下，输入"镜前灯"，并按Enter键。

⑮　在命令行"输入注释文字的下一行："提示下，输入"黑桃木梳妆柜成品"，并按Enter键。

⑯ 继续在命令行"输入注释文字的下一行 <多行文字(M)>:"提示下，按Enter键结束命令，标注结果如图6-232所示。

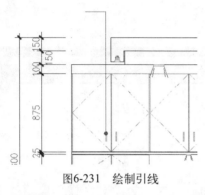

图6-231　绘制引线

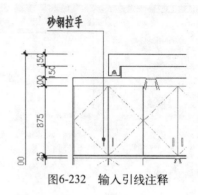

图6-232　输入引线注释

⑰ 重复执行"快速引线"命令，按照当前的引线参数设置，分别标注其他位置的引线注释，标注结果如图6-233所示。

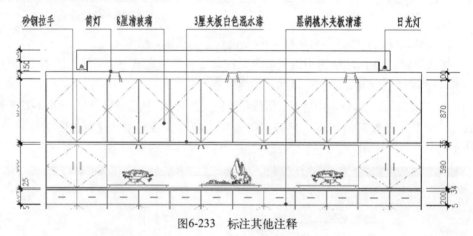

图6-233　标注其他注释

⑱ 调整视图，将图形全部显示，最终效果如图6-191所示。

⑲ 最后执行"另存为"命令，将图形另名存储为"绘制跃一层客厅A向立面图.dwg"。

6.9　本章小结

　　本章在概述跃层住宅装修设计理念的前提下，以绘制跃层住宅底层装修设计方案为例，按照实际设计流程，详细而系统地讲述了跃层住宅一层装修的设计方法、设计思路、绘图技巧以及具体的绘图过程。具体分为绘制跃层住宅一层墙体结构图、绘制跃层住宅一层家具布置图、绘制跃层住宅一层地面材质图、绘制跃层住宅一层装修布置图、绘制跃层住宅一层吊顶装修图、绘制跃层住宅一层客厅立面图等操作案例。

　　希望读者通过本章的学习，对跃层住宅装修知识能有所了解和认知，通过本章装修案例的系统学习，能掌握相关的设计流程、设计方法和具体的绘图技能。

第7章 Chapter 07

跃层住宅二层设计方案

- ☐ 跃层住宅二层方案设计思路
- ☐ 绘制跃层住宅二层墙体结构图
- ☐ 绘制跃层住宅二层家具布置图
- ☐ 绘制跃层住宅二层地面材质图
- ☐ 标注跃层住宅二层装修布置图
- ☐ 绘制跃层住宅二层吊顶装修图
- ☐ 本章小结

7.1 跃层住宅二层方案设计思路

本章绘制的装修设计方案是跃层住宅的第二层设计方案，其空间功能主要划分为主卧室、书房、起居室、儿童房、卫生间、更衣室等。在设计跃层住宅二层方案时，具体可以参照如下思路。

第一，首先根据事先测量的数据，初步绘制跃层住宅二层的墙体结构平面图，包括墙、窗、门、楼梯等内容。

第二，在二层墙体平面图的基础上，合理、科学地规划空间，绘制家具布置图；

第三，在二层家具布置图的基础上，绘制其地面材质图，以体现地面的装修概况。

第四，在二层布置图中标注必要的尺寸，以文字的形式表达出装修材质及墙面投影。

第五，根据跃层住宅二层布置图绘制跃层住宅二层吊顶图，具体有吊顶轮廓的绘制以及主辅灯具的布置等。

第六，最后根据布置图绘制墙面立面图，并标注立面尺寸及材质说明。

7.2 绘制跃层住宅二层墙体结构图

本节主要讲述跃层住宅二层墙体结构图的具体绘制过程和绘制技巧。跃层住宅二层墙体结构图的最终绘制效果如图7-1所示。

在绘制跃层住宅二层墙体结构图时，可以参照如下绘图思路。

- ◆ 使用"矩形"、"偏移"、"分解"等命令绘制墙体轴线。
- ◆ 使用"修剪"、夹点编辑等命令编辑墙体轴线。

◆ 使用"打断"、"修剪"、"偏移"等命令创建门洞和窗洞。

◆ 使用"多线"、"多线样式"命令绘制主墙线和次墙线。

◆ 使用"多段线"、"多线"等命令绘制窗与阳台构件。

◆ 最后使用"插入块"和"矩形"命令绘制门与楼梯构件。

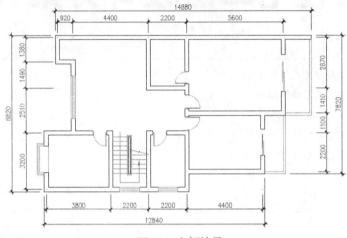

图7-1　实例效果

7.2.1　绘制跃二层轴线图

①　执行"新建"命令，以随书光盘中的"\样板文件\绘图样板.dwt"文件作为基础样板，新建文件。

②　在命令行设置系统变量LTSCALE的值为1，然后执行"图层"命令，将"轴线层"设置为当前图层。

③　单击"绘图"工具栏上的□按钮，绘制长度为15440、宽度为8580的矩形，作为基准轴线，如图7-2所示。

④　单击"修改"工具栏上的按钮，激活"分解"命令，将矩形分解为四条独立的线段。

⑤　单击"修改"工具栏上的按钮，激活"偏移"命令，将两侧的垂直边向中间偏移，创建内部的垂直轴线，结果如图7-2所示。

⑥　重复执行"偏移"命令，将两侧的矩形水平边向中间偏移，创建内部的水平轴线，结果如图7-3所示。

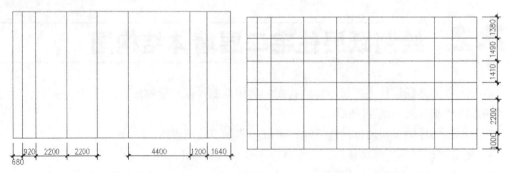

图7-2　偏移垂直边　　　　　　　　　　图7-3　偏移水平边

⑦ 在无命令执行的前提下，夹点显示如图7-4所示的垂直图线，然后使用夹点拉伸功能对其进行夹点编辑，编辑结果如图7-5所示。

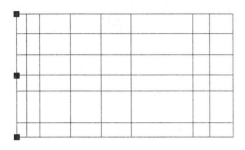

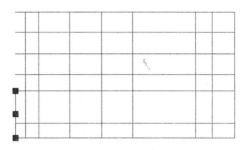

图7-4 夹点显示　　　　　　　　　　　　　　图7-5 夹点编辑

⑧ 重复执行夹点拉伸功能，分别对其他位置的纵横轴线进行夹点编辑，如图7-6所示。

⑨ 按ESC键，取消轴线的夹点显示状态，结果如图7-7所示。

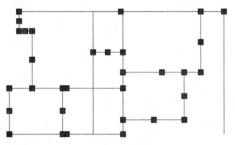

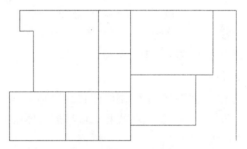

图7-6 夹点编辑结果　　　　　　　　　　　　图7-7 取消夹点

⑩ 执行"修改"菜单中的"偏移"命令，将最上侧的水平轴线向下偏移2180和4580个单位，作为辅助线，如图7-8所示。

⑪ 单击"修改"工具栏上的 ⁄- 按钮，激活"修剪"命令，以偏移出的两条轴线段作为修剪边界，对垂直轴线进行修剪，以创建宽度为2400的窗洞，修剪结果如图7-9所示。

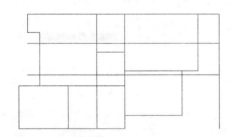

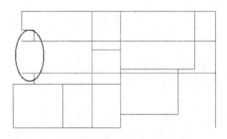

图7-8 偏移结果　　　　　　　　　　　　　　图7-9 修剪结果

⑫ 按快捷键E激活"删除"命令，将偏移出的两条垂直轴线和最右侧的垂直轴线删除，结果如图7-10所示。

⑬ 单击"修改"工具栏上的 ⊡ 按钮，激活"打断"命令，在下侧的水平轴线上创建宽度为3225的窗洞。命令行操作如下。

```
命令：_break
选择对象：                              // 选择最左侧的垂直轴线。
指定第二个打断点 或 [ 第一点 (F)]:      //F，按 Enter 键，重新指定第一断点。
```

指定第一个打断点：	// 激活"捕捉自"功能。
_from 基点：	// 捕捉左侧垂直轴线的下端点。
＜偏移＞：	//@0,950，按 Enter 键。
指定第二个打断点：	//@0,1500，按 Enter 键，结果如图 7-11 所示。

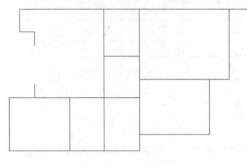

图7-10　删除结果 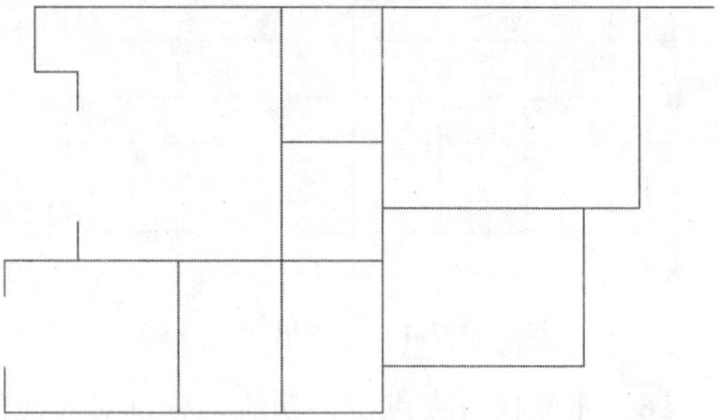　　　　　　　图7-11　打断结果

⑭ 参照第11～13操作步骤，综合使用"偏移"、"修剪"、"打断"等命令，分别创建其他位置的门洞和窗洞，操作结果如图7-12所示。

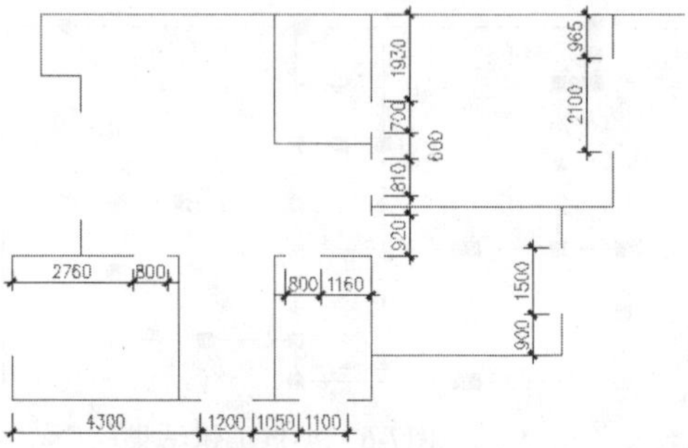

至此，跃层住宅二层墙体轴线绘制完毕，下一小节将学习二层主墙线和次墙线的具体绘制过程和绘制技巧。

图7-12　操作结果

7.2.2　绘制跃二层墙线图

① 继续上节的操作。

② 展开"图层控制"下拉列表，将"墙线层"设为当前图层，如图7-13所示。

③ 执行"格式"菜单中的"多线样式"命令，在打开的对话框中设置"墙线样式"为当前样式。

④ 执行"绘图"菜单中的"多线"命令，配合端点捕捉功能绘制墙线，命令行操作如下。

图7-13　设置当前层

命令：_mline	
当前设置：对正＝上，比例＝20.00，样式＝墙线样式	
指定起点或 [对正 (J)/ 比例 (S)/ 样式 (ST)]：	//s，按 Enter 键。
输入多线比例 <20.00>：	//240，按 Enter 键。
当前设置：对正＝上，比例＝240.00，样式＝墙线样式样式	
指定起点或 [对正 (J)/ 比例 (S)/ 样式 (ST)]：	//j，按 Enter 键。
输入对正类型 [上 (T)/ 无 (Z)/ 下 (B)] ＜ 上 ＞：	//z，按 Enter 键。
当前设置：对正＝无，比例＝240.00，样式＝墙线样式样式	
指定起点或 [对正 (J)/ 比例 (S)/ 样式 (ST)]：	// 捕捉如图 7-14 所示的端点 1。
指定下一点：	// 捕捉如图 7-14 所示的端点 2。

指定下一点或 [放弃 (U)]:	// 捕捉端点 3。
指定下一点或 [闭合 (C)/ 放弃 (U)]:	// 捕捉端点 4。
指定下一点或 [闭合 (C)/ 放弃 (U)]:	// 捕捉端点 5。
指定下一点或 [闭合 (C)/ 放弃 (U)]:	// 按 Enter 键，绘制结果如图7-15所示。

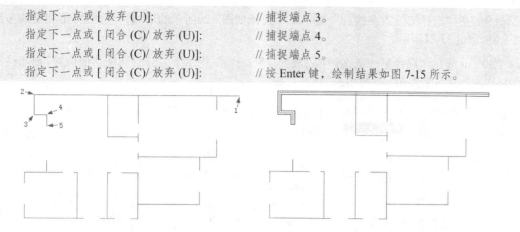

图7-14　定位端点　　　　　　　　　　　　　　图7-15　绘制结果

⑤　重复执行"多线"命令，设置多线比例和对正方式保持不变，配合端点捕捉和交点捕捉功能绘制其他墙线，结果如图7-16所示。

⑥　展开"图层控制"下拉列表，关闭"轴线层"，此时图形的显示结果如图7-17所示。

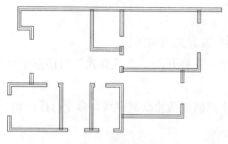 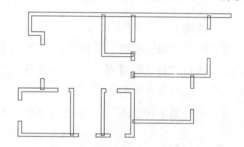

图7-16　绘制其他墙线　　　　　　　　　　　　图7-17　关闭轴线后的显示

⑦　执行"修改"菜单栏中的"对象"|"多线"命令，在打开的"多线编辑工具"对话框内单击 ⊤ 按钮，激活"T形合并"功能，如图7-18所示。

⑧　返回绘图区，在命令行的"选择第一条多线："提示下选择如图7-19所示的墙线。

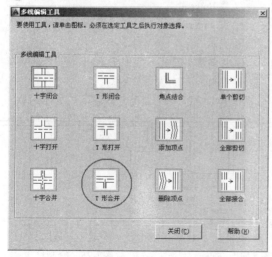 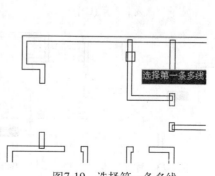

图7-18　"多线编辑工具"对话框　　　　　　　图7-19　选择第一条多线

⑨ 在"选择第二条多线："提示下，选择如图7-20所示的墙线，这两条T形相交的多线被合并，如图7-21所示。

⑩ 继续在"选择第一条多线或 [放弃（U）]："提示下，分别选择其他位置T形墙线进行合并，合并结果如图7-22所示。

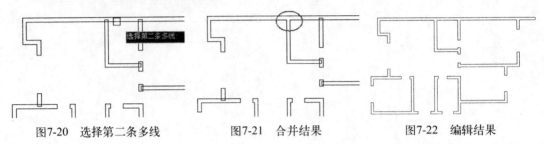

图7-20 选择第二条多线　　　　图7-21 合并结果　　　　图7-22 编辑结果

至此，跃二层墙线绘制完毕，下一小节将学习跃二层平面窗、凸窗、阳台等建筑构件的具体绘制过程。

7.2.3 绘制二层窗与阳台

① 继续上节的操作。

② 展开"图层控制"下拉列表，将"门窗层"设置为当前图层。

③ 执行"格式"菜单中的"多线样式"命令，在打开的"多线样式"对话框中，设置"窗线样式"为当前样式。

④ 执行菜单"绘图"|"多线"命令，配合中点捕捉功能绘制窗线，命令行操作如下。

```
命令：_mline
当前设置：对正＝上，比例＝120.00，样式＝窗线样式
指定起点或 [ 对正 (J)/ 比例 (S)/ 样式 (ST)]:     //s，按 Enter 键。
输入多线比例 <20.00>:                          //240，按 Enter 键。
当前设置：对正＝上，比例＝240.00，样式＝窗线样式
指定起点或 [ 对正 (J)/ 比例 (S)/ 样式 (ST)]:     //j，按 Enter 键。
输入对正类型 [ 上 (T)/ 无 (Z)/ 下 (B)] <上>:    //z，按 Enter 键。
当前设置：对正＝无，比例＝240.00，样式＝窗线样式
指定起点或 [ 对正 (J)/ 比例 (S)/ 样式 (ST)]:     // 捕捉如图 7-23 所示的中点。
指定下一点:                                    // 捕捉如图 7-24 所示的交点。
指定下一点或 [ 放弃 (U)]:                       // 按 Enter 键，绘制结果如图 7-25 所示。
```

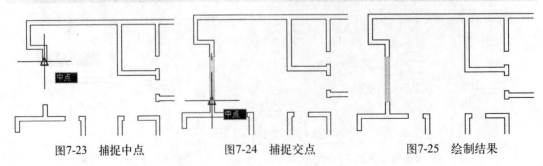

图7-23 捕捉中点　　　　图7-24 捕捉交点　　　　图7-25 绘制结果

⑤ 重复执行"多线"命令，配合中点捕捉与追踪功能，绘制其他侧的窗线，绘制结果如图7-26所示。

⑥ 执行"绘图"菜单中的"多段线"命令，配合坐标输入功能，绘制阳台轮廓线。命令行操作如下。

```
命令：_pline
指定起点：                            // 捕捉如图 7-27 所示的端点。
当前线宽为 0.0
指定下一个点或 [ 圆弧 (A)/ 半宽 (H)/ 长度 (L)/ 放弃 (U)/ 宽度 (W)]:
                                     //@0,-4280，按 Enter 键。
指定下一点或 [ 圆弧 (A)/ 闭合 (C)/ 半宽 (H)/ 长度 (L)/ 放弃 (U)/ 宽度 (W)]:
                                     //@-1520,0，按 Enter 键。
指定下一点或 [ 圆弧 (A)/ 闭合 (C)/ 半宽 (H)/ 长度 (L)/ 放弃 (U)/ 宽度 (W)]:
                                     // 按 Enter 键，绘制结果如图 7-28 所示。
```

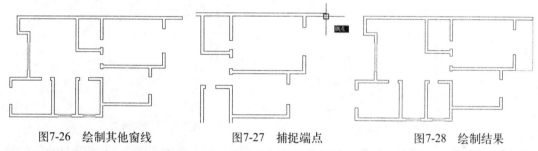

图7-26 绘制其他窗线　　　图7-27 捕捉端点　　　图7-28 绘制结果

⑦ 按快捷键O激活"偏移"命令，选择刚绘制的多段线，向内侧偏移120个单位，结果如图7-29所示。

⑧ 重复执行"多段线"命令，配合坐标输入功能，绘制如图7-30所示的凸窗轮廓线。

⑨ 按快捷键O激活"偏移"命令，选择刚绘制的多段线，向外侧偏移80和160个单位，结果如图7-31所示。

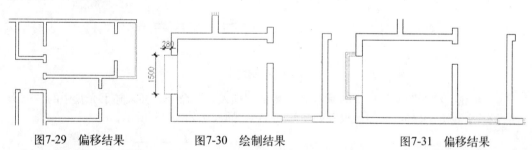

图7-29 偏移结果　　　图7-30 绘制结果　　　图7-31 偏移结果

⑩ 重复执行"多段线"命令，配合捕捉或追踪功能，绘制右侧的阳台轮廓线，结果如图7-32所示。

至此，跃二层平面窗、凸窗、阳台等构件绘制完毕，下一小节将学习跃二层推拉门、单开门和楼梯等建筑构件的具体绘制过程。

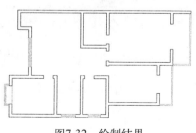

图7-32 绘制结果

7.2.4 绘制二层其他构件

① 继续上节的操作。

② 执行"绘图"菜单中的"矩形"命令,配合中点捕捉功能绘制推拉门。命令行操作如下。

```
命令：_rectang
指定第一个角点或 [ 倒角 (C)/ 标高 (E)/ 圆角 (F)/ 厚度 (T)/ 宽度 (W)]:
                                        // 捕捉如图 7-33 所示的中点。
指定另一个角点或 [ 面积 (A)/ 尺寸 (D)/ 旋转 (R)]：  //@50,800，按 Enter 键。
命令：_rectang
指定第一个角点或 [ 倒角 (C)/ 标高 (E)/ 圆角 (F)/ 厚度 (T)/ 宽度 (W)]:
                                        // 捕捉刚绘制的矩形左侧的垂直边中点。
指定另一个角点或 [ 面积 (A)/ 尺寸 (D)/ 旋转 (R)]：  //@-50,800，按 Enter 键,绘制结果如图 7-34 所示。
```

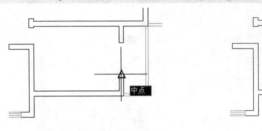

图7-33 捕捉中点　　　　　　　图7-34 绘制结果

③ 重复执行"矩形"命令,配合中点捕捉功能,绘制右侧的推拉门,长度为1100、宽度为50,结果如图7-35所示。

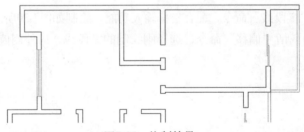

图7-35 绘制结果

④ 单击"绘图"工具栏上的 按钮,激活"插入块"命令,插入随书光盘中的"\图块文件\单开门.dwg"文件,块参数设置如图7-36所示,插入点如图7-37所示。

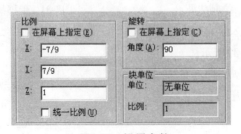
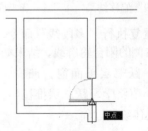

图7-36 设置参数　　　　　　　图7-37 定位插入点

⑤ 重复执行"插入块"命令,设置块参数如图7-38所示,插入点为如图7-39所示的中点。

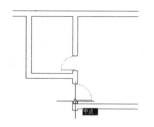

图7-38　设置参数　　　　　　　　图7-39　定位插入点

⑥ 重复执行"插入块"命令，设置插入参数，如图7-40所示，插入点为如图7-41所示的中点。

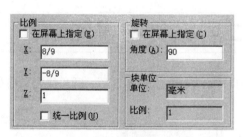
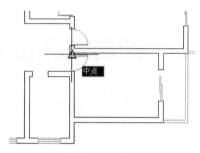

图7-40　设置参数　　　　　　　　图7-41　定位插入点

⑦ 重复执行"插入块"命令，设置插入参数，如图7-42所示，插入点为如图7-43所示的中点。

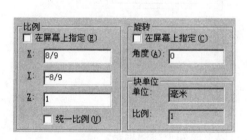
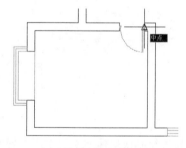

图7-42　设置参数　　　　　　　　图7-43　定位插入点

⑧ 重复执行"插入块"命令，设置插入参数，如图7-44所示，插入点为如图7-45所示的中点。

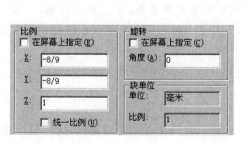
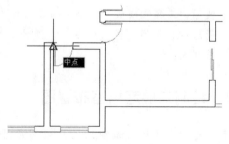

图7-44　设置参数　　　　　　　　图7-45　定位插入点

⑨ 重复执行"插入块"命令，以默认参数插入随书光盘中的"\图块文件\楼梯02.dwg"文件，插入点为如图7-46所示的端点，插入结果如图7-47所示。

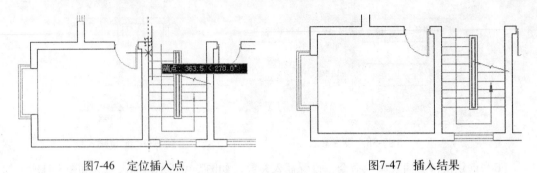

图7-46 定位插入点　　　　　　　　图7-47 插入结果

⑩ 最后执行"保存"命令，将图形命名存储为"绘制跃二层墙体结构图.dwg"。

7.3 绘制跃层住宅二层家具布置图

本节主要讲述跃层住宅二层室内布置图的具体绘制过程和绘制技巧。跃层住宅二层布置图的最终绘制效果如图7-48所示。

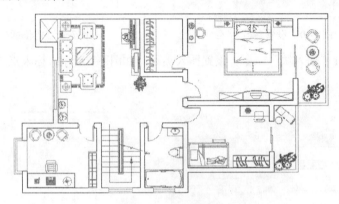

图7-48 实例效果

在具体绘制跃层住宅二层室内布置图时，可以参照如下绘图思路。

◆ 使用"插入块"命令为起居室布置沙发组合、电视、电视柜、绿化植物等。

◆ 使用"设计中心"命令的资源共享功能为主卧室布置双人床、电视柜、梳妆台、休闲桌椅等。

◆ 使用"工具选项板"命令中的资源共享功能为书房布置桌、椅、柜等图例。

◆ 最后综合使用"插入块"、"设计中心"、"工具选项板"等命令绘制其他房间内的布置图。

7.3.1 绘制二层起居室布置图

① 执行"打开"命令，打开随书光盘中的"\效果文件\第7章\绘制跃二层墙体结构图.dwg"文件。

② 执行菜单"格式"|"图层"命令，在打开的对话框中双击"家具层"，将其设置为当前图层。

(3) 单击"绘图"工具栏上的 按钮，选择随书光盘中的"\图块文件\沙发组合.dwg"文件，块参数设置如图7-49所示。

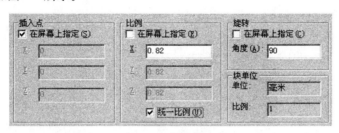

图7-49 设置块参数

(4) 返回绘图区，根据命令行的提示，引出如图7-50所示的端点追踪矢量，输入700后按Enter键，定位插入点，插入结果如图7-51所示。

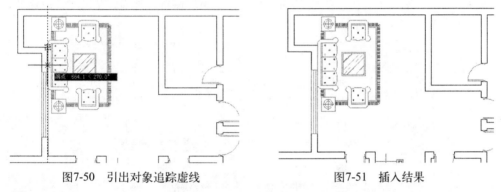

图7-50 引出对象追踪虚线　　　　　图7-51 插入结果

(5) 重复执行"插入块"命令，插入随书光盘中的"\图块文件\钢琴.dwg"文件，块参数设置如图7-52所示。

图7-52 设置参数

(6) 在绘图区"指定插入点或 [基点(B)/比例(S)/旋转(R)]:"提示下，捕捉如图7-53所示的端点作为插入点，插入结果如图7-54所示。

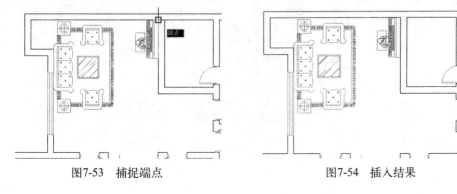

图7-53 捕捉端点　　　　　图7-54 插入结果

⑦ 重复执行"插入块"命令，采用默认参数，插入随书光盘中的"\图块文件\"目录下的"绿化植物05.dwg"、"电视01.dwg"、"block03.dwg"和"block04.dwg"文件，插入结果如图7-55所示。至此，跃二层起居室布置图完毕，下一小节将学习跃二层主卧室布置图的具体绘制过程和绘制技巧。

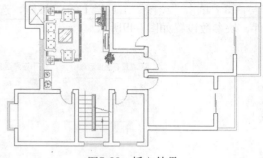

图7-55　插入结果

7.3.2　绘制二层主卧室布置图

① 继续上节的操作。

② 单击"标准"工具栏上的▦按钮，打开设计中心窗口，然后定位随书光盘中的"图块文件"文件夹，如图7-56所示。

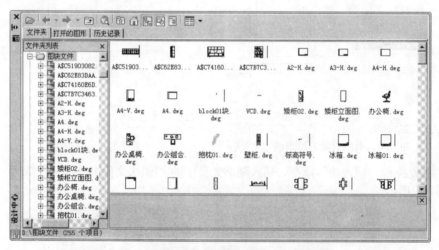

图7-56　定位目标文件夹

③ 在右侧的窗口中选择"双人床.dwg"文件，然后单击鼠标右键，选择"插入为块"选项，如图7-57所示，将此图形以块的形式共享到平面图中。

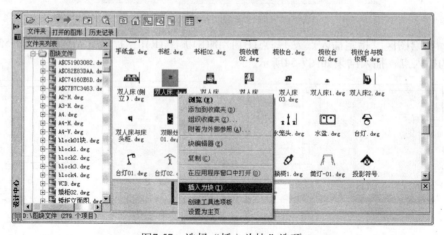

图7-57　选择"插入为块"选项

④ 此时系统打开"插入"对话框,在此对话框内采用默认参数,返回绘图区,在命令行"指定插入点或 [基点(B)/比例(S)/旋转(R)]:"提示下,捕捉如图7-58所示的端点作为插入点,插入结果如图7-59所示。

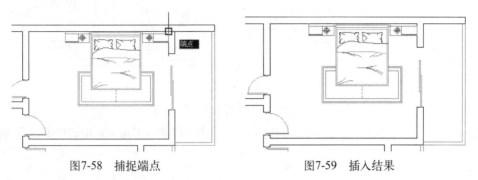

图7-58 捕捉端点　　　　　　　　　　　图7-59 插入结果

⑤ 在"设计中心"右侧的窗口中向下移动滑块,找到"梳妆台02.dwg"文件并选中,如图7-60所示。

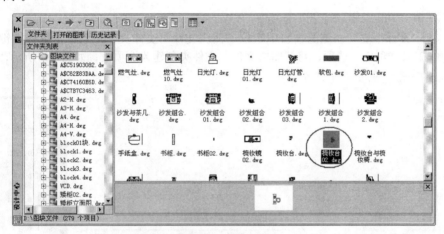

图7-60 定位文件

⑥ 按住鼠标左键不放,将"梳妆台02"拖曳至平面图中,以默认参数共享此图形,插入点为如图7-61所示的端点,插入结果如图7-62所示。

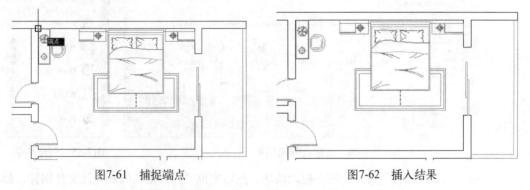

图7-61 捕捉端点　　　　　　　　　　　图7-62 插入结果

⑦ 参照第2~6操作步骤,使用"设计中心"的资源共享功能,为二层客厅布置"休闲桌椅.dwg"、"衣柜05.dwg"、"绿化植物06.dwg"和"电视与电视柜02.dwg"图块,结果如图7-63所示。

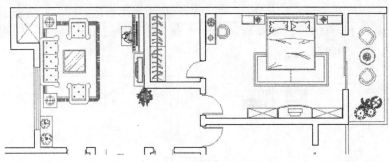

图7-63　共享结果

至此，跃二层主卧室家具布置图绘制完毕，下一小节将学习书房布置图的绘制过程和绘制技巧。

7.3.3　绘制跃二层书房布置图

① 继续上节的操作。

② 在"设计中心"左侧的窗口中定位"图块文件"文件夹，然后单击鼠标右键，选择"创建块的工具选项板"选项，将"图块文件"文件夹创建为选项板，如图7-64所示，创建结果如图7-65所示。

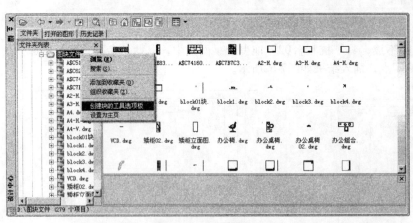

图7-64　创建块的选项板

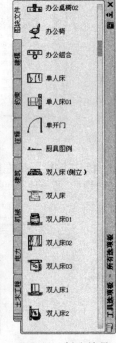

图7-65　创建结果

③ 在"工具选项板"窗口中向下拖动滑块，然后定位"办公桌椅02.dwg"文件图标，如图7-66所示。

④ 在"办公桌椅02.dwg"文件上按住鼠标左键不放，将其拖曳至绘图区，以块的形式共享此图形，然后适当调整其位置，共享结果如图7-67所示。

图7-66 定位文件

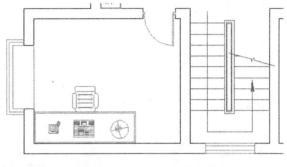

图7-67 以"拖曳"方式共享

⑤ 在"工具选项板"窗口中单击"书柜02.dwg"文件图标，如图7-68所示，然后将光标移至绘图区。

⑥ 在命令行"指定插入点或 [基点(B)/比例(S)/X/Y/Z/旋转(R)]:"提示下，捕捉如图7-69所示的端点。

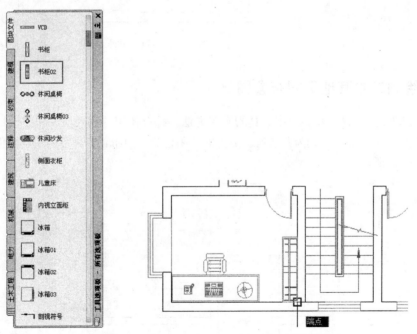

图7-68 以"单击"方式共享

图7-69 捕捉端点

⑦ 在"工具选项板"窗口中，单击如图7-70所示的"休闲桌椅.dwg"文件图标，然后将光标移至绘图区，根据命令行的提示将此图块插入到平面图中。命令行操作如下。

命令：忽略块尺寸箭头的重复定义。

忽略块休闲桌椅的重复定义。

指定插入点或 [基点 (B)/ 比例 (S)/X/Y/Z/ 旋转 (R)]: //x，按 Enter 键。

指定 X 比例因子 <1>: //0.9，按 Enter 键。

指定插入点或 [基点 (B)/ 比例 (S)/X/Y/Z/ 旋转 (R)]: //y，按 Enter 键。

指定 Y 比例因子 <1>: // -0.9，按 Enter 键。

指定插入点或 [基点 (B)/ 比例 (S)/X/Y/Z/ 旋转 (R)]: //在适当位置指定点，插入结果如图7-71所示。

图7-70　定位文件

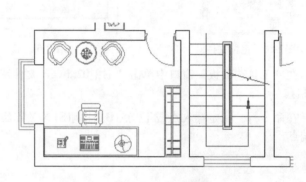

图7-71　共享结果

7.3.4　绘制二层其他房间布置图

参照第7.3.1、7.3.2和7.3.3节中家具的布置方法，综合使用"插入块"和"设计中心"和"工具选项板"等命令，分别为儿童房、卫生间、阳台等房间布置各种室内用具图例，布置后的结果如图7-72所示。

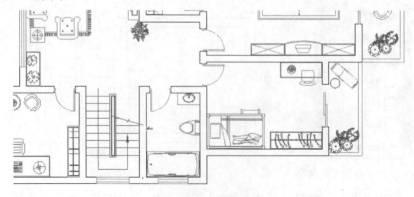

图7-72　布置其他图例

7.4 绘制跃层住宅二层地面材质图

本节主要讲述跃层住宅二层地面材质图的具体绘制过程和绘制技巧。跃层住宅二层材质图的最终绘制效果如图7-73所示。

在绘制跃层住宅二地面材质图时，可以参照如下绘图思路。

图7-73 实例效果

- ◆ 使用"直线"命令封闭各房间位置的门洞。
- ◆ 配合层的状态控制功能，使用"快速选择"、"图案填充"命令中的"预定义"图案，绘制主卧室的地毯材质图。
- ◆ 配合层的状态控制功能，使用"快速选择"、"图案填充"命令中的"预定义"图案，绘制书房、起居室和儿童房房间内的地板材质图。
- ◆ 配合层的状态控制功能，使用"快速选择"、"图案填充"命令中的"用户定义"图案，绘制卫生间和阳台位置的300×300地砖材质图。

7.4.1 绘制二层主卧室地毯材质图

① 执行"打开"命令，打开随书光盘中的"\效果文件\第7章\绘制跃二层家具布置图.dwg"文件。

② 执行菜单"格式"|"图层"命令，在打开的"图层特性管理器"对话框中，双击"地面层"，将其设置为当前层。

③ 按快捷键L激活"直线"命令，配合捕捉功能，分别将各房间两侧的门洞连接起来，以形成封闭区域，如图7-74所示。

④ 在无命令执行的前提下夹点显示主卧室房间内的电视柜、梳妆台、双人床等对象，如图7-75所示。

图7-74 绘制结果

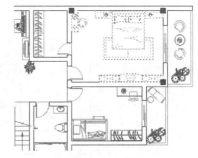

图7-75 夹点效果

⑤ 展开"图层控制"下拉列表，将夹点显示的对象放到"0图层"上，然后冻结"图块层"，此时平面图的显示结果如图7-76所示。

⑥ 按快捷键LT激活"线型"命令，加载如图7-77所示的线型，并设置线型比例。

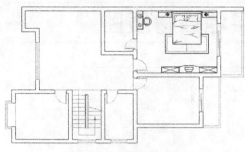

图7-76　平面图显示结果　　　　　　　　　　图7-77　加载线型

(7)　将加载的线型设置为当前线型，然后单击"绘图"工具栏上的███按钮，设置填充比例和填充类型等参数，如图7-78所示，返回绘图区，拾取如图7-79所示的区域，为主卧室填充地毯材质图案，填充结果如图7-80所示。

(8)　单击"工具"菜单中的"快速选择"命令，设置过滤条件，如图7-81所示，然后选择"0图层"上的所有对象，选择结果如图7-82所示。

(9)　展开"图层控制"下拉列表，将选择夹点对象放到"图块层"上，并解冻该图层，此时平面图的显示结果如图7-83所示。

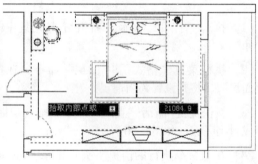

图7-78　设置填充参数　　　　　　　　　　图7-79　拾取填充区域

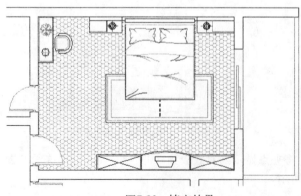

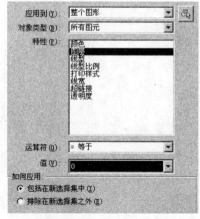

图7-80　填充结果　　　　　　　　　　图7-81　设置过滤条件

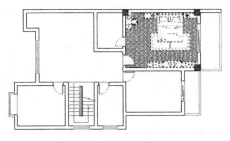

图7-82 选择结果 图7-83 平面图的显示效果

至此，主卧室地毯材质图绘制完毕，下一小节学习书房、儿童房和起居室地板材质图的绘制过程。

7.4.2 绘制起居室等地板材质图

① 继续上节的操作。

② 展开"线型控制"下拉列表，将当前线型恢复为随层。

③ 打开状态栏上的透明度显示功能。

④ 在无命令执行的前提下分别夹点显示书房、起居室和儿童房房间内的家具图例，如图7-84所示。

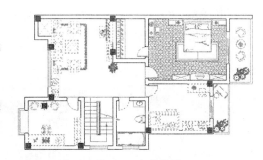

图7-84 夹点效果

⑤ 展开"图层控制"下拉列表，将夹点显示的对象放到"0图层"上，然后冻结"图块层"，此时平面图的显示结果如图7-85所示。

⑥ 单击"绘图"工具栏上的 按钮，在打开的"图案填充和渐变色"对话框中设置填充比例和填充类型等参数，如图7-86所示。

图7-85 平面图的显示效果   图7-86 设置填充图案与参数

⑦ 返回绘图区，拾取如图7-87所示的区域，为主卧室填充地毯材质图案，填充结果如图7-88所示。

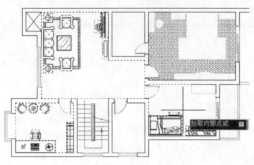

图7-87　拾取填充区域

图7-88　填充结果

(8) 在书房填充图案上单击鼠标右键，选择"图案填充编辑"命令，如图7-89所示。

(9) 此时打开"图案填充编辑"对话框，在此对话框内修改填充角度，如图7-90所示，修改后的效果如图7-91所示。

(10) 单击"工具"菜单中的"快速选择"命令，设置过滤条件为"图层"，然后选择"0图层"上的所有对象，选择结果如图7-92所示。

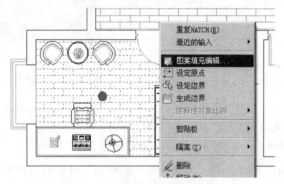

图7-89　图案填充右键菜单

图7-90　修改填充参数

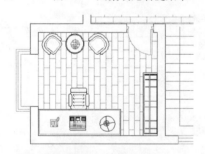

图7-91　填充结果

图7-92　选择结果

(11) 展开"图层控制"下拉列表，将选择夹点对象放到"图块层"上，并解冻该图层，此时平面图的显示结果如图7-93所示。

至此，起居室、儿童房和书房地板材质图绘制完毕，下一小节学习更衣室和卫生间、阳台地砖材质图的具体绘制过程。

图7-93　平面图的显示效果

7.4.3 绘制二层卫生间等材质图

①　继续上节的操作。

②　在无命令执行的前提下夹点显示卫生间、更衣室和阳台位置的图块，如图7-94所示。

③　展开"图层控制"下拉列表，将夹点显示的对象放到"0图层"上，然后冻结"图块层"，此时平面图的显示结果如图7-95所示。

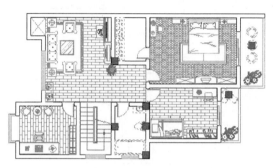
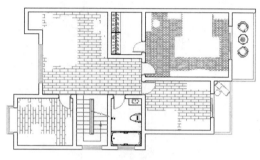

图7-94　夹点效果　　　　　　　　　　　图7-95　操作结果

④　单击"绘图"工具栏上的 ▢ 按钮，打开"图案填充和渐变色"对话框，设置填充比例和填充类型等参数，如图7-96所示，为更衣室填充如图7-97所示的材质图案。

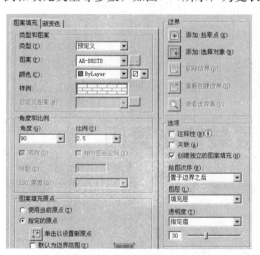
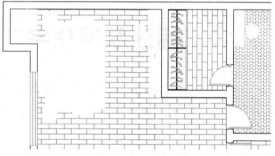

图7-96　设置填充图案与参数　　　　　　图7-97　填充结果

⑤　单击"绘图"工具栏上的 ▢ 按钮，打开"图案填充和渐变色"对话框，设置填充比例和填充类型等参数，如图7-98所示。

⑥　在对话框中单击"添加：拾取点"按钮 ▣ ，在卫生间和阳台的空白区域上单击鼠标左键，系统会自动分析出填充区域，填充后的结果如图7-99所示。

⑦　单击"工具"菜单中的"快速选择"命令，设置过滤条件为"图层"，然后选择"0图层"上的所有对象，选择结果如图7-100所示。

⑧　展开"图层控制"下拉列表，将选择夹点对象放到"图块层"上，此时平面图的显示结果如图7-101所示。

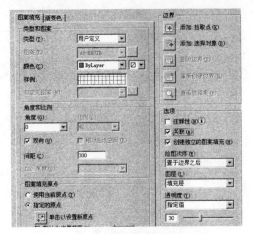

图7-98　设置填充参数

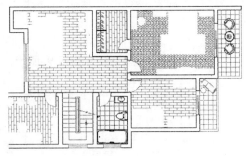

图7-99　指定填充区域

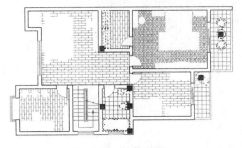

图7-100　选择结果

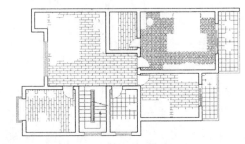

图7-101　平面图效果

⑨ 展开"图层控制"下拉列表，解冻"图块层"，最终结果如图7-73所示。

⑩ 最后执行"另存为"命令，将图形另名存储为"绘制跃二层地面材质图.dwg"。

7.5 标注跃层住宅二层装修布置图

本节主要为跃层住宅二层布置图标注尺寸、材质注解、房间功能以及墙面投影等内容。跃层住宅二层布置图的最终标注效果如图7-102所示。

图7-102　实例效果

在标注跃二层装修布置图时，可以参照如下绘图思路。

◆ 使用"标注样式"命令设置当前尺寸样式及标注比例。

◆ 使用"构造线"、"偏移"命令绘制尺寸定位辅助线。

◆ 使用"线性"、"连续"、"编辑标注文字"命令标注二层布置图尺寸。

◆ 使用"单行文字"、"编辑图案填充"命令标注二层布置图房间的使用功能性注释。

◆ 使用"直线"、"单行文字"、"编辑文字"、"复制"命令标注二层布置图的材质注解。

◆ 最后综合使用"插入块"、"镜像"、"编辑属性"等命令标注跃二层布置图的墙面投影符号。

7.5.1 标注跃二层布置图尺寸

① 执行"打开"命令，打开随书光盘中的"\效果文件\第7章\绘制跃二层地面材质图.dwg"文件。

② 展开"图层"工具栏中的"图层控制"下拉列表，将"尺寸层"设置为当前图层，并打开"轴线层"。

③ 执行"标注"菜单栏中的"标注样式"命令，修改"建筑标注"样式的标注比例为80，同时将此样式设置为当前尺寸样式。

④ 执行"绘图"菜单中的"构造线"命令，在平面图的四侧绘制四条构造线，作为尺寸定位辅助线，构造线距离平面图外侧墙体为500个单位，结果如图7-103所示。

⑤ 单击"标注"工具栏上的 ⊟ 按钮，在"指定第一个尺寸界线原点或 <选择对象>："提示下，捕捉如图7-104所示的交点。

图7-103 绘制构造线   图7-104 捕捉交点

⑥ 在"指定第二条尺寸界线原点:"提示下，捕捉追踪虚线与外墙线的交点，如图7-105所示。

⑦ 在"指定尺寸线位置或 [多行文字(M)/文字(T)/角度(A)/水平(H)/垂直(V)/旋转(R)]："提示下，在适当位置指定尺寸线位置，结果如图7-106所示。

⑧ 单击"标注"工具栏上的 ⊞ 按钮，配合捕捉或追踪功能，标注如图7-107所示的连续尺寸作为细部尺寸。

图7-105　捕捉第二原点　　　　　　　　图7-106　标注结果

图7-107　标注细部尺寸

⑨　单击"标注"工具栏上的 按钮，激活"编辑标注文字"命令，对重叠的尺寸文字进行协调，结果如图7-108所示。

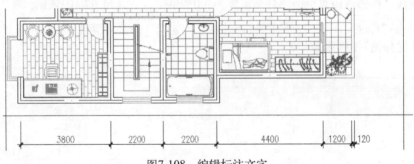

图7-108　编辑标注文字

⑩　重复执行"线性"命令，标注平面图下侧的总尺寸，标注结果如图7-109所示。

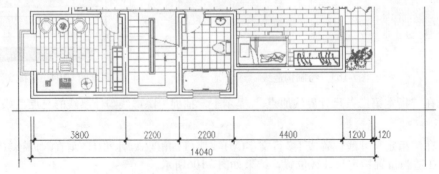

图7-109　标注总尺寸

⑪　参照第5～10操作步骤，分别标注平面图其他三侧的尺寸，结果如图7-110所示。

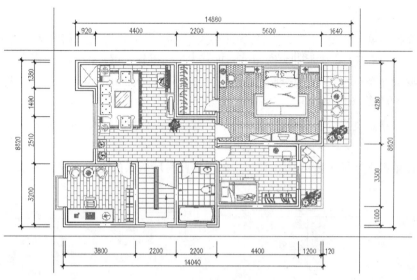

图7-110 标注其他尺寸

⑫ 关闭"轴线层",然后按快捷键E激活"删除"命令,删除四条构造线,结果如图7-111所示。

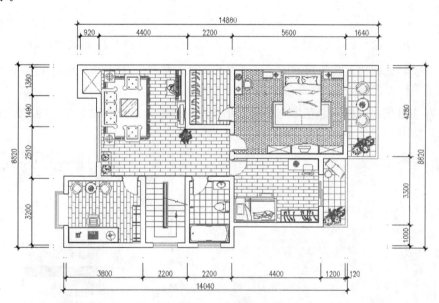

图7-111 删除结果

至此,跃二层装修布置图的尺寸标注完毕,下一小节将为二层布置图标注房间功能性注解。

7.5.2 标注二层布置图房间功能

① 继续上节的操作。

② 执行菜单"格式"|"图层"命令,在打开的"图层特性管理器"对话框中双击"文本层",将其设置为当前图层。

③ 单击"样式"工具栏上的 按钮,在打开的"文字样式"对话框中设置"仿宋体"

为当前文字样式。

④ 执行菜单"绘图"|"文字"|"单行文字"命令，在命令行"指定文字的起点或 [对正 (J)/样式(S)]:"提示下，在主卧室内的适当位置上单击鼠标左键，拾取一点作为文字的起点。

⑤ 继续在命令行"指定高度 <2.5>:"提示下，输入290，并按Enter键，将当前文字的高度设置为290个绘图单位。

⑥ 在"指定文字的旋转角度<0.00>:"提示下，直接按Enter键，表示不旋转文字，此时绘图区会出现一个单行文字输入框，如图7-112所示。

⑦ 在单行文字输入框内输入"起居室"，此时所输入的文字会出现在单行文字输入框内，如图7-113所示。

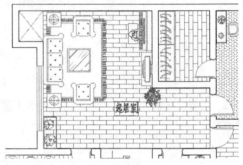

图7-112　文字输入框　　　　　　　　　　图7-113　输入文字

⑧ 分别将光标移至其他房间内，标注各房间的功能性文字注释，然后连续两次按Enter键，结束"单行文字"命令，标注结果如图7-114所示。

⑨ 在主卧室房间内的地毯填充图案上单击鼠标右键，选择右键菜单中的"图案填充编辑"选项，如图7-115所示。

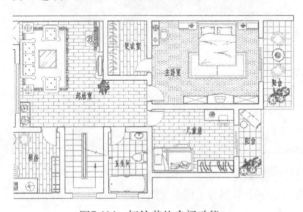
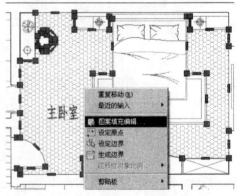

图7-114　标注其他房间功能　　　　　　　图7-115　图案填充右键菜单

⑩ 此时系统自动打开"图案填充编辑"对话框，在此对话框中单击"添加：选择对象"按钮 。

⑪ 返回绘图区，在命令行"选择对象或 [拾取内部点(K)/删除边界(B)]:"提示下，选择"主卧室"文字对象，如图7-116所示。

⑫ 按Enter键，被选择文字对象区域的图案被删除，如图7-117所示。

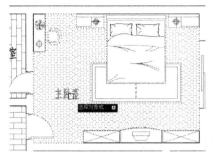

图7-116　选择文字对象　　　　　　　图7-117　编辑结果

⑬　参照第9~12操作步骤，分别修改书房、卫生间、起居室、儿童房及阳台位置的填充图案，结果如图7-118所示。

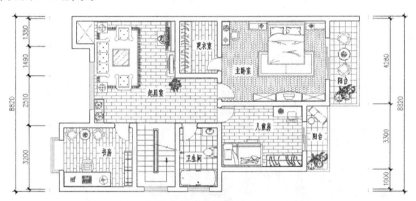

图7-118　修改其他房间填充图案

至此，跃层住宅二层布置图的房间功能性注释标注完毕，下一小节将学习地面材质注解的标注过程。

7.5.3　标注二层布置图材质注解

①　继续上节的操作。

②　暂时关闭状态栏上的"对象捕捉"功能。

③　快捷键L激活"直线"命令，绘制如图7-119所示的文字指示线。

图7-119　绘制指示线

④ 执行菜单"绘图"|"文字"|"单行文字"命令，按照当前的文字样式及字体高度，在指示线的上标注如图7-120所示的材质注解。

图7-120 标注结果

⑤ 按快捷键CO激活"复制"命令，将标注的材质注解分别复制到其他指示线上，结果如图7-121所示。

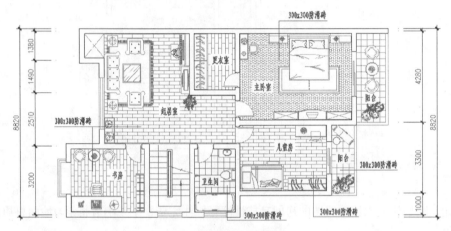

图7-121 复制结果

⑥ 按快捷键ED激活"编辑文字"命令，在复制出的文字上双击鼠标左键，输入正确的文字内容，结果如图7-122所示。

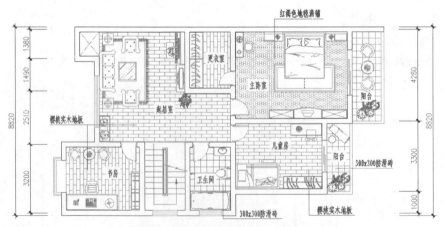

图7-122 编辑文字

至此，跃二层地面材质注解标注完毕，下一小节将学习跃二层墙面投影符号的具体标注过程。

7.5.4　标注二层布置图墙面投影

①　继续上节的操作。

②　展开"图层"工具栏上的"图层控制"列表，将"其他层"设置为当前图层。

③　按快捷键L激活"直线"命令，绘制如图7-123所示的投影符号指示线。

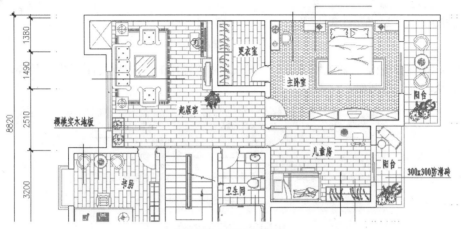

图7-123　绘制指示线

④　按快捷键I激活"插入块"命令，插入随书光盘中的"\图块文件\投影符号.dwg"属性块文件，块的缩放比例如图7-124所示。

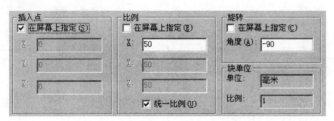

图7-124　设置块参数

⑤　返回"编辑属性"对话框，输入属性值为B，捕捉如图7-125所示的端点作为插入点，插入结果如图7-126所示。

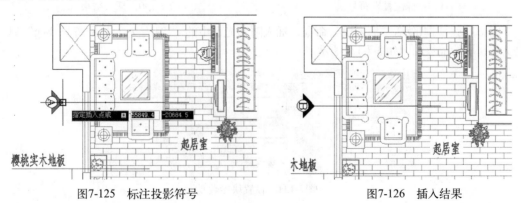

图7-125　标注投影符号　　　　　　图7-126　插入结果

⑥　在插入的投影符号属性块上双击鼠标左键，打开"增强属性编辑器"对话框，然后修改属性文本的旋转角度，如图7-127所示。

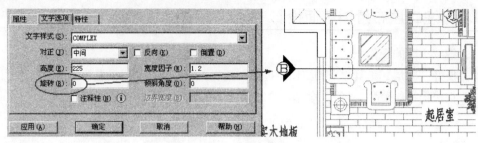

图7-127　修改角度

⑦　按快捷键I激活"插入块"命令，插入随书光盘中的"\图块文件\投影符号.dwg"属性块文件，块的缩放比例如图7-128所示。

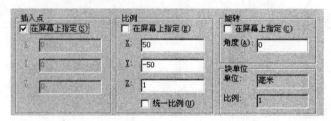

图7-128　设置块参数

⑧　返回"编辑属性"对话框，输入属性值为C，捕捉如图7-129所示的端点作为插入点，插入结果如图7-130所示。

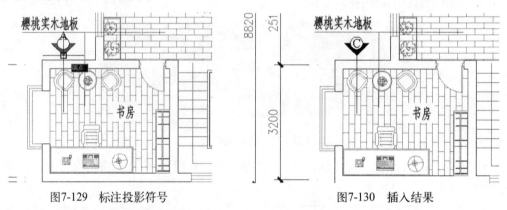

图7-129　标注投影符号　　　　　　　　图7-130　插入结果

⑨　按快捷键I激活"插入块"命令，插入随书光盘中的"\图块文件\投影符号.dwg"属性块文件，块的缩放比例如图7-131所示。

图7-131　设置块参数

⑩　返回"编辑属性"对话框，然后输入属性值为A，捕捉如图7-132所示的端点作为插入点，插入结果如图7-133所示。

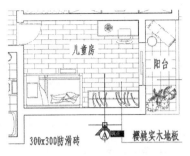

图7-132 标注投影符号

图7-133 插入结果

⑪ 按快捷键MI激活"镜像"命令,配合象限点捕捉功能对投影符号进行垂直镜像,结果如图7-134所示。

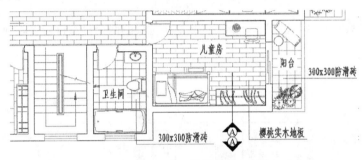

图7-134 镜像结果

⑫ 在镜像出的投影符号属性块上双击鼠标左键,打开"增强属性编辑器"对话框,修改属性值,如图7-135所示。

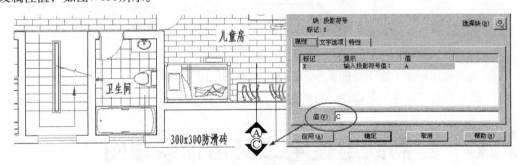

图7-135 修改属性值

⑬ 重复执行"镜像"命令,配合象限点捕捉功能对起居室位置的投影符号进行镜像,结果如图7-136所示。

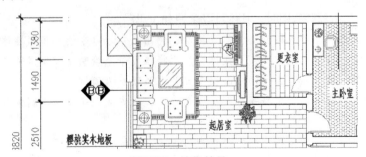

图7-136 镜像结果

⑭ 在镜像出的投影符号属性块上双击鼠标左键，打开"增强属性编辑器"对话框，修改属性值，如图7-137所示。

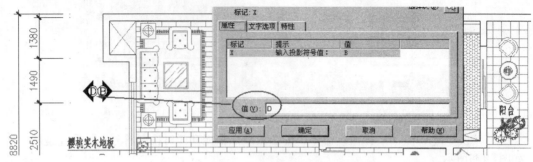

图7-137 修改属性值

⑮ 按快捷键CO激活"复制"命令，将儿童房位置的两个投影符号复制到主卧室位置，如图7-138所示。

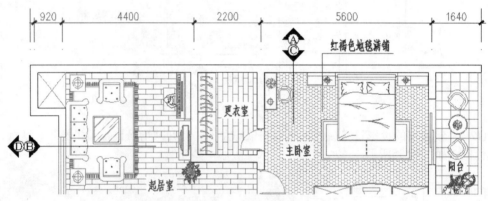

图7-138 复制结果

⑯ 调整视图，使平面图全部显示，最终结果如图7-102所示。

⑰ 最后执行"另存为"命令，将图形另名存储为"标注跃二层装修布置图.dwg"。

7.6 绘制跃层住宅二层吊顶装修图

本节主要讲述跃层住宅二层吊顶图的具体绘制过程和绘制技巧。二层吊顶图的最终绘制效果如图7-139所示。

在绘制跃二层吊顶装修图时，具体可以参照如下思路。

◆ 使用"删除"、"多段线"、"直线"、"图层"等命令绘制吊顶墙体图。

◆ 使用"直线"、"偏移"、"线性"、"特性"命令绘制窗帘和窗帘盒。

◆ 使用"插入块"命令为吊顶平面图布置艺术吊顶及吸顶灯。

◆ 使用"点样式"、"定数等分"、"多点"、"直线"等命令绘制辅助灯具。

◆ 使用"线性"、"图层"命令标注吊顶图尺寸。

◆ 使用"直线"、"单行文字"命令为吊顶平面图标注文字注释。

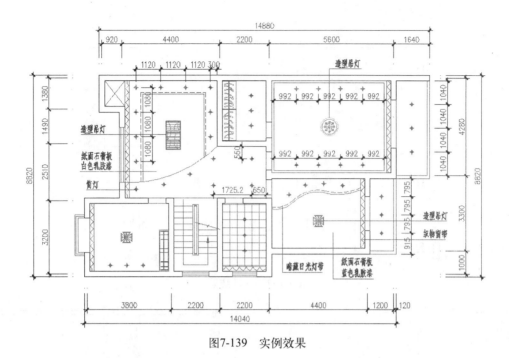

图7-139 实例效果

7.6.1 绘制二层吊顶墙体结构图

① 执行"打开"命令，打开随书光盘中的"\效果文件\第7章\标注跃二层装修布置图.dwg"文件。

② 执行"格式"菜单中的"图层"命令，或展开"图层控制"下拉列表，冻结"尺寸层"、"其他层"和"填充层"，如图7-140所示，此时平面图的显示效果如图7-141所示。

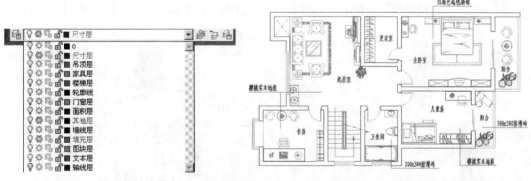

图7-140 图层的状态控制   图7-141 平面图的显示效果

③ 执行"工具"菜单中的"快速选择"命令，将过滤条件设为"图层"，选择"文本层"上的所有对象，如图7-142所示。

④ 按Delete键将夹点对象删除，然后按快捷键E激活"删除"命令，删除与当前操作无关的图形对象，结果如图7-143所示。

⑤ 在无命令执行的前提下，夹点显示如图7-144所示的柜子、墙面装饰柜等三个对象，进行分解。

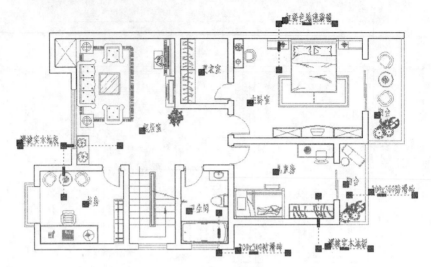

图7-142 选择结果

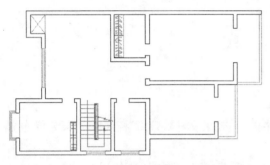

图7-143 删除结果

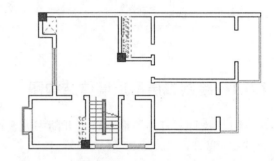

图7-144 夹点显示

⑥ 在无命令执行的前提下夹点显示分解后的对象，如图7-145所示。

⑦ 展开"图层控制"下拉列表，将夹点对象放到"吊顶层"上，结果如图7-146所示。

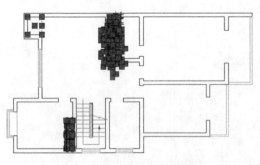

图7-145 夹点效果

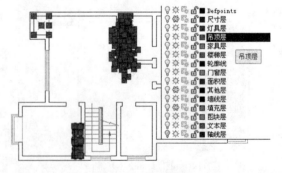

图7-146 绘制结果

⑧ 夹点显示如图7-147所示的轮廓线，将其放到"吊顶层"上，同时更改夹点图线的颜色为随层。

⑨ 按快捷键L激活"直线"命令，配合端点捕捉功能绘制门洞及楼梯间位置的轮廓线，结果如图7-148所示。

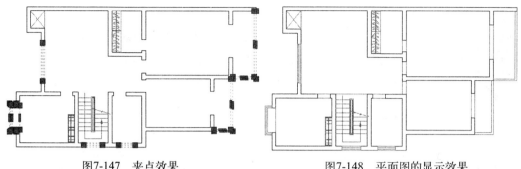

图7-147 夹点效果   图7-148 平面图的显示效果

至此，跃二层吊顶墙体结构图绘制完毕，下一小节将学习二层吊顶及吊顶构件图的具体绘制过程。

7.6.2 绘制窗帘与窗帘盒构件

①　继续上节的操作。

②　单击"绘图"工具栏上的 ⁄ 按钮，激活"直线"命令，配合"对象追踪"和"极轴追踪"功能绘制窗帘盒轮廓线。命令行操作如下。

```
命令：_line
指定第一点：                // 引出如图 7-149 所示的对象追踪矢量，然后输入 200，按 Enter 键。
指定下一点或 [ 放弃 (U)]： // 捕捉如图 7-150 所示的交点。
指定下一点或 [ 放弃 (U)]： // 按 Enter 键，绘制结果如图 7-151 所示。
```

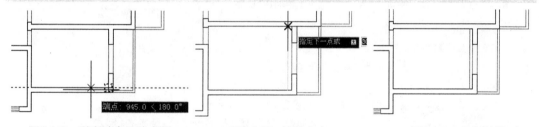

图7-149 引出端点追踪虚线   图7-150 捕捉交点   图7-151 绘制结果

③　单击"修改"工具栏上的 ᐸ 按钮，激活"偏移"命令，选择刚绘制的窗帘盒轮廓线，将其向右偏移100个绘图单位，作为窗帘轮廓线，结果如图7-152所示。

④　按快捷键LT激活"线型"命令，打开"线型管理器"对话框，使用此对话框中的"加载"功能，加载名为"ZIGZAG"线型，并设置线型比例为15。

⑤　在无命令执行的前提下夹点显示窗帘轮廓线，然后按Ctrl+1组合键，激活"特性"命令，在打开的"特性"窗口中修改窗帘轮廓线的线型及颜色特性，如图7-153所示。

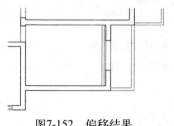

图7-152 偏移结果

图7-153 修改线型及颜色特性

⑥　按Ctrl+1组合键，关闭"特性"窗口。

⑦　按Esc键，取消对象的夹点显示状态，观看线型特性修改后的效果，如图7-154所示。

⑧　参照第2～7操作步骤，分别绘制其他房间内的窗帘及窗帘盒轮廓线，绘制结果如图7-155所示。

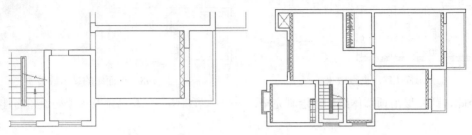

图7-154　特性编辑后的效果　　　　　图7-155　绘制结果

7.6.3　绘制跃二层吊顶及灯带

①　继续上节的操作。

②　执行菜单"绘图"｜"构造线"命令，使用命令中的"偏移"功能绘制如图7-156所示的四条构造线。

③　执行"绘图"菜单中的"圆弧"｜"起点、端点、角度"命令，绘制圆弧轮廓线。命令行操作如下。

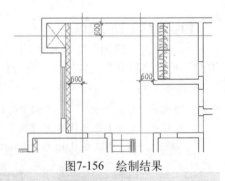

图7-156　绘制结果

```
命令：_arc
指定圆弧的起点或 [ 圆心 (C)]:                    //捕捉如图 7-157 所示的端点。
指定圆弧的第二个点或 [ 圆心 (C)/ 端点 (E)]: _e
指定圆弧的端点：                                //捕捉如图 7-158 所示的端点。
指定圆弧的圆心或 [ 角度 (A)/ 方向 (D)/ 半径 (R)]: _a指定包含角：
                                               //-45，按 Enter 键，绘制结果如图 7-159 所示。
```

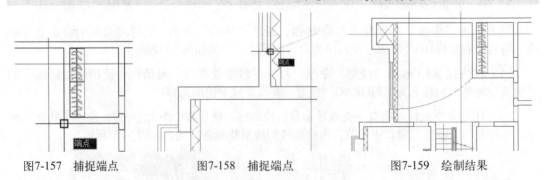

图7-157　捕捉端点　　　　图7-158　捕捉端点　　　　图7-159　绘制结果

④　执行"修改"菜单上的"修剪"命令，对构造线进行修剪，结果如图7-160所示。

⑤　按快捷键PE激活"编辑多段线"命令，将修剪后的三条图线编辑为一条多段线，命令行操作如下。

```
命令：PE                                //按 Enter 键。
PEDIT 选择多段线或 [ 多条 (M)]:           //m，按 Enter 键。
```

选择对象：	//窗交选择如图 7-161 所示的三条图线。
选择对象：	// 按 Enter 键。

是否将直线、圆弧和样条曲线转换为多段线？ [是 (Y)/ 否 (N)]? <Y> //

输入选项 [闭合 (C)/ 打开 (O)/ 合并 (J)/ 宽度 (W)/ 拟合 (F)/ 样条曲线 (S)/ 非曲线化 (D)/ 线型生成 (L)/ 反转 (R)/ 放弃 (U)]:　　　　　// J，按 Enter 键。

合并类型 = 延伸

输入模糊距离或 [合并类型 (J)]<0.0>: // 按 Enter 键。

多段线已增加 2 条线段

输入选项 [闭合 (C)/ 打开 (O)/ 合并 (J)/ 宽度 (W)/ 拟合 (F)/ 样条曲线 (S)/ 非曲线化 (D)/ 线型生成 (L)/ 反转 (R)/ 放弃 (U)]:　　　　　// 按 Enter 键，结束命令，编辑后的多段线夹点效果如图 7-162 所示。

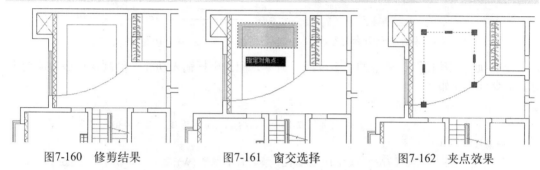

图7-160　修剪结果　　　　　图7-161　窗交选择　　　　　图7-162　夹点效果

⑥　按快捷键O激活"偏移"命令，将编辑后的多段线向外侧偏移80个单位，结果如图 7-163所示。

⑦　按快捷键LT激活"线型"命令，在打开的"线型管理器"对话框中加载DASHED线型，并设置线型比例为15。

⑧　夹点显示刚偏移出的灯带轮廓线，然后打开"特性"窗口，修改其线型为DASHED，修改其颜色为"洋红"，如图7-164所示，修改后的效果如图7-165所示。

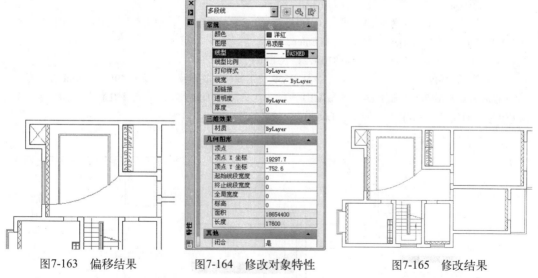

图7-163　偏移结果　　　　　图7-164　修改对象特性　　　　　图7-165　修改结果

⑨　按快捷键H激活"图案填充"命令，在打开的"图案填充和渐变色"对话框中，设置填充图案与参数，如图7-166所示，为卫生间填充如图7-167所示的吊顶图案。

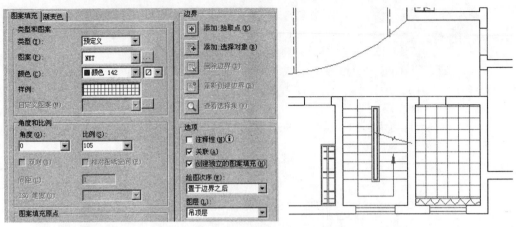

图7-166　设置填充图案与参数　　　　　　　图7-167　填充结果

⑩ 执行"绘图"菜单中的"多段线"命令，配合坐标输入功能，绘制儿童房吊顶轮廓线。命令行操作如下。

```
命令：_pline
指定起点：              // 引出如图 7-168 所示的端点追踪虚线，输入 480，按 Enter 键。
当前线宽为 0.0
指定下一个点或 [ 圆弧 (A)/ 半宽 (H)/ 长度 (L)/ 放弃 (U)/ 宽度 (W)]：        //a，按 Enter 键。
指定圆弧的端点或 [ 角度 (A)/ 圆心 (CE)/ 方向 (D)/ 半宽 (H)/ 直线 (L)/ 半径 (R)/ 第二个点 (S)/ 放
弃 (U)/ 宽度 (W)]：        // s，按 Enter 键。
指定圆弧上的第二个点：   // @525,48，按 Enter 键。
指定圆弧的端点：         // @456,265，按 Enter 键。
指定圆弧的端点或 [ 角度 (A)/ 圆心 (CE)/ 闭合 (CL)/ 方向 (D)/ 半宽 (H)/ 直线 (L)/ 半径 (R)/ 第二个
点 (S)/ 放弃 (U)/ 宽度 (W)]：        //s，按 Enter 键。
指定圆弧上的第二个点：   // @641,371，按 Enter 键。
指定圆弧的端点：         // @740,32，按 Enter 键。
指定圆弧的端点或 [ 角度 (A)/ 圆心 (CE)/ 闭合 (CL)/ 方向 (D)/ 半宽 (H)/ 直线 (L)/ 半径 (R)/ 第二个
点 (S)/ 放弃 (U)/ 宽度 (W)]：        // s，按 Enter 键。
指定圆弧上的第二个点：   // @810,-72，按 Enter 键。
指定圆弧的端点：         // 引出如图 7-169 所示的端点追踪虚线，输入 495，按 Enter 键。
指定圆弧的端点或 [ 角度 (A)/ 圆心 (CE)/ 闭合 (CL)/ 方向 (D)/ 半宽 (H)/ 直线 (L)/ 半径 (R)/ 第二个
点 (S)/ 放弃 (U)/ 宽度 (W)]：        // 按 Enter 键，绘制结果如图 7-170 所示。
```

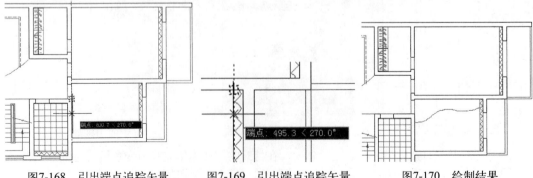

图7-168　引出端点追踪矢量　　　图7-169　引出端点追踪矢量　　　图7-170　绘制结果

⑪ 按快捷键O激活"偏移"命令，将刚绘制的多段线向上侧偏移80个单位，作为灯带，如图7-171所示。

⑫ 按快捷键MA激活"特性匹配"命令，选择如图7-172所示的灯带轮廓线，匹配其线型和颜色，匹配结果如图7-173所示。

⑬ 按快捷键BO激活"边界"命令，在卧室吊顶提取如图7-174所示的虚线多段线边界。

⑭ 按快捷键O激活"偏移"命令，将提取的边界向内侧偏移100个单位，结果如图7-175所示。

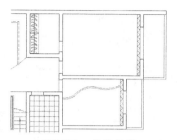

图7-171　偏移结果

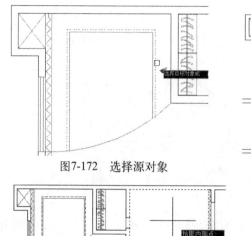

图7-172　选择源对象

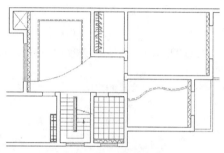

图7-173　匹配结果

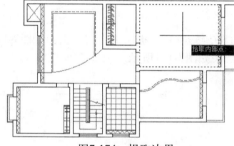

图7-174　提取边界

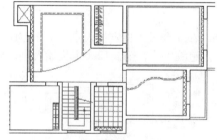

图7-175　偏移边界

至此，跃层住宅二层吊顶及构件图绘制完毕，下一小节将学习二层吊顶灯具图的具体绘制过程。

7.6.4　绘制二层吊顶主灯具

① 继续上节的操作。

② 单击"绘图"工具栏上的 按钮，激活"插入块"命令，选择随书光盘中的"\图块文件\造型吊灯02.dwg"文件，块参数设置如图7-176所示。

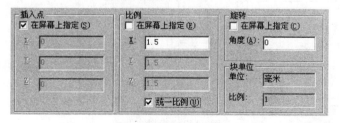

图7-176　设置块参数

③ 在命令行"指定插入点或 [基点(B)/比例(S)/旋转(R)]:"提示下，捕捉如图7-177所示的中点追踪虚线，定位插入点，插入结果如图7-178所示。

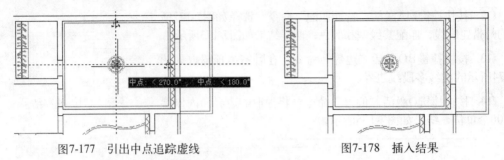

图7-177　引出中点追踪虚线　　　　　　　　　图7-178　插入结果

④ 单击"绘图"工具栏上的 按钮，激活"插入块"命令，选择随书光盘中的"\图块文件\工艺吊灯02.dwg"文件，块参数设置如图7-179所示。

图7-179　设置块参数

⑤ 在命令行"指定插入点或 [基点(B)/比例(S)/旋转(R)]:"提示下，向上引出如图7-180所示的中点追踪虚线，输入1200定位插入点，插入结果如图7-181所示。

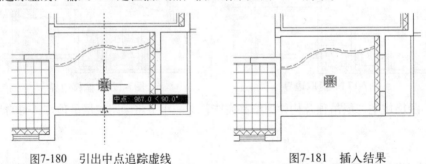

图7-180　引出中点追踪虚线　　　　　　　　图7-181　插入结果

⑥ 按快捷键CO激活"复制"命令，配合捕捉追踪功能，将插入的吊灯图块复制到书房吊顶处，结果如图7-182所示。

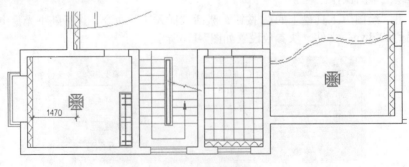

图7-182　复制结果

⑦ 单击"绘图"工具栏上的 ⬜ 按钮，激活"插入块"命令，以默认参数插入随书光盘中的"\图块文件\造型吊灯1.dwg"文件。

⑧ 在命令行"指定插入点或 [基点(B)/比例(S)/旋转(R)]:"提示下，向下引出如图7-183所示的中点追踪虚线，输入1800定位插入点，插入结果如图7-184所示。

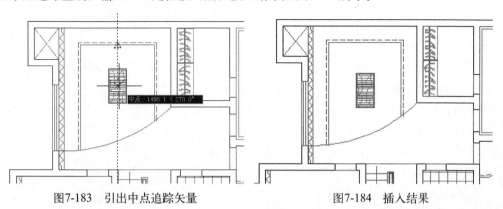

图7-183 引出中点追踪矢量　　　　　　图7-184 插入结果

至此，跃二层吊顶灯具图绘制完毕，下一小节将学习跃二层辅助灯具图的具体绘制过程。

7.6.5 绘制二层吊顶辅助灯具

① 继续上节的操作。

② 执行"格式"菜单中的"点样式"命令，在打开的"点样式"对话框中，设置当前点的样式和点的大小，如图7-185所示。

③ 执行"格式"菜单中的"颜色"命令，在打开的"选择颜色"对话框中，将当前颜色设置为230号色。

④ 综合使用"偏移"、"修剪"、"延伸"、"直线"等命令，绘制辅助灯具定位辅助线，并对相关图线进行修整完善，结果如图7-186所示。

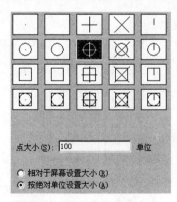

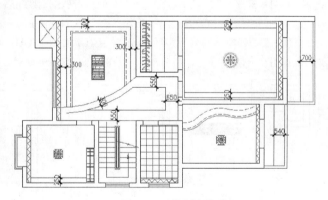

图7-185 设置点样式与大小　　　　　図7-186 绘制定位线

⑤ 执行"绘图"菜单中的"点"|"定数等分"命令，分别将各位置的辅助线等分3份、4份和5份，结果如图7-187所示。

⑥ 执行"多点"命令，配合端点捕捉、交点捕捉和追踪功能，绘制如图7-188所示的点标记，作为辅助灯具。

图7-187 等分结果

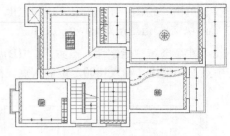

图7-188 绘制结果

⑦ 按快捷键E激活"删除"命令，删除各位置的定位辅助线，结果如图7-189所示。

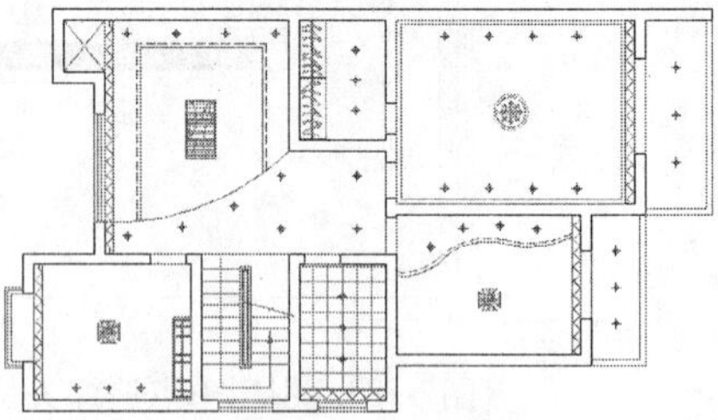

⑧ 单击"修改"工具栏上的 按钮，激活"矩形阵列"命令，对起居室吊顶位置的灯具进行矩形阵列。命令行操作如下。

图7-189 删除辅助线

```
命令：_arrayrect
选择对象：//窗口选择如图 7-190 所示的对象。
选择对象：//按 Enter 键。
类型 = 矩形 关联 = 是
选择夹点以编辑阵列或 [ 关联 (AS)/ 基点 (B)/ 计数 (COU)/ 间距 (S)/ 列数 (COL)/ 行数 (R)/ 层数
(L)/ 退出 (X)] < 退出 >：                        //COU，按 Enter 键。
输入列数或 [ 表达式 (E)] <4>：                //2，按 Enter 键。
输入行数或 [ 表达式 (E)] <3>：                //4，按 Enter 键。
选择夹点以编辑阵列或 [ 关联 (AS)/ 基点 (B)/ 计数 (COU)/ 间距 (S)/ 列数 (COL)/ 行数 (R)/ 层数
(L)/ 退出 (X)] < 退出 >：                        //s，按 Enter 键。
指定列之间的距离或 [ 单位单元 (U)] <540>：   //3360，按 Enter 键。
指定行之间的距离 <540>：                      //-1080，按 Enter 键。
选择夹点以编辑阵列或 [ 关联 (AS)/ 基点 (B)/ 计数 (COU)/ 间距 (S)/ 列数 (COL)/ 行数 (R)/ 层数
(L)/ 退出 (X)] < 退出 >：                        //AS，按 Enter 键。
创建关联阵列 [ 是 (Y)/ 否 (N)] < 否 >：        //N，按 Enter 键。
选择夹点以编辑阵列或 [ 关联 (AS)/ 基点 (B)/ 计数 (COU)/ 间距 (S)/ 列数 (COL)/ 行数 (R)/ 层数
(L)/ 退出 (X)] < 退出 >：                        // 按 Enter 键，阵列结果如图 7-191 所示。
```

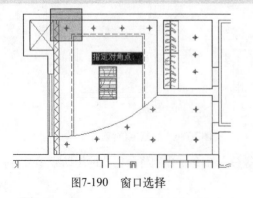

图7-190 窗口选择

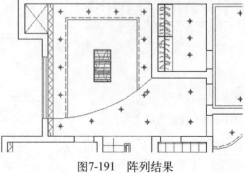

图7-191 阵列结果

⑨ 在无命令执行的前提下夹点显示如图7-192所示的辅助灯具，然后执行"删除"命令，将其删除，结果如图7-193所示。

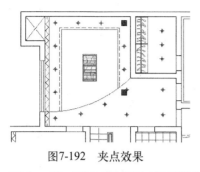

图7-192　夹点效果

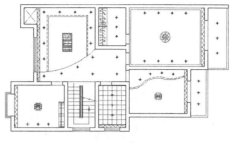

图7-193　删除结果

至此，跃二层吊顶辅助灯具图绘制完毕，下一小节将学习跃二层吊顶图尺寸和文字的具体标注过程。

7.6.6　标注吊顶图尺寸和文字

① 继续上节的操作。

② 单击"图层控制"列表，解冻"尺寸层"，并设置其为当前图层，此时图形的显示结果如图7-194所示。

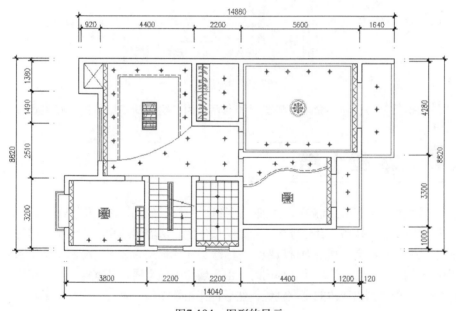

图7-194　图形的显示

③ 将右侧的尺寸进行外移，然后综合执行"线性"和"连续"命令，配合节点捕捉等功能，标注如图7-195所示的内部尺寸。

④ 展开"图层控制"下拉列表，将"文本层"设置为当前图层。

⑤ 展开"文字样式控制"下拉列表，将"仿宋体"设置为当前文字样式。

⑥ 按快捷键L激活"直线"命令，绘制如图7-196所示的文字指示线。

⑦ 按快捷键D激活"单行文字"命令，设置文字高度为290，为吊顶图标注如图7-197所示的文字注释。

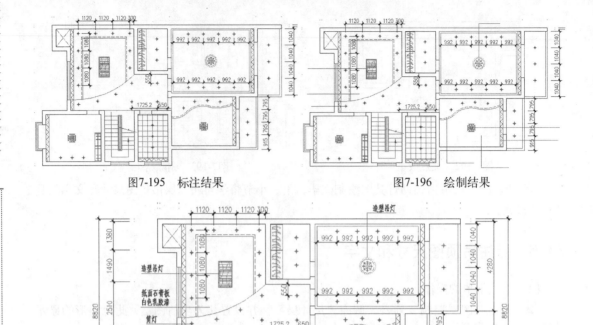

图7-195 标注结果 　　　　　　　　　　　图7-196 绘制结果

图7-197 标注文字

⑧ 最后执行"另存为"命令，将图形另名存储为"绘制跃二层吊顶装修图.dwg"。

7.7 本章小结

　　本章主要按照实际的设计流程，详细、系统地讲述了跃层住宅二层装修方案图的设计思路、绘图过程以及绘图技巧。具体分为"绘制跃层住宅二层墙体结构图、绘制跃层住宅二层家具布置图、绘制跃层住宅二层地面材质图、标注跃层住宅二层布置图、绘制跃层住宅二层吊顶图"等操作案例。在绘制二层墙体结构图时，由于墙体纵横交错，其宽度不一，在绘制此类墙体图时，最好事先绘制出墙体的定位轴线，然后再使用"多线"及"多线编辑工具"等命令快速绘制。

　　在绘制地面材质图时，使用频率最高的命令是"图案填充"命令，不过有时需要使用"图层"命令中的状态控制功能，以加快图案的填充速度。另外，在绘制吊顶图时，要注意窗帘及窗帘盒的快速表达技巧以及吊顶灯具的布置技巧。

第8章
Chapter 08
酒店包间设计方案

- ☐ 酒店包间设计理念
- ☐ 酒店包间方案设计思路
- ☐ 绘制酒店包间装修布置图
- ☐ 标注酒店包间装修布置图
- ☐ 绘制酒店包间吊顶装修图
- ☐ 绘制酒店包间D向立面装修图
- ☐ 本章小结

8.1 酒店包间设计理念

酒店设计是一个复杂的系统工程，随着社会经济的飞速发展与逐渐成熟，酒店设计日益成为一门新兴的专业学科。它不同于单纯的工业与民用建筑设计和规划，是包括酒店整体规划、室内装饰设计、酒店形象识别、酒店设备和用品顾问、酒店发展趋势研究等工作内容在内的专业体系。

酒店设计的目的是为投资者和经营者实现持久利润服务，要实现经营利润，就需要通过满足客人的需求来实现。而酒店包间在酒店众多餐饮项目中占有最重要、最核心的位置，其经营的水平实际上决定了酒店整个餐饮的走势，而设计和装修包间对经营则有很大的影响。为此，在设计装修时要特别注意以下问题。

- ◆ 酒店包间的设计应围绕经营而进行，以顾客为中心，因此，需首先对目标市场的容量及酒店中餐饮需求的趋势进行分析；同时，还需考虑酒店的整体风格、餐饮的整体规划、星评标准的要求，以及装修的投入和产出等相关问题。
- ◆ 酒店餐厅与包间应分设入口，同时，服务流线避免与客人通道交叉。许多酒店将贵宾包间设在酒店餐厅中，这很不科学，一方面进出包间的客人会影响酒店餐厅客人的就餐，另一方面对包间客人也无私密性可言。所以分设包间及酒店餐厅的入口非常有必要。
- ◆ 尽可能减少包间区域地平高低的变化。
- ◆ 包间的门不要相对，应尽可能错开。
- ◆ 包间的桌子不要正对包间门，否则，其他客人从走道过一眼就可将包间内的情况看得一清二楚。
- ◆ 一些高档包间内设备餐间，备餐间的入口最好要与包间的主入口分开，同时，备餐间的出口也不要正对餐桌。
- ◆ 重视灯光设计。桌面的重点照明可有效地增进食欲，而其他区域则应相对暗一些，有艺术品的地方可用灯光突出，灯光的明暗结合可使整个环境富有层次。

◆ 在包间内应尽量避免彩色光源的使用，那会使得餐厅显得俗气，也会使客人感到烦躁。

◆ 营造文化氛围。结合当地的人文景观，通过艺术的加工与提炼，创造富于地方特色的就餐环境。另外，高雅的文化氛围还需通过艺术品和家具来体现，这是需精心设计方可达到的，切不可随意布置和摆放。

◆ 除备餐台外，高档的包间还应设置会客区、衣帽间等，最好设计成嵌墙式的。

◆ 在装修设计中还需考虑分包间的多功能性，通过使用隔音效果好的活动隔断，使包间可分可合，满足多桌客人在一相对独立的场所就餐的需求，增加包间使用的灵活性，提高包间的使用率。

◆ 酒店包间内不应设卡拉OK设施，这样不仅会破坏高雅的就餐氛围，降低档次，还会影响其他包间的客人。

8.2 酒店包间方案设计思路

在设计与绘制酒店包间方案图时，可以参照如下思路。

第一，根据原有建筑空间和要求，科学规划包间数量、位置、大小等，并绘制出设计草图。

第二，根据设计草图，绘制酒店包间装修布置图，重在室内用具的选用、布置及地面材质的表达、室内空间的规划方面下功夫。

第三，根据绘制的酒店包间布置图，绘制包间天花装修图，主要是天花吊顶的绘制、灯具的布置、色彩的运用等。

第四，根据酒店包间布置图，绘制出相应的墙面投影图，即墙面装饰立面图，重在立面饰线的分布、立面构件的体现以及墙面材质、色彩和表达等方面。

8.3 绘制酒店包间装修布置图

本节主要学习酒店包间装修布置图的绘制方法和具体绘制过程。酒店包间装修布置图的最终绘制效果如图8-1所示。

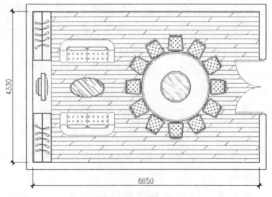

图8-1　实例效果

在绘制包间布置图时，可以参照如下绘图思路。

◆ 首先调用样板并设置绘图环境。

◆ 使用"多线"和"插入块"命令绘制包间墙体结构平面图。

◆ 使用"插入块"、"镜像"等命令绘制包间电视、衣柜、沙发、茶几等室内内含物。

◆ 使用"圆"、"偏移"、"插入块"、"环形阵列"等命令绘制包间餐桌、餐椅平面图。

◆ 最后使用"图案填充"、"编辑图案填充"命令绘制包间布置图装修材质。

8.3.1 绘制包间墙体及装饰墙

① 执行"新建"命令，以随书光盘"\样板文件\绘图样板.dwt"作为基础样板，新建空白文件。

② 展开"图层控制"下拉列表，将"墙线层"设为当前图层，如图8-2所示。

③ 执行"格式"菜单中的"多线样式"命令，在打开的对话框中设置"墙线样式"为当前样式，如图8-3所示。

图8-2 设置当前层

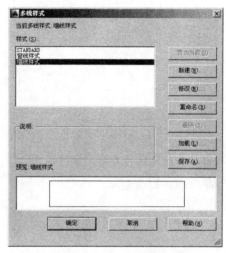

图8-3 设置当前样式

④ 执行"绘图"菜单中的"多线"命令，配合端点捕捉功能绘制墙线，命令行操作如下。

```
命令：_mline
当前设置：对正＝上，比例＝20.00，样式＝墙线样式
指定起点或 [ 对正 (J)/ 比例 (S)/ 样式 (ST)]:      //s，按 Enter 键。
输入多线比例 <20.00>:                           //200，按 Enter 键。
当前设置：对正＝上，比例＝200.00，样式＝墙线样式样式
指定起点或 [ 对正 (J)/ 比例 (S)/ 样式 (ST)]:      //在绘图区拾取一点。
指定下一点：                                    //@0,1365，按 Enter 键。
指定下一点或 [ 放弃 (U)]:                        //@-6650,0，按 Enter 键。
指定下一点或 [ 闭合 (C)/ 放弃 (U)]:               //@0,-4330，按 Enter 键。
指定下一点或 [ 闭合 (C)/ 放弃 (U)]:               //@6650,0，按 Enter 键。
指定下一点或 [ 闭合 (C)/ 放弃 (U)]:               //@0,1365，按 Enter 键。
指定下一点或 [ 闭合 (C)/ 放弃 (U)]:               //按 Enter 键，绘制结果如图 8-4 所示。
```

⑤ 展开"图层控制"下拉列表，将"门窗层"设置为当前图层。

⑥ 执行"插入"菜单中的"块"命令，选择随书光盘中的"\图块文件\双开门.dwg"文件，块参数设置如图8-5所示。

图8-4　绘制结果　　　　　　　　　　　　　图8-5　设置块参数

⑦ 返回绘图区，在命令行"指定插入点或 [基点(B)/比例(S)/旋转(R)]:"的提示下捕捉如图8-6所示的中点作为插入点，插入结果如图8-7所示。

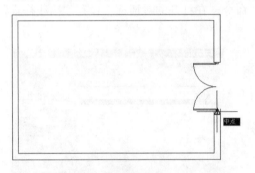

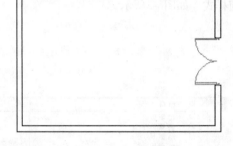

图8-6　绘制结果　　　　　　　　　　　　　图8-7　插入单开门

至此，包间墙线及双开门构件绘制完毕，下一小节将为包间布置沙发、茶几、衣柜、电视及电视柜等内含物。

8.3.2　绘制酒店包间内含物

① 继续上节的操作。

② 展开"图层"工具栏上的"图层控制"下拉列表，设置"家具层"为当前图层。

③ 单击"绘图"工具栏上的 按钮，选择随书光盘中的"\图块文件\衣柜与电视柜.dwg"文件，块参数设置如图8-8所示。

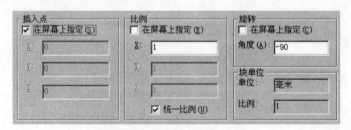

图8-8　设置块参数

④ 返回绘图区，根据命令行的提示，捕捉如图8-9所示的墙线中点作为插入点，将此图块插入到平面图中，结果如图8-10所示。

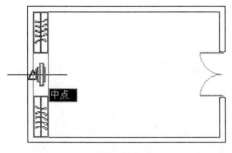
图8-9　定位插入点

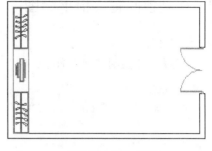
图8-10　插入结果

(5) 重复执行"插入块"命令，以默认参数插入随书光盘中的"\图块文件\双人沙发.dwg"文件，在命令行"指定插入点或[基点(B)/比例(S)/旋转(R)]:"提示下激活"捕捉自"功能。

(6) 在"_from 基点:"提示下捕捉如图8-11所示的端点。

(7) 在"<偏移>:"提示下输入@1600,800后按Enter键，定位插入点，插入结果如图8-12的示。

(8) 重复执行"插入块"命令，以默认参数插入随书光盘中的"\图块文件\椭圆形茶几.dwg"文件，插入点为如图8-13所示的追踪虚线的交点，插入结果如图8-14所示。

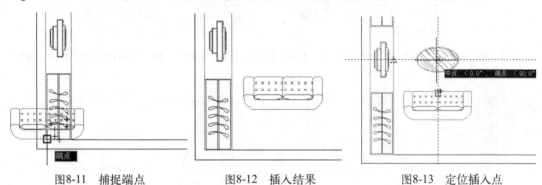

图8-11　捕捉端点　　　　　　图8-12　插入结果　　　　　　图8-13　定位插入点

(9) 单击"修改"菜单中的"镜像"命令，配合中点捕捉功能，对沙发图例进行镜像，镜像结果如图8-15所示。

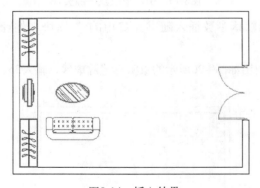

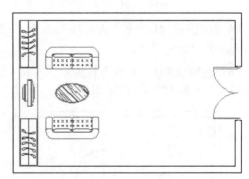

图8-14　插入结果　　　　　　　　　　图8-15　插入结果

至此，酒店包间沙发、茶几、电视以及衣柜等内含物图例布置完毕，下一小节将学习餐桌与餐椅平面图的绘制过程。

8.3.3 绘制包间餐桌椅平面图

①　继续上节的操作。

②　按快捷键C激活"圆"命令，配合"捕捉自"功能绘制餐桌。命令行操作如下。

命令: _circle
指定圆的圆心或 [三点 (3P)/ 两点 (2P)/ 切点、切点、半径 (T)]:
　　　　　　　　　　　　　　　　　　// 激活"捕捉自"功能。
_from 基点:　　　　　　　　　　　　// 捕捉如图 8-16 所示的端点。
< 偏移 >:　　　　　　　　　　　　　//@-2450,2165，按 Enter 键。
指定圆的半径或 [直径 (D)]:　　　　//1000，按 Enter 键，绘制结果如图 8-17 所示。

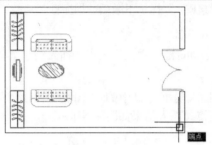

图8-16　捕捉端点

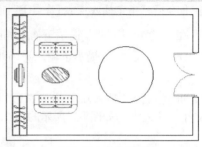

图8-17　绘制结果

③　按快捷键O激活"偏移"命令，将刚绘制的圆向内侧偏移40、560和600个单位，偏移结果如图8-18所示。

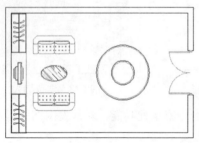

图8-18　偏移结果

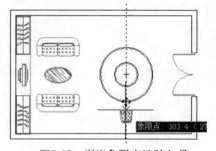

图8-19　引出象限点追踪矢量

④　按快捷键I激活"插入块"命令，以默认参数插入随书光盘中的"\图块文件\餐椅.dwg"文件。

⑤　返回绘图区，在命令行提示下，向下引出如图8-20所示的象限点追踪虚线，输入25，定位插入点，插入结果如图8-21所示。

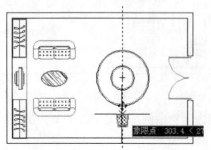

图8-20　引出象限点追踪矢量

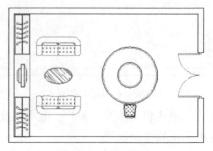

图8-21　插入结果

⑥ 单击"修改"工具栏中的 ✛ 按钮,激活"环形阵列"命令,窗口选择如图1-97所示的对象进行阵列。命令行操作如下。

```
命令：_arraypolar
选择对象：                                    // 拉出如图 8-22 所示的窗口选择框。
选择对象：                                    // 按 Enter 键。
类型 = 极轴 关联 = 否
指定阵列的中心点或 [ 基点 (B)/ 旋转轴 (A)]: // 捕捉同心圆的圆心。
选择夹点以编辑阵列或 [ 关联 (AS)/ 基点 (B)/ 项目 (I)/ 项目间角度 (A)/ 填充角度 (F)/ 行 (ROW)/
层 (L)/ 旋转项目 (ROT)/ 退出 (X)] < 退出 >:   //I, 按 Enter 键。
输入阵列中的项目数或 [ 表达式 (E)] <6>:       //12, 按 Enter 键。
选择夹点以编辑阵列或 [ 关联 (AS)/ 基点 (B)/ 项目 (I)/ 项目间角度 (A)/ 填充角度 (F)/ 行 (ROW)/
层 (L)/ 旋转项目 (ROT)/ 退出 (X)] < 退出 >:   //F, 按 Enter 键。
指定填充角度 (+= 逆时针、-= 顺时针 ) 或 [ 表达式 (EX)] <360>:
                                            // 按 Enter 键。
选择夹点以编辑阵列或 [ 关联 (AS)/ 基点 (B)/ 项目 (I)/ 项目间角度 (A)/ 填充角度 (F)/ 行 (ROW)/
层 (L)/ 旋转项目 (ROT)/ 退出 (X)] < 退出 >:   // 按 Enter 键,阵列结果如图 8-23 所示。
```

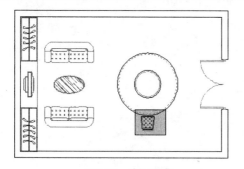 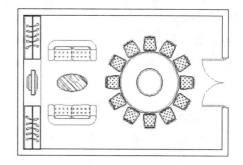

图8-22 窗口选择　　　　　　图8-23 阵列结果

至此,酒店包间餐桌与餐椅平面图绘制完毕,下一小节将学习包间地板材质图案的绘制过程。

8.3.4 绘制酒店包间地板图案

① 继续上节的操作。

② 按快捷键LA激活"图层"命令,将"填充层"设置为当前图层。

③ 按快捷键H激活"图案填充"命令,在打开的对话框内设置填充图案类型以及填充比例,如图8-24所示。

④ 返回绘图区,拾取如图8-25所示的边界,为立面图填充墙面的装饰图案,填充结果如图8-26所示。

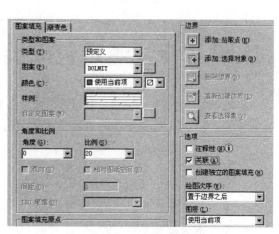

图8-24 设置填充参数

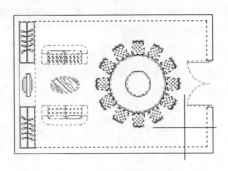

图8-25 拾取填充区域

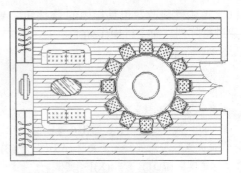

图8-26 填充结果

⑤ 重复执行"图案填充"命令，在打开的"图案填充和渐变色"对话框中设置填充图案与参数，如图8-27所示。

⑥ 返回绘图区，拾取如图8-28所示的填充区域，填充结果如图8-29所示。

⑦ 调整视图，使平面图全部显示，最终绘制结果如图8-1所示。

⑧ 最后执行"保存"命令，将图形命名存储为"绘制酒店包间布置图.dwg"。

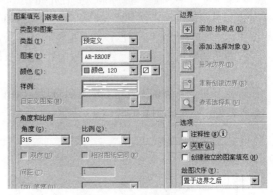

图8-27 设置填充参数

图8-28 拾取填充区域

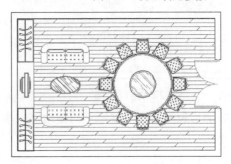

图8-29 填充结果

8.4 标注酒店包间装修布置图

本节主要为酒店包间装修布置图标注尺寸、材质注解、房间功能以及墙面投影等内容。酒店包间装修布置图的最终标注效果如图8-30所示。

在标注酒店包间装修布置图时，可以参照如下绘图思路。

◆ 使用"标注样式"命令设置当前尺寸样式及标注比例。

◆ 使用"线性"、"连续"命令标注酒店装修布置图尺寸。

◆ 使用"单行文字"、"编辑图案填充"命令标注酒店布置图文字注释。

◆ 最后综合使用"插入块"、"复制"、"镜像"和"编辑属性"等命令标注布置图墙面投影。

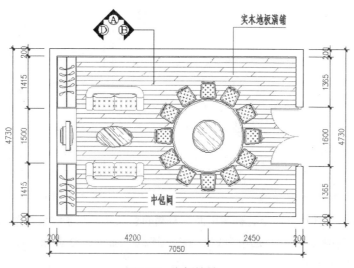

图8-30　实例效果

8.4.1　标注酒店包间布置图尺寸

①　执行"打开"命令，打开随书光盘中的"\效果文件\第8章\绘制酒店包间布置图.dwg"文件。

②　展开"图层"工具栏中的"图层控制"下拉列表，选择"尺寸层"，将其设置为当前图层。

③　按快捷键D激活"标注样式"命令，打开"标注样式管理器"对话框中，设置"建筑标注"为当前样式，并修改标注比例为50。

④　单击"标注"工具栏上的 ⊢ 按钮，在"指定第一个尺寸界线原点或 <选择对象>："提示下，配合捕捉与追踪功能，捕捉如图8-31所示的交点作为第一条尺寸界线的起点。

⑤　在"指定第二条尺寸界线原点:"提示下，捕捉如图8-32所示的端点。

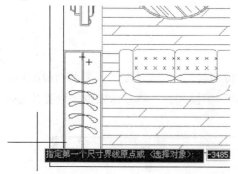

图8-31　定位第一原点

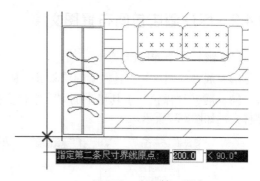

图8-32　定位第二原点

⑥　在"指定尺寸线位置或 [多行文字(M)/文字(T)/角度(A)/水平(H)/垂直(V)/旋转(R)]:"提示下，在适当位置指定尺寸线位置，标注结果如图8-33所示。

⑦　单击"标注"工具栏上的 ⊔ 按钮，激活"连续"命令，系统自动以刚标注的线型尺寸作为连续标注的第一个尺寸界线，标注如图8-34所示的连续尺寸作为细部尺寸。

图8-33　标注结果　　　　　　　　　　图8-34　标注连续尺寸

(8) 重复执行"线性"命令，标注平面图左侧的总尺寸，标注结果如图8-35所示。

(9) 参照上述操作，重复使用"线性"和"连续"命令，分别标注其他侧的尺寸，标注结果如图8-36所示。

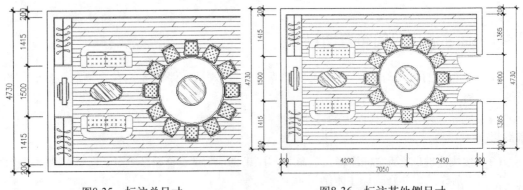

图8-35　标注总尺寸　　　　　　　　　　图8-36　标注其他侧尺寸

至此，酒店包间装修布置图的尺寸标注完毕，下一小节将为包间布置图标注房间功能性注解。

8.4.2　标注酒店包间布置图文字

(1) 继续上节的操作。

(2) 展开"图层"工具栏上的"图层控制"下拉列表，将"文本层"设置为当前图层。

(3) 展开"样式"工具栏上的"文字样式控制"下拉列表，将"仿宋体"设置为当前文字样式，如图8-37所示。

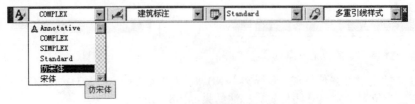

图8-37　设置当前样式

(4) 按快捷键DT激活"单行文字"命令，标注布置图功能性文字注释。命令行操作如下。

```
命令：dt
TEXT 当前文字样式："仿宋体" 文字高度：2.5 注释性：否
指定文字的起点或 [ 对正 (J)/ 样式 (S)]:        // 在适当位置指定点。
指定高度 <2.5>:                              //220，按 Enter 键。
指定文字的旋转角度 <0.0>:                      // 按 Enter 键。
```

⑤ 此时系统出现如图8-38所示的单行文字输入框，然后输入如图8-39所示的文字注释。

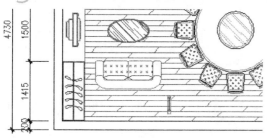

图8-38 文字输入框　　　　　　　图8-39 输入文字

⑥ 连续两次按回车键，标注结果如图8-40所示。

⑦ 在无命令执行的前提下夹点显示地板填充图案，然后在夹点图案右键菜单上选择"图案填充编辑"命令，如图8-41所示。

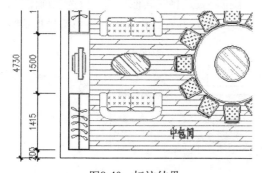
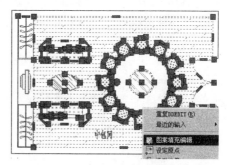

图8-40 标注结果　　　　　　　图8-41 图案右键菜单

⑧ 在打开的"图案填充编辑"对话框中单击"添加：选择对象"按钮，返回绘图区，选择如图8-42所示的文字对象，将其排除在填充区域之外，编辑结果如图8-43的示。

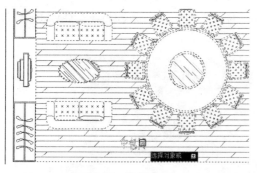
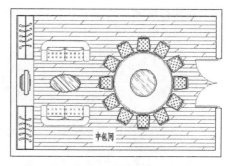

图8-42 选择文字　　　　　　　图8-43 编辑结果

⑨ 按快捷键L激活"直线"命令，绘制如图8-44所示的直线作为文字指示线。

⑩ 按快捷键DT激活"单行文字"命令，设置文字高度不变，标注如图8-45所示的文字注释。

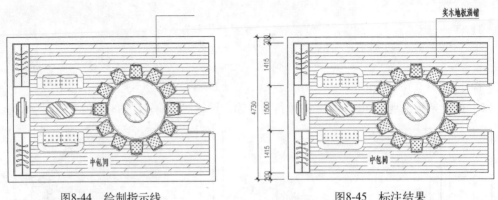

图8-44 绘制指示线　　　　　　图8-45 标注结果

至此，酒店包间布置图文字注释标注完毕，下一小节将学习包间布置图墙面投影符号的具体标注过程。

8.4.3 标注酒店包间布置图投影

① 继续上节的操作。

② 展开"图层"工具栏上的"图层控制"下拉列表，将"其他层"设置为当前图层。

③ 按快捷键L激活"直线"命令，绘制如图8-46所示的直线作为墙面投影符号指示线。

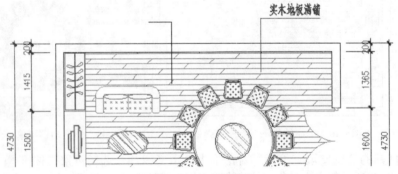

图8-46 绘制结果

④ 按快捷键I激活"插入块"命令，插入随书光盘中的"\图块文件\投影符号.dwg"属性块，块的缩放比例如图8-47所示。

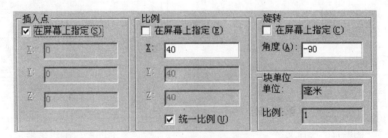

图8-47 设置块参数

⑤ 返回"编辑属性"对话框，然后输入属性值为B，捕捉如图8-48所示的端点作为插入点，插入结果如图8-49所示。

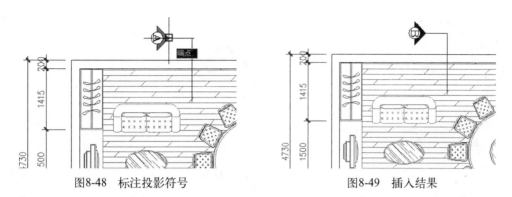

图8-48　标注投影符号　　　　　　　　　　　　图8-49　插入结果

⑥ 在插入的投影符号属性块上双击鼠标左键，打开"增强属性编辑器"对话框，然后修改属性文本的旋转角度，如图8-50所示。

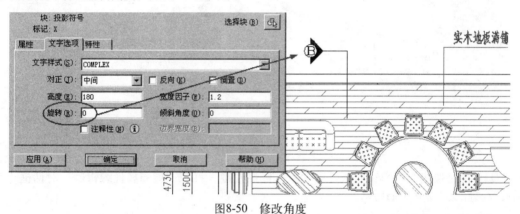

图8-50　修改角度

⑦ 按快捷键RO激活"旋转"命令，对刚插入的投影符号进行旋转并复制，设置旋转角度为90，然后将旋转复制出的投影进行位移，结果如图8-51所示。

⑧ 执行"修改"菜单中的"镜像"命令，对刚插入的投影符呈进行镜像，并对镜像出的投影进行位移，结果如图8-52所示。

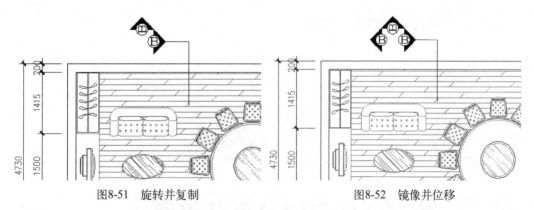

图8-51　旋转并复制　　　　　　　　　　　　图8-52　镜像并位移

⑨ 在旋转复制出的投影符号属性块上双击鼠标左键，打开"增强属性编辑器"对话框，然后修改属性文本，如图8-53所示。

⑩ 在"增强属性编辑器"对话框中，展开"文字选项"选项卡，修改属性文本的角度，如图8-54所示。

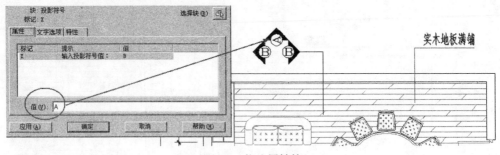

图8-53 修改属性值

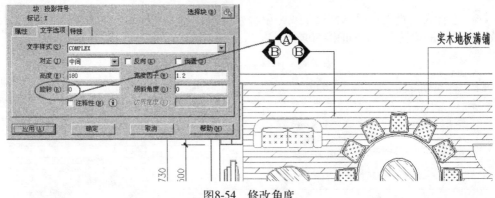

图8-54 修改角度

⑪ 在镜像出的投影符号属性块上双击鼠标左键，打开"增强属性编辑器"对话框，然后修改属性文本如图8-55所示。

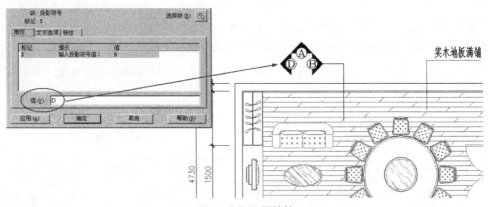

图8-55 修改属性值

⑫ 调整视图，使平面图全部显示，最终结果如图8-30所示。

⑬ 最后执行"另存为"命令，将图形另名存储为"标注酒店包间布置图.dwg"。

8.5 绘制酒店包间吊顶装修图

本节主要学习酒店包间吊顶装修图的绘制方法和具体绘制过程。酒店包间吊顶装修图的最终绘制效果如图8-56所示。

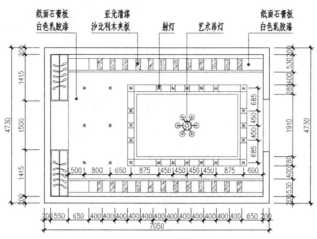

纸面石膏板　　亚光清漆　　　　　　　　　　纸面石膏板
白色乳胶漆　　沙比利木夹板　　射灯　　艺术吊灯　　白色乳胶漆

图8-56　实例效果

在绘制包间天花吊顶图时，具体可以参照如下思路。

◆ 首先调用包间布置图文件并设置当前层。

◆ 综合使用"图层"、"直线"、"删除"、"图案填充"、"偏移"等命令绘制吊顶轮廓图。

◆ 综合使用"直线"、"偏移"、"修剪"、"圆角"等命令绘制灯池轮廓线。

◆ 综合使用"插入块"、"多段线"、"点样式"、"多点"等命令布置灯具。

◆ 综合使用"线性"、"连续"、"快速标注"命令标注吊顶图尺寸。

◆ 最后综合使用"标注样式"、"快速引线"命令标注吊顶图引线注释。

8.5.1　绘制包间吊顶结构图

① 执行"打开"命令，打开随书光盘中的"\效果文件\第8章\标注酒店包间布置图.dwg"文件。

② 执行"格式"菜单中的"图层"命令，在打开的对话框中双击"吊顶层"，将此图层设置为当前图层，然后冻结"其他层"、"填充层"和"尺寸层"，此时平面图的显示效果如图8-57所示。

③ 执行"分解"命令，将衣柜与电视柜图块分解，然后删除与当前操作无关的对象，结果如图8-58所示。

④ 按快捷键L激活"直线"命令，配合端点捕捉功能，绘制门洞位置的轮廓线，结果如图8-59所示。

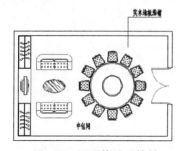

图8-57　图形的显示结果

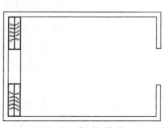

图8-58　操作结果

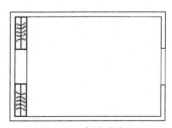

图8-59　封闭门洞

⑤ 夹点显示如图8-60所示的对象，然后展开"图层控制"下拉列表，将其放到"吊顶层"上。

⑥ 按快捷键L激活"直线"命令，配合延伸捕捉和交点捕捉功能绘制如图8-61所示的水平轮廓线。

⑦ 执行菜单"修改"|"偏移"命令，将刚绘制的水平轮廓线向上偏移360，向下偏移50，结果如图8-62所示。

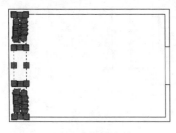

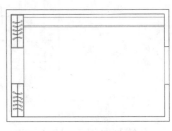

图8-60　夹点效果　　　　　图8-61　绘制结果　　　　　图8-62　偏移结果

⑧ 将三条水平轮廓线进行镜像，然后执行"构造线"命令绘制如图8-63所示的垂直构造线。

⑨ 执行菜单"修改"|"偏移"命令，将刚绘制的构造线向左偏移150和400，结果如图8-64所示。

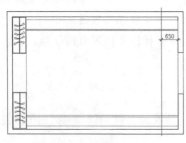
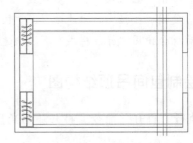

图8-63　绘制结果　　　　　　　　　图8-64　偏移结果

⑩ 单击"修改"工具栏上的 ▦ 按钮，激活"矩形阵列"命令，对三条构造线进行矩形阵列。命令行操作如下：

```
命令：_arrayrect
选择对象：                              // 选择三条垂直构造线。
选择对象：                              // 按 Enter 键。
类型 = 矩形 关联 = 是
选择夹点以编辑阵列或 [ 关联 (AS)/ 基点 (B)/ 计数 (COU)/ 间距 (S)/ 列数 (COL)/ 行数 (R)/ 层数
(L)/ 退出 (X)] < 退出 >：              //COU，按 Enter 键。
输入列数或 [ 表达式 (E)] <4>：         //12，按 Enter 键。
输入行数或 [ 表达式 (E)] <3>：         //1，按 Enter 键。
选择夹点以编辑阵列或 [ 关联 (AS)/ 基点 (B)/ 计数 (COU)/ 间距 (S)/ 列数 (COL)/ 行数 (R)/ 层数
(L)/ 退出 (X)] < 退出 >：              //s，按 Enter 键。
指定列之间的距离或 [ 单位单元 (U)] <540>：//-400，按 Enter 键。
指定行之间的距离 <540>：               //1，按 Enter 键。
选择夹点以编辑阵列或 [ 关联 (AS)/ 基点 (B)/ 计数 (COU)/ 间距 (S)/ 列数 (COL)/ 行数 (R)/ 层数
```

(L)/退出 (X)] < 退出 >: //AS，按 Enter 键

创建关联阵列 [是 (Y)/ 否 (N)] < 否 >: //N，按 Enter 键

选择夹点以编辑阵列或 [关联 (AS)/ 基点 (B)/ 计数 (COU)/ 间距 (S)/ 列数 (COL)/ 行数 (R)/ 层数

(L)/退出 (X)] < 退出 >: // 按 Enter 键，阵列结果如图 8-65 所示。

⑪ 执行"修改"菜单中的"修剪"命令，对构造线进行修剪，修剪结果如图8-66所示。

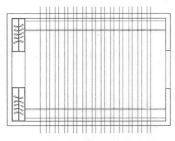

图8-65 阵列结果

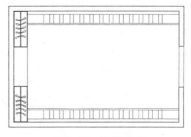

图8-66 修剪结果

⑫ 按快捷键H激活"图案填充"命令，设置填充图案及参数，如图8-67所示，填充如图8-68所示的图案。

图8-67 设置填充图案及参数

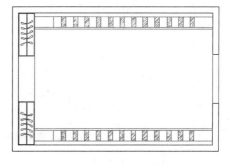

图8-68 填充结果

至此，酒店包间天花吊顶结构图绘制完毕，下一小节将绘制酒店包间灯池，并为其布置灯具。

8.5.2 绘制灯池并布置灯具

① 继续上例的操作。

② 按快捷键O激活"偏移"命令，将内部的轮廓线偏移，结果如图8-69所示。

③ 按快捷键F激活"圆角"命令，将圆角半径设置为0，对偏移出的四条图线进行圆角，结果如图8-70所示。

④ 按快捷键O激活"偏移"命令，将圆角后的四条图线分别向内偏移200和280个单位，结果如图8-71所示。

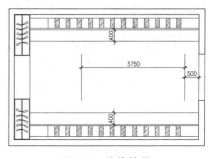

图8-69 偏移结果

⑤ 执行"圆角"命令，对刚偏移出的四条内侧图线进行两两编辑，结果如图8-72所示。

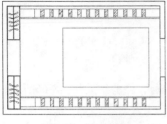
图8-70 圆角结果

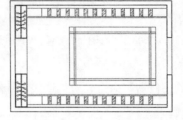
图8-71 偏移结果

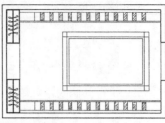
图8-72 圆角结果

⑥ 单击"绘图"工具栏上的 按钮，插入随书光盘中的"\图块文件\艺术吊灯04.dwg"文件，块参数设置如图8-73所示。

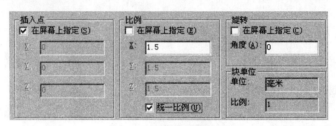
图8-73 设置块参数

⑦ 返回绘图区，捕捉如图8-74所示的追踪虚线交点作为插入点，将吊灯插入到天花图中，结果如图8-75所示。

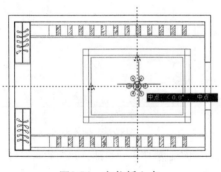
图8-74 定位插入点

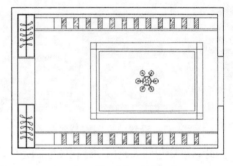
图8-75 插入结果

至此，酒店包间吊顶灯池主灯绘制完毕，下一小节将学习包间辅助灯具的具体绘制过程。

8.5.3 绘制包间辅助灯具图

① 继续上节的操作。

② 执行"绘图"菜单中的"直线"命令，配合中点捕捉功能绘制如图8-76所示的两条中线。

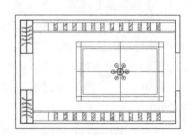
图8-76 绘制构造线

③ 执行"修改"菜单中的"偏移"命令，将垂直的中线对称偏移75、375、525、825和975；将水平的中线对称偏移75、375和525，偏移结果如图8-77所示。

④ 执行"修改"菜单中的"修剪"命令，选择如图8-78所示的四条图线作为边界，对偏移出的图线进行修剪，并删除多余图线，结果如图8-79所示。

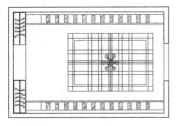
图8-77　偏移结果

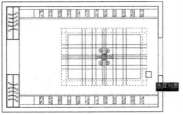
图8-78　选择边界

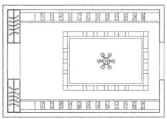
图8-79　修剪结果

⑤　执行"格式"菜单中的"点样式"命令，在打开的"点样式"对话框中，设置当前点的样式和点的大小，如图8-80所示。

⑥　设置当前颜色为230号色，然后按快捷键PL激活"多段线"命令，绘制如图8-81所示的多段线作为定位辅助线。

⑦　按快捷键PO激活"多点"命令，配合中点捕捉功能，绘制如图8-82所示的点作为辅助灯具。

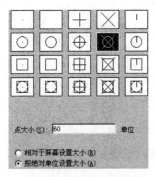
图8-80　"点样式"对话框

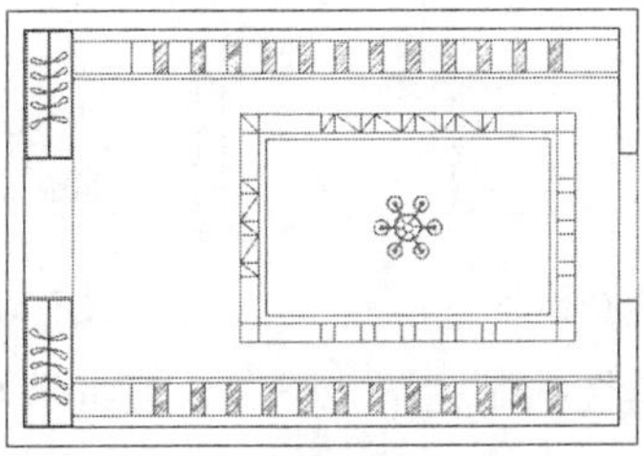

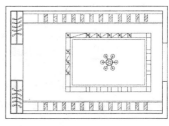
图8-81　绘制辅助线

图8-82　绘制结果

⑧　按快捷键E激活"删除"命令，删除定位辅助线，结果如图8-83所示。

⑨　按快捷键MI激活"镜像"命令，对绘制的点标记进行镜像，结果如图8-84所示。

⑩　按快捷键CO激活"复制"命令，选择左下侧的辅助灯具，水平向左复制650个单位，结果如图8-85所示。

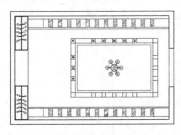
图8-83　删除结果

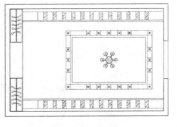
图8-84　镜像结果

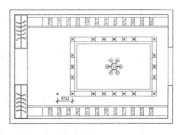
图8-85　复制结果

⑪　单击"修改"工具栏上的 品 按钮，激活"矩形阵列"命令，对复制出的灯具进行矩形阵列。命令行操作如下。

```
命令：_arrayrect
选择对象：                    // 窗口选择如图 8-86 所示的辅助灯具。
选择对象：                    // 按 Enter 键。
```

类型 = 矩形 关联 = 是

选择夹点以编辑阵列或 [关联 (AS)/ 基点 (B)/ 计数 (COU)/ 间距 (S)/ 列数 (COL)/ 行数 (R)/ 层数
(L)/ 退出 (X)] < 退出 >:   //COU，按 Enter 键。

输入列数数或 [表达式 (E)] <4>:   //2，按 Enter 键。

输入行数数或 [表达式 (E)] <3>:   //3，按 Enter 键。

选择夹点以编辑阵列或 [关联 (AS)/ 基点 (B)/ 计数 (COU)/ 间距 (S)/ 列数 (COL)/ 行数 (R)/ 层数
(L)/ 退出 (X)] < 退出 >:   //s，按 Enter 键。

指定列之间的距离或 [单位单元 (U)] <540>:   //-800，按 Enter 键。

指定行之间的距离 <540>:   //1135，按 Enter 键。

选择夹点以编辑阵列或 [关联 (AS)/ 基点 (B)/ 计数 (COU)/ 间距 (S)/ 列数 (COL)/ 行数 (R)/ 层数
(L)/ 退出 (X)] < 退出 >:   //AS，按 Enter 键。

创建关联阵列 [是 (Y)/ 否 (N)] < 否 >:   //N，按 Enter 键。

选择夹点以编辑阵列或 [关联 (AS)/ 基点 (B)/ 计数 (COU)/ 间距 (S)/ 列数 (COL)/ 行数 (R)/ 层数
(L)/ 退出 (X)] < 退出 >:   // 按 Enter 键，阵列结果如图 8-87 所示。

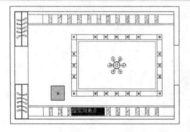
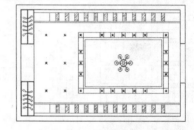

图8-86　窗口选择　　　　　　　　　图8-87　阵列结果

至此，酒店包间吊顶辅助灯具图绘制完毕，下一小节将学习包间吊顶图尺寸的标注过程。

8.5.4　标注酒店包间吊顶尺寸

① 继续上节的操作。

② 展开"图层"工具栏上的"图层控制"下拉列表，解冻"尺寸层"，并将其设置为
当前图层，此时图形的显示结果如图8-88所示。

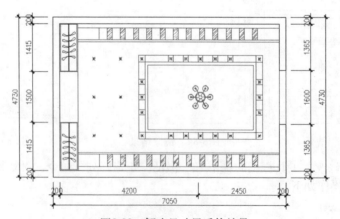

图8-88　解冻尺寸层后的效果

③ 按快捷键E激活"删除"命令，删除布置图中不相关的尺寸，结果如图8-89所示。

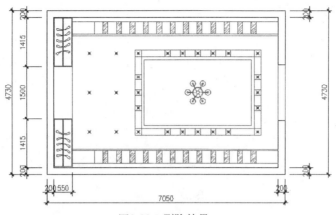

图8-89 删除结果

④ 执行"标注"菜单中的"连续"命令，选择标注文字为550的尺寸作为基准尺寸，配合捕捉追踪功能，标注如图8-90所示的细部尺寸。

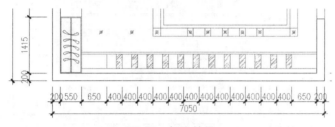

图8-90 标注结果

⑤ 执行"标注"菜单中的"线性"命令，配合节点捕捉和交点捕捉等辅助功能，标注如图8-91所示的线性尺寸。

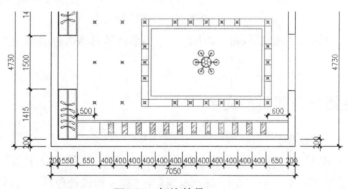

图8-91 标注结果

⑥ 执行"标注"菜单中的"快速标注"命令，窗口选择下侧的辅助灯具，如图8-92所示，标注如图8-93所示的灯具定位尺寸。

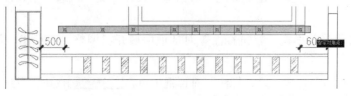

图8-92 窗口选择

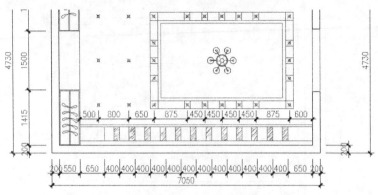

图8-93　标注结果

（7）综合使用"连续"和"快速标注"命令，分别标注其他位置的细部尺寸和定位尺寸，标注结果如图8-94所示。

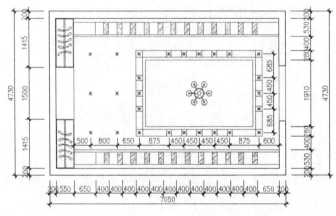

图8-94　标注结果

至此，酒店包间吊顶图尺寸标注完毕，下一小节将学习酒店包间吊顶图文字注释的具体标注过程。

8.5.5　标注酒店包间吊顶文字

（1）继续上节的操作。

（2）展开"图层"工具栏中的"图层控制"下拉列表，设置"文本层"为当前操作层。

（3）按快捷键D激活"标注样式"命令，打开"标注样式管理器"对话框。

（4）在"标注样式管理器"对话框中单击 替代(O)... 按钮，然后在"替代当前样式：建筑标注"对话框中展开"符号和箭头"选项卡，设置引线的箭头及大小，如图8-95所示。

（5）在"替代当前样式：建筑标注"对话框中展开"文字"选项卡，设置文字样式如图8-96所示。

（6）在"替代当前样式：建筑标注"对话框中展开"调整"选项卡，设置标注全局比例，如图8-97所示。

（7）在"替代当前样式：建筑标注"对话框中单击 确定 按钮，返回"标注样式管理器"对话框，样式替代效果如图8-98所示。

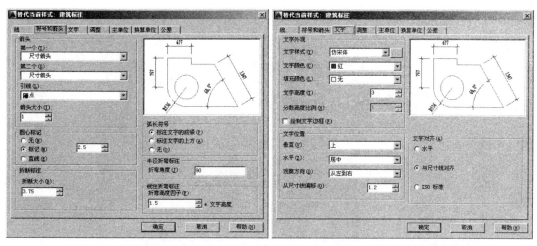

图8-95 设置箭头及大小　　　　　　　　图8-96 设置文字样式

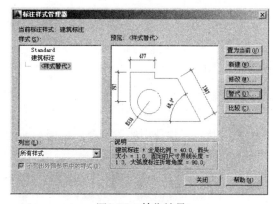

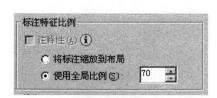

图8-97 设置比例　　　　　　　　图8-98 替代效果

⑧ 在"标注样式管理器"对话框中单击 [关闭] 按钮，结束命令。

⑨ 按快捷键LE激活"快速引线"命令，在命令行"指定第一个引线点或 [设置(S)] <设置>:"提示下激活"设置"选项，打开"引线设置"对话框。

⑩ 在"引线设置"对话框中展开"引线和箭头"选项卡，设置参数如图8-99所示。

⑪ 在"引线设置"对话框中展开"附着"选项卡，设置引线注释的附着位置，如图8-100所示。

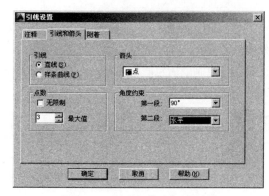

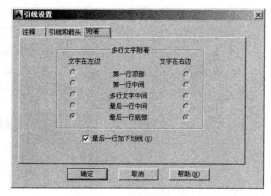

图8-99 "引线和箭头"选项卡　　　　　图8-100 "附着"选项卡

⑫ 单击"引线设置"对话框中的 [确定] 按钮，返回绘图区，根据命令行的提示，指定三个引线点绘制引线，如图8-101所示。

⑬ 在命令行"指定文字宽度 <0>:"提示下按Enter键。

⑭ 在命令行"输入注释文字的第一行 <多行文字(M)>:"提示下，输入"纸面石膏板"和"白色乳胶漆"，并按Enter键。

⑮ 在命令行"输入注释文字的第一行 <多行文字(M)>:"提示下，按Enter键结束命令，标注结果如图8-102所示。

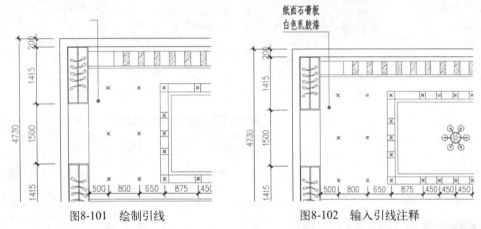

图8-101　绘制引线　　　　　　　　　图8-102　输入引线注释

⑯ 重复执行"快速引线"命令，按照当前的引线参数设置，分别标注其他位置的引线注释，标注结果如图8-103所示。

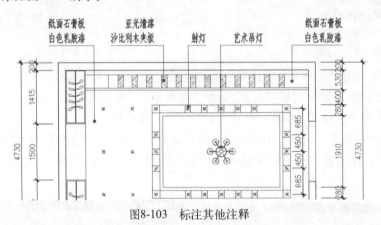

图8-103　标注其他注释

⑰ 调整视图，将图形全部显示，最终效果如图8-56所示。

⑱ 最后执行"另存为"命令，将图形另名存储为"绘制酒店包间吊顶装修图.dwg"。

8.6　绘制酒店包间D向立面装修图

本节主要学习酒店包间D向装饰立面图的具体绘制过程和绘制技巧。包间D向立面图的最终绘制效果如图8-104所示。

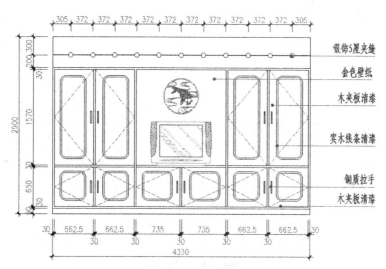

图8-104 实例效果

在绘制酒店包间D向立面图时，可以参照如下思路。

◆ 首先调用制图模板并设置当前操作层。
◆ 综合使用"矩形"、"分解"、"偏移"、"修剪"等命令绘制主体轮廓线。
◆ 综合使用"直线"、"偏移"、"圆角"、"边界"、"修剪"等命令绘制细部装饰线。
◆ 综合使用"插入块"、"矩形阵列"等命令绘制包间立面构件图。
◆ 综合使用"线性"、"连续"、"编辑标注文字"命令标注包间立面图尺寸。
◆ 最后综合使用"标注样式"、"快速引线"命令标注包间立面图材质注解。

8.6.1 绘制包间D向立面轮廓图

① 执行"新建"命令，以随书光盘中的"\样板文件\绘图样板.dwt"作为基础样板，创建空白文件。

② 展开"图层"工具栏上的"图层控制"下拉列表，设置"轮廓线"为当前图层。

③ 执行菜单"绘图"|"矩形"命令，绘制长度为4330、宽度为2900的矩形，作为立面外轮廓线，如图8-105所示。

④ 执行菜单"修改"|"分解"命令，将绘制的矩形分解为四条独立的线段。

⑤ 执行菜单"修改"|"偏移"命令，将两侧的矩形水平边分别向内偏移，结果如图8-106所示。

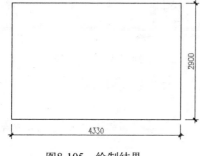

图8-105 绘制结果

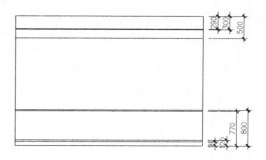

图8-106 偏移结果

⑥ 重复执行"偏移"命令，将两侧的矩形垂直边向内偏移30、692.5、722.5、1385和1415个单位，结果如图8-107所示。

⑦ 执行"修改"菜单中的"修剪"命令，对偏移的各图线进行修剪，编辑结果如图8-108所示。

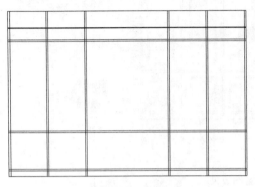
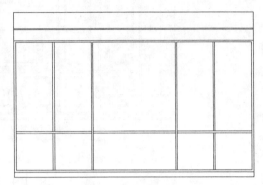

图8-107　偏移结果　　　　　　　　　　　　图8-108　修剪结果

至此，酒店包间D向墙面主体轮廓线绘制完毕，下一小节将学习D向墙面壁柜立面图的绘制过程。

8.6.2　绘制包间墙面壁柜立面图

① 继续上节的操作。

② 展开"图层"工具栏上的"图层控制"下拉列表，将"图块层"设置为当前图层。

③ 重复执行"偏移"命令，分别将内侧的水平轮廓线和垂直轮廓线向内侧偏移，如图8-109所示。

④ 执行"修改"菜单中的"圆角"命令，将圆角半径设置为100，对偏移的各图线进行编辑，编辑结果如图8-110所示。

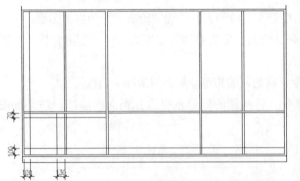
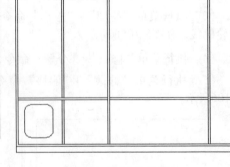

图8-109　偏移结果　　　　　　　　　　　　图8-110　圆角结果

⑤ 按快捷键BO激活"边界"命令，将"对象类型"设置为"多段线"，提取如图8-111所示的虚线边界。

⑥ 按快捷键O激活"偏移"命令，将提取的边界向内侧偏移20和30个单位，偏移结果如图8-112所示。

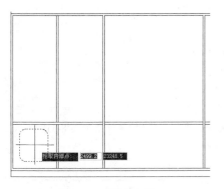

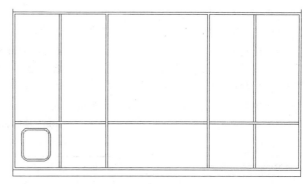

图8-111　提取边界　　　　　　　　　　　　图8-112　偏移结果

⑦　执行"绘图"菜单中的"矩形"命令，配合"捕捉自"功能绘制长度为20、宽度为200的矩形作为把手，如图8-113所示。

⑧　执行"绘图"菜单中的"多段线"命令，配合"对象捕捉"功能绘制如图8-114所示的柜门开启方向线。

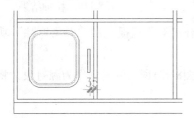

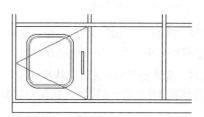

图8-113　绘制把手　　　　　　　　　　　　图8-114　绘制方向线

⑨　按快捷键LT激活"线型"命令，在打开的"线型管理器"对话框中加载线型并设置线型比例，如图8-115所示。

⑩　夹点显示刚绘制的方向线，展开"特性"工具栏上的"线型控制"下拉列表，修改其线型为DASHED，修改后的效果如图8-116所示。

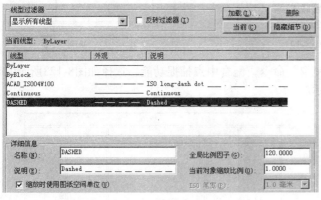

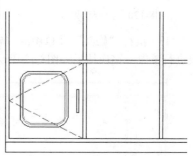

图8-115　加载线型　　　　　　　　　　　　图8-116　修改线型

⑪　执行"修改"菜单中的"复制"命令，配合"对象"捕捉与追踪功能，分别对柜门轮廓线及把手进行复制，复制结果如图8-117所示。

⑫　执行"修改"菜单中的"拉伸"命令，配合窗交选择功能对复制出的轮廓线进行拉伸。命令行操作如下。

命令：_stretch

以交叉窗口或交叉多边形选择要拉伸的对象 ...

选择对象：   // 窗交选择如图 8-118 所示的对象。

选择对象：   // 按 Enter 键。

指定基点或 [位移 (D)] < 位移 >:   // 拾取任一点作为基点。

指定第二个点或 < 使用第一个点作为位移 >:

                  //@0,890，按 Enter 键，结束命令，拉伸结果如图 8-119 所示。

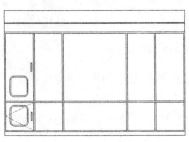  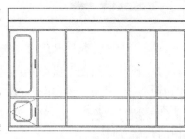

图8-117　复制结果　　　　　图8-118　窗交选择　　　　　图8-119　拉伸结果

(13) 执行"绘图"菜单中的"多段线"命令，配合"对象捕捉"和"对象追踪"功能，绘制如图8-120所示的柜门开启方向线。

(14) 按快捷键MA激活"特性匹配"命令，选择如图8-121所示的对象作为源对象，将其线型特性匹配刚绘制的多段线，匹配结果如图8-122所示。

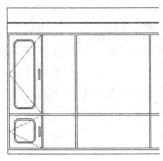 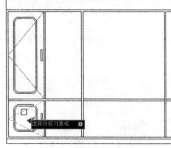 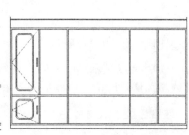

图8-120　绘制结果　　　　　图8-121　选择源对象　　　　　图8-122　匹配结果

(15) 执行"修改"菜单中的"镜像"命令，配合中点捕捉功能，选择如图8-123所示的对象进行镜像，镜像结果如图8-124所示。

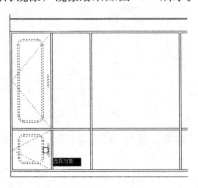 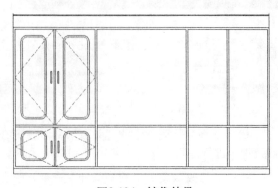

图8-123　选择镜像对象　　　　　　　　图8-124　镜像结果

⑯ 执行"修改"菜单中的"镜像"命令，配合中点捕捉功能，选择如图8-125所示的对象进行镜像，镜像结果如图8-126所示。

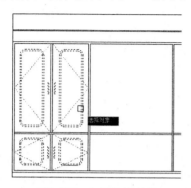

图8-125 选择镜像对象

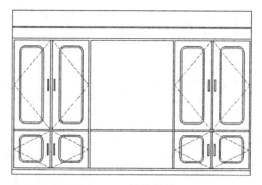

图8-126 镜像结果

⑰ 执行"修改"菜单中的"复制"命令，配合中点捕捉功能，对柜门轮廓线进行复制。命令行操作如下。

```
命令：_copy
选择对象：                                    // 选择如图 8-127 所示的对象。
选择对象：                                    // 按 Enter 键。
当前设置：复制模式 = 多个
指定基点或 [ 位移 (D)/ 模式 (O)] < 位移 >:      // 捕捉如图 8-128 所示的中点。
指定第二个点或 [ 阵列 (A)] < 使用第一个点作为位移 >: // 捕捉如图 8-129 所示的中点。
指定第二个点或 [ 阵列 (A)/ 退出 (E)/ 放弃 (U)] < 退出 >: // 按 Enter 键，结束命令，复制结果如
                                                      图 8-130 所示。
```

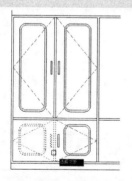

图8-127 选择对象

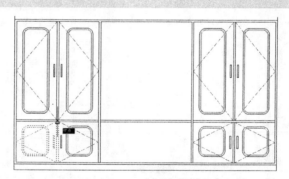

图8-128 捕捉中点

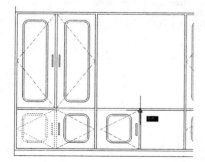

图8-129 捕捉中点

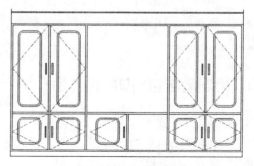

图8-130 复制结果

⑱ 执行"修改"菜单中的"拉伸"命令，配合窗交选择功能对复制出的对象进行拉伸。命令行操作如下。

命令：_stretch
以交叉窗口或交叉多边形选择要拉伸的对象 …
选择对象：   // 窗交选择如图 8-131 所示的对象。
选择对象：   // 按 Enter 键。
指定基点或 [位移 (D)] < 位移 >:   // 拾取任一点作为基点。
指定第二个点或 < 使用第一个点作为位移 >: // @-72.50,0，按 Enter 键，结束命令，拉伸结果
                                       如图 8-132 所示。

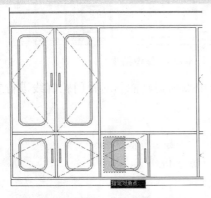

图8-131　选择对象

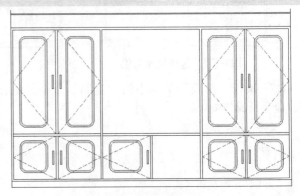

图8-132　拉伸结果

⑲ 执行"修改"菜单中的"镜像"命令，配合中点捕捉功能，选择如图8-133所示的拉伸对象进行镜像，镜像结果如图8-134所示。

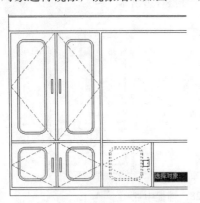

图8-133　选择对象

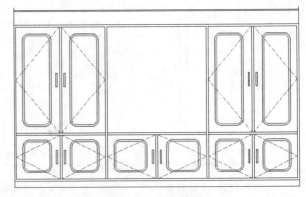

图8-134　镜像结果

至此，酒店包间D向墙面壁柜立面图绘制完毕，下一小节将学习包间D向立面构件图的绘制过程。

8.6.3　绘制酒店包间D向构件图

① 继续上节的操作。

② 按快捷键I激活"插入块"命令，插入随书光盘中的"\图块文件\立面电视.dwg"文件，块参数设置如图8-135所示。

图8-135 设置块参数

③ 返回绘图区，在命令行"指定插入点或 [基点(B)/比例(S)/X/Y/Z/旋转(R)]:"提示下，捕捉如图8-136所示的中点作为插入点，插入结果如图8-137所示。

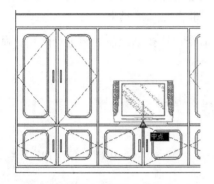 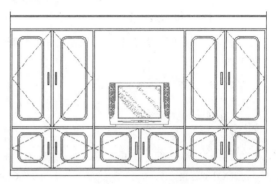

图8-136 捕捉中点   图8-137 插入结果

④ 按快捷键I激活"插入块"命令，以默认参数插入随书光盘中的"\图块文件\装饰画01.dwg"文件。

⑤ 返回绘图区，在命令行"指定插入点或 [基点(B)/比例(S)/X/Y/Z/旋转(R)]:"提示下，引出如图8-138所示的中点追踪虚线，输入440后按Enter键，插入结果如图8-139所示。

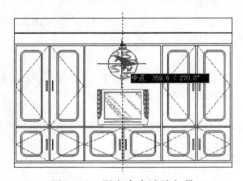 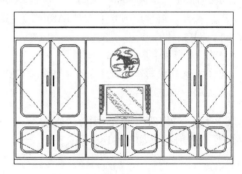

图8-138 引出中点追踪矢量   图8-139 插入结果

⑥ 按快捷键C激活"圆"命令，配合"捕捉自"功能，绘制直径为75的圆。命令行操作如下。

```
命令:c
CIRCLE 指定圆的圆心或 [ 三点 (3P)/ 两点 (2P)/ 切点、切点、半径 (T)]:
                                    // 激活"捕捉自"功能。
_from 基点 :                         // 捕捉如图 8-140 所示的端点。
< 偏移 >:                            //@305,-295，按 Enter 键。
指定圆的半径或 [ 直径 (D)] <37.5>:    //d，按 Enter 键。
指定圆的直径 <75.0>:                 //75，按 Enter 键，绘制结果如图 8-141 所示。
```

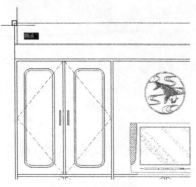

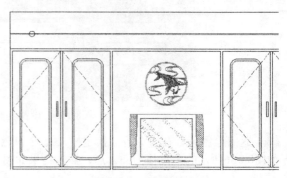

图8-140 捕捉端点   图8-141 绘制结果

（7）执行"修改"菜单中的"阵列"｜"矩形阵列"命令，选择刚绘制的圆进行阵列。命令行操作如下。

```
命令：_arrayrect
选择对象：                              //窗口选择刚绘制的圆。
选择对象：                              //按 Enter 键。
类型＝矩形 关联＝是
选择夹点以编辑阵列或 [ 关联 (AS)/ 基点 (B)/ 计数 (COU)/ 间距 (S)/ 列数 (COL)/ 行数 (R)/ 层数
(L)/ 退出 (X)] ＜退出 ＞：              //COU，按 Enter 键。
输入列数或 [ 表达式 (E)] ＜4＞：        //11，按 Enter 键。
输入行数或 [ 表达式 (E)] ＜3＞：        //1，按 Enter 键。
选择夹点以编辑阵列或 [ 关联 (AS)/ 基点 (B)/ 计数 (COU)/ 间距 (S)/ 列数 (COL)/ 行数 (R)/ 层数
(L)/ 退出 (X)] ＜退出 ＞：              //s，按 Enter 键。
指定列之间的距离或 [ 单位单元 (U)] ＜540＞：  //372，按 Enter 键。
指定行之间的距离 ＜540＞：            //1，按 Enter 键。
选择夹点以编辑阵列或 [ 关联 (AS)/ 基点 (B)/ 计数 (COU)/ 间距 (S)/ 列数 (COL)/ 行数 (R)/ 层数
(L)/ 退出 (X)] ＜退出 ＞：              //AS，按 Enter 键。
创建关联阵列 [ 是 (Y)/ 否 (N)] ＜否 ＞：  //N，按 Enter 键。
选择夹点以编辑阵列或 [ 关联 (AS)/ 基点 (B)/ 计数 (COU)/ 间距 (S)/ 列数 (COL)/ 行数 (R)/ 层数
(L)/ 退出 (X)] ＜退出 ＞：              // 按 Enter 键，阵列结果如图 8-142 所示。
```

（8）执行"修改"菜单中的"修剪"命令，以所有位置的圆作为边界，对两条水平图线进行修剪，修剪结果如图8-143所示。

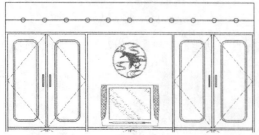
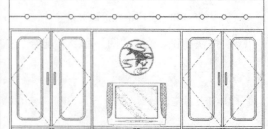

图8-142 阵列结果   图8-143 修剪结果

至此，酒店包间D向墙面构件图绘制完毕，下一小节将学习包间立面图尺寸的具体标注过程。

8.6.4 标注包间D向立面图尺寸

①继续上节的操作。

②单击"图层"工具栏中的"图层控制"下拉列表，将"尺寸层"设置为当前图层。

③执行"标注"菜单栏中的"标注样式"命令，修改"建筑标注"样式的标注比例为30，修改线性标注的精度为0.0，并将此样式设置当前样式。

④单击"标注"工具栏上的 ⊢ 按钮，激活"线性"命令，配合端点捕捉功能，标注如图8-144所示的线性尺寸作为基准尺寸。

⑤单击"标注"工具栏上的 ⊞ 按钮，激活"连续"命令，配合捕捉和追踪功能，标注如图8-145所示的连续尺寸作为细部尺寸。

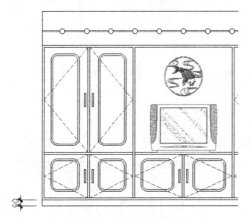

图8-144 标注线性尺寸

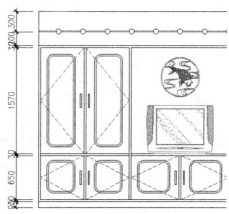

图8-145 标注连续尺寸

⑥单击"标注"工具栏上的 Ａ 按钮，激活"编辑标注文字"命令，对重叠的尺寸文字进行协调，结果如图8-146所示。

⑦执行"线性"命令，配合捕捉功能标注左侧的总尺寸，标注结果如图8-147所示。

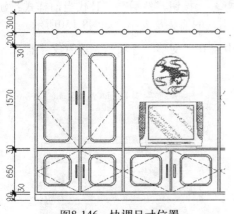

图8-146 协调尺寸位置

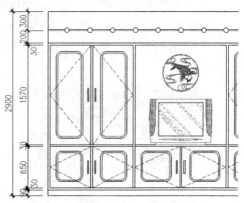

图8-147 标注总尺寸

⑧参照上述操作，综合使用"线性"、"连续"和"编辑标注文字"命令，标注立面图下侧的细部尺寸和总尺寸，标注结果如图8-148所示。

⑨参照上述操作，综合使用"线性"和"连续"命令，标注上侧的细部尺寸，标注结果如图8-149所示。

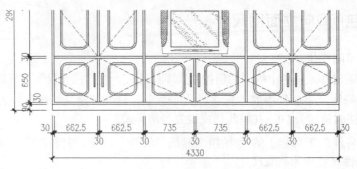

图8-148 标注结果

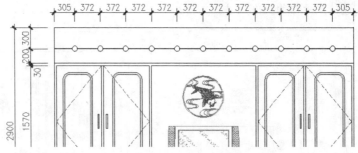

图8-149 标注结果

至此，酒店包间D向立面图尺寸标注完毕，下一小节将学习包间立面图文字注释的具体标注过程。

8.6.5 标注包间D向墙面图材质

① 继续上节的操作。

② 展开"图层控制"下拉列表，将"文本层"设置为当前图层。

③ 在"标注样式管理器"对话框中单击 替代(O)... 按钮，然后在"替代当前样式：建筑标注"对话框中展开"符号和箭头"选项卡，设置引线的箭头及大小，如图8-150所示。

④ 在"替代当前样式：建筑标注"对话框中展开"文字"选项卡，设置文字样式，如图8-151所示。

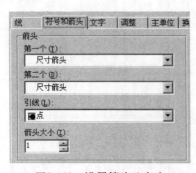

图8-150 设置箭头及大小

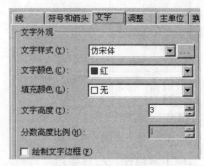

图8-151 设置文字样式

⑤ 在"替代当前样式：建筑标注"对话框中展开"调整"选项卡，设置标注全局比例，如图8-152所示。

⑥ 在"替代当前样式：建筑标注"对话框中单击 确定 按钮，返回"标注样式管理器"对话框，样式替代效果，如图8-153所示。

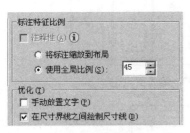

图8-152 设置比例

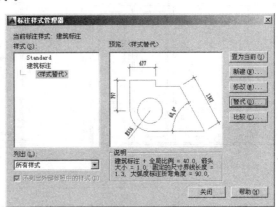

图8-153 替代效果

⑦ 在"标注样式管理器"对话框中单击 关闭 按钮，结束命令。

⑧ 按快捷键LE激活"快速引线"命令，在命令行"指定第一个引线点或 [设置(S)] <设置>："提示下激活"设置"选项，打开"引线设置"对话框。

⑨ 在"引线设置"对话框中展开"引线和箭头"选项卡，设置参数如图8-154所示。

⑩ 在"引线设置"对话框中展开"附着"选项卡，设置引线注释的附着位置，如图8-155所示。

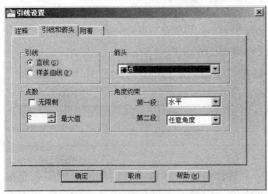

图8-154 "引线和箭头"选项卡　　　　　图8-155 "附着"选项卡

⑪ 单击"引线设置"对话框中的 确定 按钮，返回绘图区，根据命令行的提示，指定三个引线点绘制引线，如图8-156所示。

⑫ 在命令行"指定文字宽度 <0>："提示下按Enter键。

⑬ 在命令行"输入注释文字的第一行 <多行文字(M)>："提示下，输入"木夹板清漆"，并按Enter键。

⑭ 继续在命令行"输入注释文字的第一行 <多行文字(M)>："提示下，按Enter键结束命令，标注结果如图8-157所示。

⑮ 重复执行"快速引线"命令，按照当前的引线参数设置，分别标注其他位置的引线注释，标注结果如图8-158所示。

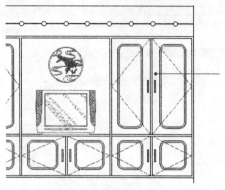

图8-156　绘制引线

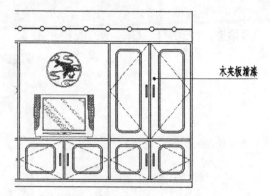

图8-157　输入引线注释

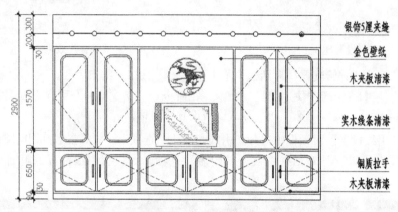

图8-158　标注其他注释

⑯ 调整视图，将图形全部显示，最终效果如图8-105所示。

⑰ 最后执行"保存"命令，将图形命名存储为"绘制酒店包间D向立面图.dwg"。

8.7　本章小结

　　包间是酒店、餐厅、酒吧等场所不可缺少的一个装修单元，本章通过绘制酒店包间平面布置图、天花吊顶图以及包间D向墙面投影图等典型实例，完整而系统地讲述了酒店包间装修图的绘制思路、表达内容、具体绘制过程以及绘制技巧。

　　希望读者通过本章的学习，在理解和掌握相关设计理念和设计技巧的前提下，能够了解和掌握酒店包间设计方案需要表达的内容、表达思路及具体的设计过程等。

第9章
KTV包厢室内设计方案

Chapter 09

- □ KTV包厢设计理念
- □ KTV包厢方案设计思路
- □ 绘制KTV包厢装修布置图
- □ 标注KTV包厢装修布置图
- □ 绘制KTV包厢天花装修图
- □ 绘制KTV包厢B向装修立面图
- □ 绘制KTV包厢D向装修立面图
- □ 本章小结

9.1 KTV包厢设计理念

KTV包厢是为了满足顾客团体的需要，提供相对独立、无拘无束、畅饮畅叙的环境。KTV包厢的布置，应为客人提供一个以围为主，围中有透的空间；KTV包厢的空间是以KTV经营内容为基础，一般分为小包厢、中包厢、大包厢三种类型，必要时可提供特大包厢。小包房设计面积一般在8~12平方米，中包房设计一般在15~20平方米，大包房一般在24~30平方米，特大包房在一般55平方米以上为宜。

KTV装修中的问题是十分复杂的，不仅涉及到建筑、结构、声学、通风、暖气、照明、音响、视频等多种方面，而且还涉及到安全、实用、环保、文化等多方面问题。在装修设计时，一般要兼顾以下几点。

➤ 第一，房间的结构

根据建筑学和声学原理，人体工程学和舒适度来考虑，KTV房间的长与宽的黄金比例为0.618，即如果设计长度为1米，宽度至少应考虑在0.6米偏上。

➤ 第二，房间的家具

在KYV包厢内，除包含电视、电视柜、点歌器、麦克风等视听设备外，还应配置沙发、茶几等基本家具，若KTV包厢内设有舞池，还应提供舞台和灯光空间。除此之外，在家具上面需要放置的东西有点歌本、花瓶和花、话筒托盘、宣传广告等。这些东西对有些是吸音的，有些是反射的，而有些又是扩散的，这种不规则的东西对于声音而言是起到了很好的辅助作用。

在装修设计KTV时，还应考虑客人座位与电视荧幕的最短距离，一般最小不得小于3到4米。总之，KTV的空间应具有封闭、隐密、温馨的特征。

➤ 第三，房间的隔音

隔音是解决"串音"的最好办法，从理论上讲，材料的硬度越高隔音效果就越好。最常见的装修方法是轻钢龙骨石膏板隔断墙，在石膏板的外面附加一层硬度比较高的水泥板；或者2/4红砖墙，两边水泥墙面。

除此之外，在装修KTV时，还要兼顾到房间的混响、房间的装修材料以及房间的声学要求等。

9.2 KTV包厢方案设计思路

在绘制并设计KTV包厢方案图时，可以参照如下思路。

第一，根据原有建筑平面图或测量数据，绘制并规划KTV包厢墙体平面图。

第二，根据绘制出的KTV包厢墙体平面图，绘制KTV包厢布置图和地面材质图。

第三，根据KTV包厢布置图绘制KTV包厢的吊顶方案图，要注意吊顶轮廓线的表达以及吊顶各灯具的布局。

第四，根据KTV包厢的平面布置图，绘制包厢墙面的投影图，重点是KTV包厢墙面装饰轮廓图案的表达以及装修材料的说明等。

9.3 绘制KTV包厢装修布置图

本节主要学习KTV包厢装修布置图的绘制方法和具体绘制过程。KTV包厢装修布置图的最终绘制效果如图9-1所示。

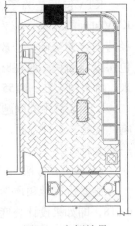

在绘制KTV包厢装修布置图时，具体可以参照如下绘图思路。

- ◆ 首先调用样板并设置绘图环境。
- ◆ 使用"多线"、"多线编辑工具"命令并配合"捕捉自"功能绘制包厢主次外墙线。
- ◆ 使用"偏移"、"直线"、"矩形"、"图案填充"、"插入块"等命令绘制墙体平面图的内部构件。
- ◆ 使用"插入块"、"矩形阵列"、"复制"、"直线"、"矩形"和"偏移"命令绘制KTV包厢平面布置图。
- ◆ 最后使用"图案填充"命令绘制KTV包厢地面材质图。

图9-1 实例效果

9.3.1 绘制KTV包厢墙体结构图

① 以随书光盘"\样板文件\室内设计样板.dwt"作为基础样板，新建文件。

② 执行"格式"菜单中的"图层"命令，在弹出的"图层特性管理器"对话框中双击"墙线层"，将其设置为当前图层，如图9-2所示。

③ 按F3功能键，打开状态栏上的"对象捕捉"功能。

④ 执行"绘图"菜单中的"多线"命令，绘制宽度为300的酒店包间的外墙线。命令行操作过程如下。

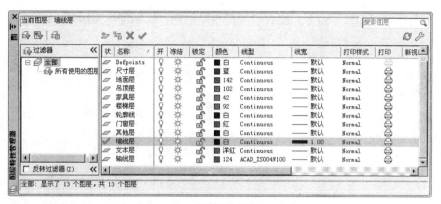

图9-2　设置当前层

命令：_mline

当前设置：对正＝上，比例＝20.00，样式＝墙线样式

指定起点或 [对正 (J)/ 比例 (S)/ 样式 (ST)]：　　//s，按 Enter 键。

输入多线比例 <20.00>：　　　　　　　　　//300，按 Enter 键。

当前设置：对正＝上，比例＝300.00，样式＝墙线样式

指定起点或 [对正 (J)/ 比例 (S)/ 样式 (ST)]：　// 在绘图区拾取一点。

指定下一点：　　　　　　　　　　　　　　//@4820,0，按 Enter 键。

指定下一点或 [放弃 (U)]：　　　　　　　//@0,-8150，按 Enter 键。

指定下一点或 [闭合 (C)/ 放弃 (U)]：　　// Enter，绘制结果如图 9-3 所示。

⑤ 重复执行"多线"命令，配合"捕捉自"功能，绘制宽度为100的垂直墙线。命令行操作如下。

命令：_mline

当前设置：对正＝上，比例＝300.00，样式＝墙线样式

指定起点或 [对正 (J)/ 比例 (S)/ 样式 (ST)]：　//s，按 Enter 键。

输入多线比例 <300.00>：　　　　　　　　//100，按 Enter 键。

当前设置：对正＝上，比例＝100.00，样式＝墙线样式

指定起点或 [对正 (J)/ 比例 (S)/ 样式 (ST)]：　// 激活"捕捉自"功能。

_from 基点：　　　　　　　　　　　　　// 捕捉如图 9-4 所示的端点。

< 偏移 >：　　　　　　　　　　　　　　//@-4000,0，按 Enter 键。

指定下一点：　　　　　　　　　　　　　//@0,-6200，按 Enter 键。

指定下一点或 [放弃 (U)]：　　　　　　　// 按 Enter 键，绘制结果如图 9-5 所示。

图9-3　绘制结果　　　　图9-4　捕捉端点　　　　图9-5　绘制结果

⑥ 重复执行"多线"命令，配合"捕捉自"功能，绘制宽度为100的水平墙线。命令行操作如下。

```
命令：_mline
当前设置：对正 = 上，比例 = 100.00，样式 = 墙线样式
指定起点或 [ 对正 (J)/ 比例 (S)/ 样式 (ST)]:      // 激活"捕捉自"功能。
_from 基点：                                  // 捕捉如图 9-6 所示的端点。
< 偏移 >:                                     //@0,-6300，按 Enter 键。
指定下一点：                                  //@-3070,0，按 Enter 键。
指定下一点或 [ 放弃 (U)]:                      // 按 Enter 键，结束命令。
命令：
MLINE 当前设置：对正 = 上，比例 = 100.00，样式 = 墙线样式
指定起点或 [ 对正 (J)/ 比例 (S)/ 样式 (ST)]:      // 激活"捕捉自"功能。
_from 基点：                                  // 捕捉如图 9-7 所示的端点。
< 偏移 >:                                     //@-850,0，按 Enter 键。
指定下一点：                                  //@-600,0，按 Enter 键。
指定下一点或 [ 放弃 (U)]:                      // 按 Enter 键，绘制结果如图 9-8 所示。
```

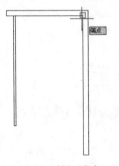
图9-6　捕捉端点

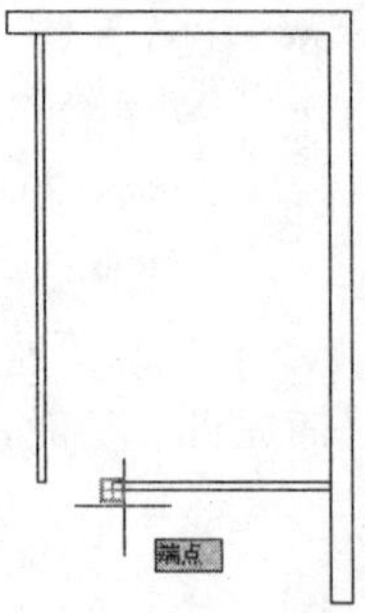

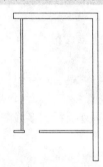
图9-7　捕捉端点

图9-8　绘制结果

⑦ 重复执行"多线"命令，配合"捕捉自"功能，绘制卫生间墙线。命令行操作如下。

```
命令：_mline
当前设置：对正 = 上，比例 = 100.00，样式 = 墙线样式
指定起点或 [ 对正 (J)/ 比例 (S)/ 样式 (ST)]:      // 按 Enter 键。
输入多线比例 <100.00>:                         //150，按 Enter 键。
当前设置：对正 = 上，比例 = 150.00，样式 = 墙线样式
指定起点或 [ 对正 (J)/ 比例 (S)/ 样式 (ST)]:      // 激活"捕捉自"功能。
_from 基点：                                  // 捕捉如图 9-9 所示的端点。
< 偏移 >:                                     //@0,-1240，按 Enter 键。
指定下一点：                                  //@-3000,0，按 Enter 键。
指定下一点或 [ 放弃 (U)]:                      // 按 Enter 键，结束命令。
命令：
MLINE 当前设置：对正 = 上，比例 = 150.00，样式 = 墙线样式
指定起点或 [ 对正 (J)/ 比例 (S)/ 样式 (ST)]:      //s，按 Enter 键。
输入多线比例 <150.00>:                         //100，按 Enter 键。
当前设置：对正 = 上，比例 = 100.00，样式 = 墙线样式
指定起点或 [ 对正 (J)/ 比例 (S)/ 样式 (ST)]:      // 捕捉如图 9-10 所示的端点。
```

指定下一点：　　　　　　　　　　　　　//@0,1090，按 Enter 键
指定下一点或 [放弃 (U)]:　　　　　　　// 按 Enter 键，绘制结果如图 9-11 所示。

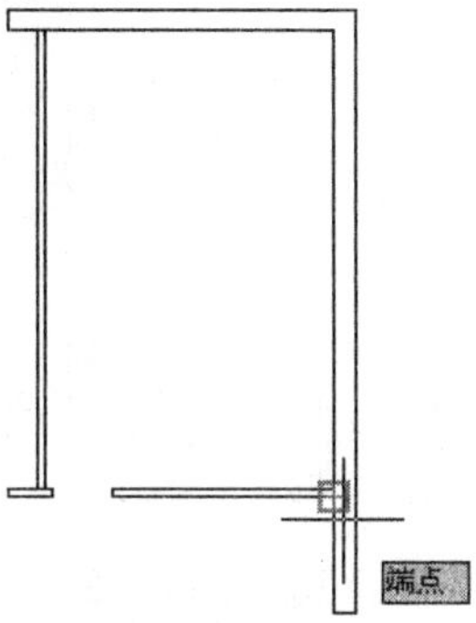

图9-9　捕捉端点 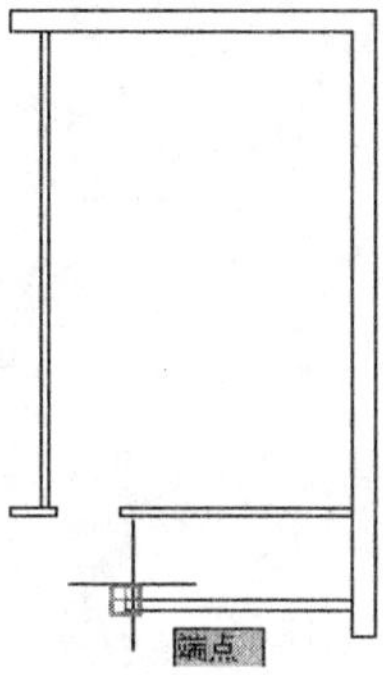　　　　　　图9-10　捕捉端点 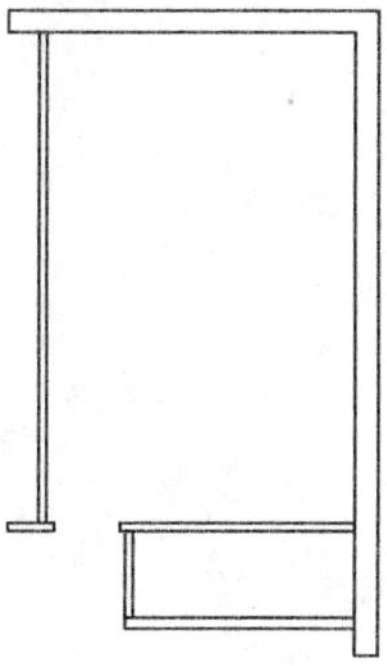　　　　　　图9-11　绘制结果

　　至此，KTV包厢主次墙线绘制完毕，下一小节将学习KTV包厢单开门、柱子和推拉门等建筑构件的具体绘制过程。

9.3.2　绘制KTV包厢建筑构件图

① 继续上节的操作。

② 执行"绘图"菜单中的"矩形"命令，绘制长宽都为800的柱子轮廓线。命令行操作如下。

命令 : _rectang
指定第一个角点或 [倒角 (C)/ 标高 (E)/ 圆角 (F)/ 厚度 (T)/ 宽度 (W)]:
　　　　　　　　　　　　　　　　　　　// 激活"捕捉自"功能。
_from 基点 :　　　　　　　　　　　　　// 捕捉如图 9-12 所示的端点。
<偏移 >:　　　　　　　　　　　　　　　//@-2500,0，按 Enter 键。
指定另一个角点或 [面积 (A)/ 尺寸 (D)/ 旋转 (R)]: //@-800,-800，按 Enter 键，绘制结果如图 9-13 所示。

③ 按快捷键H激活"图案填充"命令，为矩形柱填充如图9-14所示的实体图案。

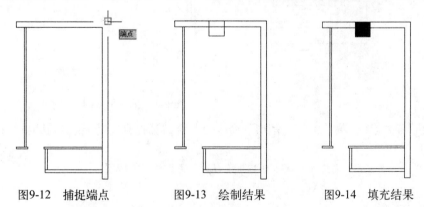

图9-12　捕捉端点　　　　　　图9-13　绘制结果　　　　　　图9-14　填充结果

④ 在绘制的多线上双击鼠标左键，打开"多线编辑工具"对话框，选择如图9-15所示的"T形合并"功能，对墙线进行编辑，结果如图9-16所示。

⑤ 再次打开"多线编辑工具"对话框，选择如图9-17所示的功能，继续对墙线进行编辑，编辑结果如图9-18所示。

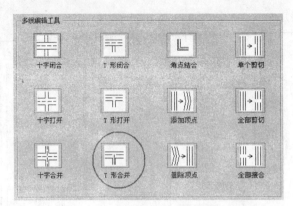

图9-15 选择工具

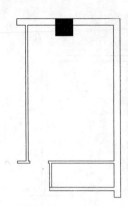

图9-16 编辑结果

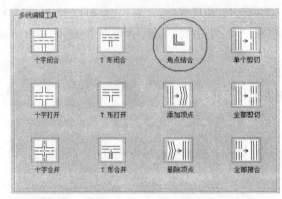

图9-17 选择工具

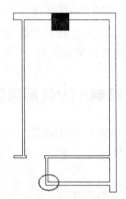

图9-18 编辑结果

⑥ 展开"图层控制"下拉列表，将"门窗层"设置为当前图层。

⑦ 执行"插入"菜单中的"块"命令，插入随书光盘中的"\图块文件\单开门.dwg"文件，设置参数如图9-19所示，插入结果如图9-20所示。

图9-19 绘制结果

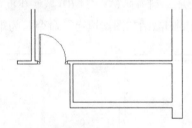

图9-20 插入单开门

⑧ 执行"绘图"菜单中的"矩形"命令，配合"捕捉自"功能绘制卫生间门洞。命令行操作如下。

```
指定第一个角点或 [ 倒角 (C)/ 标高 (E)/ 圆角 (F)/ 厚度 (T)/ 宽度 (W)]:
                                    // 激活"捕捉自"功能。
_from 基点：                         // 捕捉如图 9-21 所示的端点。
<偏移>：                            //@-1190,0，按 Enter 键。
指定另一个角点或 [ 面积 (A)/ 尺寸 (D)/ 旋转 (R)]:
                                    //@-700,100，按 Enter 键，绘制结果如图 9-22 所示。
```

⑨ 重复执行"矩形"命令，绘制长度为700、宽度为40的矩形，作为推拉门的轮廓线，并对其进行位移，结果如图9-23所示。

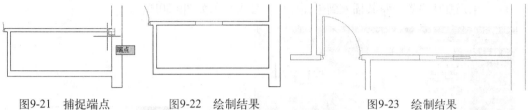

图9-21 捕捉端点   图9-22 绘制结果   图9-23 绘制结果

⑩ 夹点显示如图9-24所示的墙线，然后执行"修改"菜单中的"分解"命令，将其分解。

⑪ 按快捷键E激活"删除"命令，删除前端的墙线，结果如图9-25所示。

⑫ 按快捷键L激活"直线"命令，绘制如图9-26所示的折断线。

图9-24 夹点显示   图9-25 删除结果   图9-26 绘制结果

⑬ 按快捷键H激活"图案填充"命令，设置填充图案与参数，如图9-27所示，为墙体填充如图9-28所示的图案。

 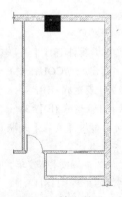

图9-27 设置填充图案与参数   图9-28 填充结果

至此，KTV包厢单开门、推拉门和柱子等建筑构件图绘制完毕，下一小节将学习KTV包厢布置图的具体绘制过程。

9.3.3 绘制KTV包厢平面布置图

① 继续上例的操作。

② 展开"图层控制"下拉列表，将"家具层"设置为当前图层。

③ 单击"绘图"工具栏上的 按钮，在打开的对话框中单击 浏览(B)... 按钮，选择随书光盘中的"\图块文件\ block06.dwg"文件，如图9-29所示。

④ 采用默认设置，将其插入到平面图中，插入结果如图9-30所示。

图9-29 选择文件

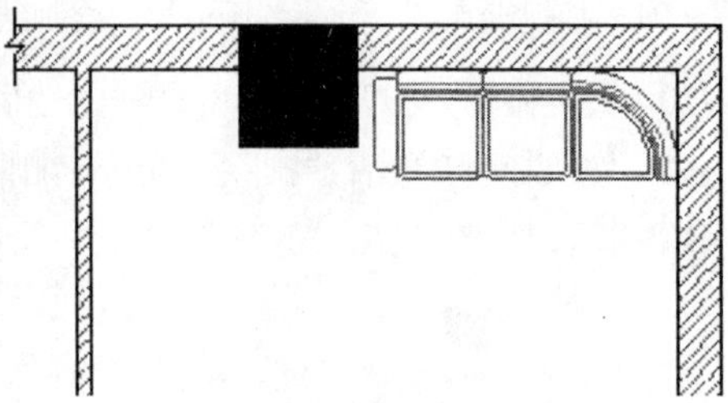

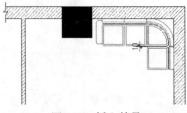

图9-30 插入结果

⑤ 重复执行"插入块"命令，配合中点捕捉和对象追踪功能，插入随书光盘中的"\图块文件\ blokc04.dwg"文件，插入结果如图9-31所示。

⑥ 执行"修改"菜单中的"阵列"|"矩形阵列"命令，对刚插入的沙发图块进行阵列，命令行操作如下。

图9-31 插入结果

```
命令：_arrayrect
选择对象：
                                    // 选择最后插入的沙发图块。
选择对象：                            // 按 Enter 键。
类型 = 矩形 关联 = 否
选择夹点以编辑阵列或 [ 关联 (AS)/ 基点 (B)/ 计数 (COU)/ 间距 (S)/ 列数 (COL)/ 行数 (R)/ 层数
(L)/ 退出 (X)] < 退出 >: //COU，按 Enter 键
    输入列数或 [ 表达式 (E)] <4>:        //1，按 Enter 键。
    输入行数或 [ 表达式 (E)] <3>:        //6，按 Enter 键。
    选择夹点以编辑阵列或 [ 关联 (AS)/ 基点 (B)/ 计数 (COU)/ 间距 (S)/ 列数 (COL)/ 行数 (R)/ 层数
(L)/ 退出 (X)] < 退出 >:                //s，按 Enter 键。
    指定列之间的距离或 [ 单位单元 (U)] <17375>: //1，按 Enter 键。
    指定行之间的距离 <11811>:           //-610，按 Enter 键。
    选择夹点以编辑阵列或 [ 关联 (AS)/ 基点 (B)/ 计数 (COU)/ 间距 (S)/ 列数 (COL)/ 行数 (R)/ 层数
(L)/ 退出 (X)] < 退出 >:                // AS，按 Enter 键。
    创建关联阵列 [ 是 (Y)/ 否 (N)] < 否 >:  // 按 Enter 键。
    选择夹点以编辑阵列或 [ 关联 (AS)/ 基点 (B)/ 计数 (COU)/ 间距 (S)/ 列数 (COL)/ 行数 (R)/ 层数
(L)/ 退出 (X)] < 退出 >:                // 按 Enter 键，阵列结果如图 9-32 所示。
```

⑦ 重复执行"插入块"命令，配合中点捕捉和对象追踪功能，插入随书光盘中的"\图块文件\ blokc03.dwg"文件，插入结果如图9-33所示。

⑧ 重复执行"插入块"命令，插入随书光盘中的"图块文件"目录下的"block01.dwg、

block02.dwg、 block07.dwg、面盆01.dwg和马桶03.dwg"文件，插入结果如图9-34所示。

⑨ 按快捷键CO激活"复制"命令，选择茶几图块，沿Y轴负方向复制1840个单位，结果如图9-35所示。

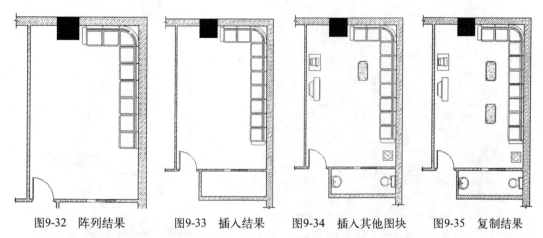

图9-32　阵列结果　　　　图9-33　插入结果　　　图9-34　插入其他图块　　　图9-35　复制结果

⑩ 按快捷键L激活"直线"命令，配合延伸捕捉和交点捕捉功能绘制洗手池台面轮廓线，结果如图9-36所示。

⑪ 按快捷键REC激活"矩形"命令，绘制长度为100、宽度为500的矩形作为衣柜外轮廓线，并将绘制的矩形向内偏移20个单位，结果如图9-37所示。

⑫ 按快捷键L激活"直线"命令，配合端点捕捉功能，绘制内侧矩形的对角线，结果如图9-38所示。

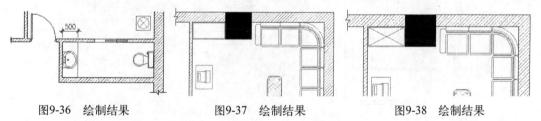

图9-36　绘制结果　　　　　　图9-37　绘制结果　　　　　　图9-38　绘制结果

至此，KTV包厢装修布置图绘制完毕，下一小节将学习KTV包厢地面装修材质图的具体绘制过程。

9.3.4　绘制KTV包厢地面材质图

① 继续上节的操作。

② 展开"图层控制"下拉列表，将"地面层"设置为当前图层。

③ 按快捷键H激活"图案填充"命令，打开"图案填充和渐变色"对话框，设置填充图案及参数，如图9-39所示。

④ 单击"图案填充和渐变色"对话框中的"添加：拾取点"按钮，返回绘图区拾取填充边界，如图9-40所示。

⑤ 返回"图案填充和渐变色"对话框后单击　确定　按钮，结束命令，填充后的结果如图9-41所示。

⑥ 重复执行"图案填充"命令，在打开的"图案填充和渐变色"对话框中设置填充图案及参数，如图9-42所示。

图9-39 设置填充图案与参数

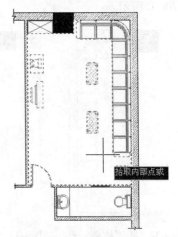

图9-40 拾取填充边界

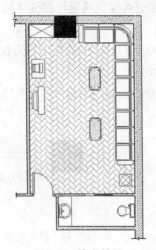

图9-41 填充结果

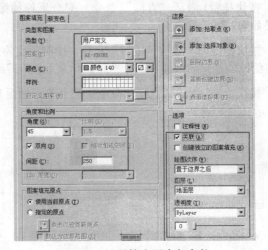

图9-42 设置填充图案与参数

⑦ 单击"图案填充和渐变色"对话框中的"添加：拾取点"按钮，返回绘图区，拾取如图9-43所示的填充边界，填充如图9-44所示的图案。

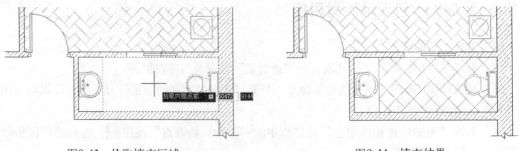

图9-43 拾取填充区域

图9-44 填充结果

⑧ 执行"范围缩放"命令调整视图，使平面图全部显示，最终结果如图9-1所示。

⑨ 最后执行"保存"命令，将当前图形命名存储为"绘制KTV包厢装修布置图.dwg"。

9.4 标注KTV包厢装修布置图

本节主要学习KTV包厢装修布置图尺寸、文字和墙面投影符号的具体标注过程和标注技巧。KTV包厢装修布置图的最终标注效果如图9-45所示。

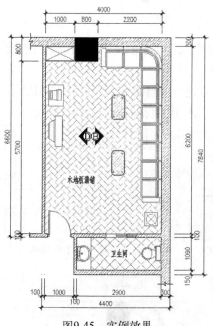

图9-45　实例效果

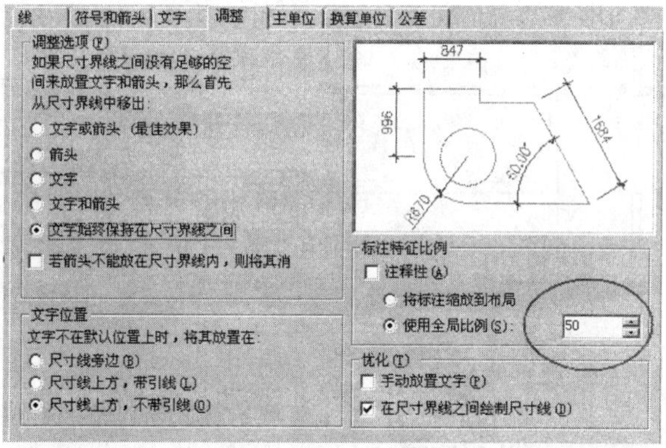

图9-46　修改标注比例

在标注KTV包厢装修布置图时，具体可以参照如下绘图思路。

◆ 首先调用源文件并设置当前操作层和标注样式。

◆ 使用"线性"、"连续"和"编辑标注文字"命令标注KTV包厢装修布置图尺寸。

◆ 使用"单行文字"和"编辑图案填充"命令标注KTV包厢装修布置图文字。

◆ 最后使用"插入块"、"镜像"和"编辑属性"命令标注KTV包厢装修布置图投影。

9.4.1　标注KTV包厢布置图尺寸

① 继续上节的操作。

② 单击"图层"工具栏中的"图层控制"下拉列表，选择"尺寸层"，将其设置为当前图层。

③ 执行"标注"菜单栏中的"标注样式"命令，打开"标注样式管理器"对话框，修改"建筑标注"样式的标注比例，如图9-46所示，同时将此样式设置为当前尺寸样式。

④ 单击"标注"工具栏上的⊡按钮，在"指定第一个尺寸界线原点或 <选择对象>："提示下，配合捕捉与追踪功能，捕捉如图9-47所示的追踪虚线的交点作为第一条延界线的起点。

⑤ 在命令行"指定第二条尺寸界线原点："提示下，捕捉如图9-48所示的追踪虚线的交点。

⑥ 在"指定尺寸线位置或 [多行文字(M)/文字(T)/角度(A)/水平(H)/垂直(V)/旋转(R)]："提示下，在适当位置指定尺寸线位置，标注结果如图9-49所示。

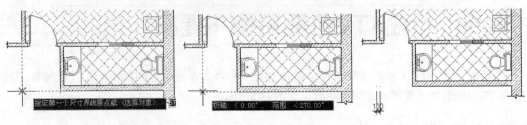

图9-47　定位第一原点　　　　图9-48　定位第二原点　　　　图9-49　标注结果

⑦ 单击"标注"工具栏上的 按钮，激活"连续"命令，标注如图9-50所示的连续尺寸作为细部尺寸。

⑧ 执行"编辑标注文字"命令，对尺寸文字的位置进行适当调整，结果如图9-51所示。

⑨ 单击"标注"工具栏上的 按钮，标注上侧的总尺寸，标注结果如图9-52所示。

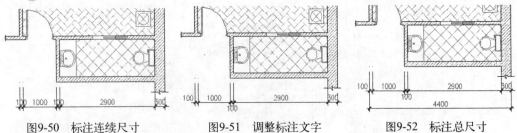

图9-50　标注连续尺寸　　　　图9-51　调整标注文字　　　　图9-52　标注总尺寸

⑩ 参照上述操作，重复使用"线性"、"连续"和"编辑标注文字"命令，标注其他侧的尺寸，标注结果如图9-53所示。

至此，KTV包厢布置图尺寸标注完毕，下一小节将为KTV布置图标注文字与墙面投影符号。

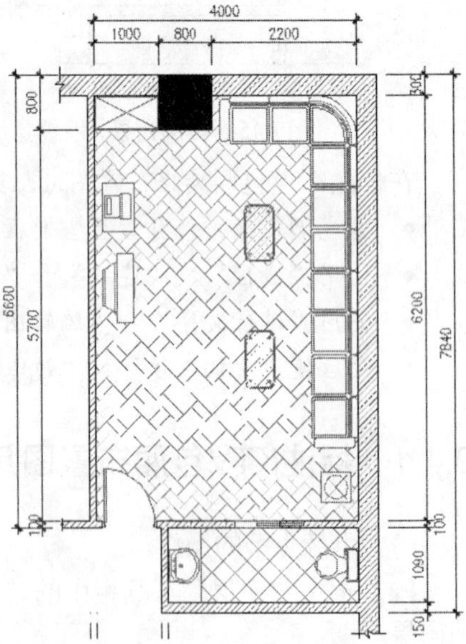

9.4.2 标注KTV包厢布置图文字

① 继续上节的操作。

② 展开"文字样式控制"下拉列表，将"仿宋体"设置为当前样式。

③ 展开"图层控制"下拉列表，将"文本层"设置为当前图层。

④ 按快捷键DT激活"单行文字"命令，设置字高为200，标注如图9-54所示的文字注释。

图9-53　标注其他侧尺寸

⑤ 在地板填充图案上双击鼠标左键，在打开"图案填充编辑"对话框中单击"添加：选择对象"按钮 ，如图9-55所示。

⑥ 返回绘图区，在"选择对象或 [拾取内部点(K)/删除边界(B)]:"提示下，选择"木地板满铺"对象，如图9-56所示。

⑦ 按Enter键，结果文字后面的填充图案被删除，如图9-57所示。

⑧ 参照第5~7操作步骤，修改卫生间内的填充图案，修改结果如图9-58所示。

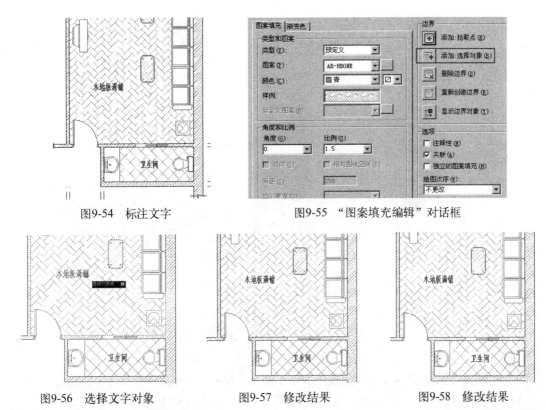

图9-54 标注文字   图9-55 "图案填充编辑"对话框

图9-56 选择文字对象   图9-57 修改结果   图9-58 修改结果

至此，KTV包厢布置图文字标注完毕，下一小节将学习KTV包厢布置图投影符号的具体标注过程。

9.4.3 标注KTV包厢布置图投影

① 继续上节的操作。

② 展开"图层控制"下拉列表，将"其他层"设置为当前图层。

③ 按快捷键I激活"插入块"命令，插入随书光盘"\图块文件\投影符号.dwg"文件，设置块的缩放比例和旋转角度，如图9-59所示。

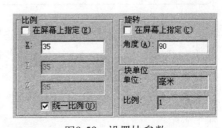

图9-59 设置块参数

④ 返回绘图区指定插入点，在打开的"编辑属性"对话框中输入属性值，如图9-60所示，插入结果如图9-61所示。

⑤ 按快捷键MI激活"镜像"命令，配合象限点捕捉功能，将投影符号进行镜像，结果如图9-62所示。

⑥ 在镜像出的投影符号属性块上双击鼠标左键，打开"增强属性编辑器"对话框，然后修改属性值，如图9-63所示。

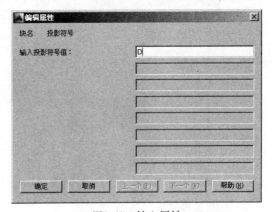

图9-60 输入属性

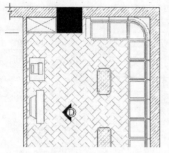

图9-61　插入结果

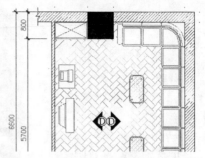

图9-62　镜像结果

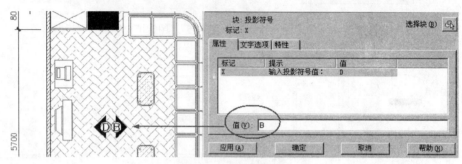

图9-63　编辑属性

⑦　执行"范围缩放"命令调整视图，使平面图全部显示，最终结果如图9-1所示。

⑧　最后执行"另存为"命令，将当前图形命名存储为"标注KTV包厢装修布置图.dwg"。

9.5　绘制KTV包厢天花装修图

本节主要学习KTV包厢天花装修图的绘制方法和具体绘制过程。KTV包厢天花图的最终绘制效果如图9-64所示。

在绘制KTV包厢天花图时，具体可以参照如下思路。

◆　使用"图层"、"直线"、"删除"等命令初步绘制天花轮廓图。

◆　使用"多段线"、"偏移"、"线型"、"图案填充"等命令绘制天花吊顶图。

◆　使用"插入块"、"偏移"、"直线"、"点样式"、"多点"、"复制"等命令绘制辅助线并布置灯具。

◆　使用"线性"、"连续"命令标注天花图灯具定位尺寸。

◆　使用"单行文字"、"直线"命令标注天花图文字注释。

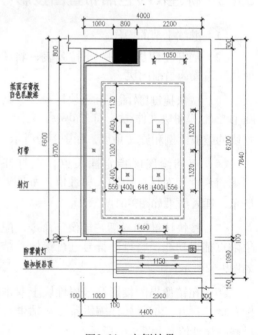

图9-64　实例效果

9.5.1 绘制KTV包厢天花轮廓图

① 打开随书光盘中的"\效果文件\第9章\标注KTV包厢装修布置图.dwg"文件。

② 执行"格式"菜单中的"图层"命令，在打开的对话框中双击"吊顶层"，将此图层设置为当前图层，然后冻结"尺寸层"，此时平面图的显示效果如图9-65所示。

③ 按快捷键E激活"删除"命令，删除不需要的图形对象，结果如图9-66所示。

④ 将夹点显示如图9-67所示的图形对象，将其放置到"吊顶层"上，然后使用"直线"命令封闭门洞，结果如图9-68所示。

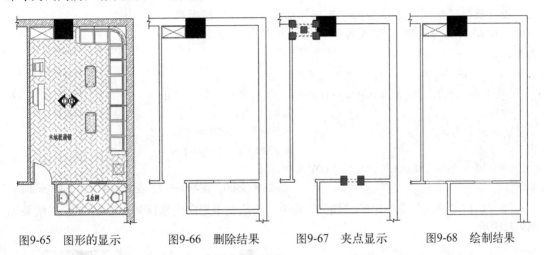

图9-65 图形的显示　　图9-66 删除结果　　图9-67 夹点显示　　图9-68 绘制结果

⑤ 执行"绘图"菜单中的"多段线"命令，配合端点捕捉功能，分别沿着内墙线角点绘制一条闭合的多段线。

⑥ 执行"修改"菜单中的"偏移"命令，对绘制的多段线进行偏移，命令行操作如下。

```
命令：_offset
当前设置：删除源 = 否  图层 = 源  OFFSETGAPTYPE=0
指定偏移距离或 [ 通过 (T)/ 删除 (E)/ 图层 (L)] <20.0>: //e，按 Enter 键。
要在偏移后删除源对象吗？ [ 是 (Y)/ 否 (N)] < 否 >:   //y，按 Enter 键。
指定偏移距离或 [ 通过 (T)/ 删除 (E)/ 图层 (L)] <20.0>: //18，按 Enter 键。
选择要偏移的对象，或 [ 退出 (E)/ 放弃 (U)] < 退出 >: // 选择刚绘制的多段线。
指定要偏移的那一侧上的点，或 [ 退出 (E)/ 多个 (M)/ 放弃 (U)] < 退出 >:
                                     // 在多段线内侧拾取点。
选择要偏移的对象，或 [ 退出 (E)/ 放弃 (U)] < 退出 >: // 按 Enter 键。
命令：
OFFSET 当前设置：删除源 = 是  图层 = 源  OFFSETGAPTYPE=0
指定偏移距离或 [ 通过 (T)/ 删除 (E)/ 图层 (L)] <18.0>: //e，按 Enter 键。
要在偏移后删除源对象吗？ [ 是 (Y)/ 否 (N)] < 是 >:   //n，按 Enter 键。
指定偏移距离或 [ 通过 (T)/ 删除 (E)/ 图层 (L)] <18.0>: //44，按 Enter 键。
选择要偏移的对象，或 [ 退出 (E)/ 放弃 (U)] < 退出 >: // 选择偏移出的多段线。
指定要偏移的那一侧上的点，或 [ 退出 (E)/ 多个 (M)/ 放弃 (U)] < 退出 >:
                                     // 在多段线内侧拾取点。
选择要偏移的对象，或 [ 退出 (E)/ 放弃 (U)] < 退出 >: // 按 Enter 键。
```

⑦ 重复执行"偏移"命令，将最后一次偏移出的多段线，向内侧偏移18个单位，结果如图9-69所示。

至此，KTV包厢天花轮廓图绘制完毕，下一小节将学习KTV包厢吊顶灯池与灯带的具体绘制过程。

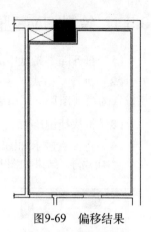

图9-69　偏移结果

9.5.2　绘制KTV包厢灯池与灯带

① 继续上例的操作。

② 执行"绘图"菜单中的"矩形"命令，配合"捕捉自"功能，绘制长度为2800、宽度为4500的矩形吊顶，命令行操作如下。

```
命令：_rectang
指定第一个角点或 [ 倒角 (C)/ 标高 (E)/ 圆角 (F)/ 厚度 (T)/ 宽度 (W)]:
                                    // 激活"捕捉自"功能。
_from 基点：                          // 捕捉如图 9-70 所示的端点。
<偏移>：                             //@520,520，按 Enter 键。
指定另一个角点或 [ 面积 (A)/ 尺寸 (D)/ 旋转 (R)]:
                                    //@2800,4500，按 Enter 键，绘制结果如图 9-71 所示。
```

③ 执行"修改"菜单中的"偏移"命令，将绘制矩形向内偏移40和120个单位，结果如图9-72所示。

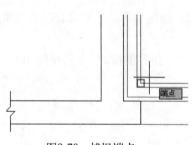

图9-70　捕捉端点

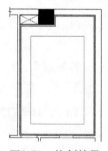

图9-71　绘制结果

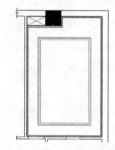

图9-72　偏移结果

④ 执行"格式"菜单中的"线型"命令，选择如图9-73所示的线型进行加载，然后设置线型比例为参数，如图9-74所示。

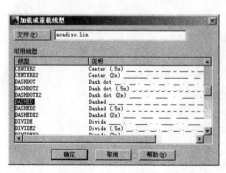

图9-73　选择线型

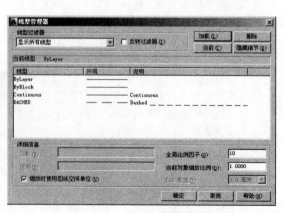

图9-74　设置线型比例

⑤ 夹点显示中间的矩形，展开"线型控制"下拉列表，修改其线型为DASHED线型，如图9-75所示。

⑥ 按Esc键，取消图形的夹点显示，观看显示效果，如图9-76所示。

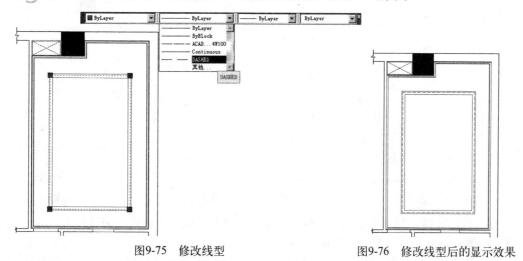

图9-75　修改线型　　　　　　　　　图9-76　修改线型后的显示效果

⑦ 按快捷键H激活"图案填充"命令，在打开的"图案填充和渐变色"对话框中，设置填充图案及填充参数，如图9-77所示。

⑧ 返回绘图区，根据命令行的提示拾取如图9-78所示的填充区域，填充如图9-79所示的吊顶图案。

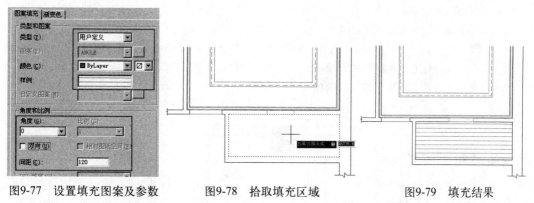

图9-77　设置填充图案及参数　　　　图9-78　拾取填充区域　　　　　图9-79　填充结果

至此，KTV包厢吊顶灯池与灯带绘制完毕，下一小节将学习KTV包厢天花灯具图的具体绘制过程。

9.5.3　绘制KTV包厢天花灯具图

① 继续上例的操作。

② 展开"颜色控制"下拉列表，修改当前颜色为"洋红"。

③ 执行"修改"菜单中的"偏移"命令，选择如图9-80所示的矩形，将其向外偏移260个单位，结果如图9-81所示。

④ 按快捷键L激活"直线"命令，配合中点捕捉功能，绘制如图9-82所示的两条定位辅助线。

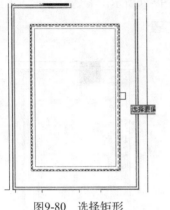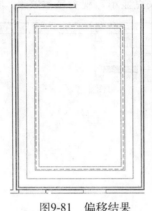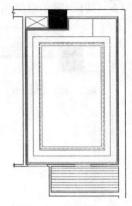

图9-80　选择矩形　　　　　　图9-81　偏移结果　　　　　　图9-82　绘制辅助线

⑤ 执行"格式"菜单中的"点样式"命令，在打开的"点样式"对话框中，设置当前点的样式和点的大小，如图9-83所示。

⑥ 使用"多点"命令，配合中点捕捉功能，绘制如图9-84所示的四个点，作为射灯。

⑦ 执行"修改"菜单中的"复制"命令，选择中间的两个点，对其进行对称复制。命令行操作如下。

```
命令：_copy
选择对象：                                    // 选择中间的两个点。
选择对象：                                    // 按 Enter 键，结束选择。
当前设置：复制模式 = 多个
指定基点或 [ 位移 (D)/ 模式 (O)] < 位移 >：       // 捕捉任一点。
指定第二个点或 [ 阵列 (A)] < 使用第一个点作为位移 >： //@0,1320，按 Enter 键。
指定第二个点或 [ 阵列 (A)/ 退出 (E)/ 放弃 (U)] < 退出 >： //@0,-1320，按 Enter 键。
指定第二个点或 [ 阵列 (A)/ 退出 (E)/ 放弃 (U)] < 退出 >： // 按 Enter 键，结束命令，复制结果如
                                             图 9-85 所示。
```

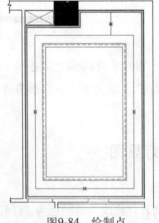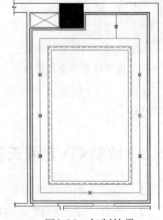

图9-83　"点样式"对话框　　　　图9-84　绘制点　　　　　　图9-85　复制结果

⑧ 重复执行"复制"命令，选择两侧的两个点，对其进行对称复制。命令行操作如下。

命令：_copy

选择对象： // 选择上侧的点标记。

选择对象： // 按 Enter 键。

当前设置：复制模式 = 多个

指定基点或 [位移 (D)/ 模式 (O)] < 位移 >： // 拾取任一点。

指定第二个点或 [阵列 (A)] < 使用第一个点作为位移 >：//@525,0，按 Enter 键。

指定第二个点或 [阵列 (A)/ 退出 (E)/ 放弃 (U)] < 退出 >：//@-525,0，按 Enter 键。

指定第二个点或 [阵列 (A)/ 退出 (E)/ 放弃 (U)] < 退出 >： // 按 Enter 键。

命令：

COPY 选择对象： // 选择下侧的点标记。

选择对象： // 按 Enter 键。

当前设置：复制模式 = 多个

指定基点或 [位移 (D)/ 模式 (O)] < 位移 >： // 拾取任一点。

指定第二个点或 [阵列 (A)] < 使用第一个点作为位移 >：//@745,0，按 Enter 键。

指定第二个点或 [阵列 (A)/ 退出 (E)/ 放弃 (U)] < 退出 >：//@-745,0，按 Enter 键。

指定第二个点或 [阵列 (A)/ 退出 (E)/ 放弃 (U)] < 退出 >： // 按 Enter 键，复制结果如图 9-86 所示。

⑨ 按快捷键E激活"删除"命令，删除不需要的点以及定位辅助线，结果如图9-87所示。

⑩ 执行"绘图"菜单中的"矩形"命令，配合"捕捉自"功能，绘制长度为400、宽度为400的矩形灯池，命令行操作如下。

命令：_rectang

指定第一个角点或 [倒角 (C)/ 标高 (E)/ 圆角 (F)/ 厚度 (T)/ 宽度 (W)]：

// 激活"捕捉自"功能。

_from 基点： // 捕捉如图 9-88 所示的端点。

< 偏移 >： //@556,1130，按 Enter 键。

指定另一个角点或 [面积 (A)/ 尺寸 (D)/ 旋转 (R)]：//@400,400，按 Enter 键，绘制结果如图 9-89 所示。

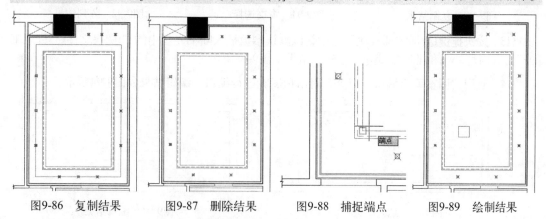

图9-86 复制结果   图9-87 删除结果   图9-88 捕捉端点   图9-89 绘制结果

⑪ 按快捷键CO激活"复制"命令，配合中点捕捉、节点捕捉以及追踪功能，将任一位置的点复制到矩形的正中心处，结果如图9-90所示。

⑫ 执行"修改"菜单中的"阵列"|"矩形阵列"命令，框选如图9-91所示的矩形和点标记进行阵列，命令行操作如下。

命令：_arrayrect

选择对象： // 选择如图 9-91 所示的对象。

选择对象：   // 按 Enter 键。

类型 = 矩形 关联 = 否

选择夹点以编辑阵列或 [关联 (AS)/ 基点 (B)/ 计数 (COU)/ 间距 (S)/ 列数 (COL)/ 行数 (R)/ 层数 (L)/ 退出 (X)] < 退出 >：   //COU，按 Enter 键。

输入列数数或 [表达式 (E)] <4>：   //2，按 Enter 键。

输入行数数或 [表达式 (E)] <3>：   //2，按 Enter 键。

选择夹点以编辑阵列或 [关联 (AS)/ 基点 (B)/ 计数 (COU)/ 间距 (S)/ 列数 (COL)/ 行数 (R)/ 层数 (L)/ 退出 (X)] < 退出 >：   //s，按 Enter 键。

指定列之间的距离或 [单位单元 (U)] <17375>： //1 048，按 Enter 键。

指定行之间的距离 <11811>：   //1600，按 Enter 键。

选择夹点以编辑阵列或 [关联 (AS)/ 基点 (B)/ 计数 (COU)/ 间距 (S)/ 列数 (COL)/ 行数 (R)/ 层数 (L)/ 退出 (X)] < 退出 >：   // AS，按 Enter 键。

创建关联阵列 [是 (Y)/ 否 (N)] < 否 >：   // 按 Enter 键。

选择夹点以编辑阵列或 [关联 (AS)/ 基点 (B)/ 计数 (COU)/ 间距 (S)/ 列数 (COL)/ 行数 (R)/ 层数 (L)/ 退出 (X)] < 退出 >：   // 按 Enter 键，阵列结果如图 9-92 所示。

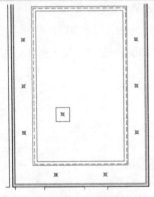
图9-90 复制结果

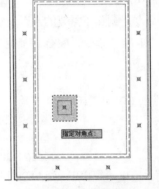
图9-91 窗交选择

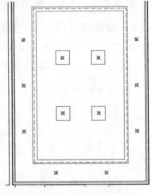
图9-92 阵列结果

⑬ 按快捷键I激活"插入块"命令，以默认参数插入随书光盘中的"\图块文件\"目录下的"防雾筒灯.dwg和排风扇.dwg"文件，结果如图9-93所示。

⑭ 使用"图案填充编辑"命令，对吊顶图案进行编辑，编辑结果如图9-94所示。

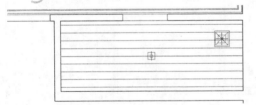
图9-93 插入结果

图9-94 编辑结果

⑮ 按快捷键CO激活"复制"命令，对刚插入的筒灯进行对称复制，命令行操作如下。

命令：_copy

选择对象：   // 选择刚插入的筒灯。

选择对象：   // 按 Enter 键。

当前设置：复制模式 = 多个

指定基点或 [位移 (D)/ 模式 (O)] < 位移 >：   // 拾取任一点。

指定第二个点或 [阵列 (A)] < 使用第一个点作为位移 >: //@575,0，按 Enter 键。

指定第二个点或 [阵列 (A)/ 退出 (E)/ 放弃 (U)] < 退出 >: //@-575,0，按 Enter 键。

指定第二个点或 [阵列 (A)/ 退出 (E)/ 放弃 (U)] < 退出 >: // 按 Enter 键。

// 按 Enter 键，复制结果如图 9-95 所示。

⑯ 按快捷键E激活"删除"命令，删除定位辅助线和中间的点标记，结果如图9-96所示。

图9-95　复制结果

图9-96　删除结果

至此，KTV包厢天花灯具图绘制完毕，下一小节将学习KTV包厢天花图尺寸的具体标注过程。

9.5.4　标注KTV包厢天花图尺寸

① 继续上节的操作。

② 展开"图层控制"下拉列表，解冻"尺寸层"，并将其设置为当前图层，此时图形的显示结果如图9-97所示。

③ 展开"颜色控制"下拉列表，将当前颜色设置为随层。

④ 打开"对象捕捉"功能，并启用节点捕捉和插入点捕捉功能。

⑤ 执行"标注"菜单中的"线型"命令，标注如图9-98所示的线性尺寸作为灯具的定位尺寸。

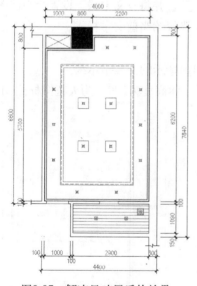

图9-97　解冻尺寸层后的效果

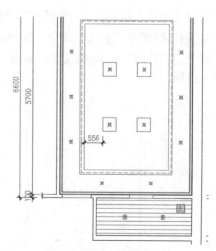

图9-98　标注结果

⑥ 执行"标注"菜单中的"连续"命令，配合交点捕捉或端点捕捉功能，标注如图9-99所示的连续尺寸。

⑦ 综合使用"线性"和"连续"命令，配合节点捕捉等功能，标注其他位置的定位尺寸，结果如图9-100所示。

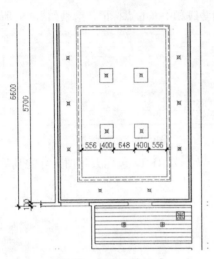

图9-99 标注连续尺寸

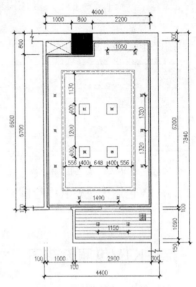

图9-100 标注其他定位尺寸

至此，KTV包厢天花图尺寸标注完毕，下一小节将学习KTV包厢天花图引线注释内容的具体标注过程。

9.5.5 标注KTV包厢天花图文字

① 继续上节的操作。

② 展开"图层控制"下拉列表，解冻"文本层"，并将"文本层"设置为当前图层。

③ 展开"图层控制"下拉列表，将"仿宋体"设置为当前文字样式。

④ 暂时关闭状态栏上的"对象捕捉"功能。

⑤ 按快捷键L激活"直线"命令，绘制如图9-101所示的文字指示线。

⑥ 按快捷键DT激活"单行文字"命令，设置字体高度为200，为天花图标注如图9-102所示的文字注释。

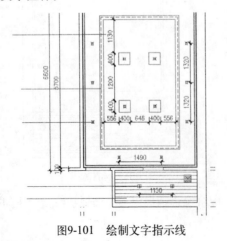

图9-101 绘制文字指示线

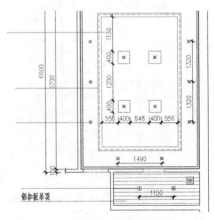

图9-102 标注文字

⑦ 按快捷键CO激活"复制"命令，将标注的文字注释分别复制到其他指示线位置上，结果如图9-103所示。

⑧ 按快捷键ED激活"编辑文字"命令，对复制出的文字注释进行编辑修改，结果如图9-104所示。

⑨ 执行"范围缩放"命令，调整视图，使平面图全部显示，最终结果如图9-64所示。

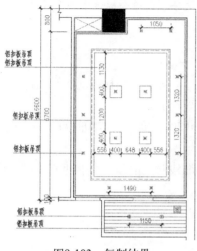

图9-103 复制结果   图9-104 编辑结果

⑩ 最后执行"另存为"命令，将图形另名存储为"绘制KTV包厢天花装修图.dwg"。

9.6 绘制KTV包厢B向装修立面图

本例主要学习KTV包厢B向装修立面图的具体绘制过程和绘制技巧。KTV包厢B向装修立面图的最终绘制效果如图9-105所示。

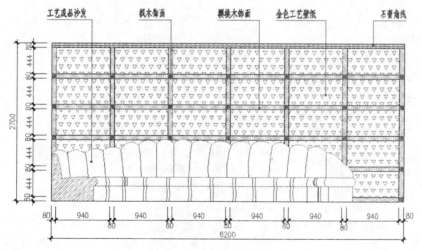

图9-105 实例效果

在绘制KTV包厢B向立面图时，具体可以参照如下思路。

- ◆ 首先调用制图样板并设置当前操作层。
- ◆ 使用"直线"、"矩形阵列"命令绘制墙面分格线和立面构件。
- ◆ 使用"插入块"、"修剪"命令绘制立面构件并对分格线进行修整完善。
- ◆ 使用"图案填充"、"线型"命令绘制墙面装修材质图。
- ◆ 使用"线性"、"连续"和"编辑标注文字"命令标注包厢立面图尺寸。
- ◆ 使用"标注样式"、"快速引线"、"编辑文字"等命令标注立面图注释。

9.6.1 绘制KTV包厢B向轮廓图

① 执行"新建"命令，调用随书光盘中的"\样板文件\室内样板.dwt"文件。

② 展开"图层控制"下拉列表，设置"轮廓线"为当前图层。

③ 按快捷键L激活"直线"命令，绘制长度为6200、高度为2700的两条垂直相交的直线作为基准线，如图9-106所示。

④ 按快捷键O激活"偏移"命令，将水平基准线向上偏移80，将垂直基准层向右偏移80，结果如图9-107所示。

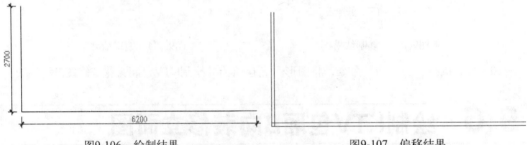

图9-106 绘制结果　　　　　　　　　　　图9-107 偏移结果

⑤ 执行"修改"菜单中的"阵列"|"矩形阵列"命令，对两条水平轮廓线进行阵列，命令行操作如下。

```
命令：_arrayrect
选择对象：                                  // 选择两条水平轮廓线。
选择对象：                                  // 按 Enter 键。
类型 = 矩形 关联 = 否
选择夹点以编辑阵列或 [ 关联 (AS)/ 基点 (B)/ 计数 (COU)/ 间距 (S)/ 列数 (COL)/ 行数 (R)/ 层数
(L)/ 退出 (X)] < 退出 >：                    //COU，按 Enter 键。
输入列数数或 [ 表达式 (E)] <4>：             //1，按 Enter 键。
输入行数数或 [ 表达式 (E)] <3>：             //6，按 Enter 键。
选择夹点以编辑阵列或 [ 关联 (AS)/ 基点 (B)/ 计数 (COU)/ 间距 (S)/ 列数 (COL)/ 行数 (R)/ 层数
(L)/ 退出 (X)] < 退出 >：                    //s，按 Enter 键。
指定列之间的距离或 [ 单位单元 (U)] <1071>：  //1，按 Enter 键。
指定行之间的距离 <900>：                     //524，按 Enter 键。
选择夹点以编辑阵列或 [ 关联 (AS)/ 基点 (B)/ 计数 (COU)/ 间距 (S)/ 列数 (COL)/ 行数 (R)/ 层数
(L)/ 退出 (X)] < 退出 >：                    // 按 Enter 键，结束命令，阵列结果如图 9-108 所示。
```

⑥ 重复执行"矩形阵列"命令，对两条垂直轮廓线进行阵列。命令行操作过程如下。

```
命令：_arrayrect
选择对象：                                              // 选择两条水平轮廓线。
选择对象：                                              // 按 Enter 键。
类型 = 矩形  关联 = 否
选择夹点以编辑阵列或 [ 关联 (AS)/ 基点 (B)/ 计数 (COU)/ 间距 (S)/ 列数 (COL)/ 行数 (R)/ 层数
(L)/ 退出 (X)] < 退出 >：                                //COU，按 Enter 键。
输入列数或 [ 表达式 (E)] <4>：                            //7，按 Enter 键。
输入行数或 [ 表达式 (E)] <3>：                            //1，按 Enter 键。
选择夹点以编辑阵列或 [ 关联 (AS)/ 基点 (B)/ 计数 (COU)/ 间距 (S)/ 列数 (COL)/ 行数 (R)/ 层数
(L)/ 退出 (X)] < 退出 >：                                //s，按 Enter 键。
指定列之间的距离或 [ 单位单元 (U)] <1071>：               //1020，按 Enter 键。
指定行之间的距离 <900>：                                  //1，按 Enter 键。
选择夹点以编辑阵列或 [ 关联 (AS)/ 基点 (B)/ 计数 (COU)/ 间距 (S)/ 列数 (COL)/ 行数 (R)/ 层数
(L)/ 退出 (X)] < 退出 >：                                // Enter，结束命令，阵列结果如图 9-109 所示。
```

⑦ 展开"图层控制"下拉列表，设置"图块层"为当前图层。

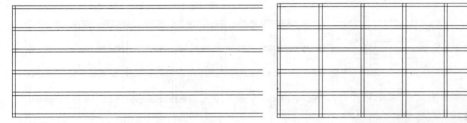

图9-108　阵列水平轮廓线　　　　　　　图9-109　阵列垂直轮廓线

⑧ 按快捷键I激活用"插入块"命令，配合延伸捕捉功能，以默认设置插入随书光盘中的"\图块文件\大型沙发组.dwg"文件，插入结果如图9-110所示。

⑨ 执行"修剪"命令，以立面图块外边缘作为边界，对内部的墙面分格线进行修剪，结果如图9-111所示。

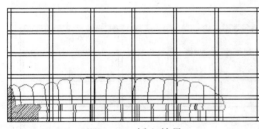 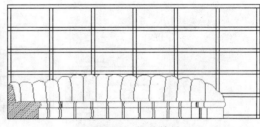

图9-110　插入结果　　　　　　　　　　图9-111　修剪结果

至此，KTV包厢B向立面轮廓图和立面构件绘制完毕，下一小节将学习KTV包厢B向墙面材质图的具体绘制过程。

9.6.2　绘制KTV包厢B向材质图

① 继续上例的操作。

② 执行"图层"命令，将"填充层"的图层设置为当前图层。

③ 按快捷键H激活"图案填充"命令，设置填充图案及填充参数，如图9-112所示，为立面图填充如图9-113所示的图案。

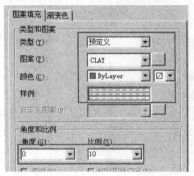 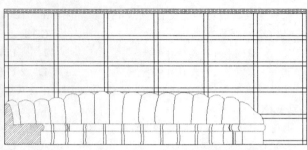

图9-112 设置填充图案及参数   图9-113   填充结果

④ 重复执行"图案填充"命令，设置填充图案及填充参数，如图9-114所示，为立面图填充如图9-115所示的图案。

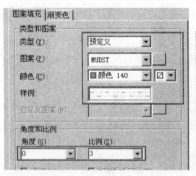

图9-114 设置填充图案及参数   图9-115   填充结果

⑤ 重复执行"图案填充"命令，设置填充图案及填充参数，如图9-116所示，为立面图填充如图9-117所示的图案。

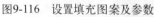 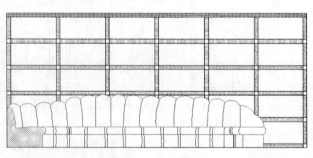

图9-116 设置填充图案及参数   图9-117   填充结果

⑥ 重复执行"图案填充"命令，设置填充图案及填充参数，如图9-118所示，为立面图填充如图9-119所示的图案。

⑦ 重复执行"图案填充"命令，设置填充图案及填充参数，如图9-120所示，为立面图填充如图9-121所示的图案。

图9-118　设置填充图案及参数

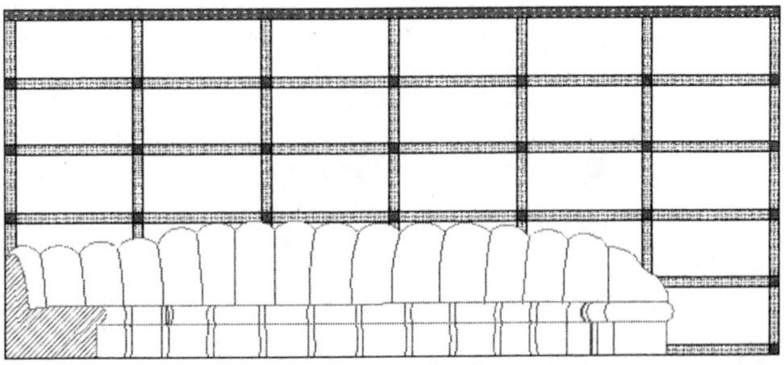

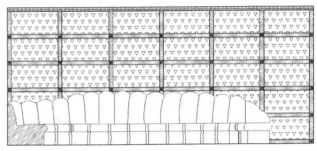

图9-119　填充结果

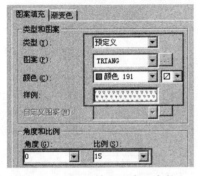

图9-120　设置填充图案及参数

图9-121　填充结果

至此，KTV包厢B向墙面材质图绘制完毕，下一小节将学习包厢B向立面图尺寸的标注过程。

9.6.3　标注KTV包厢B向立面尺寸

① 继续上节的操作。

② 执行"标注"菜单栏中的"标注样式"命令，将"建筑标注"设置为当前标注样式，并修改标注比例为30。

③ 单击"标注"工具栏上的 ⊢⊣ 按钮，激活"线性"命令，配合端点捕捉功能，标注如图9-122所示的线性尺寸作为基准尺寸。

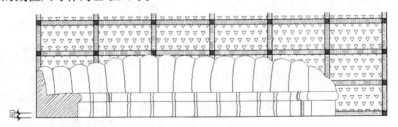

图9-122　标注基准尺寸

④ 单击"标注"工具栏上的 ⊔⊔ 按钮，激活"连续"命令，配合捕捉和追踪功能，标注如图9-123所示的连续尺寸作为细部尺寸。

⑤ 执行"线性"命令，配合捕捉功能标注总尺寸，标注结果如图9-124所示。

⑥ 参照上述操作，综合使用"线性"和"连续"和"编辑标注文字"命令，配合端点捕捉功能标注立面图下侧的尺寸，标注结果如图9-125所示。

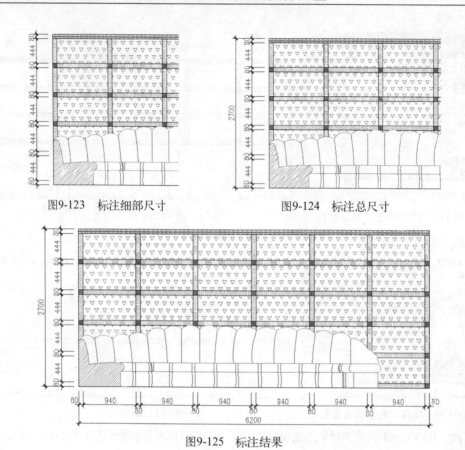

图9-123 标注细部尺寸　　　　图9-124 标注总尺寸

图9-125 标注结果

　　至此，KTV包厢B向立面图尺寸标注完毕，下一小节将学习KTV包厢B向立面图墙面材质注解的具体标注过程。

9.6.4 标注KTV包厢B向材质注解

① 继续上例的操作。

② 展开"图层控制"下拉列表，将"文本层"设置为当前图层。

③ 按快捷键D激活"标注样式"命令，对"建筑标注"样式进行替代，参数设置如图9-126和图9-127所示，标注比例为如图9-128所示。

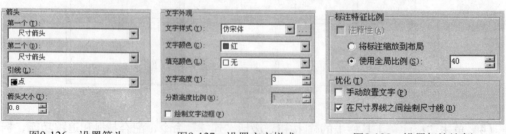

图9-126 设置箭头　　　　图9-127 设置文字样式　　　　图9-128 设置标注比例

④ 按快捷键LE激活"快速引线"命令，设置引线参数如图9-129和图9-130所示。

⑤ 单击 确定 按钮，根据命令行的提示指定引线点，绘制引线，并输入引线注释，标注结果如图9-131所示。

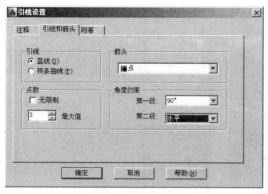

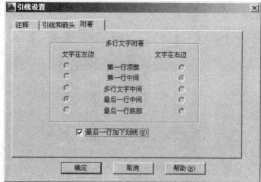

图9-129 设置引线参数   图9-130 设置附着位置

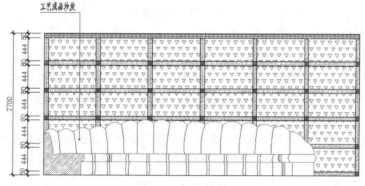

图9-131 标注结果

(6) 重复执行"快速引线"命令，按照当前的引线参数设置，标注其他位置的引线注释，结果如图9-132所示。

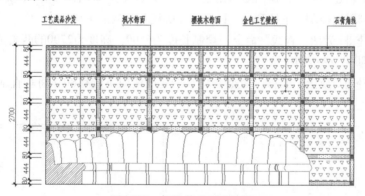

图9-132 标注其他引线注释

(7) 最后执行"保存"命令，将图形命名存储为"绘制包厢B向立面图.dwg"。

9.7 绘制KTV包厢D向装修立面图

本例主要学习KTV包厢D向装修立面图的具体绘制过程和绘制技巧。KTV包厢D向立面图的最终绘制效果如图9-133所示。

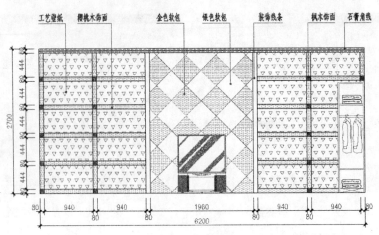

图9-133　实例效果

在绘制KTV包厢D向立面图时，具体可以参照如下思路。

◆　首先调用制图样板并设置当前操作层。

◆　使用"直线"、"矩形阵列"、"偏移"、"修剪"等命令绘制墙面轮廓图。

◆　使用"插入块"、"修剪"、"构造线"、"偏移"等命令绘制墙面构件及墙面分隔线条。

◆　使用"图案填充"命令绘制KTV墙面装修材质图。

◆　使用"线性"、"连续"和"编辑标注文字"命令标注包厢立面图尺寸。

◆　使用"标注样式"、"快速引线"命令标注KTV包厢立面图材质注解。

9.7.1　绘制KTV包厢D向轮廓图

①　执行"新建"命令，调用随书光盘中的"\样板文件\室内样板.dwt"文件。

②　展开"图层控制"下拉列表，设置"轮廓线"为当前图层。

③　按快捷键L激活"直线"命令，绘制长度为6200、高度为2700的两条垂直相交的直线作为基准线，如图9-134所示。

④　按快捷键O激活"偏移"命令，将水平基准线向下偏移80，将垂直基准层向右偏移80，结果如图9-135所示。

图9-134　绘制结果　　　　　　　　　　　　图9-135　偏移结果

⑤　执行"修改"菜单中的"阵列"|"矩形阵列"命令，对两条水平轮廓线进行阵列，命令行操作如下。

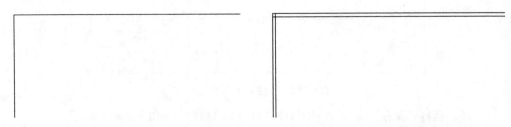

```
命令：_arrayrect
选择对象：                          // 选择两条水平轮廓线。
选择对象：                          // 按 Enter 键。
```

类型 = 矩形 关联 = 否

选择夹点以编辑阵列或 [关联 (AS)/ 基点 (B)/ 计数 (COU)/ 间距 (S)/ 列数 (COL)/ 行数 (R)/ 层数 (L)/ 退出 (X)] < 退出 >:   //COU，按 Enter 键。

输入列数或 [表达式 (E)] <4>:   //1，按 Enter 键。

输入行数或 [表达式 (E)] <3>:   //6，按 Enter 键。

选择夹点以编辑阵列或 [关联 (AS)/ 基点 (B)/ 计数 (COU)/ 间距 (S)/ 列数 (COL)/ 行数 (R)/ 层数 (L)/ 退出 (X)] < 退出 >:   //s，按 Enter 键。

指定列之间的距离或 [单位单元 (U)] <1071>:   //1，按 Enter 键。

指定行之间的距离 <900>:   //-524，按 Enter 键。

选择夹点以编辑阵列或 [关联 (AS)/ 基点 (B)/ 计数 (COU)/ 间距 (S)/ 列数 (COL)/ 行数 (R)/ 层数 (L)/ 退出 (X)] < 退出 >:   // 按 Enter 键，结束命令，阵列结果如图 9-136 所示。

⑥ 重复执行"矩形阵列"命令，对两条垂直轮廓线进行阵列。命令行操作过程如下。

命令：_arrayrect

选择对象：   // 选择两条水平轮廓线。

选择对象：   // 按 Enter 键。

类型 = 矩形 关联 = 否

选择夹点以编辑阵列或 [关联 (AS)/ 基点 (B)/ 计数 (COU)/ 间距 (S)/ 列数 (COL)/ 行数 (R)/ 层数 (L)/ 退出 (X)] < 退出 >:   //COU，按 Enter 键。

输入列数或 [表达式 (E)] <4>:   //7，按 Enter 键。

输入行数或 [表达式 (E)] <3>:   //1，按 Enter 键。

选择夹点以编辑阵列或 [关联 (AS)/ 基点 (B)/ 计数 (COU)/ 间距 (S)/ 列数 (COL)/ 行数 (R)/ 层数 (L)/ 退出 (X)] < 退出 >:   //s，按 Enter 键。

指定列之间的距离或 [单位单元 (U)] <1071>:   //1020，按 Enter 键。

指定行之间的距离 <900>:   //1，按 Enter 键。

选择夹点以编辑阵列或 [关联 (AS)/ 基点 (B)/ 计数 (COU)/ 间距 (S)/ 列数 (COL)/ 行数 (R)/ 层数 (L)/ 退出 (X)] < 退出 >:   // 按 Enter 键，结束命令，阵列结果如图 9-137 所示。

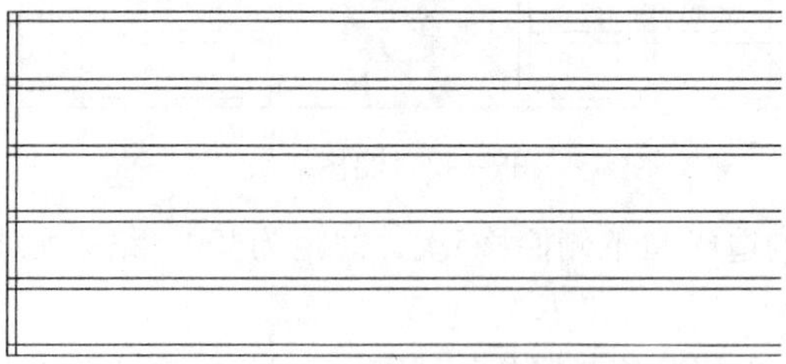

图9-136 阵列水平轮廓线 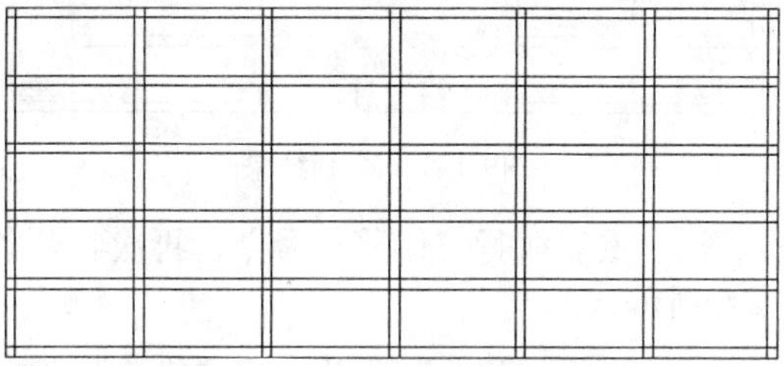   图9-137 阵列垂直轮廓线

⑦ 执行"修改"菜单中的"修剪"命令，对偏移出的图形进行修剪，结果如图 9-138所示。

至此，KTV包厢D向墙面主体轮廓图绘制完毕，下一小节将学习KTV包厢D向墙面构件和墙面分隔线的具体绘制过程。

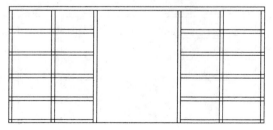

图9-138 修剪结果

9.7.2 绘制D向构件和墙面分隔线

① 继续上节的操作。

② 展开"图层控制"下拉列表,设置"图块层"为当前图层。

③ 按快捷键I激活用"插入块"命令,配合延伸捕捉功能,以默认设置插入随书光盘中的"\图块文件\立面衣柜03.dwg"文件,插入结果如图9-139所示。

④ 重复执行"插入块"命令,以默认参数插入随书光盘中的"\图块文件\立面电视02.dwg"文件,插入点为下侧水平边的中点,插入结果如图9-140所示。

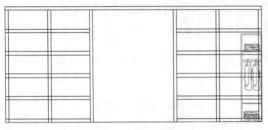 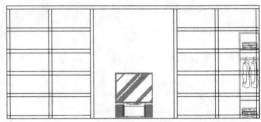

图9-139 插入结果　　　　　　　　　　图9-140 插入电视图块

⑤ 执行"格式"菜单中的"颜色"命令,将当前颜色设置为绿色。

⑥ 执行"绘图"菜单中的"构造线"命令,配合中点捕捉功能,绘制角度分别为45和135的两条构造线,结果如图9-141所示。

⑦ 执行"修改"菜单中的"偏移"命令,将两条构造线向上偏移两次,偏移距离为400,偏移结果如图9-142所示。

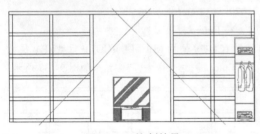 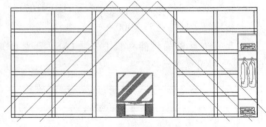

图9-141 绘制结果　　　　　　　　　　图9-142 偏移结果

⑧ 重复执行"偏移"命令,再次将两条构造线向下侧偏移5次,间距为400,结果如图9-143所示。

⑨ 执行"修改"菜单中的"修剪"命令,选择如图9-144所示的四条虚线轮廓边作为修剪边界,对构造线进行修剪,修剪结果如图9-145所示。

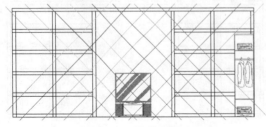 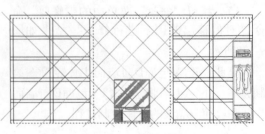

图9-143 偏移结果　　　　　　　　　　图9-144 选择边界

⑩　重复执行"修剪"命令，继续对轮廓线进行修剪完善，结果如图9-146所示。

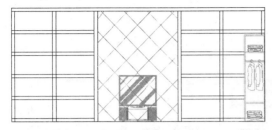
图9-145　修剪结果

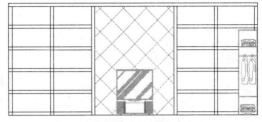
图9-146　修剪结果

至此，KTV包厢D向墙面构件和分隔线绘制完毕，下一小节将学习D向墙面装修材质图的具体绘制过程和相关技巧。

9.7.3　绘制KTV包厢D向材质图

①　继续上例的操作。

②　按快捷键H激活"图案填充"命令，设置填充图案及填充参数，如图9-147所示，为立面图填充如图9-148所示的图案。

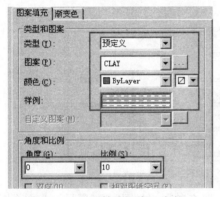
图9-147　设置填充图案及参数

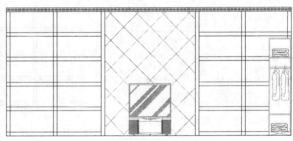
图9-148　填充结果

③　重复执行"图案填充"命令，设置填充图案及填充参数，如图9-149所示，为立面图填充如图9-150所示的图案。

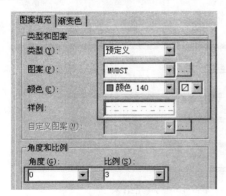
图9-149　设置填充图案及参数

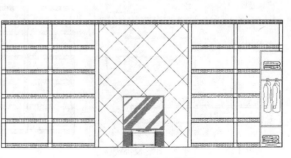
图9-150　填充结果

④ 重复执行"图案填充"命令，设置填充图案及填充参数，如图9-151所示，为立面图填充如图9-152所示的图案。

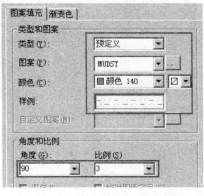

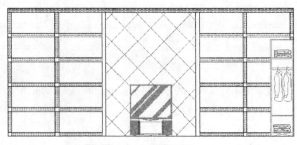

图9-151 设置填充图案及参数

图9-152 填充结果

⑤ 重复执行"图案填充"命令，设置填充图案及填充参数，如图9-153所示，为立面图填充如图9-154所示的图案。

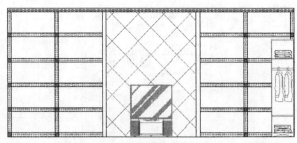

图9-153 设置填充图案及参数

图9-154 填充结果

⑥ 重复执行"图案填充"命令，设置填充图案及填充参数，如图9-155所示，为立面图填充如图9-156所示的图案。

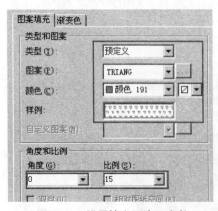

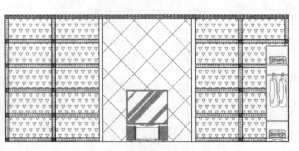

图9-155 设置填充图案及参数

图9-156 填充结果

⑦ 重复执行"图案填充"命令，设置填充图案及填充参数，如图9-157所示，为立面图填充如图9-158所示的图案。

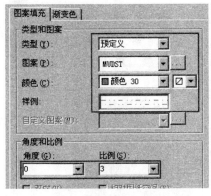

图9-157 设置填充图案及参数

图9-158 填充结果

至此，KTV包厢D向墙面装修材质图绘制完毕，下一小节将学习包厢D向立面尺寸的具体标注过程。

9.7.4 标注KTV包厢D向图尺寸

① 继续上例的操作。

② 展开"图层"工具栏中的"图层控制"下拉列表，将"尺寸层"设置为当前图层。

③ 执行"标注"菜单栏中的"标注样式"命令，将"建筑标注"设置为当前标注样式，并修改标注比例为30。

④ 单击"标注"工具栏上的 ⊢ 按钮，激活"线性"命令，配合端点捕捉功能，标注如图9-159所示的线性尺寸作为基准尺寸。

⑤ 单击"标注"工具栏上的 ⊞ 按钮，激活"连续"命令，配合捕捉和追踪功能，标注如图9-160所示的连续尺寸作为细部尺寸。

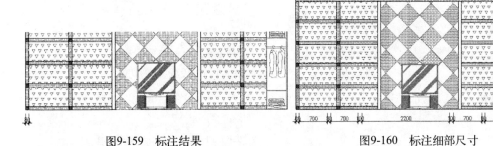

图9-159 标注结果   图9-160 标注细部尺寸

⑥ 执行"编辑标注文字"命令，对下侧的细部尺寸文字进行协调位置，结果如图9-161所示。

⑦ 执行"线性"命令，配合捕捉功能，标注总尺寸，标注结果如图9-162所示。

⑧ 参照上述操作，综合使用"线性"和"连续"命令，配合端点捕捉功能，标注立面图左侧的尺寸，标注结果如图9-163所示。

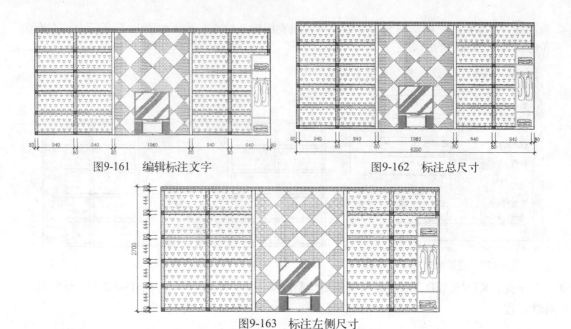

图9-161　编辑标注文字　　　　　　　　图9-162　标注总尺寸

图9-163　标注左侧尺寸

至此，KTV包厢D向立面图尺寸标注完毕，下一小节将为D向立面图标注墙面材质注解。

9.7.5　标注KTV包厢D向材质注解

① 继续上例的操作。

② 展开"图层控制"下拉列表，将"文本层"设置为当前图层。

③ 按快捷键D激活"标注样式"命令，对"建筑标注"样式进行替代，参数设置如图9-164和图9-165所示，标注比例为40。

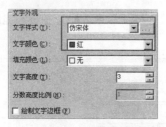

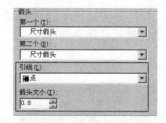

图9-164　设置箭头　　　　　　　　图9-165　设置文字样式

④ 按快捷键LE激活"快速引线"命令，设置引线参数，如图9-166和图9-167所示。

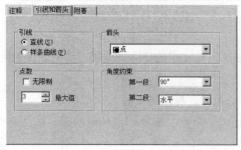

图9-166　设置引线参数　　　　　　　　图9-167　设置附着位置

⑤ 单击 确定 按钮，根据命令行的提示指定引线点绘制引线，并输入引线注释，标注结果如图9-168所示。

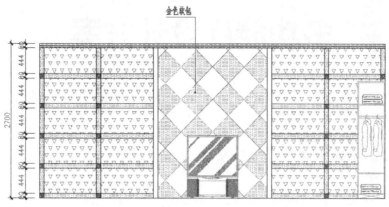

图9-168 标注结果

⑥ 重复执行"快速引线"命令，按照当前的引线参数设置，标注其他位置的引线注释，结果如图9-169所示。

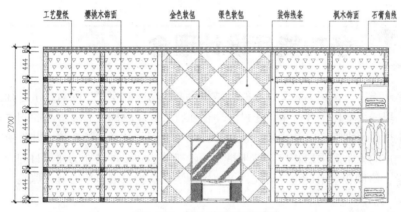

图9-169 标注其他引线注释

⑦ 最后执行"保存"命令，将图形命名存储为"绘制包厢D向立面图.dwg"。

9.8 本章小结

本章在概述KTV包厢装修理论知识的前提下，通过绘制一个中型KTV包厢装修布置图、标注KTV包厢装修布置图、绘制KTV包厢天花装修图、绘制KTV包厢B向装修立面图和绘制KTV包厢的D向装修立面图等五个代表型的案例，详细而系统地讲述了KTV包厢装修图的绘制思路、表达内容、具体绘制过程以及绘制技巧。

希望读者通过本章的学习，在理解和掌握相关设计理念和设计技巧的前提下，了解和掌握KTV包厢装修方案需要表达的内容、表达思路及具体的设计过程等。

第10章
多功能厅设计方案

- ☐ 多功能厅设计理念
- ☐ 多功能厅方案设计思路
- ☐ 绘制多功能厅墙体结构图
- ☐ 绘制多功能厅装修布置图
- ☐ 标注多功能厅装修布置图
- ☐ 绘制多功能厅C向立面图
- ☐ 本章小结

10.1 多功能厅设计理念

所谓"多功能厅",顾名思义,指的就是包含多种功能的房厅。随着经济、社会的发展,在建筑方面出现较大变化,各个单位建设时,往往将会议厅改成具有多种功能的厅,兼顾报告厅、学术讨论厅、培训教室以及视频会议厅等。多功能厅经过合理的布置,并按所需增添各种功能,增设相应的设备和采取相应的技术措施,就能够达到多种功能的使用目的,实现现代化的会议、教学、培训和学术讨论。现在许多宾馆、酒店、会议展览中心及大剧院、图书馆、博览中心甚至学校都设有多功能厅。

多功能厅具有灵活多变的特点,在空间设计的过程中,必须对空间分割的合理性和科学性进行不断地分析,尽量利用开阔的空间,进行合理布局,使其具有较强的序列、秩序和变化,突出开阔、简洁、大方和朴素的设计理念。

另外,在规划与设计多功能厅时,还需要兼顾以下几个系统。

- ◆ 多媒体显示系统。多媒体显示系统由高亮度、高分辨率的液晶投影机和电动屏幕构成,完成对各种图文信息的大屏幕显示,以让各个位置的人都能够更清楚地观看。
- ◆ A/V系统。A/V系统由算机、摄像机、DVD、VCR、MD机、实物展台、调音台、话筒、功放、音箱、数字硬盘录像机等A/V设备构成。完成对各种图文信息的播放功能,实现多功能厅的现场扩音、播音,配合大屏幕投影系统,提供优良的视听效果。
- ◆ 会议室环境系统。会议室环境系统由会议室的灯光(包括白炽灯、日光灯)、窗帘等设备构成;完成对整个会议室环境、气氛的改变,以自动适应当前的需要;譬如播放DVD时,灯光会自动变暗,窗帘自动关闭。
- ◆ 智能型多媒体中央控制系统。采用目前业内档次最高、技术最成熟、功能最齐全,用途最广的中央控制系统,实现多媒体电教室的各种电子设备的集中控制。

10.2 多功能厅方案设计思路

在绘制并设计多功能厅方案图时,可以参照如下思路。

第一,根据提供的测量数据,绘制出多功能厅的建筑结构平面图。

第二,根据绘制的多功能厅建筑结构图以及需要发挥的多种使用功能,进行建筑空间的规划与布置,科学合理地绘制出多功能厅的平面布置图。

第三,根据绘制的多功能厅平面布置图,绘制天花装修图,重点在天花吊顶的表达以及天花灯具定位和布局。

第四,根据实际情况及需要,绘制出多功能厅的墙面装饰投影图,必要时附着文字说明。

10.3 绘制多功能厅墙体结构图

本节主要学习多功能厅墙体结构图的具体绘制过程和绘制技巧。多功能厅墙体结构图的最终绘制效果如图10-1所示。

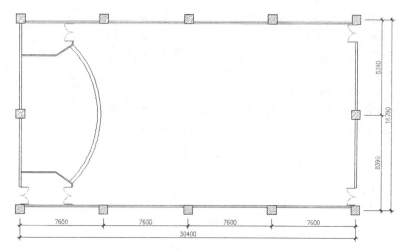

图10-1　实例效果

在绘制多功能厅墙体结构平面图时,具体可以参照如下绘图思路。

◆ 首先调用绘图样板文件并简单设置绘图环境。

◆ 综合使用"矩形"、"矩形阵列"命令绘制多功能厅的柱子布置图。

◆ 综合使用"构造线"、"偏移"、"修剪"、"打断"命令绘制墙线与窗线。

◆ 综合使用"偏移"、"构造线"、"插入块"、"镜像"命令绘制双开门构件。

◆ 最后综合使用"多段线"、"偏移"、"镜像"、"圆弧"等命令划分空间。

10.3.1 绘制多功能厅墙体结构图

① 执行"新建"命令,选择随书光盘中的"\样板文件\绘图样板.dwt"文件,作为基础样板,新建空白文件。

② 展开"图层"工具栏上的"图层控制"下拉列表，将"轴线层"设置为当前图层。

③ 启用状态栏上的"对象捕捉"和"对象追踪"功能，并设置模式为端点捕捉、中点捕捉和交点捕捉。

④ 执行"绘图"菜单中的"矩形"命令，绘制长度为400、宽度为400的矩形柱子外轮廓线。

⑤ 执行"修改"菜单中的"阵列"|"矩形阵列"命令，选择矩形柱子进行阵列。命令行操作如下。

```
命令：_arrayrect
选择对象：                          //选择刚绘制的矩形柱。
选择对象：                          //按 Enter 键。
类型＝矩形 关联＝是
选择夹点以编辑阵列或 [关联 (AS)/基点 (B)/计数 (COU)/间距 (S)/列数 (COL)/行数 (R)/层数
(L)/退出 (X)] <退出 >：              //COU，按 Enter 键。
输入列数或 [表达式 (E)] <4>：       //5，按 Enter 键。
输入行数或 [表达式 (E)] <3>：       //3，按 Enter 键。
选择夹点以编辑阵列或 [关联 (AS)/基点 (B)/计数 (COU)/间距 (S)/列数 (COL)/行数 (R)/层数
(L)/退出 (X)] <退出 >：              //s，按 Enter 键。
指定列之间的距离或 [单位单元 (U)] <0>：//7600，按 Enter 键。
指定行之间的距离 <540>：            //8390，按 Enter 键。
选择夹点以编辑阵列或 [关联 (AS)/基点 (B)/计数 (COU)/间距 (S)/列数 (COL)/行数 (R)/层数
(L)/退出 (X)] <退出 >：              //AS，按 Enter 键。
创建关联阵列 [是 (Y)/否 (N)] <否 >： //N，按 Enter 键。
选择夹点以编辑阵列或 [关联 (AS)/基点 (B)/计数 (COU)/间距 (S)/列数 (COL)/行数 (R)/层数
(L)/退出 (X)] <退出 >：              //按 Enter 键，阵列结果如图 10-2 所示。
```

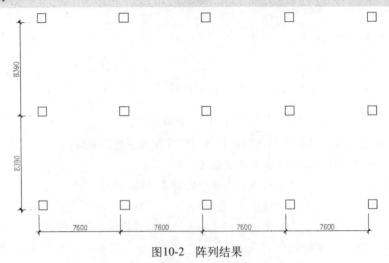

图10-2 阵列结果

⑥ 按快捷键XL激活"构造线"命令，配合中点捕捉功能绘制两条垂直的构造线；配合端点捕捉功能，在"门窗层"上绘制两条水平的构造线，结果如图10-3所示。

⑦ 按快捷键O激活"偏移"命令，将两条垂直的构造线对称偏移100个单位，并删除原构造线，偏移结果如图10-4所示。

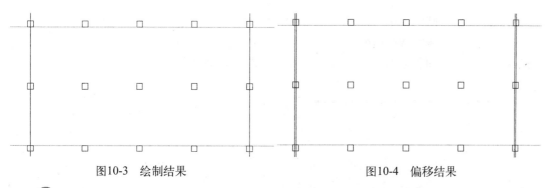

图10-3 绘制结果　　　　　　　　图10-4 偏移结果

（8）重复执行"偏移"命令，将两条水平的构造线分别向外侧偏移70、130和200个单位，偏移结果如图10-5所示。

（9）综合使用"修剪"和"打断"命令，对偏移出的构造线进行修剪和打断，编辑结果如图10-6所示。

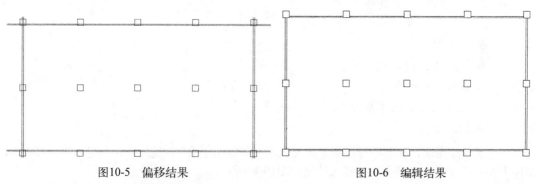

图10-5 偏移结果　　　　　　　　图10-6 编辑结果

至此，多功能厅墙体结构图绘制完毕，下一小节将学习多功能厅相关构件的具体绘制过程。

10.3.2 绘制多功能厅门柱构件图

（1）继续上节的操作。

（2）按快捷键XL激活"构造线"命令，配合端点捕捉功能，绘制两条水平的构造线，结果如图10-7所示。

（3）按快捷键O激活"偏移"命令，将两条水平构造线分别向内侧偏移1600个单位，偏移结果如图10-8所示。

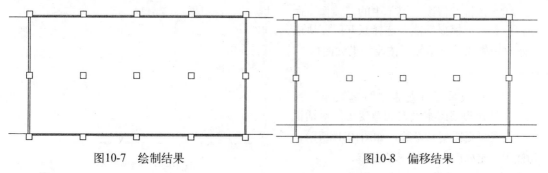

图10-7 绘制结果　　　　　　　　图10-8 偏移结果

（4）执行"修改"菜单中的"修剪"命令，以四条水平构造线作为边界，对墙线进行修剪，创建宽度为1600的门洞，修剪结果如图10-9所示。

⑤ 执行"修改"菜单中的"修剪"命令，以八条墙线作为边界，对内侧的两条水平构造线进行修剪，并删除两侧的水平构造线，操作结果如图10-10所示。

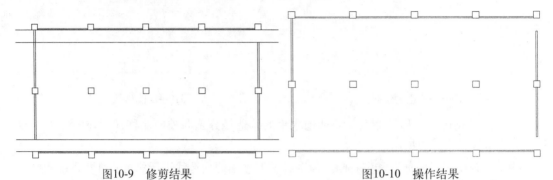

图10-9 修剪结果   图10-10 操作结果

⑥ 展开"图层"工具栏上的"图层控制"下拉列表，将"门窗层"设置为当前图层。

⑦ 按快捷键I激活"插入块"命令，插入随书光盘中的"\图块文件\双开门.dwg"文件，块参数设置如图10-11所示。

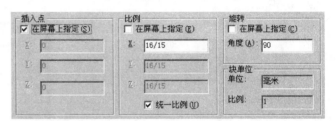

图10-11 设置块参数

⑧ 返回绘图区，在命令行"指定插入点或 [基点(B)/比例(S)/旋转(R)]:"提示下，捕捉如图10-12所示的中点作为插入点，插入结果如图10-13所示。

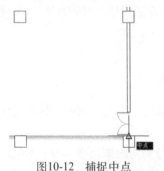

图10-12 捕捉中点

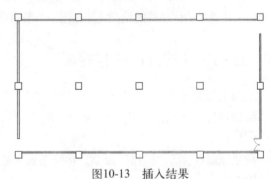

图10-13 插入结果

⑨ 执行"修改"菜单中的"镜像"命令，配合中点捕捉功能，选择双开门图块进行水平镜像和垂直镜像，镜像结果如图10-14所示。

⑩ 按快捷键H激活"图案填充"命令，在打开的"图案填充和渐变色"对话框中，设置填充图案与参数，如图10-15所示，为柱子填充如图10-16所示的图案。

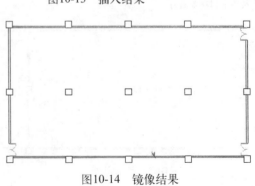

图10-14 镜像结果

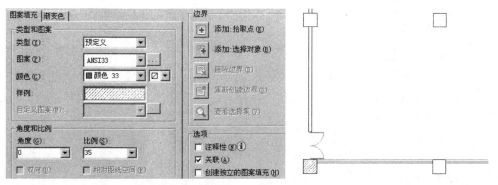

图10-15 设置填充图案与参数　　　　图10-16 填充结果

⑪ 执行"修改"菜单中的"阵列"|"矩形阵列"命令，选择柱子填充图案进行阵列。命令行操作如下。

```
命令：_arrayrect
选择对象：                      //选择柱子填充图案。
选择对象：                      //按Enter键。
类型＝矩形 关联＝是
选择夹点以编辑阵列或[关联(AS)/基点(B)/计数(COU)/间距(S)/列数(COL)/行数(R)/层数
(L)/退出(X)]<退出>：            //COU，按Enter键。
输入列数或[表达式(E)]<4>：       //5，按Enter键。
输入行数或[表达式(E)]<3>：       //3，按Enter键。
选择夹点以编辑阵列或[关联(AS)/基点(B)/计数(COU)/间距(S)/列数(COL)/行数(R)/层数
(L)/退出(X)]<退出>：            //s，按Enter键。
指定列之间的距离或[单位单元(U)]<0>：//7600，按Enter键。
指定行之间的距离<540>：          //8390，按Enter键。
选择夹点以编辑阵列或[关联(AS)/基点(B)/计数(COU)/间距(S)/列数(COL)/行数(R)/层数
(L)/退出(X)]<退出>：            //AS，按Enter键。
创建关联阵列[是(Y)/否(N)]<否>：  //N，按Enter键。
选择夹点以编辑阵列或[关联(AS)/基点(B)/计数(COU)/间距(S)/列数(COL)/行数(R)/层数
(L)/退出(X)]<退出>：            //Enter，阵列结果如图10-17所示。
```

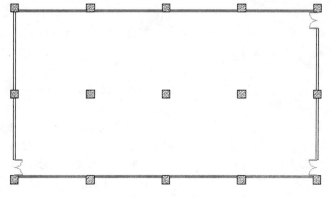

图10-17 阵列结果

至此，多功能厅门柱构件图绘制完毕，下一小节将学习多功能厅内部空间的分割。

10.3.3 多功能厅内部空间的分割

① 继续上节的操作。

② 展开"图层"工具栏上的"图层控制"下拉列表,将"墙线层"设置为当前图层。

③ 执行"绘图"菜单中的"多段线"命令,配合"对象捕捉"和"对象追踪"功能绘制空间分隔轮廓线。命令行操作如下。

```
命令:_pline
指定起点:                          // 引出如图 10-18 所示的端点追踪矢量,输入 1300,按 Enter 键
当前线宽为 0
指定下一个点或 [ 圆弧 (A)/ 半宽 (H)/ 长度 (L)/ 放弃 (U)/ 宽度 (W)]:
                                   //@3200,0,按 Enter 键。
指定下一点或 [ 圆弧 (A)/ 闭合 (C)/ 半宽 (H)/ 长度 (L)/ 放弃 (U)/ 宽度 (W)]:
                                   //800<-33.5,按 Enter 键。
指定下一点或 [ 圆弧 (A)/ 闭合 (C)/ 半宽 (H)/ 长度 (L)/ 放弃 (U)/ 宽度 (W)]:
                                   //@0,-306.5,按 Enter 键。
指定下一点或 [ 圆弧 (A)/ 闭合 (C)/ 半宽 (H)/ 长度 (L)/ 放弃 (U)/ 宽度 (W)]:
                                   // 按 Enter 键,绘制结果如图 10-19 所示。
```

④ 按快捷键O激活"偏移"命令,将刚绘制的多段线向下偏移100个单位,偏移结果如图10-20所示。

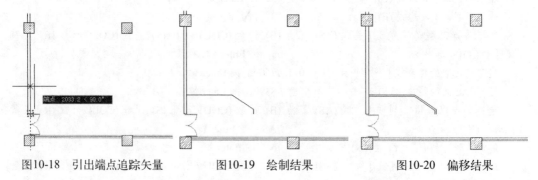

图10-18 引出端点追踪矢量   图10-19 绘制结果   图10-20 偏移结果

⑤ 按快捷键L激活"直线"命令,配合端点捕捉功能,绘制下侧的水平墙线,结果如图10-21所示。

⑥ 执行"修改"菜单中的"镜像"命令,配合"两点之间的中点"捕捉功能,选择下侧的双开门进行镜像,命令行操作如下。

```
命令:_mirror
选择对象:                          // 选择如图 10-22 所示的对象。
选择对象:                          // 按 Enter 键。
指定镜像线的第一点:                // 激活"两点之间的中点"捕捉功能。
_m2p 中点的第一点:                 // 捕捉如图 10-23 所示的端点。
中点的第二点:                      // 捕捉如图 10-24 所示的端点。
指定镜像线的第二点:                //@0,1,按 Enter 键。
要删除源对象吗? [ 是 (Y)/ 否 (N)] <N>: // 按 Enter 键,镜像结果如图 10-25 所示。
```

⑦ 执行"修改"菜单中的"镜像"命令,配合中点捕捉功能,选择如图10-26所示的对象进行镜像。命令行操作如下。

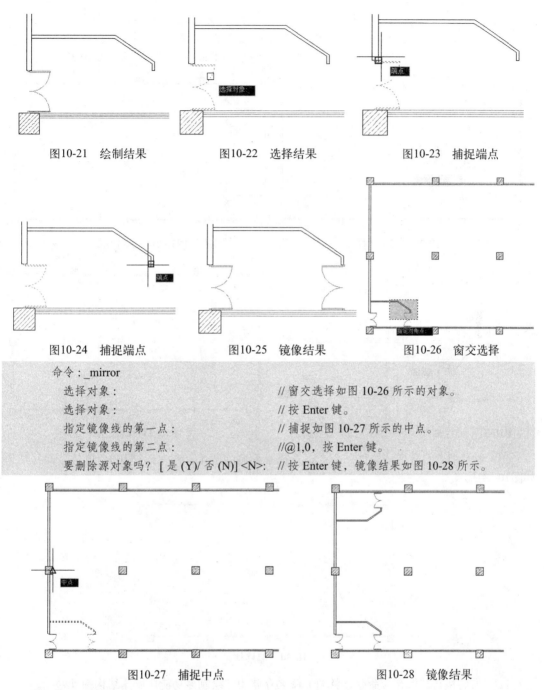

图10-21 绘制结果　　　图10-22 选择结果　　　图10-23 捕捉端点

图10-24 捕捉端点　　　图10-25 镜像结果　　　图10-26 窗交选择

命令：_mirror
选择对象：　　　　　　　　　　　// 窗交选择如图 10-26 所示的对象。
选择对象：　　　　　　　　　　　// 按 Enter 键。
指定镜像线的第一点：　　　　　　// 捕捉如图 10-27 所示的中点。
指定镜像线的第二点：　　　　　　//@1,0，按 Enter 键。
要删除源对象吗？ [是 (Y)/ 否 (N)] <N>: // 按 Enter 键，镜像结果如图 10-28 所示。

图10-27 捕捉中点　　　　　　　　图10-28 镜像结果

⑧ 按快捷键E激活"删除"命令，窗交选择如图10-29所示的柱子，进行删除，删除结果如图10-30所示。

⑨ 执行"绘图"菜单中的"圆弧"|"起点、端点、角度"命令，配合端点捕捉功能绘制圆弧轮廓线。命令行操作如下。

命令：_arc
指定圆弧的起点或 [圆心 (C)]:　　　　　　// 捕捉如图 10-31 所示的端点。
指定圆弧的第二个点或 [圆心 (C)/ 端点 (E)]: _e

指定圆弧的端点：　　　　　　　　　　　　// 捕捉如图 10-32 所示的端点。
指定圆弧的圆心或 [角度 (A)/ 方向 (D)/ 半径 (R)]: _a 指定包含角：
　　　　　　　　　　　　　//90，按 Enter 键，绘制结果如图 10-33 所示。

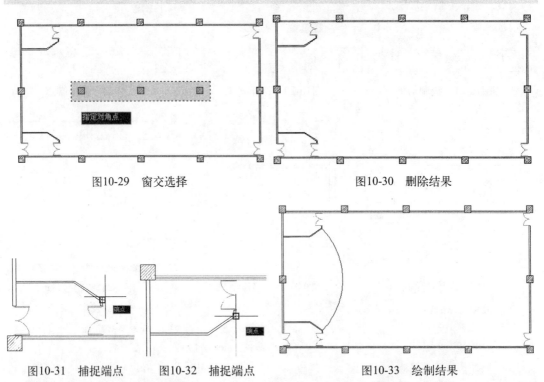

图10-29　窗交选择　　　　　　　　　　图10-30　删除结果

图10-31　捕捉端点　　　图10-32　捕捉端点　　　图10-33　绘制结果

(10) 按快捷键O激活"偏移"命令，选择刚绘制的圆弧，向左偏移300个单位，偏移结果如图10-34所示。

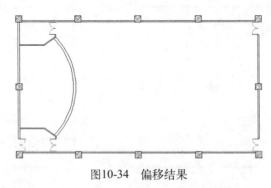

图10-34　偏移结果

(11) 最后执行"保存"命令，将图形命名存储为"绘制多功能厅墙体结构图.dwg"。

10.4　绘制多功能厅装修布置图

本节主要学习多功能厅装修布置图的绘制方法和具体绘制过程。多功能厅布置图的最终绘制效果如图10-35所示。

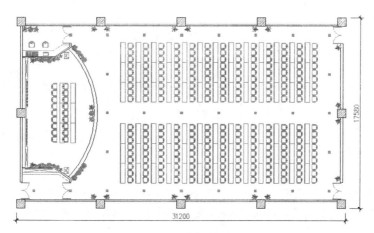

图10-35　实例效果

在绘制多功能厅装修布置图时，具体可以参照如下绘图思路。

◆　首先调用多功能厅墙体平面图并设置当前层。

◆　使用"矩形"、"偏移"、"插入块"、"矩形阵列"、"镜像"等命令绘制多功能大厅家具布置图。

◆　使用"插入块"、"镜像"、"移动"、"复制"等命令绘制主席台家具布置图。

◆　使用"构造线"、"修剪"、"插入块"、"直线"等命令绘制音控室与茶房布置图。

◆　最后使用"插入块"、"矩形阵列"、"删除"等命令绘制多功能厅地面铺装图。

10.4.1　绘制大厅家具布置图

①　执行"打开"命令，打开随书光盘中的"\效果文件\第10章\绘制多功能厅墙体结构图.dwg"文件。

②　展开"图层"工具栏上的"图层控制"下拉列表，将"家具层"设置为当前图层。

③　执行"绘图"菜单中的"矩形"命令，配合"捕捉自"功能绘制长度为450、宽度为1830的条形桌。命令行操作如下。

```
命令：_rectang
指定第一个角点或 [ 倒角 (C)/ 标高 (E)/ 圆角 (F)/ 厚度 (T)/ 宽度 (W)]: // 激活"捕捉自"功能。
_from 基点：                                        // 捕捉如图 10-36 所示的端点。
< 偏移 >：                                          // @1500,1500，按 Enter 键。
指定另一个角点或 [ 面积 (A)/ 尺寸 (D)/ 旋转 (R)]:      // @450,1830，按 Enter 键，结束命
                                                      令，绘制结果如图 10-37 所示。
```

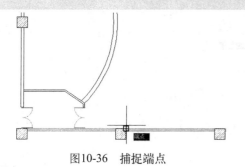

图10-36　捕捉端点　　　　　　　　　　　图10-37　绘制结果

④ 按快捷键X激活"分解"命令，将刚绘制的矩形分解为四条独立的线段。

⑤ 按快捷键O激活"偏移"命令，将分解后的矩形左侧垂直边向右偏移30个单位。

图10-38 设置插入参数

⑥ 按快捷键I激活"插入块"命令，插入随书光盘中的"\图块文件\平面椅01.dwg"文件，块参数设置如图10-38所示。

⑦ 返回绘图区，在命令行"指定插入点或 [基点(B)/比例(S)/旋转(R)]:"提示下，引出如图10-39所示的中点追踪矢量，输入250Enter定位插入点，插入结果如图10-40所示。

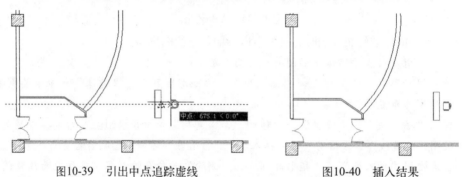

图10-39 引出中点追踪虚线　　　　　　　　图10-40 插入结果

⑧ 执行"修改"菜单中的"复制"命令，选择插入的平面桌椅图块线进行复制。命令行操作如下。

```
命令：_copy
选择对象：                                    // 选择如图 10-41 所示的对象。
选择对象：                                    // 按 Enter 键。
当前设置：复制模式 = 多个
指定基点或 [ 位移 (D)/ 模式 (O)] < 位移 >:          // 拾取任一点。
指定第二个点或 [ 阵列 (A)] < 使用第一个点作为位移 >: //@0,610，按 Enter 键。
指定第二个点或 [ 阵列 (A)/ 退出 (E)/ 放弃 (U)] < 退出 >: //@0,-610，按 Enter 键。
                                              // 按 Enter 键，复制结果如图 10-42 所示。
```

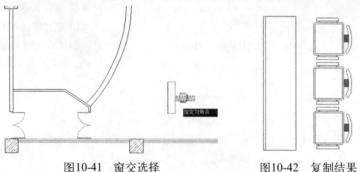

图10-41 窗交选择　　　　　　　　　图10-42 复制结果

⑨ 执行"修改"菜单中的"阵列"|"矩形阵列"命令，配合窗交选择功能，对桌椅进行阵列。命令行操作如下。

```
命令：_arrayrect
选择对象：                           // 窗交选择如图 10-43 所示的对象。
选择对象：                           // 按 Enter 键。
类型 = 矩形 关联 = 是
选择夹点以编辑阵列或 [ 关联 (AS)/ 基点 (B)/ 计数 (COU)/ 间距 (S)/ 列数 (COL)/ 行数 (R)/ 层数
(L)/ 退出 (X)] < 退出 >：            //COU，按 Enter 键。
输入列数或 [ 表达式 (E)] <4>：        //13，按 Enter 键。
输入行数或 [ 表达式 (E)] <3>：        //3，按 Enter 键。
选择夹点以编辑阵列或 [ 关联 (AS)/ 基点 (B)/ 计数 (COU)/ 间距 (S)/ 列数 (COL)/ 行数 (R)/ 层数
(L)/ 退出 (X)] < 退出 >：            //s，按 Enter 键。
指定列之间的距离或 [ 单位单元 (U)] <0>：//1450，按 Enter 键。
指定行之间的距离 <540>：             //1830，按 Enter 键。
选择夹点以编辑阵列或 [ 关联 (AS)/ 基点 (B)/ 计数 (COU)/ 间距 (S)/ 列数 (COL)/ 行数 (R)/ 层数
(L)/ 退出 (X)] < 退出 >：            //AS，按 Enter 键。
创建关联阵列 [ 是 (Y)/ 否 (N)] < 否 >：//N，按 Enter 键。
选择夹点以编辑阵列或 [ 关联 (AS)/ 基点 (B)/ 计数 (COU)/ 间距 (S)/ 列数 (COL)/ 行数 (R)/ 层数
(L)/ 退出 (X)] < 退出 >：            // 按 Enter 键，阵列结果如图 10-44 所示。
```

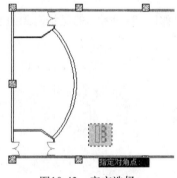

图10-43　窗交选择

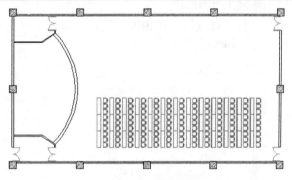

图10-44　阵列结果

⑩ 执行"修改"菜单中的"镜像"命令，配合窗口选择功能，对桌椅进行镜像。命令行操作如下。

```
命令：_mirror
选择对象：                           // 窗口选择如图 10-45 所示的对象。
选择对象：                           // 按 Enter 键。
指定镜像线的第一点：                   // 捕捉如图 10-46 所示的中点。
```

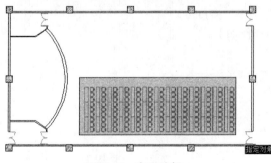

图10-45　窗口选择

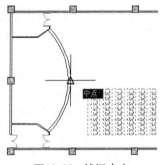

图10-46　捕捉中点

指定镜像线的第二点：　　　　　　　　　　　// 捕捉如图 10-47 所示的中点。
要删除源对象吗？ [是 (Y)/ 否 (N)] <N>:　　　// 按 Enter 键，镜像结果如图 10-48 所示。

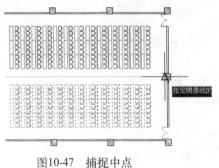 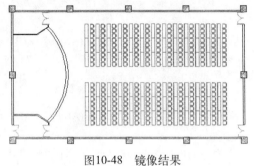

图10-47　捕捉中点　　　　　　　　　　　图10-48　镜像结果

　　至此，多功能大厅空间家具布置图绘制完毕，下一小节将学习主席台桌椅图例、荧幕帘、电子显示屏等构件布置图的具体绘制过程。

10.4.2　绘制主席台平面布置图

① 继续上节的操作。

② 执行"修改"菜单中的"镜像"命令，窗交选择如图10-49所示的桌椅对象进行镜像，镜像结果如图10-50所示。

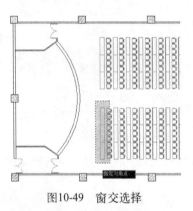 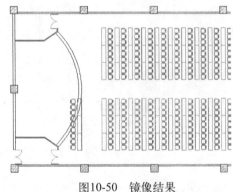

图10-49　窗交选择　　　　　　　　　　图10-50　镜像结果

　　③ 按快捷键M激活"移动"命令，配合捕捉追踪功能，选择镜像出的桌椅图块进行位移，位移结果如图10-51所示。

　　④ 执行"修改"菜单中的"复制"命令，窗口选择位移后的桌椅图块进行复制。命令行操作如下。

```
命令：_copy
选择对象：// 窗口选择如图 10-52 所示的对象。
选择对象：// 按 Enter 键。
当前设置：复制模式 = 多个
指定基点或 [ 位移 (D)/ 模式 (O)] < 位移 >:
　　　　// 拾取任一点。
```

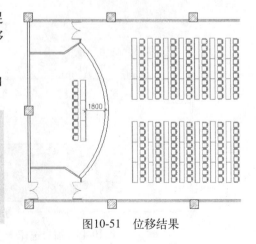

图10-51　位移结果

指定第二个点或 [阵列 (A)] < 使用第一个点作为位移 >: //@-1450,0，按 Enter 键。

指定第二个点或 [阵列 (A)/ 退出 (E)/ 放弃 (U)] < 退出 >: // 按 Enter 键，复制结果如图 10-53 所示。

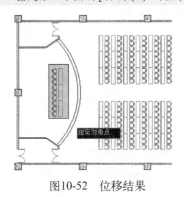

图10-52 位移结果

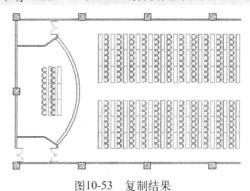

图10-53 复制结果

⑤ 按快捷键L激活"直线"命令，配合捕捉追踪功能绘制绘制如图10-54所示的垂直轮廓线。

⑥ 按快捷键I激活"插入块"命令，插入随书光盘中的"\图块文件\电子屏幕.dwg"文件，块参数设置如图10-55所示。

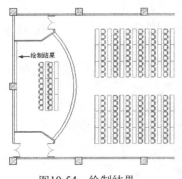

图10-54 绘制结果

图10-55 设置插入参数

⑦ 返回绘图区，在命令行"指定插入点或 [基点(B)/比例(S)/旋转(R)]:"提示下，捕捉如图10-56所示的中点作为插入点，插入结果如图10-57所示。

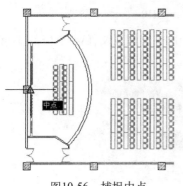

图10-56 捕捉中点

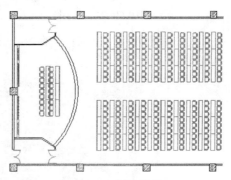

图10-57 插入结果

⑧ 重复执行"插入块"命令，以默认参数插入随书光盘中的"\图块文件\"目录下的"block6.dwg、block7.dwg、block8.dwg、block5.dwg"文件，结果如图10-58所示。

⑨ 执行"修改"菜单中的"镜像"命令，配合中点捕捉功能，对刚插入的图例进行镜像，镜像结果如图10-59所示。

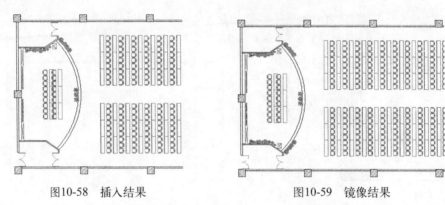

图10-58　插入结果　　　　　　　　　图10-59　镜像结果

　　至此，多功能厅主席台平面布置图绘制完毕，下一小节将学习多功能厅其他空间布置图的绘制过程。

10.4.3　绘制音控室与茶房布置图

　　① 继续上节的操作。

　　② 按快捷键XL激活"构造线"命令，绘制如图10-60所示的两条水平构造线和一条垂直构造线。

　　③ 执行"修改"菜单中的"修剪"命令，对三条构造线进行修剪，修剪结果如图10-61所示。

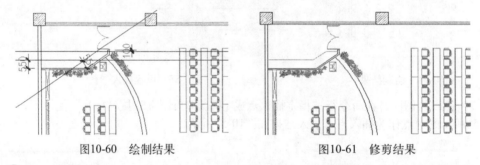

图10-60　绘制结果　　　　　　　　　图10-61　修剪结果

　　④ 按快捷键I激活"插入块"命令，插入随书光盘中的"\图块文件\办公椅02.dwg"文件，块参数设置如图10-62所示。

图10-62　设置插入参数

　　⑤ 返回绘图区，在命令行"指定插入点或 [基点(B)/比例(S) /X/Y/Z/旋转(R)]:"提示下激活"捕捉自"功能，捕捉如图10-63所示的端点作偏移基点，输入插入点坐标"@900,280"，插入结果如图10-64所示。

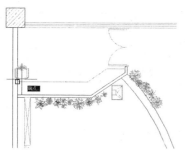
图10-63 捕捉端点

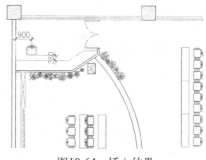
图10-64 插入结果

(6) 执行"修改"菜单中的"复制"命令，选择刚插入的办公椅图块，水平向右复制1350个单位，结果如图10-65所示。

(7) 按快捷键I激活"插入块"命令，插入随书光盘"\图块文件\"目录下的"block8.dwg~block10.dwg"文件，插入结果如图10-66的示。

图10-65 复制结果

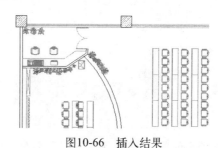
图10-66 插入结果

(8) 按快捷键XL激活"构造线"命令，配合平行线捕捉功能和命令中的"偏移"功能，绘制如图10-67所示的两条构造线。

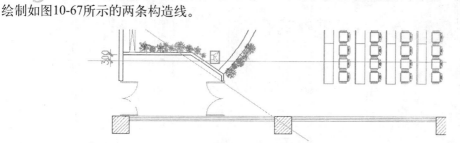
图10-67 绘制结果

(9) 按快捷键O激活"偏移"命令，将水平构造线向下偏移200个单位，偏移结果如图10-68所示。

(10) 执行"修改"菜单中的"修剪"命令，对构造线进行修剪，修剪结果如图10-69所示。

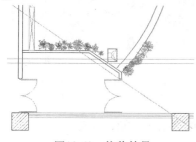
图10-68 偏移结果

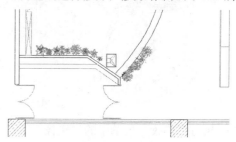
图10-69 修剪结果

⑪ 按快捷键L激活"直线"命令,配合端点捕捉功能,绘制如图10-70所示的柜子示意线。

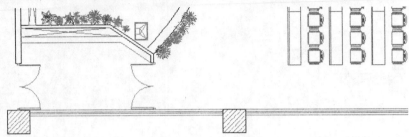

图10-70 绘制结果

⑫ 按快捷键I激活"插入块"命令,以默认参数插入随书光盘中的"\图块文件\block11.dwg"文件,结果如图10-71所示。

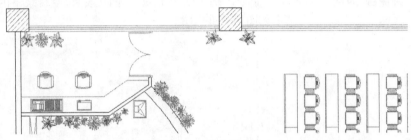

图10-71 插入结果

⑬ 综合使用"复制"和"旋转"命令,布置其他位置的植物图例,结果如图10-72所示。

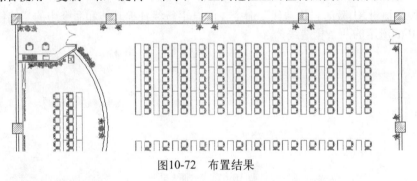

图10-72 布置结果

⑭ 在无命令执行的前提下,夹点显示如图10-73所示的植物图例。

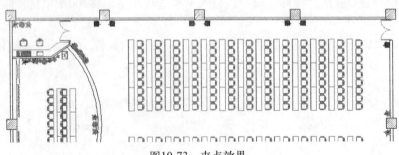

图10-73 夹点效果

⑮ 执行"修改"菜单中的"镜像"命令,配合中点捕捉功能,对夹点对象进行镜像,镜像结果如图10-74所示。

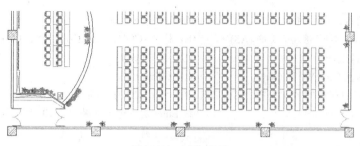

图10-74　镜像结果

至此，多功能厅音控室与茶水房布置图绘制完毕，下一小节将学习多功能厅地面铺装图的绘制过程。

10.4.4　绘制多功能厅地面铺装图

① 继续上节的操作。

② 展开"图层"工具栏上的"图层控制"下拉列表，将"地面层"设置为当前图层。

③ 按快捷键I激活"插入块"命令，以默认参数插入随书光盘中的"\图块文件\嵌块.dwg"文件。

④ 返回绘图区，在命令行"指定插入点或 [基点(B)/比例(S)/旋转(R)]:"提示下激活"捕捉自"功能，捕捉如图10-75所示的端点作为偏移基点，输入插入点坐标"@-750,800"，插入结果如图10-76所示。

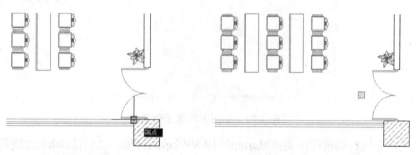

图10-75　捕捉端点　　　　　　　　　　　　图10-76　插入结果

⑤ 执行"修改"菜单中的"阵列"|"矩形阵列"命令，选择刚插入的图块进行阵列。命令行操作如下。

```
命令：_arrayrect
选择对象：                          //窗口选择如图 10-77 所示的对象。
选择对象：                          // 按 Enter 键。
类型 = 矩形  关联 = 是
选择夹点以编辑阵列或 [ 关联 (AS)/ 基点 (B)/ 计数 (COU)/ 间距 (S)/ 列数 (COL)/ 行数 (R)/ 层数
(L)/ 退出 (X)] < 退出 >:            //COU，按 Enter 键。
输入列数或 [ 表达式 (E)] <4>:        // 9，按 Enter 键。
输入行数或 [ 表达式 (E)] <3>:        //5，按 Enter 键。
选择夹点以编辑阵列或 [ 关联 (AS)/ 基点 (B)/ 计数 (COU)/ 间距 (S)/ 列数 (COL)/ 行数 (R)/ 层数
(L)/ 退出 (X)] < 退出 >:            //s，按 Enter 键。
指定列之间的距离或 [ 单位单元 (U)] <0>: //-3500，按 Enter 键。
```

指定行之间的距离 <540>: //3590，按 Enter 键。

选择夹点以编辑阵列或 [关联 (AS)/ 基点 (B)/ 计数 (COU)/ 间距 (S)/ 列数 (COL)/ 行数 (R)/ 层数 (L)/ 退出 (X)] <退出 >: //AS，按 Enter 键。

创建关联阵列 [是 (Y)/ 否 (N)] <否 >: //N，按 Enter 键。

选择夹点以编辑阵列或 [关联 (AS)/ 基点 (B)/ 计数 (COU)/ 间距 (S)/ 列数 (COL)/ 行数 (R)/ 层数 (L)/ 退出 (X)] <退出 >: // 按 Enter 键，阵列结果如图 10-78 所示。

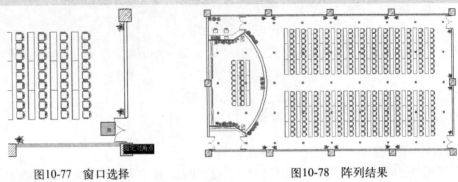

图10-77　窗口选择　　　　　　　图10-78　阵列结果

⑥ 展开"图层"工具栏上的"图层控制"下拉列表，暂时关闭"家具层"，此时平面图的显示效果如图10-79所示。

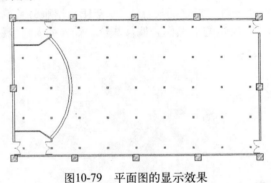

图10-79　平面图的显示效果

⑦ 在无命令执行的前提下夹点显示如图10-80所示的对象，然后按Delete键进行删除，删除结果如图10-81所示。

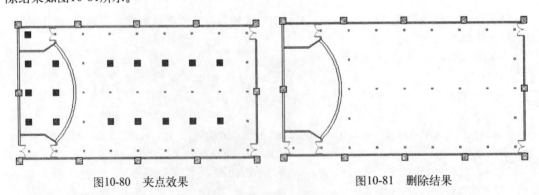

图10-80　夹点效果　　　　　　　图10-81　删除结果

⑧ 展开"图层"工具栏上的"图层控制"下拉列表，打开被关闭的"家具层"，最终结果如图10-35所示。

⑨ 最后执行"保存"命令，将图形命名存储为"绘制多功能厅装修布置图.dwg"。

10.5 标注多功能厅装修布置图

本节主要学习多功能厅装修布置图的后期标注过程和标注技巧，具体有尺寸、标高、文字、墙面投影和轴标号等标注内容。多功能厅装修布置图的最终标注效果如图10-82所示。

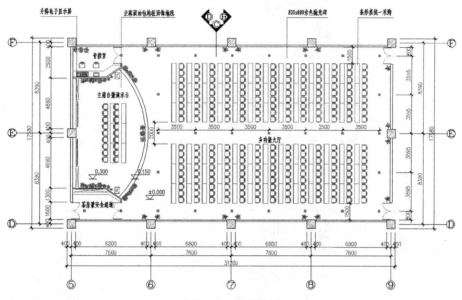

图10-82　实例效果

在标注多功能厅装修布置图时，具体可以参照如下绘图思路。

◆ 首先调用多功能厅装修布置图文件并设置标注样式与操作层。
◆ 综合使用"线性"、"连续"、"编辑标注文字"等命令标注多功能厅布置图尺寸。
◆ 使用"单行文字"、"多段线"、"复制"、"编辑文字"命令标注多功能厅布置图文本注释。
◆ 使用"插入块"、"旋转"、"镜像"和"编辑属性"命令标注多功能厅布置图投影符号。
◆ 使用"多段线"、"创建块"、"定义属性"、"插入块"等命令标注多功能厅布置图标高。
◆ 最后使用"插入块"、"复制"、"移动"和"编辑属性"命令标注多功能厅布置图轴标号。

10.5.1 标注多功能厅布置图尺寸

(1) 执行"打开"命令，打开随书光盘中的"\效果文件\第10章\绘制多功能厅装修布置图.dwg"文件。

(2) 展开"图层"工具栏上的"图层控制"下拉列表，将"尺寸层"设置为当前图层。

(3) 执行"标注"菜单栏中的"标注样式"命令，修改"建筑标注"样式的标注比例为120，同时将此样式设置当前尺寸样式。

(4) 单击"标注"工具栏上的 ⊢ 按钮，在"指定第一个尺寸界线原点或 <选择对象>："提示下，配合捕捉与追踪功能，捕捉如图10-83所示的中点作为第一条尺寸界线的起点。

(5) 在"指定第二条尺寸界线原点："提示下，捕捉如图10-84所示的端线的交点。

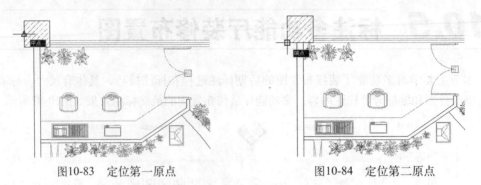

图10-83　定位第一原点　　　　　　　　图10-84　定位第二原点

⑥ 在"指定尺寸线位置或 [多行文字(M)/文字(T)/角度(A)/水平(H)/垂直(V)/旋转(R)]："提示下，在适当位置指定尺寸线位置，标注结果如图10-85所示。

⑦ 单击"标注"工具栏上的 按钮，激活"连续"命令，系统自动以刚标注的线型尺寸作为连续标注的第一个尺寸界线，标注如图10-86所示的连续尺寸作为细部尺寸。

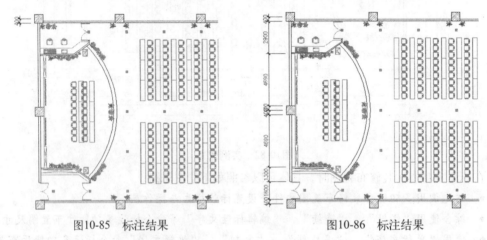

图10-85　标注结果　　　　　　　　图10-86　标注结果

⑧ 单击"标注"工具栏上的 按钮，激活"编辑标注文字"命令，对重叠尺寸文字进行编辑，结果如图10-87所示。

⑨ 综合使用"线性"和"连续"命令标注平面图左侧的第二道尺寸，标注结果如图10-88所示。

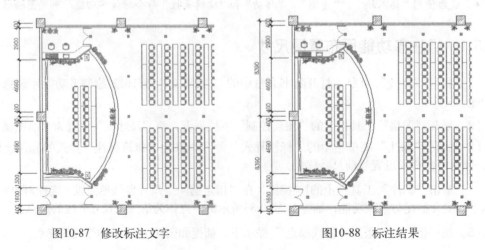

图10-87　修改标注文字　　　　　　　　图10-88　标注结果

⑩ 单击"标注"工具栏上的 按钮，配合端点捕捉功能，标注平面图左侧的总尺寸，结果如图10-89所示。

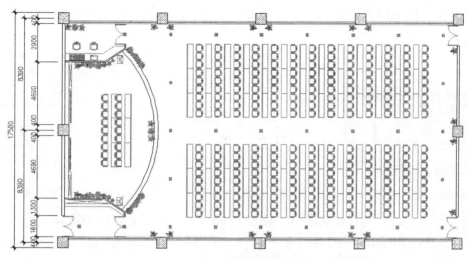

图10-89 标注总尺寸

⑪ 参照上述操作，重复使用"线性"、"连续"和"编辑标注文字"命令，分别标注平面图其他两侧的尺寸和内部尺寸，结果如图10-90所示。

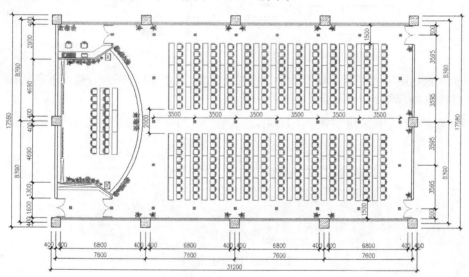

图10-90 标注其他尺寸

至此，多功能厅布置图尺寸标注完毕，下一小节学习多功能厅布置图标高尺寸的标注过程和标注技巧。

10.5.2 标注多功能厅布置图标高

① 继续上节的操作。

② 展开"图层控制"下拉列表，将"其他层"设置为当前图层，并关闭"轴线层"。

③ 按F10功能键，打开"极轴追踪"功能，设置极轴角如图10-91所示。

④ 按快捷键PL激活"多段线"命令，配合"极轴追踪"功能，绘制如图10-92所示的标高符号。

⑤ 按快捷键ATT激活"属性"命令，为标高符号定义文字属性，如图10-93所示。

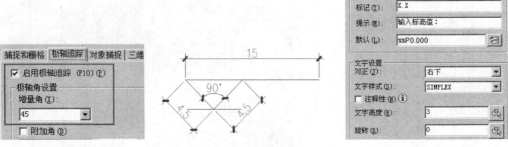

图10-91 设置极轴角　　　　图10-92 绘制结果　　　　图10-93 定义属性

⑥ 返回绘图区，捕捉标高符号的右端点，属性的定义结果如图10-94所示。

⑦ 按快捷键B激活"创建块"命令，将标高符号和定义的属性一起创建为属性块，块名为"标高符号02"，块的基点为如图10-95所示的中点。

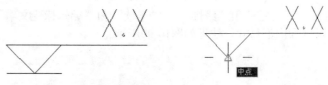

图10-94 属性定义后的效果　　　　图10-95 捕捉中点

⑧ 按快捷键I激活"插入块"命令，设置块参数，如图10-96所示，插入刚定义的标高属性块，属性值为0.300m，插入结果如图10-97所示。

⑨ 重复执行"插入块"命令，分别标注其他位置的标高，标注结果如图10-98所示。

图10-96 设置插入参数

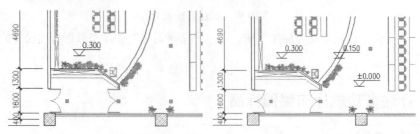

图10-97 插入结果　　　　图10-98 插入其他标高

至此，多功能厅布置图标高标注完毕，下一小节为多功能厅布置图标注引线注释的快速标注过程。

10.5.3 标注多功能厅布置图文本注释

① 继续上节的操作。

② 展开"图层"工具栏上的"图层控制"下拉列表,将"文本层"设置为当前图层。

③ 单击"绘图"工具栏上的 **A** 按钮,激活"文字样式"命令,在打开的"文字样式"对话框中,设置"仿宋体"为当前文字样式。

④ 单击"绘图"工具栏上的 **A** 按钮,激活"单行文字"命令,在命令行"指定文字的起点或 [对正(J)/样式(S)]:"提示下,在主席台适当位置上单击鼠标左键,拾取一点作为文字的起点。

⑤ 继续在命令行"指定高度 <2.5>:"提示下,输入240并按Enter键,将当前文字的高度设置为240个绘图单位。

⑥ 在"指定文字的旋转角度<0.00>:"提示下,直接按Enter键,表示不旋转文字。

⑦ 在单行文字输入框内输入"主席台兼演示台",如图10-99所示。

⑧ 分别将光标移至其他空间内,标注各空间的功能性文字注释,然后连续两次按Enter键,结束"单行文字"命令,标注结果如图10-100所示。

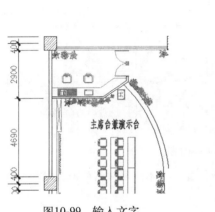

图10-99 输入文字

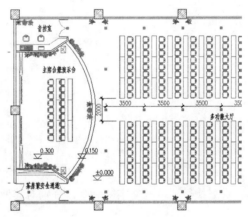

图10-100 标注其他文字

⑨ 执行"绘图"菜单中的"多段线"命令,绘制如图10-101所示的文字指示线。

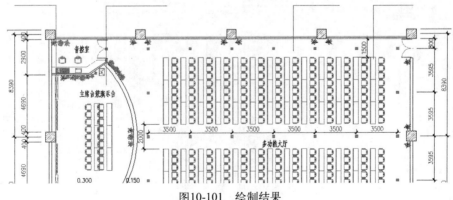

图10-101 绘制结果

⑩ 执行"修改"菜单中的"复制"命令,选择刚标注的单行文字,分别复到指示线位

置上，结果如图10-102所示。

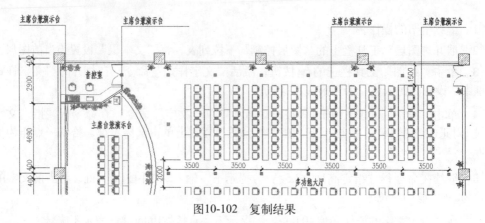

图10-102　复制结果

⑪ 按快捷键ED激活"编辑文字"命令，选择复制出的文本注释进行修改，如图10-103所示。

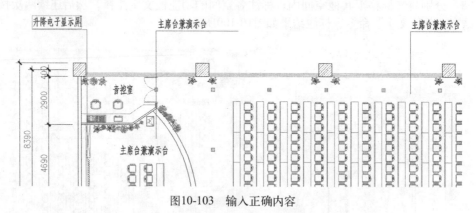

图10-103　输入正确内容

⑫ 重复执行"单行文字"命令，分别对其他位置的文本注释进行修改，结果如图10-104所示。

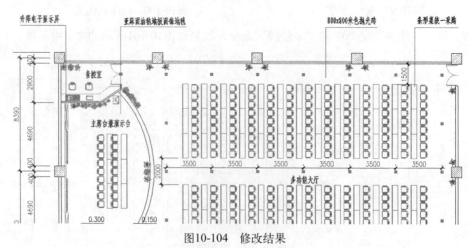

图10-104　修改结果

至此，多功能厅布置图文本注释标注完毕，下一小节将学习多功能厅布置图投影符号的快速标注过程。

10.5.4 标注多功能厅布置图墙面投影

① 继续上节的操作。

② 展开"图层"工具栏上的"图层控制"下拉列表,将"其他层"设置为当前图层。

③ 按快捷键L激活"直线"命令,绘制如图10-105所示的投影符号指示线。

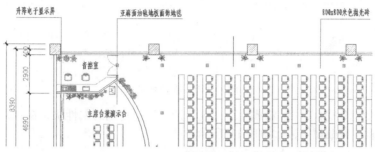

图10-105　绘制结果

④ 按快捷键I激活"插入块"命令,插入随书光盘中的"\图块文件\投影符号.dwg"文件,块参数设置如图10-106所示。

⑤ 返回绘图区,在命令行"指定插入点或 [基点(B)/比例(S)/旋转(R)]:"

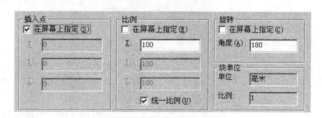

图10-106　设置插入参数

提示下,捕捉如图10-107所示的端点作为插入点,设置属性值为C,插入结果如图10-108所示。

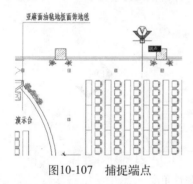

图10-107　捕捉端点

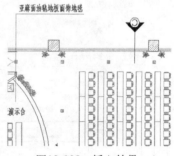

图10-108　插入结果

⑥ 按快捷键EA激活"编辑属性"命令,选择刚插入的属性块,在打开的"增强属性编辑器"对话框中修改属性值的旋转角度,如图10-109所示。

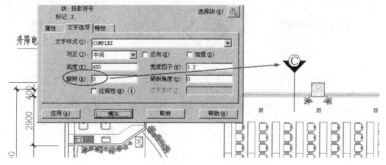

图10-109　编辑属性

⑦ 按快捷键RO激活"旋转"命令，将投影符号进行旋转并复制，并调整位置，结果如图10-110所示。

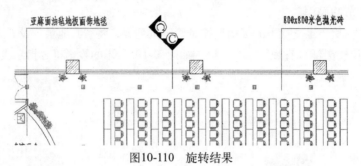

图10-110　旋转结果

⑧ 按快捷键EA激活"编辑属性"命令，选择旋转复制的属性块，在打开的"增强属性编辑器"对话框中修改属值，如图10-111所示。

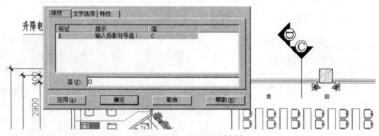

图10-111　编辑属性值

⑨ 在"增强属性编辑器"对话框中展开"文字选项"选项卡，修改属性角度，如图10-112所示。

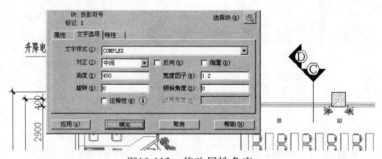

图10-112　修改属性角度

⑩ 执行"修改"菜单中的"镜像"命令，配合端点捕捉功能，选择D向投影进行镜像，镜像结果如图10-113所示。

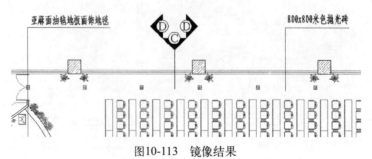

图10-113　镜像结果

⑪ 按快捷键EA激活"编辑属性"命令，选择镜像出的属性块，在打开的"增强属性编辑器"对话框中修改属性的旋转角度，如图10-114所示。

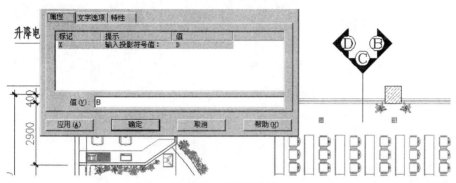

图10-114 编辑属性值

至此，多功能厅布置图墙面投影符号绘制完毕，下一小节将学习多功能厅轴标号的具体标注过程。

10.5.5 标注多功能厅布置图轴标号

① 继续上节的操作。

② 在无命令执行的前提下夹点显示如图10-115所示的尺寸，然后打开"特性"窗口，修改其尺寸界线的特性，如图10-116所示。

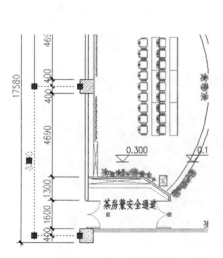

图10-115 夹点效果

图10-116 特性编辑

③ 关闭"特性"窗口，并按Esc键取消尺寸的夹点显示，修改后的结果如图10-117所示。

④ 按快捷键MA激活"特性匹配"命令，选择特性编辑后的尺寸，将其尺寸界线特性分别匹配给其他位置的轴线尺寸，匹配结果如图10-118所示。

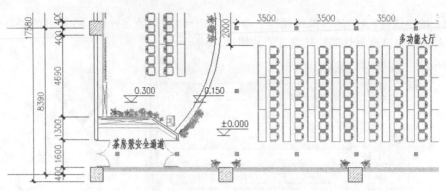

图10-117　特性编辑效果

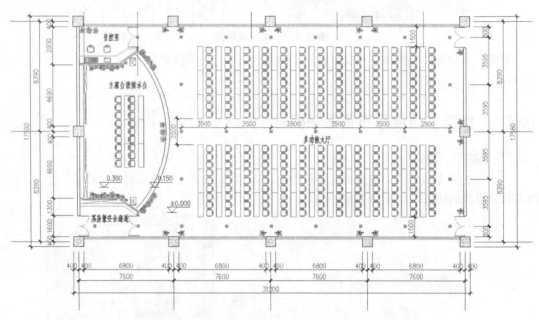

图10-118　匹配结果

⑤　按快捷键I激活"插入块"命令，插入随书光盘中的"\图块文件\轴标号.dwg"文件，块参数设置如图10-119所示。

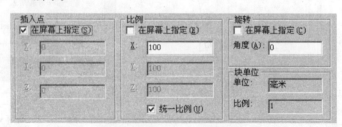

图10-119　设置块参数

⑥　返回绘图区，在命令行"指定插入点或 [基点(B)/比例(S)/旋转(R)]:"提示下，捕捉如图10-120所示的端点作为插入点，插入结果如图10-121所示。

⑦　按快捷键CO激活"复制"命令，将刚插入的轴标号分别复制到其他位置上，结果如图10-122所示。

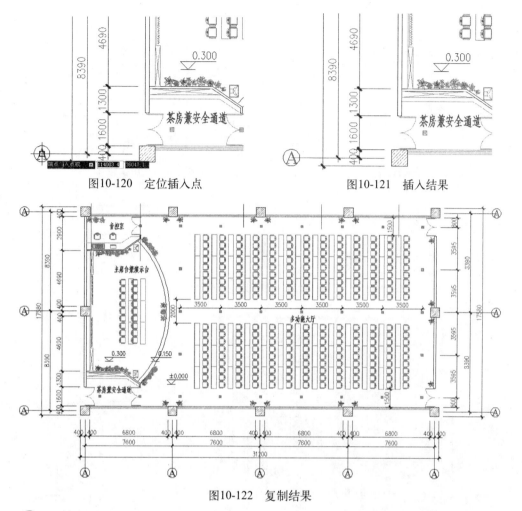

图10-120　定位插入点　　　　　　　图10-121　插入结果

图10-122　复制结果

⑧ 按快捷键EA激活"编辑属性"命令，选择刚复制的属性块，在打开的"增强属性编辑器"对话框中修改属性值，如图10-23所示。

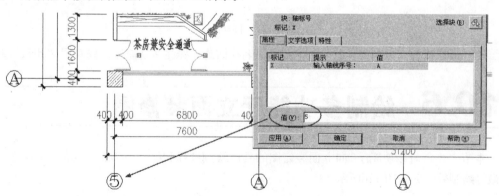

图10-123　编辑属性值

⑨ 参照上一操作步骤，分别修改其他位置的轴标号属性值，结果如图10-124所示。

⑩ 执行"修改"菜单中的"移动"命令，配合交点捕捉和象限点捕捉功能，将轴标号进行外移，结果如图10-125所示。

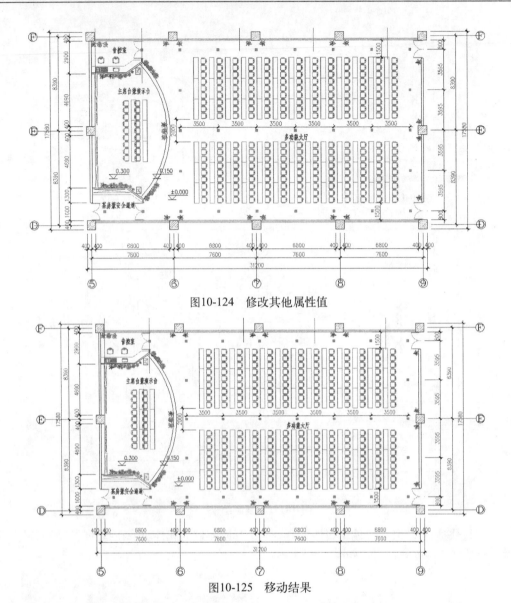

图10-124　修改其他属性值

图10-125　移动结果

(11) 最后执行"另存为"命令,将图形另名存储为"标注多功能厅装修布置图.dwg"。

10.6 绘制多功能厅立面装修图

本节主要学习多功能厅C向立面装修图的具体绘制过程和绘制技巧。多功能厅C向立面图的最终绘制效果如图10-126所示。

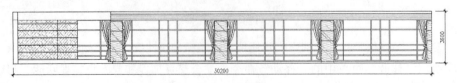

图10-126　实例效果

在绘制多功能厅C向立面图时，可以参照如下思路。

◆ 首先调用多功能厅布置图文件。

◆ 根据视图间的对正关系，综合使用"构造线"、"偏移"、"修剪"命令绘制墙面主体结构。

◆ 使用"构造线"、"偏移"、"修剪"等命令绘制踢脚板与地台结构。

◆ 使用"图案填充"、"偏移"、"修剪"、"删除"、"矩形阵列"等命令绘制立面柱结构。

◆ 使用"偏移"、"矩形阵列"、"图案填充"、"修剪"等命令绘制茶水房外墙结构。

◆ 最后使用"偏移"、"修剪"、"复制"、"插入块"、"删除"等命令绘制窗、窗帘等立面构件。

10.6.1 绘制多功能厅墙面轮廓图

① 执行"打开"命令，打开随书光盘中的"\效果文件\第10章\绘制多功能厅装修布置图.dwg"文件。

② 展开"图层"工具栏上的"图层控制"下拉列表，设置"轮廓线"为当前图层。

③ 按快捷键XL激活"构造线"命令，根据视图间的对正关系，绘制如图10-127所示的垂直构造线。

④ 重复执行"构造线"命令，在平面图下侧绘制一条水平构造线，如图10-128所示。

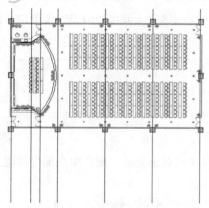
图10-127 绘制垂直构造线

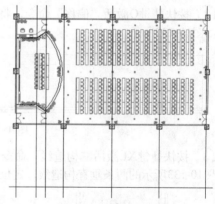
图10-128 绘制水平构造线

⑤ 执行菜单"修改"|"偏移"命令，将两侧的垂直构造线向内侧偏移350个单位，将水平构造线向上偏移3600；然后将偏移出的水平构造线向下偏移550和600，结果如图10-129所示。

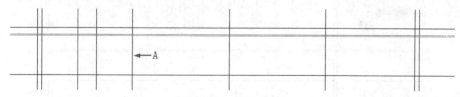
图10-129 偏移结果

⑥ 按快捷键O激活"偏移"命令，将如图10-129所示的垂直构造线向左偏移400，结果如图10-130所示。

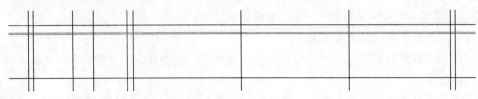

图10-130　偏移结果

⑦ 执行"修改"菜单中的"修剪"命令，对构造线进行修剪，编辑出C向墙面主体结构，结果如图10-131所示。

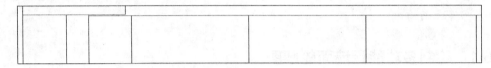

图10-131　修剪结果

至此，多功能厅C向立面轮廓图绘制完毕，下一小节将学习踢脚板与地台构件图的绘制过程和绘制技巧。

10.6.2　绘制墙面踢脚板与地台

① 继续上节的操作。

② 按快捷键O激活"偏移"命令，将下侧的水平轮廓线向上偏移150和300个单位，偏移结果如图10-132所示。

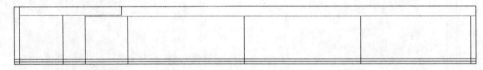

图10-132　偏移结果

③ 按快捷键XL激活"构造线"命令，根据视图间的对正关系，配合中点捕捉功能，绘制如图10-133所示的两条垂直构造线，定位台阶。

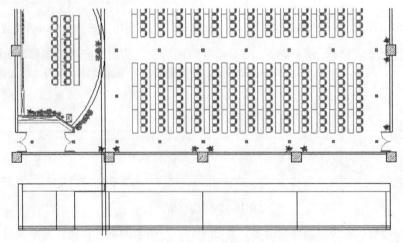

图10-133　绘制结果

④ 执行"修改"菜单中的"修剪"命令，对构造线和偏移出的水平轮廓线进行修剪，修剪结果如图10-134所示。

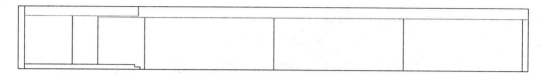

图10-134　修剪结果

绘制踢脚板

⑤ 按快捷键O激活"偏移"命令，选择最下侧的水平轮廓线向上偏移130和150个单位，偏移结果如图10-135所示。

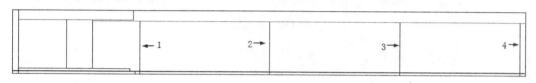

图10-135　偏移结果

⑥ 重复执行"偏移"命令，将如图10-135所示的垂直轮廓线1向右偏移470；将轮廓线2和轮廓线3对称偏移470；将轮廓线4向左偏移20，结果如图10-136所示。

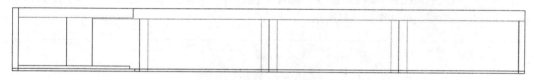

图10-136　偏移结果

⑦ 执行"修改"菜单中的"修剪"命令，对偏移出的轮廓线进行修剪，修剪结果如图10-137所示。

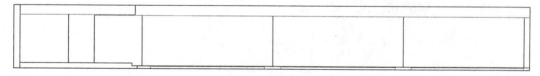

图10-137　修剪结果

至此，多功能厅地台和踢脚板立面结构绘制完毕，下一小节将学习多功能厅立面柱的具体绘制过程和相关技能。

10.6.3　绘制多功能厅柱子立面图

① 继续上节的操作。

② 展开"图层"工具栏上的"图层控制"下拉列表，将"其他层"设置为当前图层。

③ 按快捷键"O"激活"偏移"命令，选择内部的三条柱子定位线，对称偏移450个单位，偏移结果如图10-138所示。

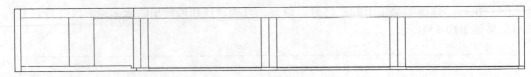

图10-138　偏移结果

④ 在无命令执行的前提下夹点显示如图10-139所示的对象，然后按Delete键进行删除，删除结果如图10-140所示。

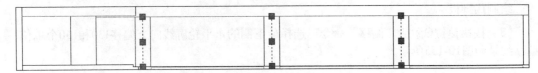

图10-139　夹点效果

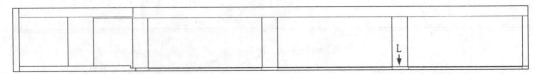

图10-140　删除结果

⑤ 按快捷键O激活"偏移"命令，选择如图10-140所示的水平轮廓线，向上侧偏移700和725个单位，偏移结果如图10-141所示。

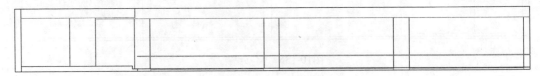

图10-141　偏移结果

⑥ 按快捷键C激活"圆"命令，配合"两点之间的中点"捕捉功能，绘制直径为25的两个圆，结果如图10-142所示。

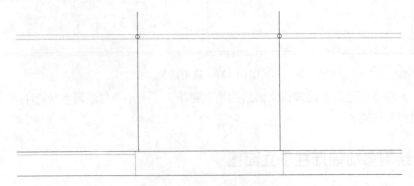

图10-142　绘制结果

⑦ 执行"修改"菜单中的"修剪"命令，分别对圆和偏移出的图线进行修剪，修剪结果如图10-143所示。

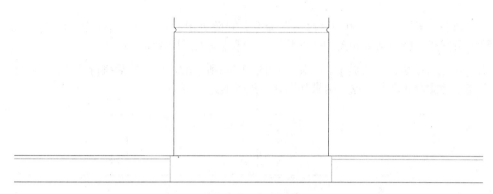

图10-143 修剪结果

8 执行"修改"菜单中的"阵列"|"矩形阵列"命令，选择进行阵列。命令行操作如下。

命令：_arrayrect
选择对象：   // 窗口选择如图 10-144 所示的对象。
选择对象：   // 按 Enter 键。
类型 = 矩形 关联 = 是
选择夹点以编辑阵列或 [关联 (AS)/ 基点 (B)/ 计数 (COU)/ 间距 (S)/ 列数 (COL)/ 行数 (R)/ 层数
(L)/ 退出 (X)] < 退出 >:   //COU，按 Enter 键。
    输入列数数或 [表达式 (E)] <4>:   //4，按 Enter 键。
    输入行数数或 [表达式 (E)] <3>:   //4，按 Enter 键。
    选择夹点以编辑阵列或 [关联 (AS)/ 基点 (B)/ 计数 (COU)/ 间距 (S)/ 列数 (COL)/ 行数 (R)/ 层数
(L)/ 退出 (X)] < 退出 >:   //s，按 Enter 键。
    指定列之间的距离或 [单位单元 (U)] <0>: //-7600，按 Enter 键。
    指定行之间的距离 <540>:   //700，按 Enter 键。
    选择夹点以编辑阵列或 [关联 (AS)/ 基点 (B)/ 计数 (COU)/ 间距 (S)/ 列数 (COL)/ 行数 (R)/ 层数
(L)/ 退出 (X)] < 退出 >:   //AS，按 Enter 键。
    创建关联阵列 [是 (Y)/ 否 (N)] < 否 >: //N，按 Enter 键。
    选择夹点以编辑阵列或 [关联 (AS)/ 基点 (B)/ 计数 (COU)/ 间距 (S)/ 列数 (COL)/ 行数 (R)/ 层数
(L)/ 退出 (X)] < 退出 >:   // 按 Enter 键，阵列结果如图 10-145 所示。

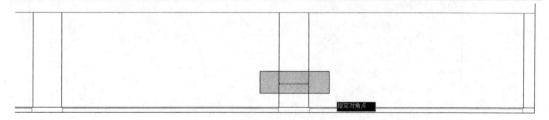

图10-144 窗口选择

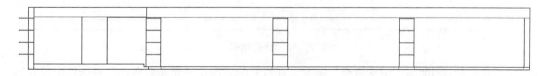

图10-145 阵列结果

⑨ 执行"修改"菜单中的"修剪"命令，对阵列出的对象和柱子外轮廓线进行修剪，并删除多余图线，修剪结果如图10-146所示，局部效果如图10-147所示。

⑩ 在无命令执行的前提下夹点显示如图10-148所示的对象，然后执行"镜像"命令，配合中点捕捉功能对其进行镜像，结果如图10-149所示。

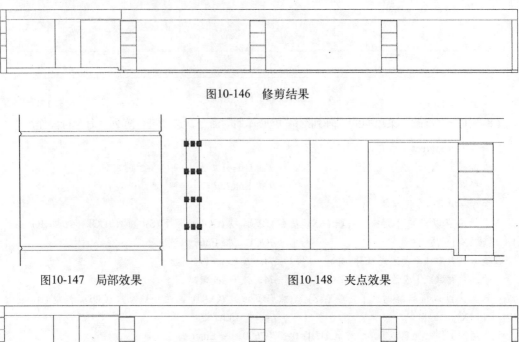

图10-146　修剪结果

图10-147　局部效果　　　　　图10-148　夹点效果

图10-149　镜像结果

⑪ 执行"修改"菜单中的"修剪"命令，以刚镜像出的四条圆弧作为边界，对右侧的柱子外轮廓线进行修剪，修剪结果如图10-150所示。

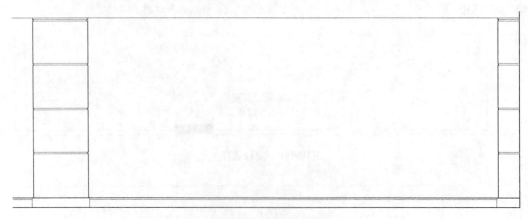

图10-150　修剪结果

⑫ 按快捷键H激活"图案填充"命令，在打开的"图案填充和渐变色"对话框中设置填充图案与填充参数，如图10-151所示，为立面柱填充如图10-152所示的图案。

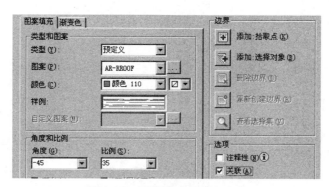

图10-151　设置填充图案与参数

图10-152　填充结果

⑬ 重复执行"图案填充"命令，在打开的"图案填充和渐变色"对话框中，设置填充图案与填充参数，如图10-153所示，为立面柱填充如图10-154所示的图案。

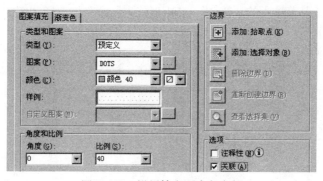

图10-153　设置填充图案与参数

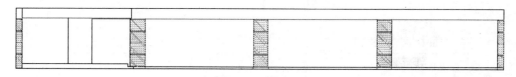

图10-154　填充结果

至此，多功能厅立面柱绘制完毕，下一小节将学习多功能厅茶水房外墙结构图的具体绘制过程和相关技能。

10.6.4　绘制茶水房外墙立面图

① 继续上节的操作。

② 按快捷键O激活"偏移"命令，选择如图10-155所示的水平轮廓线1，向上偏移50；选择垂直轮廓线2和3向右偏移25，偏移结果如图10-156所示。

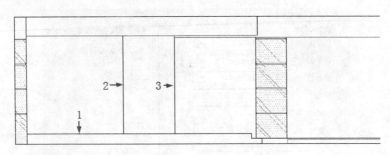

图10-155　定位偏移对象

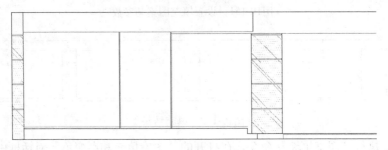

图10-156　偏移结果

③　执行"修改"菜单中的"阵列"｜"矩形阵列"命令，选择如图10-157所示的对象进行阵列。命令行操作如下。

命令：_arrayrect

选择对象：　　　　　　　　　　　　　　　// 窗交选择如图10-157所示的对象。

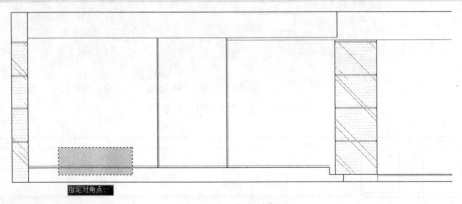

图10-157　窗交选择

选择对象：　　　　　　　　　　　　　　　// 按 Enter 键。

类型＝矩形　关联＝是

选择夹点以编辑阵列或 [关联 (AS)/ 基点 (B)/ 计数 (COU)/ 间距 (S)/ 列数 (COL)/ 行数 (R)/ 层数 (L)/ 退出 (X)] ＜ 退出 ＞：　　　　　　　　//COU，按 Enter 键。

输入列数或 [表达式 (E)] ＜4＞：　　　　//1，按 Enter 键。

输入行数或 [表达式 (E)] ＜3＞：　　　　//6，按 Enter 键。

选择夹点以编辑阵列或 [关联 (AS)/ 基点 (B)/ 计数 (COU)/ 间距 (S)/ 列数 (COL)/ 行数 (R)/ 层数 (L)/ 退出 (X)] ＜ 退出 ＞：　　　　　　　　//s，按 Enter 键。

指定列之间的距离或 [单位单元 (U)] ＜0＞：//1，按 Enter 键。

指定行之间的距离 <540>: //500，按 Enter 键。

选择夹点以编辑阵列或 [关联 (AS)/ 基点 (B)/ 计数 (COU)/ 间距 (S)/ 列数 (COL)/ 行数 (R)/ 层数
(L)/ 退出 (X)] < 退出 >: //AS，按 Enter 键。

创建关联阵列 [是 (Y)/ 否 (N)] < 否 >: //N，按 Enter 键。

选择夹点以编辑阵列或 [关联 (AS)/ 基点 (B)/ 计数 (COU)/ 间距 (S)/ 列数 (COL)/ 行数 (R)/ 层数
(L)/ 退出 (X)] < 退出 >: //Enter，阵列结果如图 10-158 所示。

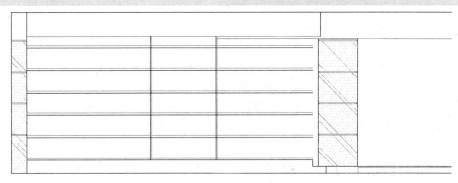

图10-158 阵列结果

④ 执行"修改"菜单中的"修剪"命令，对立面轮廓线进行修剪，修剪结果如图10-159
所示。

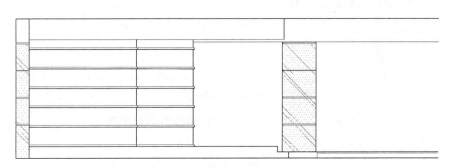

图10-159 修剪结果

⑤ 按快捷键H激活"图案填充"命令，在打开的"图案填充和渐变色"对话框中设置填
充图案与填充参数，如图10-160所示，为图形填充如图10-161所示的图案。

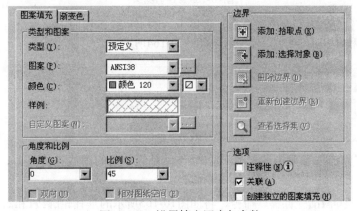

图10-160 设置填充图案与参数

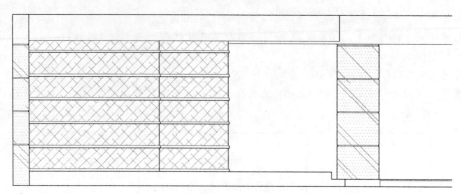

图10-161 填充结果

至此，多功能厅茶水房外墙面结构绘制完毕，下一小节将学习多功能厅立面窗及窗帘构件的具体绘制过程和相关技能。

10.6.5 绘制多功能厅窗及窗帘

（1） 继续上节的操作。

（2） 按快捷键O激活"偏移"命令，选择最上侧的水平轮廓线，向下偏移150、230、330、430和530，偏移结果如图10-162所示。

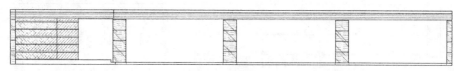

图10-162 偏移结果

（3） 执行"修改"菜单中的"修剪"命令，对偏移出的水平图线进行修剪，修剪结果如图10-163所示。

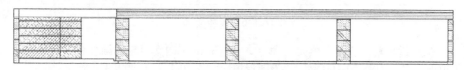

图10-163 修剪结果

（4） 按快捷键O激活"偏移"命令，将最下侧的水平轮廓线向上偏移210；将最左侧的垂直轮廓线向右偏移8010和14590，偏移结果如图10-164所示。

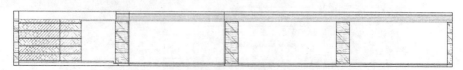

图10-164 偏移结果

（5） 执行"修改"菜单中的"修剪"命令，对偏移出的图线进行修剪，修剪结果如图10-165所示。

（6） 按快捷键O激活"偏移"命令，将如图10-165所示的垂直轮廓线1和2，分别向内侧偏移600、660、2600、2660和3260，偏移结果如图10-166所示。

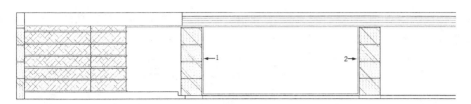

图10-165 修剪结果

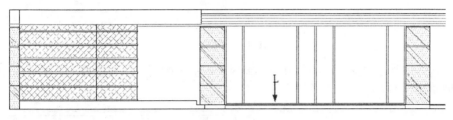

图10-166 偏移结果

⑦ 重复执行"偏移"命令，将如图10-166所示的水平轮廓线L向上偏移300、360、660、720、1020、1080、2100和2160，偏移结果如图10-167所示。

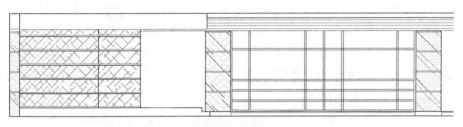

图10-167 偏移结果

⑧ 执行"修改"菜单中的"修剪"命令，以偏移出的垂直轮廓线作为边界，对偏移出的水平轮廓线进行修剪，结果如图10-168所示。

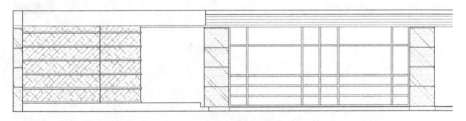

图10-168 修剪结果

⑨ 按快捷键I激活"插入块"命令，以默认参数插入随书光盘中的"\图块文件\窗帘02.dwg"文件，插入结果如图10-169所示。

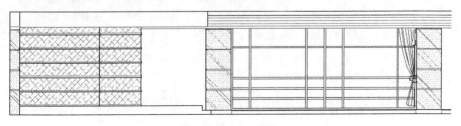

图10-169 插入结果

⑩ 按快捷键MI激活"镜像"命令，配合"两点之间的中点"捕捉功能，对窗帘进行镜像，镜像结果如图10-170所示。

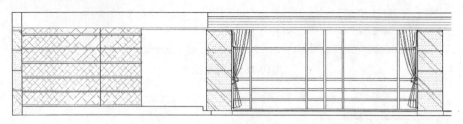

图10-170　镜像结果

⑪ 执行"修改"菜单中的"修剪"命令，以插入的窗帘作为边界，对图线进行修剪，修剪结果如图10-171所示。

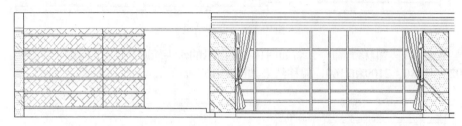

图10-171　修剪结果

⑫ 执行"修改"菜单中的"复制"命令，选择如图10-172所示的对象进行复制。命令行操作如下。

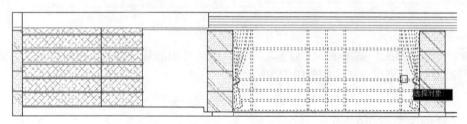

图10-172　选择结果

```
命令：_copy
选择对象：                                                    // 选择如图 10-172 所示的对象。
选择对象：                                                    // 按 Enter 键。
当前设置：复制模式 = 多个
指定基点或 [ 位移 (D)/ 模式 (O)] < 位移 >:                      // 拾取任一点。
指定第二个点或 [ 阵列 (A)] < 使用第一个点作为位移 >:              //@7600,0，按 Enter 键。
指定第二个点或 [ 阵列 (A)/ 退出 (E)/ 放弃 (U)] < 退出 >:         //@-7600,0，按 Enter 键。
指定第二个点或 [ 阵列 (A)/ 退出 (E)/ 放弃 (U)] < 退出 >:         //@15200,0，按 Enter 键。
指定第二个点或 [ 阵列 (A)/ 退出 (E)/ 放弃 (U)] < 退出 >:         // 按 Enter 键，复制结果如图 10-173 所示。
```

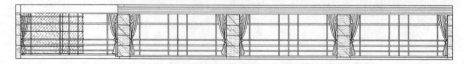

图10-173　复制结果

⑬ 执行"修改"菜单中的"修剪"命令，对复制出的窗子轮廓线进行修剪，并删除多余图线，结果如图10-174所示。

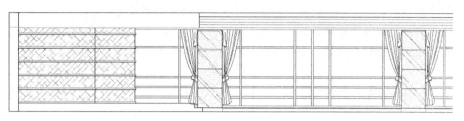

图10-174 修剪并删除

⑭ 最后执行"另存为"命令，将图形另名存储为"绘制多功能厅C向立面图.dwg"。

10.7 标注多功能厅C向立面图

本节主要学习多功能厅装修立面图尺寸和引线注释的后期标注过程和标注技巧。多功能厅装修立面图的最终标注效果如图10-175所示。

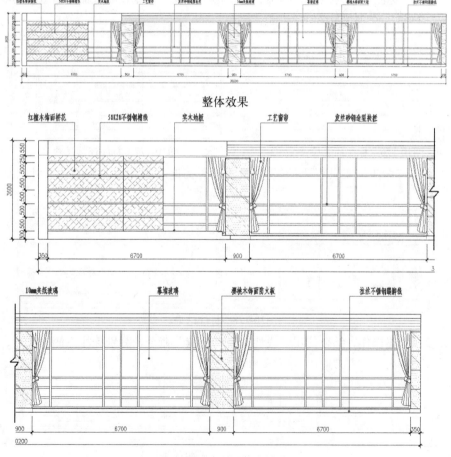

图10-175 局部效果

在标注多功能厅装修布置图时，具体可以参照如下绘图思路。

◆ 首先调用多功能厅立面图文件并设置标注样式与操作层。

◆ 综合使用"线性"、"连续"命令标注多功能厅立面图尺寸。

◆ 使用"标注样式"命令设置立面图引线注释样式。

◆ 最后使用"快速引线"命令标注多功能厅立面图引线注释。

10.7.1 标注多功能厅立面图尺寸

① 执行"打开"命令，打开随书光盘中的"\效果文件\第10章\绘制多功能厅C向立面图.dwg"文件。

② 展开"图层"工具栏中的"图层控制"下拉列表，将"尺寸层"设置为当前图层。

③ 展开"颜色控制"下拉列表，将颜色设置为随层。

④ 执行"标注"菜单栏中的"标注样式"命令，将"建筑标注"设置为当前样式，并修改标注比例为50。

⑤ 单击"标注"工具栏上的 ⊟ 按钮，配合端点捕捉功能，标注如图10-176所示的线性尺寸作为基准尺寸。

⑥ 单击"标注"工具栏上的 ⊞ 按钮，激活"连续"命令，配合捕捉和追踪功能，标注如图10-177所示的连续尺寸作为细部尺寸。

图10-176　标注基准尺寸

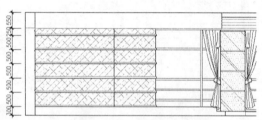

图10-177　标注连续尺寸

⑦ 单击"标注"工具栏上的 ⊟ 按钮，配合捕捉功能标注左侧的总尺寸，结果如图10-178所示。

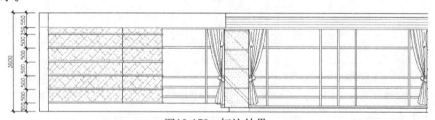

图10-178　标注结果

⑧ 参照上述操作，综合使用"线性"、"连续"命令，分别标注下侧的尺寸，标注结果如图10-179所示。

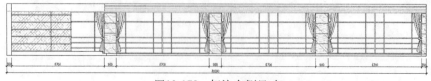

图10-179　标注右侧尺寸

至此，多功能厅立面图尺寸标注完毕，下一小节将学习引线注释样式的具体设置过程。

10.7.2 设置多功能厅引线样式

① 继续上节的操作。

② 按快捷键D激活"标注样式"命令，打开"标注样式管理器"对话框。

③ 在"标注样式管理器"对话框中单击 替代(0)... 按钮，然后在"替代当前样式：建筑标注"对话框中展开"符号和箭头"选项卡，设置引线的箭头及大小，如图10-180所示。

④ 在"替代当前样式：建筑标注"对话框中展开"文字"选项卡，设置文字样式，如图10-181所示。

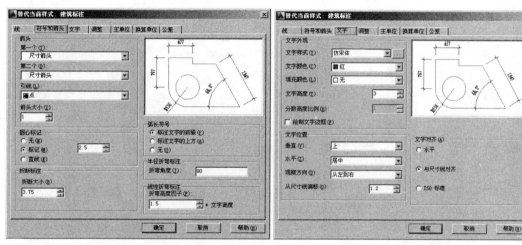

图10-180 设置箭头及大小　　　　　　图10-181 设置文字样式

⑤ 在"替代当前样式：建筑标注"对话框中展开"调整"选项卡，设置标注全局比例，如图10-182所示。

⑥ 在"替代当前样式：建筑标注"对话框中单击 确定 按钮，返回"标注样式管理器"对话框，样式替代效果如图10-183所示。

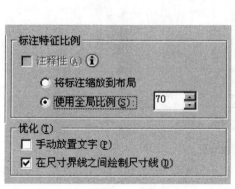

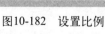

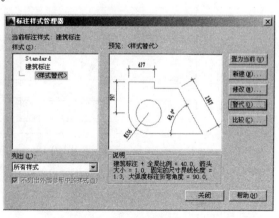

图10-182 设置比例　　　　　　图10-183 替代效果

⑦ 在"标注样式管理器"对话框中单击 关闭 按钮，结束命令。

至此，多功能厅引线文本注释样式设置完毕，下一小节将学习墙面引线材质注释的具体绘制过程。

10.7.3 标注多功能厅墙面材质注解

① 继续上节的操作。

② 展开"图层"工具栏上的"图层控制"下拉列表，将"文本层"设置为当前图层。

③ 按快捷键LE激活"快速引线"命令，在命令行"指定第一个引线点或 [设置(S)] <设置>："提示下激活"设置"选项，打开"引线设置"对话框。

④ 在"引线设置"对话框中展开"引线和箭头"选项卡，然后设置参数，如图10-184所示。

⑤ 在"引线设置"对话框中展开"附着"选项卡，设置引线注释的附着位置，如图10-185所示。

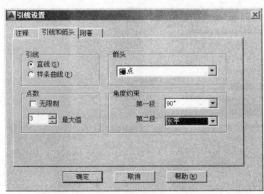
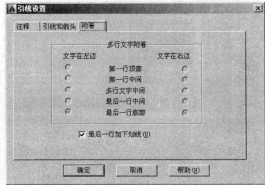

图10-184 "引线和箭头"选项卡　　　　图10-185 "附着"选项卡

⑥ 单击"引线设置"对话框中的 确定 按钮，返回绘图区，根据命令行的提示，指定三个引线点绘制引线，如图10-186所示。

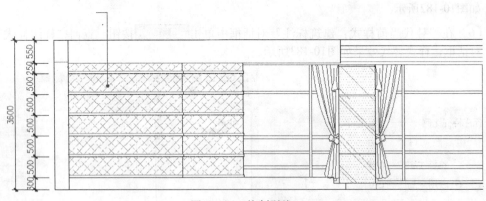

图10-186 绘制引线

⑦ 在命令行"指定文字宽度 <0>:"提示下按Enter键。

⑧ 在命令行"输入注释文字的第一行 <多行文字(M)>:"提示下，输入"红檀木饰面拼花"，并按Enter键。

⑨ 在命令行"输入注释文字的第一行 <多行文字(M)>:"提示下，按Enter键结束命令，标注结果如图10-187所示。

⑩ 重复执行"快速引线"命令，按照当前的引线参数设置，分别标注其他位置的引线注释，标注结果如图10-188和图10-189所示。

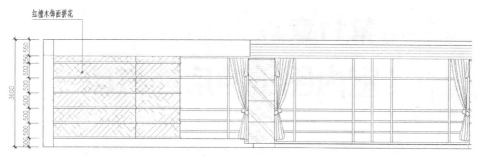

图10-187　输入引线注释

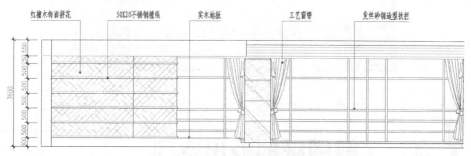

图10-188　标注其他注释

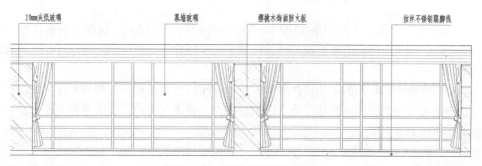

图10-189　标注其他引线注释

⑪ 执行"范围缩放"命令，调整视图，使立面图全部显示，最终结果如图10-175所示。

⑫ 最后执行"保存"命令，将图形命名存储为"标注多功能厅C向立面图.dwg"。

10.8 本章小结

　　多功能厅是时代的产物，是一种空间设计的魅力与拓新。本章在简单了解多功厅功能特点等理论知识的前提下，通过绘制多功能厅墙体结构图、绘制多功能厅装修布置图、标注多功能厅装修布置图、绘制多功能厅立面装修图、标注多功能厅立面图等五个典型实例，系统地讲述了多功能厅装修方案图的绘制思路、表达内容、具体绘制过程以及绘制技巧。

　　希望读者通过本章的学习，在理解和掌握相关设计理念和设计技巧的前提下，能够了解和掌握多功能厅设计方案需要表达的内容、表达思路及具体设计过程等。

第11章
室内图纸的后期打印

- ☐ 了解图纸的输出空间
- ☐ 打印设备的基本配置
- ☐ 模型空间内的快速出图
- ☐ 布局空间内精确出图
- ☐ 多视口并列打印出图
- ☐ 本章小结

11.1 了解图纸的输出空间

AutoCAD为用户提供了两种操作空间，即模型空间和布局空间。模型空间是图形设计的主要操作空间，它与绘图输出不直接相关，仅属于一个辅助的出图空间，可以打印一些要求比较低的图形。

布局空间则是图形打印的主要操作空间，它与打印输出密切相关，用户不仅可以在此空间内打印单个或多个图形，还可以使用单一比例打印、多种比例打印，在调整出图比例和协调图形位置方面比较方便。

11.2 打印设备的基本配置

本节主要学习与打印相关的几个命令，具体有"绘图仪管理器"、"打印样式管理器"、"页面设置管理器"和"新建视口"等命令。

11.2.1 绘图仪管理器

在打印图形之前，首先需要配置打印设备，使用"绘图仪管理器"命令，可以配置绘图仪设备、定义和修改图纸尺寸等。执行"绘图仪管理器"命令主要有以下几种方法。

- ◆ 执行菜单"文件"|"绘图仪管理器"命令。
- ◆ 在命令行输入Plottermanager后按Enter键。
- ◆ 单击"输出"选项卡|"打印"面板上的 ⛁ 按钮。
- ➢ 配置打印设备

下面通过添加光栅格式的绘图仪打印设备，学习"绘图仪管理器"命令的使用方法和技巧，具体操作步骤如下。

① 执行"绘图仪管理器"命令，打开如图11-1所示的"Plotters"窗口。

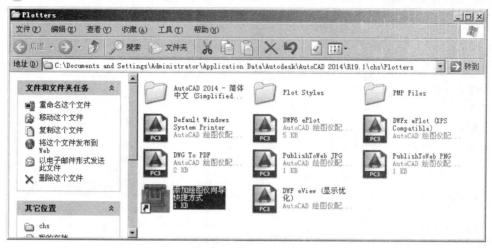

图11-1 "Plotters"窗口

② 双击"添加绘图仪向导"图标，打开如图11-2所示的"添加绘图仪-简介"对话框。

③ 依次单击 下一步(N) > 按钮，打开"添加绘图仪－绘图仪型号"对话框，设置绘图仪型号及生产商，如图11-3所示。

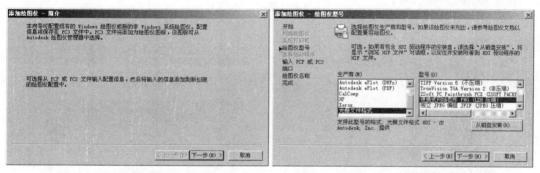

图11-2 "添加绘图仪-简介"对话框   图11-3 绘图仪型号

④ 依次单击 下一步(N) > 按钮，打开如图11-4所示的"添加绘图仪－绘图仪名称"对话框，为添加的绘图仪命名，在此采用默认设置。

⑤ 单击 下一步(N) > 按钮，打开如图11-5所示的"添加绘图仪－完成"对话框。

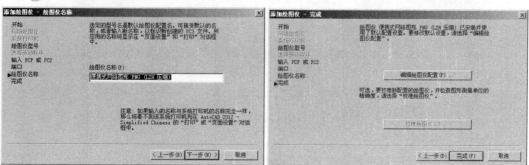

图11-4 "添加绘图仪－绘图仪名称"对话框   图11-5 完成绘图仪的添加

⑥ 单击 完成(F) 按钮，添加的绘图仪会自动出现在"Plotters"窗口内，如图11-6所示。

图11-6　添加绘图仪

> 配置图纸尺寸

每一款型号的绘图仪，都自配有相应规格的图纸尺寸，但有时这些图纸尺寸与打印图形很难相匹配，需要用户重新定义图纸尺寸。下面通过具体的实例，学习图纸尺寸的定义过程。

① 继续上例的操作。

② 在"Plotters"对话框中，双击如图11-6所示的打印机，打开"绘图仪配置编辑器"对话框。

③ 在"绘图仪配置编辑器"对话框中展开"设备和文档设置"选项卡，如图11-7所示。

④ 单击"自定义图纸尺寸"选项，打开"自定义图纸尺寸"选项组，如图11-8所示。

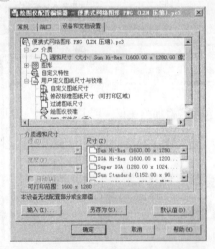

图11-7　"设备和文档设置"选项卡

图11-8　打开"自定义图纸尺寸"选项组

⑤ 单击 添加(A)... 按钮，此时系统打开如图11-9所示的"自定义图纸尺寸–开始"对话框，开始自定义图纸的尺寸。

⑥ 单击 下一步(N) > 按钮，打开"自定义图纸尺寸–介质边界"对话框，然后分别设置图纸的宽度、高度以及单位，如图11-10所示。

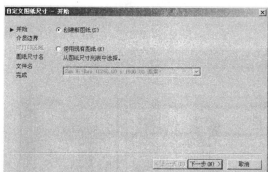

图11-9 自定义图纸尺寸

图11-10 设置图纸尺寸

⑦ 依次单击 下一步(N) > 按钮，直至打开如图11-11所示的"自定义图纸尺寸-完成"对话框，完成图纸尺寸的自定义过程。

⑧ 单击 完成(F) 按钮，新定义的图纸尺寸自动出现在图纸尺寸选项组中，如图11-12所示。

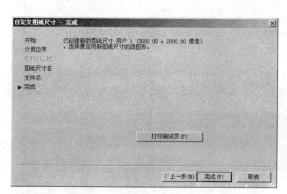

图11-11 "自定义图纸尺寸-完成"对话框

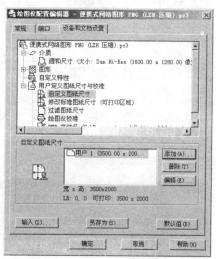

图11-12 图纸尺寸的定义结果

提示 •

如果用户需要将此图纸尺寸进行保存，可以单击 另存为(S)... 按钮；如果用户仅在当前使用一次，单击 确定 按钮即可。

11.2.2 打印样式管理器

打印样式主要用于控制图形的打印效果，修改打印图形的外观。通常一种打印样式只控制输出图形某一方面的打印效果，要让打印样式控制一张图纸的打印效果，就需要有一组打印样式，这些打印样式集合在一块称为打印样式表，而"打印样式管理器"命令就是用于创建和管理打印样式表的工具。

执行"打印样式管理器"命令主要有以下几种方式。

◆ 执行菜单栏中的"文件"|"打印样式管理器"命令。

◆ 在命令行输入Stylesmanager并按Enter键。

下面通过添加名为"stb01"的颜色相关打印样式表，学习"打印样式管理器"命令的使用方法和技巧。

① 执行菜单"文件"|"打印样式管理器"命令，打开如图11-13所示的"Plot Styles"窗口。

图11-13 "Plot Styles"窗口

② 双击窗口中的"添加打印样式表向导"图标，打开如图11-14所示的"添加打印样式表"对话框。

③ 单击 下一步(N) > 按钮，打开如图11-15所示的"添加打印样式表-开始"对话框，开始配置打印样式表的操作。

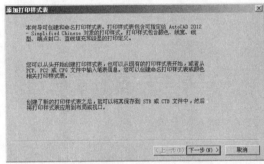

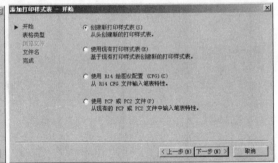

图11-14 "添加打印样式表"对话框   图11-15 "添加打印样式表－开始"对话框

④ 单击 下一步(N) > 按钮，打开"添加打印样式表－选择打印样式表"对话框，选择打印样表的类型，如图11-16所示。

⑤ 单击 下一步(N) > 按钮，打开"添加打印样式表-文件名"对话框，为打印样式表命名，如图11-17所示。

⑥ 单击 下一步(N) > 按钮，打开如图11-18所示的"添加打印样式表-完成"对话框，完成打印样式表各参数的设置。

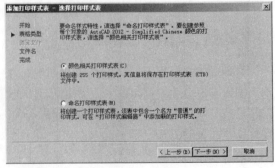

图11-16 "添加打印样式表－选择打印样式表"
对话框

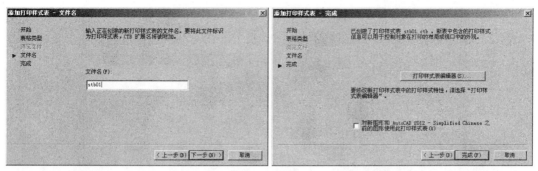

图11-17　"添加打印样式表－文件名"对话框　　图11-18　"添加打印样式表－完成"对话框

(7)　单击 完成 按钮，即可添加设置的打印样式表，新建的打印样式表文件图标显示在"Plot Styles"窗口中，如图11-19所示。

图11-19　"Plot Styles"窗口

11.2.3　页面设置管理器

在配置好打印设备后，下一步就是设置图形的打印页面。使用AutoCAD提供的"页面设置管理器"命令，用户可以非常方便地设置和管理图形的打印页面参数。执行"页面设置管理器"命令主要有以下几种方法。

◆　执行菜单"文件"|"页面设置管理器"命令。

◆　在模型或布局标签上单击鼠标右键，选择"页面设置管理器"命令。

◆　在命令行输入Pagesetup后按Enter键。

◆　单击"输出"选项卡|"打印"面板上的 ▢ 按钮。

执行"页面设置管理器"命令后，系统打开如图11-20所示的"页面设置管理器"对话框，此对话框主要用于设置、修改和管理当前的页面设置。

在"页面设置管理器"对话框中单击 新建(N)... 按钮，弹出如图11-21所示的"新建页面设置"对话框，用于为新页面赋名。

单击 确定(O) 按钮，打开如图11-22所示"页面设置"对话框，在此对话框内可以进行打印设备的配置、图纸尺寸的匹配、打印区域的选择以及打印比例的调整等操作。

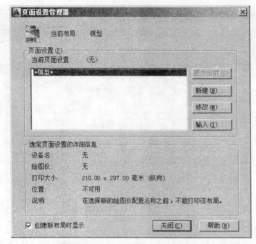

图11-20 "页面设置管理器"对话框

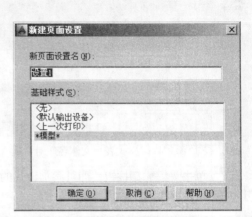

图11-21 "新建页面设置"对话框

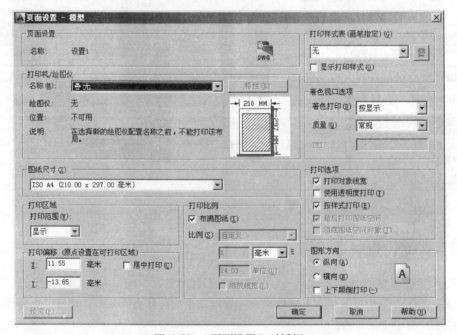

图11-22 "页面设置"对话框

➢ 选择打印设备

在"打印机/绘图仪"选项组中，主要用于配置绘图仪设备，单击"名称"下拉列表，在展开的下拉列表框中选择Windows系统打印机或AutoCAD内部打印机（".Pc3"文件）作为输出设备，如图11-23所示。

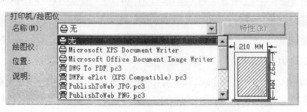

图11-23 "打印机/绘图仪"选项组

如果用户在此选择了".pc3"文件打印设备，AutoCAD则会创建出电子图纸，即将图形输出并存储为Web上可用的".dwf"格式的文件。AutoCAD提供了两类用于创建".dwf"文件的".pc3"文件，分别是"ePlot.pc3"和"eView.pc3"。前者生成的".dwf"文件较适合于打印，后者生成的文件则适合于在屏幕中观察。

➤ 选择图纸幅面

"图纸尺寸"下拉列表用于配置图纸幅面，展开此下拉列表，其中包括选定打印设备可用的标准图纸尺寸。

当选择了某种幅面的图纸时，该列表右上角出现所选图纸及实际打印范围的预览图像，将光标移到预览区中，光标位置处会显示出精确的图纸尺寸以及图纸的可打印区域的尺寸。

图11-24 打印范围

➤ 设置打印区域

在"打开区域"选项组中，可以设置需要输出的图形范围。展开"打印范围"下拉列表框，如图11-24所示，在此下拉列表中包含三种打印区域的设置方式，包括显示、窗口和图形界限。

➤ 设置打印比例

在如图11-25所示的"打印比例"选项组中，可以设置图形的打印比例。其中，"布满图纸"复选项仅适用于模型空间中的打印，当勾选该复选项后，AutoCAD将自动调整图形，与打印区域和选定的图纸等匹配，使图形取得最佳位置和比例。

图11-25 "打印比例"选项组

➤ "着色视口选项"选项组

在"着色视口选项"选项组中，可以将需要打印的三维模型设置为着色、线框或以渲染图的形式进行输出，如图11-26所示。

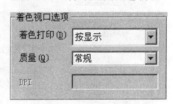

图11-26 着色视口选项

➤ 调整出图方向与位置

在如图11-27所示的"图形方向"选项组中，可以调整图形在图纸上的打印方向。在右侧的图纸图标中，图标代表图纸的放置方向，图标中的字母A代表图形在图纸上的打印方向。包括纵向、横向和上下颠倒打印三种打印方向。

在如图11-28所示的选项组中，可以设置图形在图纸上的打印位置。默认设置下，AutoCAD从图纸左下角开始打印图形。打印原点处在图纸左下角，坐标是（0,0），用户可以在此选项组中，重新设定新的打印原点，这样图形在图纸上将沿x轴和y轴移动。

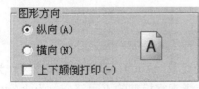

图11-27 调整出图方向

图11-28 打印偏移

➤ 预览与打印图形

"打印"命令主要用于打印或预览当前已设置好的页面布局，也可直接使用此命令设置图形的打印布局。执行"打印"命令主要有以下几种方式。

◆ 执行菜单"文件"|"打印"命令。

◆ 单击"标准"工具栏或"打印"面板上的 🖨 按钮。

◆ 在命令行输入Plot后按Enter键。

◆ 按组合键Ctrl+P。

◆ 在"模型"选项卡或"布局"选项卡上单击鼠标右键,选择"打印"选项。

激活"打印"命令后,打开如图11-29所示的"打印"对话框。在此对话框中,具备"页面设置管理器"对话框中的参数设置功能,用户不仅可以按照已设置好的打印页面进行预览和打印图形,还可以在对话框中重新设置、修改图形的打印参数。

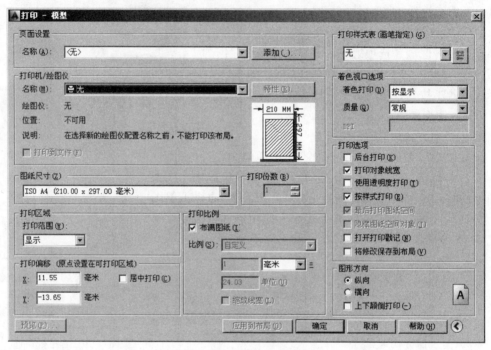

图11-29 "打印"对话框

单击 预览(P)... 按钮,可以提前预览图形的打印结果,单击 确定 按钮,即可对当前的页面设置进行打印。

提示 •
> 另外,执行菜单"文件"|"打印预览"命令,或单击"标准"工具栏或"打印"面板上的 🔍 按钮,激活"打印预览"命令,也可以对设置好的页面进行预览和打印。

11.2.4 新建与分割视口

视口是用于绘制图形、显示图形的区域。默认设置下,AutoCAD将整个绘图区作为一个视口,在实际建模过程中,有时需要从各个不同视点上观察模型的不同部分,为此AutoCAD为用户提供了视口的分割功能,可以将默认的一个视口分割成多个视口,如图11-30所示,这样,用户可以从不同的方向观察三维模型的不同部分。

视口的分割与合并具体有以下几种方式。

◆ 执行菜单"视图"|"视口"级联菜单中的相关命令，即可以将当前视口分割为两个、三个或多个视口，如图11-31所示。

◆ 单击"视口"工具栏或面板中的各按钮。

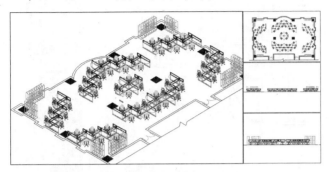

图11-30 分割视口 图11-31 视口级联菜单

提示

执行菜单"视图"|"视口"|"新建视口"命令，或在命令行输入Vports后按Enter键，打开如图11-32所示的"视口"对话框，在此对话框中可以直观地选择视口的分割方式，以方便进行分割视口。

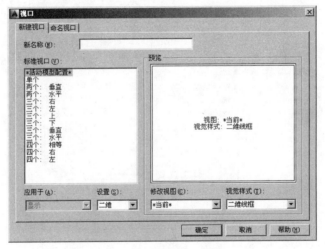

图11-32 "视口"对话框

11.3 模型空间内快速出图

本节将在模型空间内，将跃层住宅装修布置图打印输出到4号图纸上，主要学习模型操作空间图纸的快速打印技巧。本例打印效果如图11-33所示。

操作步骤：

① 执行"打开"命令，打开随书光盘中的"\效果文件\第7章\标注跃二层装修布置图.dwg"文件，如图11-34所示。

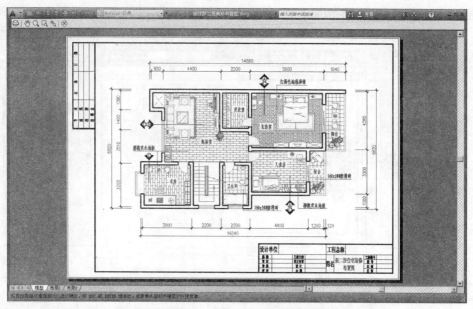

图11-33　打印效果

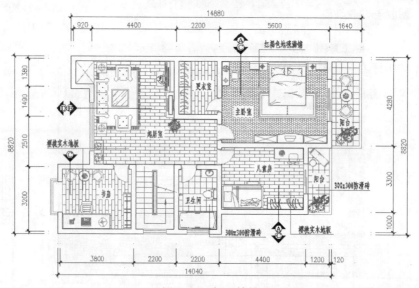

图11-34　打开结果

② 展开"图层"工具栏上的"图层控制"下拉列表，将"0图层"设置为当前图层。

③ 按快捷键I激活"插入块"命令，插入随书光盘中的"\图块文件\A4-H.dwg"文件，其参数设置如图11-35所示。

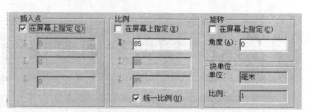

图11-35　设置插入参数

④ 返回绘图区，在命令行"指定插入点或 [基点(B)/比例(S)/旋转(R)]:"提示下，在适当位置定位插入点，插入结果如图11-36所示。

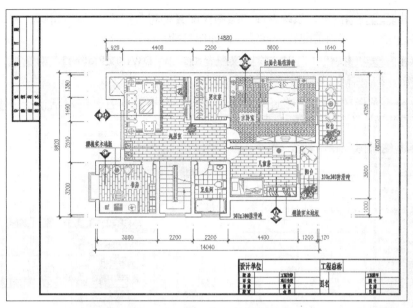

图11-36 插入结果

⑤ 执行菜单栏"文件"|"绘图仪管理器"命令，在打开的对话框中双击"DWF6 ePlot"图标 。

⑥ 此时系统打开"绘图仪配置编辑器-DWF6 ePlot.pc3"对话框，然后展开"设备和文档设置"选项卡，选择"用户定义图纸尺寸与校准"目录下的"修改标准图纸尺寸可打印区域"选项，如图11-37所示。

⑦ 在"修改标准图纸尺寸"组合框内选择"ISO A4图纸尺寸"，单击 修改(M)... 按钮，在打开的"自定义图纸尺寸—可打印区域"对话框中设置参数，如图11-38所示。

⑧ 单击 下一步(N) > 按钮，在打开的"自定义图纸尺寸—完成"对话框中，列出了所修改后的标准图纸的尺寸，如图11-39所示。

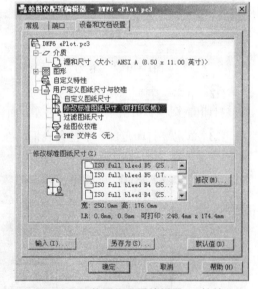

图11-37 "绘图仪配置编辑器"对话框

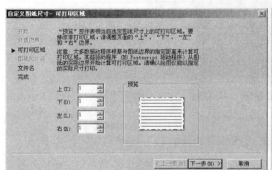

图11-38 修改图纸打印区域

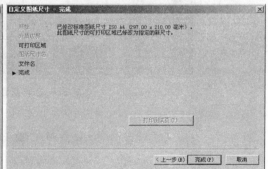

图11-39 "自定义图纸尺寸—完成"对话框

⑨ 单击 完成 按钮，系统返回"绘图仪配置编辑器- DWF6 ePlot.pc3"对话框，然后单击 另存为(S)... 按钮，将当前配置进行保存，如图11-40所示。

⑩ 单击 保存(S) 按钮，返回"绘图仪配置编辑器- DWF6 ePlot.pc3"对话框，然后单击 确定 按钮，结束命令。

⑪ 执行菜单栏"文件"|"页面设置管理器"命令，在打开的对话框单击 新建(N)... 按钮，为新页面设置命名，如图11-41所示。

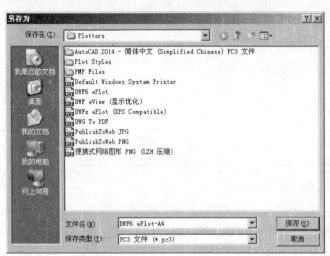
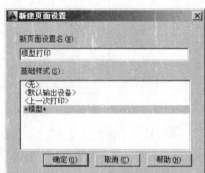

图11-40 "另存为"对话框　　　　　　　　　图11-41 为新页面命名

⑫ 单击 确定 按钮，打开"页面设置-模型"对话框，设置打印机的名称、图纸尺寸、打印偏移、打印比例和图形方向等页面参数，如图11-42所示。

⑬ 单击"打印范围"下拉列表框，在展开的下拉列表内选择"窗口"选项，如图11-43所示。

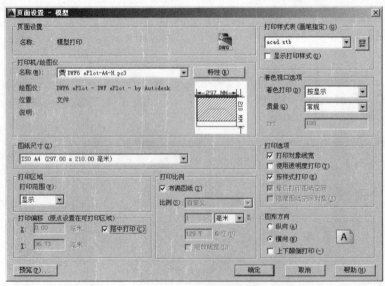

图11-42 设置页面参数　　　　　　　　　图11-43 "打印范围"下拉列表框

⑭ 返回绘图区，根据命令行的操作提示，分别捕捉4号外图框的两个对角点，指定打印区域。

⑮ 此时系统自动返回"页面设置-模型"对话框，单击 确定 按钮返回"页面设置管理器"对话框，将刚创建的新页面置为当前，如图11-44所示。

⑯ 展开"图层"工具栏上的"图层控制"下拉列表，将"文本层"设置为当前图层。

⑰ 按快捷键ST激活"文字样式"命令，将"宋体"设置为当前样式，此时修改字体高度如图11-45所示。

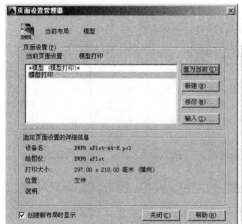

图11-44 设置当前页面　　　　图11-45 "文字样式"对话框

⑱ 执行"视图"菜单中的"缩放"|"窗口缩放"命令功能调整视图，结果如图11-46所示。

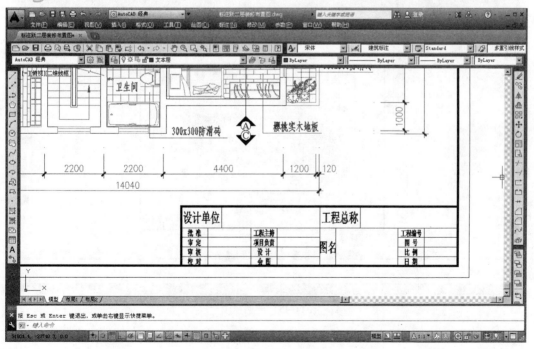

图11-46 调整视图

⑲ 按快捷键T激活"多行文字"命令，设置对正方式为"正中"，为标题栏填充图名，

如图11-47所示。

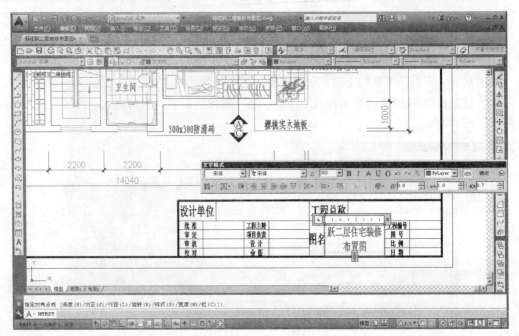

图11-47 填充图名

⑳ 使用"范围缩放"命令，调整视图，使立面图全部显示，结果如图11-48所示。

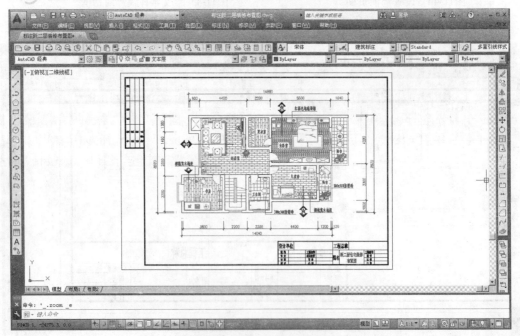

图11-48 调整视图

㉑ 执行菜单"文件"|"打印预览"命令，对图形进行打印预览，预览结果如图11-33所示。

㉒ 单击鼠标右键，选择"打印"选项，此时系统打开如图11-49所示的"浏览打印文件"对话框，设置打印文件的保存路径及文件名。

图11-49 保存打印文件

㉓ 单击 保存... 按钮，系统弹出"打印作业进度"对话框，等此对话框关闭后，打印过程即可结束。

㉔ 最后执行"另存为"命令，将图形另名存储为"模型空间快速出图.dwg"。

11.4 布局空间内精确出图

本例将在布局空间内按照精确的出图比例，将某多功能厅装修布置图打印输出到2号图纸上，主要学习布局空间的精确打印技能。本例最终打印效果如图11-50所示。

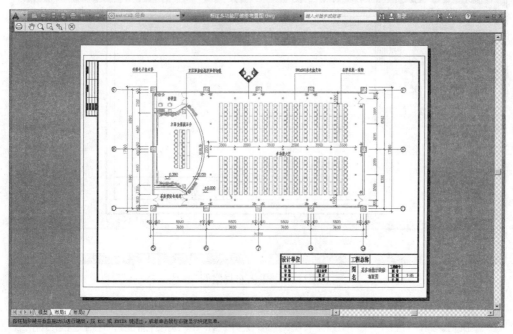

图11-50 打印效果

操作步骤:

① 执行"打开"命令,打开随书光盘中的"\效果文件\第10章\标注多功能厅装修布置图.dwg"文件,如图11-51所示。

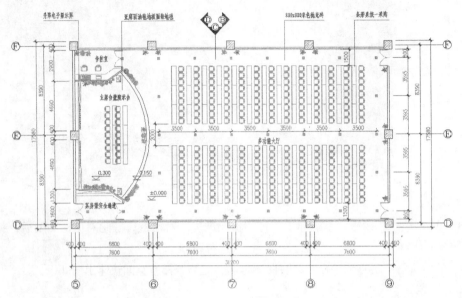

图11-51 打开结果

② 单击绘图区下方的"布局1"标签,进入"布局1"空间,如图11-52所示。

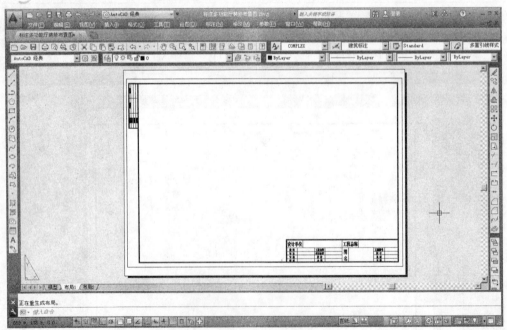

图11-52 进入布局空间

③ 展开"图层"工具栏上的"图层控制"下拉列表,将"0图层"设置为当前图层。

④ 执行菜单"视图"|"视口"|"多边形视口"命令,分别捕捉图框内边框的角点,创建多边形视口,将平面图从模型空间添加到布局空间,结果如图11-53所示。

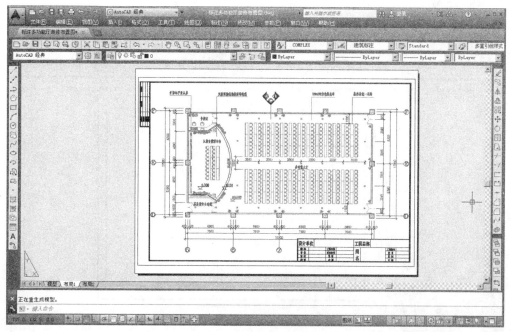

图11-53　创建多边形视口

⑤　单击状态栏上的 图纸 按钮，激活刚创建的视口，然后打开"视口"工具栏，调整比例，如图11-54所示。

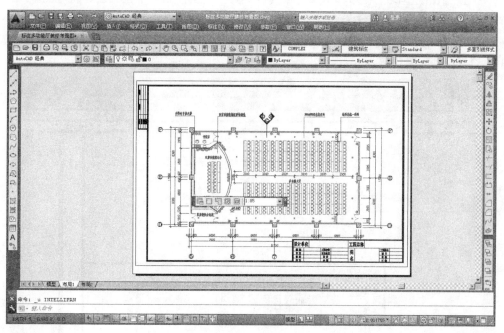

图11-54　调整比例

如果状态栏上没有显示出 图纸 按钮，可以在状态栏上的右键菜单中选择"图纸/模型"选项。

⑥ 使用"实时平移"工具调整图形的出图位置，结果如图11-55所示。

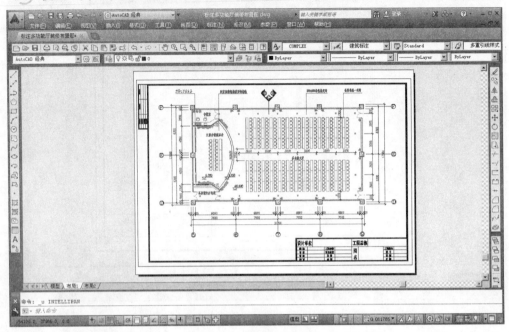

图11-55　调整出图位置

⑦ 返回图纸空间，展开"图层"工具栏上的"图层控制"下拉列表，将"文本层"设置为当前图层。

⑧ 展开"文字样式"下拉列表，设置"宋体"为当前文字样式，并使用"窗口缩放"工具调整视图，如图11-56所示。

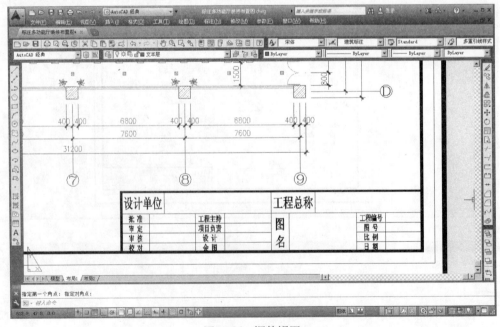

图11-56　调整视图

⑨ 按快捷键T激活"多行文字"命令，设置字高为6、对正方式为正中对正，为标题栏填充图名，如图11-57所示。

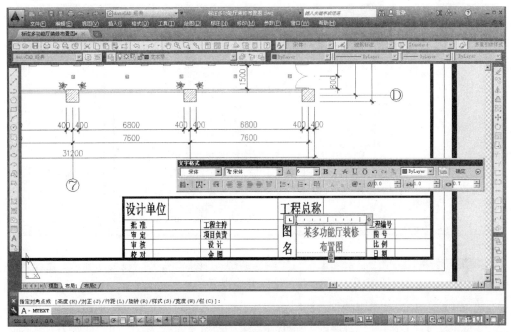

图11-57 填充图名

⑩ 重复执行"多行文字"命令，设置文字样式和对正方式不变，为标题栏填充出图比例，如图11-58所示。

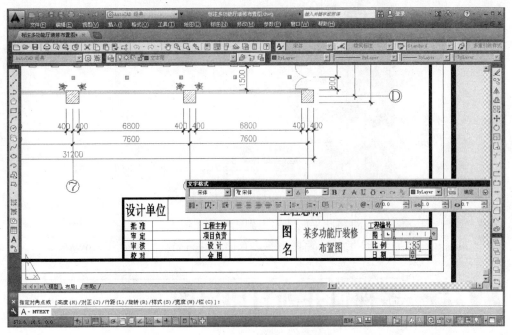

图11-58 填充比例

⑪ 使用"全部缩放"工具调整视图，使图形全部显示，结果如图11-59所示。

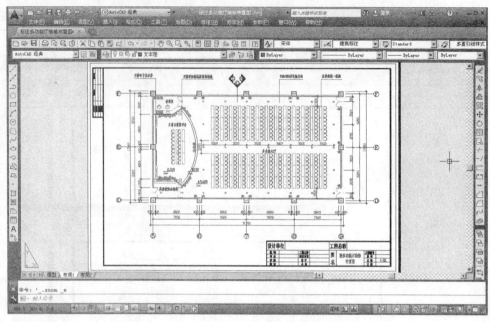

图11-59　调整视图

⑫　执行"文件"菜单中的"打印"命令，对图形进行打印预览，效果如图11-50所示。

⑬　返回"打印-布局1"对话框，单击 确定 按钮，在"浏览打印文件"对话框内设置打印文件的保存路径及文件名，如图11-60所示。

图11-60　设置文件名及路径

⑭　单击 保存 按钮，可将此平面图输出到相应的图纸上。

⑮　最后执行"另存为"命令，将图形另名存储为"布局空间精确出图.dwg"。

11.5　多视口并列打印出图

本例通过将某跃层住宅装修布置图、吊顶装修图和装修立面图等，以不同的打印比例输出到同一张图纸上，主要学习多视口并列打印的操作方法和操作技巧。本例打印预览效果如图

11-61所示。

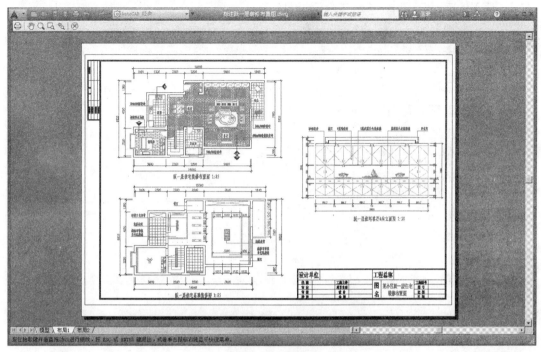

图11-61 打印效果

操作过程：

① 执行"打开"命令，打开随书光盘中的"\效果文件\第6章\"目录下的三个文件，如图11-62所示。

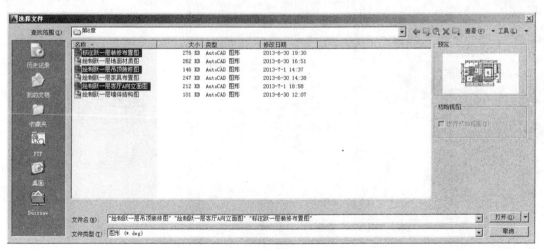

图11-62 选择文件

② 执行"窗口"菜单中的"垂直平铺"命令，将各文件进行垂直平铺，结果如图11-63所示。

③ 执行"范围缩放"和"实时缩放"命令，调整每个文件内的视图，使文件内的图形完全显示，结果如图11-64所示。

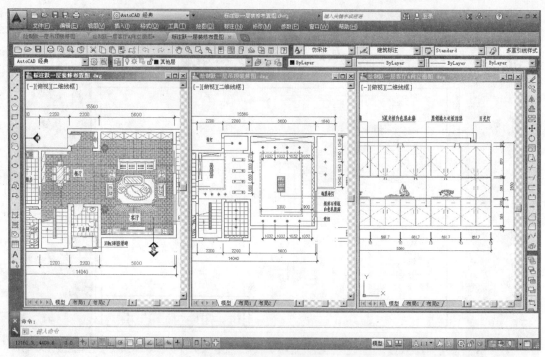

图11-63　垂直平铺

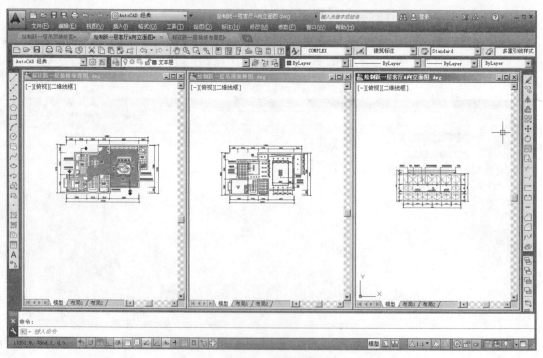

图11-64　调整结果

④ 使用多文档间的数据共享功能，分别将其他两个文件中的立面图以块的方式共享到另一个文件中，并将其最大化显示，结果如图11-65所示。

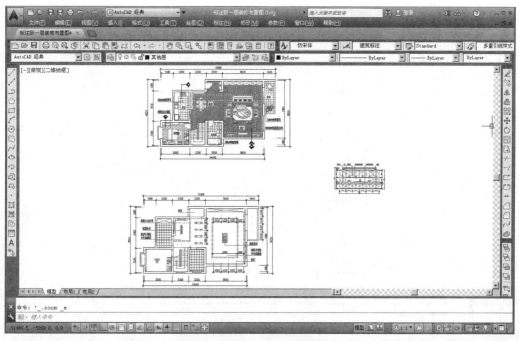

图11-65 共享结果

⑤ 进入布局1空间，然后展开"图层控制"下拉列表，将"0图层"设置为当前图层。

⑥ 按快捷键REC激活"矩形"命令，配合端点捕捉、中点捕捉功能，绘制如图11-66所示的三个矩形。

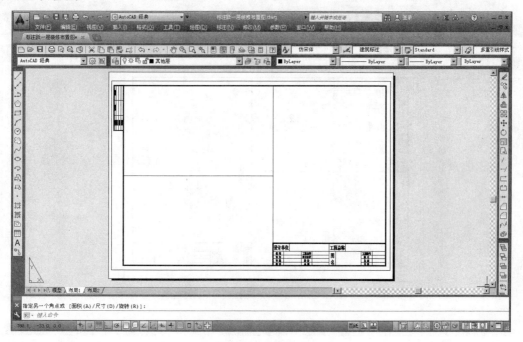

图11-66 绘制矩形

⑦ 执行菜单"视图"|"视口"|"对象"命令，分别选择三个矩形，将其转化为三个矩形视口，如图11-67所示。

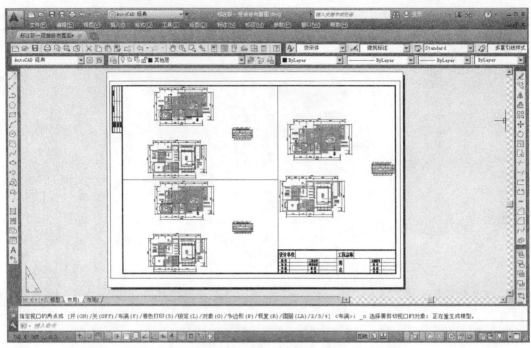

图11-67　创建矩形视口

⑧　单击状态栏中的图纸按钮，激活左上侧的视口，然后在"视口"工具栏内调整比例为1:75，如图11-68所示。

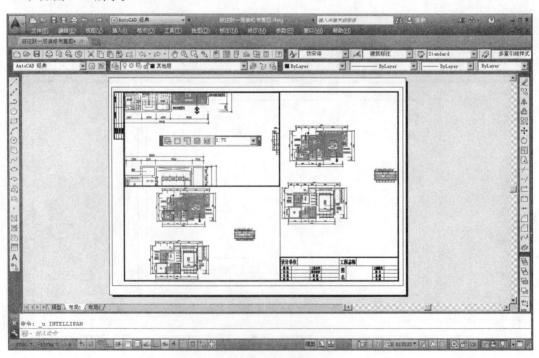

图11-68　调整比例

⑨　使用"实时平移"命令，调整图形在视口内的位置，结果如图11-69所示。

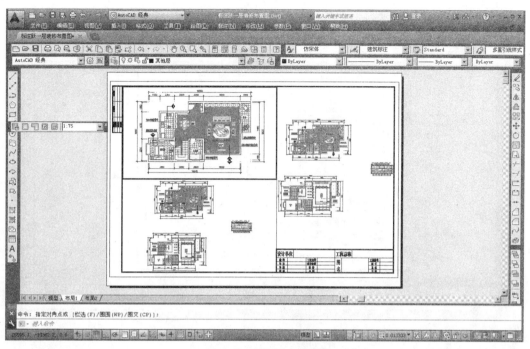

图11-69 调整出图位置

⑩ 激活左下侧视口，调整比例为1:75，然后使用"实时平移"工具调整图形的出图位置，如图11-70所示。

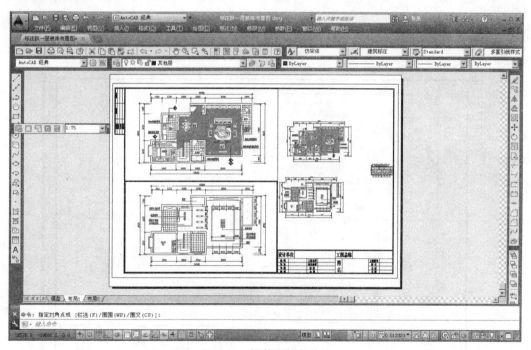

图11-70 调整比例与位置

⑪ 激活右侧视口，调整比例为1:30，然后使用"实时平移"工具调整图形的出图位置，如图11-71所示。

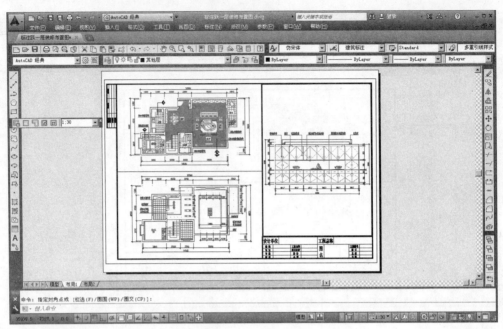

图11-71　调整比例与位置

⑫ 返回图纸空间，展开"图层"工具栏上的"图层控制"下拉列表，将"文本层"设置为当前图层。

⑬ 展开"样式"工具栏上的"文字样式控制"下拉列表，设置"仿宋体"为当前样式。

⑭ 按快捷键DT激活"单行文字"命令，设置文字高度为6，标注如图11-72所示的图名与比例。

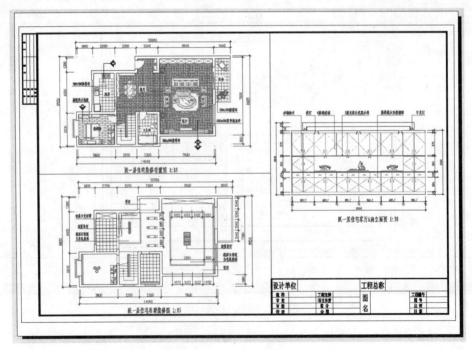

图11-72　标注结果

⑮ 选择三个矩形视口边框线，将其放到其他的Defpoints图层上，并将此图层关闭，结果如图11-73所示。

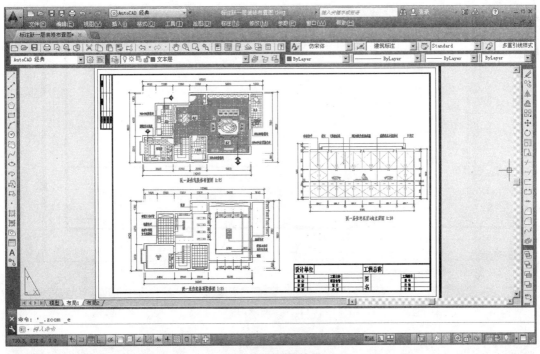

图11-73 操作结果

⑯ 按快捷键ST激活"文字样式"命令，将"宋体"设置为当前样式，同时修改文字高度，如图11-74所示。

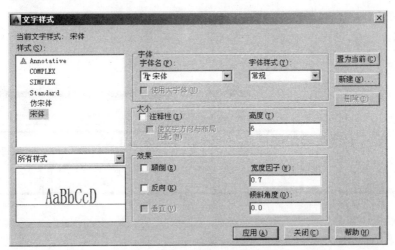

图11-74 设置当前样式与高度

⑰ 执行"视图"菜单中的"缩放"|"窗口"命令，调整视图，结果如图11-75所示。

⑱ 按快捷键T激活"多行文字"命令，为标题栏填充图名，如图11-76所示。

中文版 **AutoCAD 2014**室内装饰装潢制图

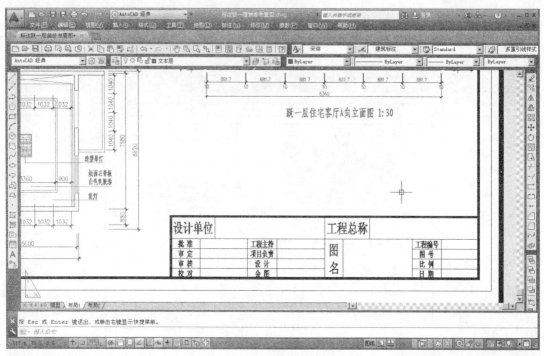

图11-75　调整视图

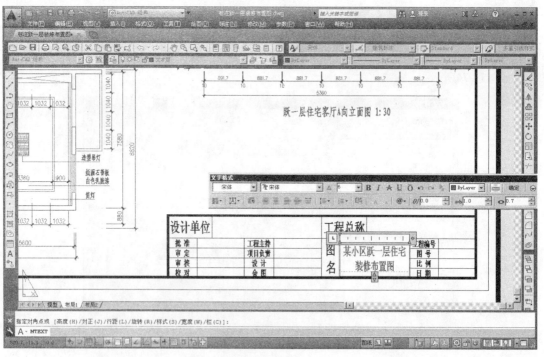

图11-76　填充图名

⑲　关闭"文字格式"编辑器，然后使用"范围缩放"命令调整视图，结果如图11-77所示。

470

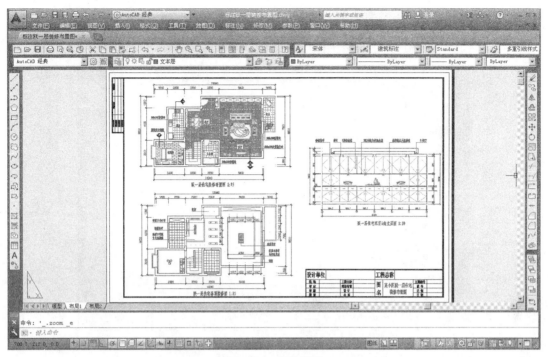

图11-77 调整视图

(20) 单击"标准"工具栏上的⊕按钮，激活"打印"命令，打开如图11-78所示的"打印-布局1"对话框。

图11-78 "打印布局1"对话框

(21) 单击 预览(P)... 按钮，对图形进行打印预览，效果如图11-61所示。

(22) 退出预览状态，返回"打印-布局1"对话框，单击 确定 按钮，在打开的"浏览打印文件"对话框中保存打印文件，如图11-79所示。

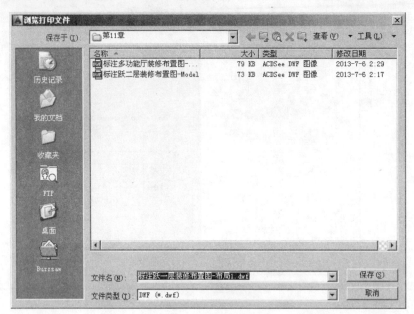

图11-79 保存打印文件

(23) 单击 保存... 按钮，弹出"打印作业进度"对话框，系统将按照设置的参数进行打印。

(24) 最后使用"另存为"命令，将图形另名存储为"多视口并列打印.dwg"。

11.6 本章小结

　　打印输出是施工图设计的最后一个操作环节，只有将设计成果打印输出到图纸上，才算完成了整个绘图的流程。本章主要针对这一环节，通过模型打印、布局打印、多视口并列打印等三个典型的操作实例，学习了AutoCAD的后期打印技能，使打印出的图纸能够完整准确地表达出设计结果，让设计与生产实践紧密结合起来。